DIE STÄRKE

Bibliographie der Weltliteratur

von

Prof. Dr. habil. Max Ulmann

Herausgegeben vom Institut für Ernährung
Potsdam-Rehbrücke
der Deutschen Akademie der Wissenschaften zu Berlin

LIEFERUNG 9–10

Hauptgruppe 7:
Aufbau und Konstitution der Stärke

AKADEMIE-VERLAG · BERLIN

1968

Erschienen im Akademie-Verlag GmbH, 108 Berlin, Leipziger Straße 3–4

Lizenznummer 202 · 100/487/68
Gesamtherstellung: VEB Druckerei „Thomas Müntzer", 582 Bad Langensalza
Bestellnummer 3055/9–10 · ES 20 M 8, 1 E
25,50

Grundeinteilung der Stärkebibliographie

Hauptgruppen 0 bis 9

0. Allgemeines
1. Technologie der Kartoffelstärke
2. Technologie der Getreidestärken und sonstiger Stärkerohstoffe
3. Technologie veränderter Stärken und Stärkeabbauprodukte
4. Verwendungsgebiete der Stärke und Spezialstärkeprodukte
5. Analytische Bestimmung und Untersuchung der Stärke
6. Stärkederivate und spezielle Chemie der Stärke
7. Aufbau und Konstitution der Stärke
8. Kolloidchemie der Stärke und der Stärkelösungen
9. Enzymatische Arbeiten

Hauptgruppe 7: Aufbau und Konstitution der Stärke

70. Allgemeine Konstitutionsfragen
   - 701. Hochpolymere allgemein
   - 702. Kohlenhydrate allgemein
   - 703. Polysaccharide, Oligosaccharide, Zucker
   - 704. Cellulose und Stärke
   - 705. Stärke: Übersichten

71. Das Stärkekorn
   - 710. Allgemeines
   - 711. Kornbildung, Entwicklung, Wachstum
   - 712. Korngröße und ihre Bestimmung
   - 713. Chemische Bestandteile des Stärkekornes
   - 714. Spezielle mikroskopische Strukturuntersuchungen
     - 7141. Allgemeines zur mikroskopischen Technik
     - 7142. Polarisationsmikroskopische Untersuchungen
     - 7143. Mikroskopische Kennzeichnung von Stärkekörnern
     - 7144. Mikroskopische Untersuchung beschädigter (korrodierter) Körner
     - 7145. Submikroskopische Strukturen (Elektronenmikroskopie)
     - 7146. Mikroskopische Verfolgung der Stärkequellung
   - 715. Aufbau und innere Struktur der Stärkekörner
     - 7151. Innere Strukturierung des Stärkekornes
     - 7152. Spezielle Probleme der Schichtung und der Kornhülle
     - 7153. Das Wasser im Stärkekorn
     - 7154. Quellung
     - 7155. Ionenaustausch, Kationenstärke
   - 716. Sorptionseigenschaften des Stärkekornes
     - 7161. Allgemeines und Nichtstärkesubstanzen
     - 7162. Wasseradsorption (Hydratation) bei Stärke
     - 7163. Farbstoffadsorption
     - 7164. Sonstige Sorptionserscheinungen

72. <u>Bildung und Biologie der Stärke im pflanzlichen Organismus</u>

- 720. Allgemeines
- 721. Photosynthese
- 722. Stärkebildung allgemein
- 723. Stärkebildung und Vorkommen in bestimmten Pflanzen
  - 7231. Kartoffeln und sonstige Knollengewächse
  - 7232. Getreide
  - 7233. Leguminosen
  - 7234. Kastanien (Roßkastanien und echte Kastanien)
  - 7235. Zuckerrohr
  - 7236. Wurzeln, Rhizome, Zwiebeln
  - 7237. Früchte und Samen
  - 7238. Hölzer (Rinden)
  - 7239. Sonstiges
- 724. Kohlenhydratstoffwechsel im pflanzlichen Organismus unter Normalbedingungen
  - 7241. Allgemeiner Überblick und einzelne Pflanzen
  - 7242. Kartoffeln und sonstige Knollengewächse
  - 7243. Getreide
  - 7244. Leguminosen
- 725. Verhalten der Stärke in der Pflanze unter besonderen Bedingungen
  - 7251. Temperatur und Stärkebildung
  - 7252. Düngung und Kohlenhydratstoffwechsel
  - 7253. Chemische Einwirkung auf Pflanzen
  - 7254. Stärkegehalt und Krankheiten
  - 7255. Sonstige Einflüsse

73. <u>Chemische Konstitution der Stärkekohlenhydrate</u>

- 730. Allgemeines
- 731. Stärke allgemein, verschiedene Bindungen
- 732. Chemische Konstitution der Stärke bestimmter Pflanzen
- 733. Chemische Strukturbestimmungsmethoden: Methylierung, Oxydation, Abbau, Endgruppenbestimmung
- 734. Sonstige chemische Stärkereaktionen und Konstitution
- 735. Enzymatischer Auf- und Abbau der Stärke

74. Fraktionierung der Stärke

740. Allgemeines
741. Stärketeilpräparate (außer Amylose und Amylopektin)
742. Fällungs- und Lösungs-Trennung von Amylose und Amylopektin
743. Elektrodialyse, Elektrophorese, Kataphorese, Ionophorese
744. Chromatographische Fraktionierung

75. Amylose

750. Allgemeines
751. Hochamylosehaltige Stärken
752. Isolierung, Fraktionierung, Reinigung
753. Verhalten, Struktur, Molekulargewicht
754. Nachweis und Gehaltsbestimmung
755. Kristallisierte Amylose
756. Amylose-Komplexe
757. Amylose-Jod-Verbindungen
758. Amylose-Derivate
759. Sonstiges

76. Amylopektin

760. Allgemeines
761. Waxy-Stärken und andere spezielle Amylopektinstärken
762. Kartoffelstärkeamylopektin
763. Isolierung, Fraktionierung, Reinigung
764. Verhalten, Struktur, Molekulargewicht
765. Amylopektin-Jod-Verbindung
766. Sonstiges

77. Konstitutionsaufklärung mit physikalischen Methoden

770. Allgemeines
771. Röntgenographische Untersuchungen
772. Absorptionsspektralanalyse
773. Einwirkungen verschiedenster Art
774. Teilchengröße und Molekulargewicht nach physikalisch-chemischen Methoden

78. Konstitution von Dextrinen und anderen Abbauprodukten

781. Dextrine allgemein
782. Röstdextrine
783. Schardinger-Dextrine
784. Polyamylosen, niedere Amylosen

79. <u>Artfremde Stärken und stärkeähnliche Kohlenhydrate</u>

791. Algenstärke (Florideenstärke)
792. Flechtenstärke (Lichenin)
793. Inulin
794. Kohlenhydrate bei Pilzen und Bakterien
795. Glykogen
796. Sonstige Polysaccharide, auch synthetische

Hauptgruppe 7: Aufbau und Konstitution der Stärke

701. Hochpolymere allgemein

Physical Properties of Polymers. Bueche, F. Interscience Publishers, a Division of John Wiley and Sons, New York und London 1962. 354 S. - Ref.Stärke 16. 204 (1964).

Der Abbau von Hochpolymeren. Bryce, W.A.J. und Greenwood, C.T. J.Polymer Sci. 25. 480-83 (1957).

Die Kristallisation von natürlichen und synthetischen Polymeren. Rånby, B.G. Svensk kem.Tidskr. 69. 61-83 (1957). - Ref.C.A. 51. 11011b (1957).

Makromoleküle in der Zellstruktur. Frey-Wyssling, A. Nature (London) 179. 941-43 (1957).

Schematische Modelle für biochemische Polymere. Blackwell, R. Quentin. J.chem.Educat. 34. 500-01 (1957). - Ref.C. 1958. 13793.

Beiträge zur Chemie der hochmolekularen Naturstoffe. Freudenberg, Karl. J.Polymer.Sci. 16. 155-62 (1955). - Ref.C. 1956. 10493, C.A. 49. 15379d (1955).

Nomenklatur und Klassifikation hochmolekularer Verbindungen. Korschak, W.W. Nachr.Akad.Wiss.UdSSR 1953. 321-35.

Zur Nomenklatur auf dem Gebiet der Makromoleküle. Staudinger, H. Makromolekulare Chem. 9. 221-40 (1952).

Organische Chemie. Makromoleküle. Bourne, E.J. Annu.Rep.Progr. Chem. 49. 235-51 (1952). - Ref.C. 1955. 7930.

Der chemische und strukturelle Aufbau hochmolekularer Naturstoffe. Signer, R. Mitt.Gebiete Lebensmittelunters.Hyg. 34. 6-18 (1944).

Der chemische und strukturelle Aufbau hochmolekularer Naturstoffe. Signer, R. Schweiz.Brauerei-Rdsch. 54. 1-7 (1943). - Ref.C. 1943. I. 2079.

Über die makromolekulare Chemie. 143. Mitt. über hochpolymere Verbindungen. Staudinger, H. Angew.Chem. 49. 801-13 (1936). - Ref.C. 1937. I. 822.

Die Methodik der Konstitutionsermittlung hochmolekularer Naturstoffe. Freudenberg, K. Mh.Chem. 69. 144-60 (1936). - Ref.C. 1937. I. 48.

Der Aufbau der hochmolekularen organischen Naturstoffe. Hess, K. Forsch. u. Fortschr. 9. 268 (1933).

Bemerkungen zu den Arbeiten von H. Staudinger: Über die Struktur der hochpolymeren Verbindungen. Meyer, K.H. und Mark, H. Ber.dtsch.chem.Ges. 64. 1999-2002 (1931). - Ref.C. 1931. II. 2718.

Räumliche Vorstellungen über den Bau der Kohlenstoffverbindungen und ihre Verwendung in der Chemie der Hochpolymeren. Meyer, K.H. Kolloid-Z. 53. 8-17 (1930). - Ref.C. 1930. II. 3386.

Über die Chemie komplexer Naturstoffe. Pringsheim, H. Naturwissenschaften 13. 1084-1090 (1925). - W.Ref. 826A.

702. Kohlenhydrate allgemein

Chemie der Kohlenhydrate. Lemieux, R.U. und Lineback, D.R. Ann.Rev.Biochem. 32. 155-84 (1963). - Ref.C.A. 60. 7065a (1964).

Kohlenhydrate. Honeyman, J. Annu.Rep.Progr.Chem. 59. 359-71 (1962). - Ref.C. 1964. 39-0948.

Chemie der Kohlenhydrate. Aspinall, G.O. Annu.Rev.Biochem. 31. 79-102 (1962). - Ref.C. 1963. 12442.

Chemie der Kohlenhydrate. Foster, A.B. Annu.Rev.Biochem. 30. 45-70 (1961). - Ref.C. 1962. 14169.

Kohlenhydrate. Honeyman, J. Annu.Rep.Progr.Chem. 57. 328-51 (1960). - Ref.C. 1962. 16687.

Chemie der Kohlenhydrate. Whelan, W.J. Annu.Rev.Biochem. 29. 105-30 (1960). - Ref.C. 1961. 9442.

Einige Ergebnisse und Aussichten der Kohlenhydratforschung. Stepanenko, B.N. Nachr.Akad.Wiss.UdSSR, biol.Ser. (russ.) 1960. 294-312. - Ref.Stärke 13. 142 (1961).

The Chemistry of Natural Products. Vol.V. The Carbohydrates. (Die Chemie der Naturstoffe. Bd.V. Die Kohlenhydrate.) Dyke, S.F. Interscience Publishers, Inc. New York 1960. 232 S. - Ref.C.A. 54. 19519 (1960).

Kohlenhydrate. Overend, W.G. Annu.Rep.Progr.Chem. 56. 286-304 (1959). - Ref.C. 1962. 3462.

Über einige Fortschritte auf dem Gebiet des Studiums der Kohlenhydrate. Stepanenko, B.N. Fortschr.Chem. (russ.) 28. 521-46 (1959). - Ref.Stärke 12. 280 (1960), C. 1962. 6041.

Chemie der Kohlenhydrate. Reeves, R.E. Annu.Rev.Biochem. 27. 15-34 (1958). - Ref.C. 1959. 14125.

Kohlenhydrate. Overend, W.G. Annu.Rep.Progr.Chem. 55. 315-30 (1958). - Ref.C. 1960.

The Carbohydrates. Chemistry, Biochemistry, Physiology (Die Kohlenhydrate. Chemie, Biochemie, Physiologie). Pigman, W. Academic Press Inc., New York 1957. 902 S.

Kohlenhydrate. Aspinall, G.O. und Schwarz, J.C.P. Annu.Rep. Progr.Chem. 52. 255-71 (1955, herausgegeb. 1956). - Ref.C. 1959. 4172.

Neue Erkenntnisse über die Struktur von Kohlenhydraten. Steenbergen, J. Bull.Assoc.anciens Etudiants Brasserie Univ. Louvain 51. 111-26 (1955). - Ref.C. 1958. 10085.

Chemie der Kohlenhydrate. Whistler, Roy L. und McGilvray, D.I. Annu.Rev.Biochem. 23. 79-98 (1954). - Ref.C. 1955. 6301.

Chemie der Kohlenhydrate. Isbell, H.S. und Frush, H.L. Annu.Rev. Biochem. 22. 107-24 (1953). - Ref.C. 1954. 5528.

Fortschritte in der Chemie der Kohlenhydrate. Hirst, E.L. Manufact.Chemist pharmac.fine chem.Trade J. 21. 440-43 (1950). - Ref.C. 1952. 4462.

Kohlenhydratchemie. Bell, D.J. Annu.Rev.Biochem. 18. 87-96 (1949). - Ref.C. 1949. E. 4916.

Kohlenhydrate. Lund, Hakon. Fysisk Tidsskr. 46. 129-34 (1948). - Ref.C. 1948. E. 2390.

Pflanzliche Kohlenhydrate. Peat, S. Annu.Rev.Biochem. 15. 75-92 (1946).

Neuere Ergebnisse aus der Kohlenhydratchemie. Micheel, F. Angew. Chem. 52. 14-15 (1939).

Die Konstitution einiger Kohlenhydrate. Haworth, W.N. Ber.dtsch. chem.Ges. 65. 43A-65A (1932).

Neuere Anschauungen über den Aufbau der polymeren Kohlenhydrate. Karrer, P. Dtsch.med.Wschr. 49. 1074-1075 (1923). - Ref.C. 1923. III. 1150, W.Ref. 491.

Einige konstitutionelle Probleme der Kohlehydratchemie. Irvine, J.C. J.chem.Soc.(London) 123. 898-921 (1923). - W.Ref. 489.

Neue Beobachtungen über die Konstitution der Kohlenhydrate. Hoop, L. de. Chem.Weekbl. 19. 106-107 (1922). - W.Ref. 479.

Der Aufbau der polymeren Kohlenhydrate. Karrer, P. Ergebn.Physiol. biol.chem.exp.Pharmakol. 20. 433-476 (1922). - Ref.C. 1923. III. 199, W.Ref. 483.

Beiträge zur Kenntnis der Kohlehydrate. Ullik, F. Z.ges.Brauwes. 15. 15-17, 28-31, 39-41 (1892). - Ref.C. 1892. I. 432-433, W.Ref. 698.

703. Polysaccharide, Oligosaccharide, Zucker

Dialyse von Oligosacchariden. Bailey, R.W. und Gaillard, B.D.E. Nature (London) 207. 292 (1965). - Ref.Stärke 17. 339 (1965).

Lösungsverhalten und Struktur von Polysacchariden. Meyerhoff, G. Abh.dtsch.Akad.Wiss.Berlin,Kl.Med. 1964. Nr.6. 67-79. - Ref.C. 1965. 36-1075.

Die Struktur pflanzlicher Polysaccharide. Preston, R.D. Endeavour 23. 90, 153-59 (1964).

Einige Probleme der Struktur der Polysaccharide. Misaki, A. J.Jap.Chem. 17. 439-48 (1963). - Ref.C. 1964. 3-1016.

Die Wasserstoffbindung und die unterschiedliche Süße von Zuckern. Shallenberger, R.S. J.Food Sci. 28. 584-88 (1963). - Ref.Stärke 16. 238 (1964).

Polysaccharide. Northcote, D.H. Annu.Rev.Biochem. 33. 51-74 (1964). - Ref.C. 1965. 35-1391.

Synthese von Polysacchariden. Micheel, F. Arbeitsgemeinsch. Forsch.Landes Nordrhein-Westfalen 1963. Nr.121. 7-30.

Über Monosaccharide. Geschichte, Struktur und chemische Eigenschaften. D'Alton, G. Confect.Manufact. 8. 534-535, 544 u.546 (1963). - Ref.J.Chem. (russ.) 1964. 8 R364.

Die Struktur von Polysacchariden. Hirst, E.L. Biochem.Soc. Symposia 21. 45-62 (1962). - Ref.C. 1965. 5-1079.

Zur Strukturaufkeärung von Polysacchariden. Polysacchariden, Ausarbeitg. allg. anwendbarer Methoden u. spezielle Untersuchungen an Pullulan. Bechtler, G. Dissertation, Freiburg i.Br. 1962.

Fortschritte auf dem Gebiet der Synthese von Polysacchariden. Pogosow, Ju.L. und Rogowin, S.A. Fortschr.Chem. (russ.) 30. 1215-36 (1961). - Ref.C.A. 56. 8822b (1962), C. 1962. 11220.

Die Struktur von Polysacchariden. Hirst, E.L. Biochem.J. 79. 16 P (1961). - Ref.C. 1962. 4564.

Molekülstruktur in den Polysaccharidgruppen. Hirst, E.L. Proc. Roy.Soc.(London) Ser.A. 252. 287-312 (1959).

Neue Fortschritte in der Strukturanalyse von Polysacchariden. Manners, D.J. Roy.Inst.Chem., Lectures, Monogr.Rep. 1959. Nr.2. 1-39. - Ref.C. 1960. 508, C.A. 53. 17912b (1959).

Aufbau und Eigenschaften von Polysacchariden. Deuel, H. und Neukom, H. Verh.-Ber.Kolloid-Ges. 18. 91-103 (1958). - Ref.C. 1963. 15454.

Polysaccharide. Whistler, R.L., Corbett, W.M., Pigman, W. und Platt, D. Carbohydrates, Chem.,Biochem.,Physiol. 1957. 641-732. - Ref.C. 1960. 6863.

Oligosaccharide. Hassid, W.Z. und Ballou, C.E. Carbohydrates, Chem.,Biochem.,Physiol. 1957. 478-535. - Ref.C. 1960. 6844.

Chemie der Zucker und Polysaccharide. Micheel, F. und Klemer, A. Akademische Verlagsgesellschaft, Geest u.Portig KG., Leipzig 1956. 512 S.

Starch, Glycogen, Fructosans and similar Polysaccharides. Whelan, W.J. In Band 2 von: Moderne Methoden der Pflanzenanalyse. K. Peach u. M.V. Tracey. Springer-Verlag Berlin-Göttingen-Heidelberg (1955). S. 145-196.

Einige strukturelle Untersuchungen über Polysaccharide. Stacey, M. Rend.Ist.lombardo Sci.Lettere, Cl.Sci.mat.natur. 89. 84-100 (1955). - Ref.C. 1960. 1531.

Polysaccharidchemie. Whistler, R.L. und Smart, C.L. Academic Press, New York 1953.

Chemie der Zuckerarten und Polysaccharide. Micheel, F. Akademische Verlagsgesellschaft, Geest u.Portig KG., Leipzig 1939.

Die Molekularstruktur von Polysacchariden. Haworth, W.N. und Hirst, E.L. Trans.Faraday Soc. 29. 14-17 (1933). - Ref.C. 1933. I. 2393.

Die Molekularstruktur der Polysaccharide. Irvine, J.C. Nature (London) 129. 470-71 (1932). - Ref.C. 1932. II. 1006.

Über einige Eigenschaften der Anhydride der Zucker. Pictet, A. und Vogel, H. Recueil Trav.chim.Pays-Bas 48. 813-16 (1929). - Ref.C. 1929. II. 2436.

Die Konstitution der Zucker (The constitution of sugars). Haworth, W.N. Arnold, London 1928. 100 S. - Ref.C. 1929. I. 661.

Übersicht über die Forderungen des Studiums der Polysaccharide während der letzten Jahre. Zwikker, J.J.L. Chem.Weekbl. 21. 349-352 (1924). - W.Ref. 816.

Über die Konstitution der Polyamylosen (Beiträge zur Chemie der Stärke IX). Pringsheim, H. und Leibowitz, J. Ber.dtsch.chem. Ges. 57. 884-887 (1924). - Ref.C. 1924. II. 315, W.Ref. 648.

Über die Konstitution der Polysaccharide. Zwikker, J.J.L. Recueil Trav.chim.Pays-Bas 41. 152 (1922). - Ref.C. 1923. I. 1077, W.Ref. 488.

Über die Konstitution der Polysaccharide. Zwikker, J.J.L. Recueil Trav.chim.Pays-Bas 41. 49-53 (1922). - Ref.C.A. 16. 1216 (1922), W.Ref. 487.

Zur Chemie der Polysaccharide. Samec, M. Biochem.Z. 113. 255-256 (1921). - Ref.C. 1921. I. 563, W.Ref. 797.

Berichtigung und Ergänzung zu unserer Arbeit: "Zur Chemie der Polysaccharide". Herzfeld, E. und Klinger, R. Biochem.Z. 112. 55-60 (1920). - Ref.C. 1921. I. 351, W.Ref. 387.

Zur Chemie der Polysaccharide. Herzfeld, E. und Klinger, R. Biochem.Z. 107. 268-294 (1920). - Ref.C. 1920. III. 582, C.A. 15. 99 (1921), W.Ref. 386.

Über die Formeln der Polysaccharide. Kiliani, H. Chemiker-Ztg.32. 366 (1908). - W.Ref. 456.

704. Cellulose und Stärke

Eine mit Hilfe der Infrarotspektroskopie nachgewiesene Lignin-Kohlenhydrat-Bindung. 1. Mitt. Bolker, H.I. Nature (London) 197. 489-90 (1963). - Ref.C. 1966. 24-2871.

Molekülkonfiguration der Cellulose nach H. Vasiliu und Kritik seiner Vorstellungen im Licht moderner Anschauungen. Ssimionessku, I. und Rozmarin, Ch. Bul.Inst.politehn.Iasi (N.S.) 9. (13). Nr.1/2. 183-96 (1963). - Ref.C. 1966. 23-1096.

Ein Vergleich alter und neuer Theorien über die Struktur der Moleküle von Cellulose und Stärke. Simionescu, C. und Rozmarin, Ch. Celuloza şi Hirtie 12. 223-29 (1963). - Ref.J.Chem.(russ.) 1964. 8 R356.

Beiträge zur Chemie der Cellulose und der Stärke. Freudenberg, K. Stärke 15. 199-208 (1963). - Ref.C. 1964. 16-2696.

Methods in Carbohydrate Chemistry. Vol. III. Cellulose. Whistler, R.L. Academic Press, New York 1963. 407 S.

Ein Vergleich von Stärke mit Cellulose. Der Effekt des Ordnungsgrades auf die Reaktionsfähigkeit und die Eigenschaften der Derivate. Klug, E.D. Stärke 13. 429-34 (1961). - Ref.C. 1962. 17595, C.A. 56. 13146e (1962).

Molekulare Struktur von Cellulose und Stärke. Honeyman, J. und Parsons, M.A. In J.Honeyman: Recent Advances in the Chemistry of Cellulose and Starch. 49-74. Heywood & Co. Ltd., London 1959.

Lignin im Rahmen der polymeren Naturstoffe. Freudenberg, K. Angew.Chem. 68. 84-92 (1956). - Ref.C. 1956. 14372, C.A. 50. 6787b (1956).

Über die Chemie der Cellulose und Stärke. Steele, R.O. Textile Res.J. 22. 294-308 (1952). - Ref.C.A. 46. 6389e (1952).

Über die Celluloseformel von Pacsu. 342. Mitt. über makromolekulare Verbindungen. Husemann, E. und Consbruch, U. Makromolekulare Chem. 5. 179-83 (1950). - Ref.C. 1951. II. 536.

Die Struktur von Cellulose und Stärke. Hermans, P.H. Chem.Weekbl. 45. 183-89 (1949). - Ref.C. 1949. II. 883, C.A. 46. 3755f (1952).

Cellulose, Glykogen und Stärke. Schoch, T.J. J.chem.Educat. 25. 626-31, 646 (1948). - Ref.Stärke 2. 50 (1950), C. 1948. E 2390.

Cellulose-Studien. 9. Mitt. Die molekulare Struktur von Cellulose und Stärke. Pacsu, E. Textile Res.J. 17. 405-18 (1947).

Die Molekularstruktur der Cellulose und Stärke. Pacsu, E. J.Polymer.Sci. 2. 565-82 (1947). - Ref.C. 1949. E 6621.

Über die Struktur der Stärke und Cellulose. Halsall, T.G., Hirst, E.L. und Jones, J.K. Nature (London) 159. 97 (1947). - Ref.C.A. 41. 2921 (1947).

Cellulosestudien. 4. Mitt. Die chemische Struktur von Cellulose und Stärke. Pacsu, E. und Hiller, L.A. Textile Res.J. 16. 243-48 (1946).

Die Struktur von Cellulose und anderen Polymeren in Beziehung zu einfachen Zuckern. Haworth, W.N. Chem.and Ind. 58. 917-25 (1939).

Probleme der Cellulose- und Stärkechemie. Meyer, K.H. Schweiz. Arch.angew.Wiss.Techn. 3. 166-71 (1937). - Ref.C. 1937. II. 3321.

Über Cellulose, Stärke und Glykogen. 170. Mitt. über hochpolymere Verbindungen. Staudinger, H. Naturwissenschaften 25. 673-81 (1937). - Ref.C. 1938. I. 3602.

Die molekulare Struktur von Cellulose und Stärke. Davidson, G.F. und Richardson, W.A. Sci.Progr. 31. 68-77 (1936). - Ref.C. 1936. II. 2379.

Cellulose und Stärke: Entwicklung und Stand der Polysaccharid-Chemie. Pringsheim, H. Chemiker-Ztg. 60. 278 (1936).

Über Cellulose und Stärke. 18. Mitt. über Lignin und Cellulose. Freudenberg, K., Friedrich, K. und Bumann, I. Liebigs Ann. Chem. 494. 41-62 (1932). - Ref.C. 1932. I. 3169.

Zur Polymorphie der hochmolekularen Substanzen. IV. Versuch einer Erklärung der Isomerien bei den Polysacchariden (Cellulose, Stärke). Katz, J.R. und Weidinger, A. Recueil Trav.chim. Pays-Bas 51. 842-46 (1932). - Ref.C. 1932. II. 2830.

Die Molekülstruktur der Cellulose und der Amylose. Haworth, W.N. Nature (London) 129. 365 (1932). - Ref.C. 1932. I. 3413.

Polysaccharide. 10. Mitt. Molekularstruktur von Cellulose. Haworth, W.N. und Machemer, H. J.chem.Soc. (London) 1932.2270.

Ansichten in der Chemie der Cellulose und anderer Polysaccharide. Freudenberg, K. J.Soc.chem.Ind., Trans. 50. 287-96 (1931). - Ref.C. 1931. II. 2001.

Das Problem der Stärke- und Cellulosekonstitution. Pringsheim, H. Suomen Kemistilehti 3. 1-9 (1930). - Ref.C. 1931. II. 2142.

Über hochpolymere Verbindungen. 39. Mitt. Über Cellulose. Staudinger, H., Frey, K., Signer, R., Stark, W. und Widmer, G. Ber.dtsch.chem.Ges. 63. 2308-16 (1930). - Ref.C. 1930. II.3134.

Die chemische Analogie zwischen Stärke und Cellulose. Hamm. Dyer Calico Printer Bleacher, Finisher Textile Rev. 63. 202 (1930). - Ref.C. 1930. I. 2546.

Cellulose- und Stärkechemie. Gray, Harry Le B. und Staud, Cyril I. Paper-Maker 77. 612H-13H (1929). - Ref.C. 1930. I. 2875.

Cellulose und Stärkechemie. Gray, Harry Le B. und Staud, Cyril, J. Paper-Maker 77. 462H-63H (1929). - Ref.C. 1929. II. 414.

Ein neuer Einblick in die Form der Moleküle der Cellulose und der Polymerisate. Katz, J.R. und Samwel, P.J.P. Naturwissenschaften 16. 592-93 (1928). - Ref.C. 1928. II. 963.

Die neuesten Fortschritte der Cellulose- und Stärkechemie. Gray, Harry Le B. und Staud, Cyril J. Chem.Reviews 4. 355-73 (1927). - Ref.C. 1928. I. 1523.

Der Molekularbau der Faserstoffe. Herzog, R.O. und Jancke, W. Umschau Wiss.Techn. 25. 53-54 (1921). - Ref.C. 1921. II. 573, W.Ref. 1277.

Über einige Fragen der Faserstoffchemie. Herzog, R.O. Naturwissenschaften 8. 673-681 (1920). - Ref.C. 1921. II. 233.

Untersuchungen über Cellulose und Stärke. Sarasin, Jean. Arch. Sci.physiques natur.Genève 46. 5-32 (1918). - Ref.C. 1918. II. 528.

Notizen über Cellulose und Stärke. Skraup, Z.H. Ber.dtsch.chem. Ges. 32. 2413-2414 (1899). - Ref.C. 1899. II. 752, W.Ref. 452.

Über Stärke und Cellulose. Flückiger, F.A. Arch.Pharmazie 146. 7-31 (1871). - W.Ref. 672.

705. Stärke: Übersichten

Einige Fragen der Stärkechemie. Deulin, W.I. Stärke 17. 141-51 (1965).

Einige Fragen der Stärkechemie. Deulin, W.I. Arb.Allunions wiss. Forsch.-Inst.Stärkeprodukte (russ.) 7. 24-40 (1964).

Die Wissenschaft von der Stärke in Gegenwart und Zukunft. Kainuma, K. Food Ind. 7. Nr.9. 53-56 (1964). - Ref.J.Chem. (russ.) 1965. 5 R 405.

Aufbau, Eigenschaften und amylolytischer Abbau der Stärke. Greenwood, C.T. Food Technol. 18. 138-44 (1964). - Ref.J.Chem. (russ.) 1965. 2 R200, C.A. 61. 5889e (1964).

Die derzeitigen Vorstellungen über die Chemie der Stärken aus Getreidesamen. Greenwood, C.T. Ind.aliment.agric. 80. Nr.1. 11-15 (1963). - Ref.J.Chem.(russ.) 1964. 6 R359, C. 1964. 52-2709, C.A. 59. 6722h (1963).

Einige Probleme der physikalischen und Kolloidchemie der Stärke. Nasarow, W.I. Hochschulnachr.Nahrungsmittel-Technol.(russ.) 1963. Nr.4. 30-36. - Ref.C. 1964. 16-2697, Ref.J.Chem.(russ.) 1964. 5 R326.

Neue Fortschritte in der Chemie der Stärke. Schoch, T.J. Brewers Digest 37. 41-46 u. 66-67 (1962). - Ref.Stärke 17. 100 (1965), Ref.J.Chem.(russ.) 1962. 20 N209.

Neue Entwicklungen in der Stärke-Chemie. Schoch, T.J. Bakers Digest 36. Nr.3. 35-40, 85 (1962). - Ref.C. 1963. 7970, Ref.J. Chem.(russ.) 1962. 24 N467.

Diskussionsfragen zur Struktur und Eigenschaft der Stärke. Knjaginitschew, M.I. und Bolchowitina, Ju.R. Arb.Allunions-Inst.Getreide u.Verarbeitungsprodukte (russ.) 1960. Nr.38. 3-23. - Ref.J.Chem.(russ.) 1961. 22 N250, Stärke 16. 136 (1964).

Chemie und Biologie des Stärkekornes (Chemistry and Biology of the Starch Granule). Badenhuizen, N.P. Springer-Verlag, Wien 1959. 74 S. - Ref.Stärke 11. 341 (1959).

Die Stärke im Lichte der modernen Forschung. Brunner, O. Int. Fachz.Brau-, Gärungs- u.Kältetechnik 8. 173-76 (1955).

Fortschritte auf dem Gebiet der Untersuchungen über den Bau der Stärke. Frenkel, S.J.A. Akademie-Verlag Berlin 1953. 63 S.

Fortschritte auf dem Gebiete der Aufklärung der Struktur und der physiko-chemischen Eigenschaften der Stärke. Nowotny, F. und Samotus, B. Przemysł rolny spozywczy 1952. 94.

Neuere Auffassungen über Bildung und Aufbau der Stärke. Heyns, K. Stärke 2. 59-69 (1950). - Ref.C. 1951. I. 1238.

Fortschritte auf dem Gebiete der Untersuchungen über den Bau der Stärke. Frenkel, S.J. Fortschr.Chem. (russ.) 19. 489-517 (1950). - Ref.C. 1951. I. 204.

Neuere Anschauungen über den Feinbau der Stärke und ihrer in der Technik verwendeten Umwandlungsprodukte. Köhler, R. Stärke 1. 10-16 (1949). - Ref.C. 1950. II. 1293, C.A. 46. 11731a(1952).

Neuere Untersuchungen über Stärkekonstitution und Stärkeeigenschaften. Husemann, E. Stärke 1. 5-9 (1949). - Ref.C. 1950. II. 1293, C.A. 46. 11730h (1952).

Neuere Untersuchungen über Stärke. II. Mitt. Meyer, K.H. und Bernfeld, P. Melliand Textilber. 29. 165-68 (1948). - Ref.C. 1948. II. 1241.

Letzte Entwicklungen auf dem Gebiet der Stärke. Food Materials 7. 3-5 (1947).

Stärke. Haworth, W.N. J.chem.Soc. (London) 1946. 543-49. - Ref.C. 1947. 1277.

Über Stärke verschiedener Pflanzen. Samec, M. Zbornik zimske pomoči 1944. 425.

Die enzymatischen Prozesse der Stärke und ihre Konstitution. Samec, M. Instituto superiore di Sanità, Roma 1944.

Vernachlässigte Stärke (Cinderella Starch). Bear, R.S. The Technology Review, Massachusetts Inst. Technology 45. Nr.7. 363-65, 376, 380, 384 (1943). - Ref.C.A. 38. 273 (1944).

Neuere Untersuchungen über Stärke. Meyer, K.H. Melliand Textilber. 24. 125-29 (1943). - Ref.C. 1943. II. 122.

Neuere Untersuchungen über Stärke. Meyer, K.H. Techn.Ind.schweiz. Chemiker-Ztg. 25. 37-39 (1942). - Ref.C. 1942. II. 531.

Neue Ansichten über die Stärke. Freudenberg, K., Schaaf, E., Dumpert, G. und Ploetz, T. Naturwissenschaften 27. 850-53 (1939). - Ref.C. 1940. I. 1028.

Abhandlungen über Stärke unter dem Gesichtspunkt der Anatomie, Chemie und Physiologie. Payen, A. Ann.Sci.nat.Bot. 10. 5-32, 65-116, 161-227 (1838).

Neuere Untersuchungen über Stärke. Dedek, J., Jelinek, B. und Kulcickyj. Annales Fermentat. 3. 257-75 (1937). - Ref.C. 1937. II. 2604.

Fortschritte auf dem Gebiete der Polysaccharidchemie. II. Stärke. Freudenberg, K. Chemiker-Ztg. 60. 853-57, 875-76 (1936). - Ref.C. 1937. I. 97.

Unsere augenblicklichen Kenntnisse über die Stärke. Burel, G. Ind.Textile 51. 488-91 (1934). - Ref.C. 1935. I. 165.

Zur Kenntnis der Stärke und des methylierten Traubenzuckers. Ziese, W. Dissertation, München 1928.

Neuere Kenntnisse auf dem Gebiet der Stärke. Windisch, W. Wschr. Brauerei 44. 369-72 (1927). - Ref.C.A. 21. 3283 (1927).

Neuere Theorien über die Konstitution der Stärke. Sjöberg, K. Svensk kem.Tidskr. 36. 81-88 (1924). - Ref.C. 1924. II. 1079, W.Ref. 497.

Stärke, Stärkekörner und Stärkelösungen. Biedermann, W. Pflügers Arch.ges. Physiol.Menschen Tiere 183. 168-196 (1920). - Ref.C.A. 15. 2997 (1921), C. 1920. III. 845, W.Ref. 590.

Zusammenfassung einiger Arbeiten über Stärke. Reychler, A. Bull. Soc.chim.Belgique 29. 113-118 (1920). - Ref.C. 1921. I. 762, W.Ref. 472.

Versuche über die Natur der Stärke und die Reaktionen gemäß den Bedingungen des Milieus. Wolff, J. Rev.gén.Sci.pures appl.18. 459-464 (1907). - W.Ref. 332.

Untersuchungen über die Stärke. Maquenne, L. Ann.Chim.Phys. 2. Sér. 8; 109-134 (1904). - W.Ref. 719.

Stärken, Dextrine und Maltose. Duclaux, E. Ann.Inst.Pasteur 9. 214-223 (1895). - Ref.C. 1895. I. 918, W.Ref. 449.

Erwiderung. Lintner, C.J. Ber.dtsch.chem.Ges. 27. 293-296 (1894). - W.Ref. 251.

Studien über die Stärke. Scheibler, C. u. Mittelmeier, H. Ber.dtsch.chem.Ges. 26. 2930-2937 (1893). - Ref.C. 1894. I. 321, W.Ref. 447.

Studien über Stärke. Zulkowski, K. Ber.dtsch.chem.Ges. 23. 3295-3297 (1890). - W.Ref. 446.

Entgegnung. Scheibler, C. u. Mittelmeier, H. Ber.dtsch.chem.Ges. 23. 3473 (1890). - W.Ref. 445.

Studien über die Stärke. Scheibler, C. u. Mittelmeier, H. Ber.dtsch.chem.Ges. 23. 3060-3075 (1890). - Ref.C. 1890. II. 906, W.Ref. 444.

Beiträge zur Kenntnis der Stärkegruppe. Dafert, F.W. Landwirtsch. Jb. 15. 259-276 (1886). - Ref.C. 1886. 574-577, W.Ref. 880.

Ein Beitrag zur Chemie der Stärke. Musculus, F. und Gruber, D. Hoppe-Seyler's Z.physiol.Chem. 2. 177-190 (1878/79).

Beiträge zur näheren Kenntnis der Stärkegruppe. Nägeli, W. Liebig's Ann.Chem. 173. 218-227 (1874). - Ref.C. 1874. 809-813, W.Ref. 532.

Über verschiedene Zustände stärkeartiger Stoffe. Trécul, A. C.R.hebd.Séances Acad.Sci. 47. 685-689 (1858). - W.Ref. 1131.

71. Das Stärkekorn

- 710. Allgemeines
- 711. Kornbildung, Entwicklung, Wachstum
- 712. Korngröße und deren Bestimmung
- 713. Chemische Bestandteile des Stärkekornes
- 714. Spezielle mikroskopische Strukturuntersuchungen
- 715. Aufbau und innere Struktur der Stärkekörner
- 716. Das Wasser im Stärkekorn

710. Allgemeines

Die Isolierung von Getreidestärken im Laboratorium. Adkins, G.K. u. Greenwood, C.T. Stärke 18. 213-218 (1966).

Diffusionsgeschwindigkeit in Körnern. Bestimmung der Diffusionsgeschwindigkeit von Salzen in Stärkekörnern. Goatley, J.L. In: Whistler, R.L. u.a., Methods in Carbohydrate Chem. Vol.IV., Academic Press 1964. S. 245-246.

Bedeutung der Stärkekörner vom Endosperm für die Systematik der Gräser. Tateoka, T. Bot.Mag. (Tokyo) 75. 377-83 (1962). - Ref.Stärke 16. 171 (1964).

Allgemeine Methode für die Stärkeisolierung. Badenhuizen, N.P. In: Whistler, R.L. u.a., Methods in Carbohydrate Chem. Vol.IV., Academic Press 1964. S. 14-15.

Kartoffelstärke, Isolierung. Willigen, A.H.A. de. In: Whistler, R.L. u.a., Methods in Carbohydrate Chem. Vol. IV., Academic Press 1964. S. 9-13.

Weizenstärke, Isolierung. Wolf, M.J. In: Whistler, R.L. u.a., Methods in Carbohydrate Chem. Vol. IV., Academic Press 1964. S. 6-9.

Maisstärke, Isolierung. Watson, S.A. In: Whistler, R.L. u.a., Methods in Carbohydrate Chem. Vol. IV., Academic Press 1964. S. 3-5.

Physikochemische Studien über Stärke. 11. Mitt. Die Stärkekörner von Süßmais, Zeamays. Greenwood, C.T. und Gupta, Das P.C. J.chem.Soc. (London) 1958. 707-10.

Stärke- und Aleuronkörner, Kristalle und andere tote Inhaltskörper. Küster, E. In: E.Küster, Die Pflanzenzelle, 3. Aufl. 461-526. VEB Gustav Fischer Verlag, Jena 1956.

Beitrag zur physikalisch-chemischen Untersuchung von scheibenförmigen Stärkekörnern. Kritische Untersuchung dieser Stärken (Weizen, Gerste, Roggen). Couleuvrier, C. These, Lyon 1948.

Die neueren Ergebnisse der Stärkeforschung. VII. Die physikalischen Eigenschaften der Stärkekörner. Samec, M. Kolloid-Beih. 54. 177-224 (1942). - Ref.C. 1942. II. 2264.

Altes und Neues über die Stärkekörner. Wieler, A. Biol.generalis (Wien) 16. 434 (1942).

Das Stärkekorn als chemisch einheitliches Gebilde. Badenhuizen, N.P. Recueil Trav.bot.neerl. 35. 559-679 (1938). - Ref.C. 1938. II. 2768.

Das Stärkekorn und Methoden zu seiner Untersuchung. Alexandrow, W.G. und Alexandrowa, O.G. Soz.Pflanzenbau (russ.) 1934. Nr.14.

Die Micellartheorie der Stärke in ihren heutigen Formen und das physikochemische Verhalten der Stärkesubstanzen. Samec, M. Biochem.Z. 218. 249-68 (1930). - Ref.C. 1930. I. 3174.

Ein letztes Wort über Stärkekörner. Reychler, A. Bull.Soc.chim. Belgique 32. 228-229 (1923). - W.Ref. 1435.

Über die Struktur des Stärkekorns. Gertz, O. Bot.Notiser 1922. 113-22.

Die Struktur und der diagnostische Wert de. Stärkekorns (Auszug). Harvey, R.B. Lilly sci.Bull., Ser.I. No.5. 194-98. - W.Ref.583, C.A. 8. 2454 (1914).

Ein neues Untersuchungsverfahren für Stärkekörner. Lenz, W. Apotheker-Ztg. 25. 777-779 (1910). - Ref.C.A. 5. 1162 (1911), W.Ref. 1842.

Zur näheren Kenntnis der Stärkekörner. Salter, J.H. Jb.wiss.Bot. 32. 117-166 (1898). - W.Ref. 551.

Einige Bemerkungen zu Arthur Meyer's "Untersuchungen über die Stärkekörner". Rothert, W. Ber.dtsch.bot.Ges. 15. 231 (1897). - W.Ref. 550.

Untersuchungen über die Stärkekörner. Wesen und Lebensgeschichte der Stärkekörner der höheren Pflanzen. Meyer, A. Gustav Fischer, Jena 1895. 318 S. - W.Ref. 549.

Der feinere Bau der Stärkekörner. Bütschli, O. Naturwiss.Rdsch. 8. 357-358 (1893). - Ref.C. 1893. II. 529.

Amylum. Flückiger, F.A. In: Pharmakognosie des Pflanzenreiches, 3. Aufl. S. 241-49. Verlag R. Gaertner, Berlin 1891.

Morphologische und physiologische Untersuchungen an Stärke und Körnern des Chlorophyll. Belzung. Ann.Sci.natur., Bot. 13. 1 (1891).

Beiträge zur Kenntnis des japanischen Klebreises, Mozigome (Auszug). Shimoyama, Y. Just's bot.Jber. 14. Abt.2, 315-316 (1889). - W.Ref. 889.

Über die Zusammensetzung des Stärkekorns. Bourquelot, E. C.R.hebd. Séances Acad.Sci. 104. 177-180 (1887). - W.Ref. 201.

Morphologische und physiologische Untersuchungen an Stärke und Körnern des Chlorophyll. Belzung, E. Ann.Sci.natur. (VII.sér.) 5. 179 (1887).

Neue Beobachtungen über Stärke in Gefäßen. Fischer, A. Ber.dtsch. bot.Ges. 4. 47-52 (1886).

Über den sogenannten Klebreis (Oryza glutinosa Loveiro). Auszug. Kreusler, U. und Dafert, F.W. Biedermanns Zbl.Agrikulturchem. ration.Landwirtschaftsbetrieb 14. 259-262 (1885). - W.Ref.877.

Zur Kenntnis der Stärkearten. Dafert, F.W. Landwirtsch.Jb. 14. 837-839 (1885). - W.Ref. 876.

Zur Kenntnis einiger Stärkesorten. Fürst, E. Lotos (Prag) 22. 161-65 (1872).

711. Kornbildung, Entwicklung, Wachstum

Bildung von Stärkekörnern aus einer wäßrigen gelatinehaltigen Lösung. Doi, K. und Nikuni, Z. Stärke 14. 461-65 (1962). - Ref.C. 1963. 20984, Ref.J.Chem.(russ.) 1963. 20 R232, C.A.58. 10385g (1963).

In menschlichen Granulationswunden produzierte Stärkekörner. Nikuni, Z., Hizukuri, S., Tamura, Z. und Sakai, M. Mem.Inst. sci.ind.Res., Osaka Univ. 19. 97-103 (1962). - Ref.Stärke 17. 28 (1965).

Die Entwicklung des Stärkekornes in Beziehung zur Struktur von Plastiden. Badenhuizen, N.P. Kon.Nederl.Akad.Wetensch.Amsterdam, Proc., Ser.C, 65. 123-35 (1962). - Ref.C.A. 57. 5025d (1962).

Synthese und Zerfall der Stärke in Koazervat-Tropfen. Oparin, A.I., Jewreinowa, T.N., Larionowa, T.I. und Dawydowa, I.M. Ber.Akad. Wiss.UdSSR (russ.) 143. 980-83 (1962). - Ref.C.A. 57. 5015c (1962), C. 1966. 13-1141.

In menschlichen Granulationswunden produzierte Stärkekörner. Nikuni, Z., Hizukuri, S., Tamura, Z. und Sakai, M. Biochemie (Japan) 34. 106-10 (1962). - Ref.C.A. 57. 5219e (1962).

Stärkekornsynthese. Buttrose, M.S. Adelaide Univ.Waite agric.Res. Inst.Rep. 1960/61. 36.

Physiologie des Getreidekorns. 2. Mitt. Bildung der Stärkekörner in dem sich entwickelnden Gerstenkorn. May, L.H. und Buttrose, M.S. Austral.J.biol.Sci. 12. 146-59 (1959). - Ref.Stärke 13. 64 (1961).

Studien über radioaktive Stärke. Gafin, J.E. und Badenhuizen, N.P. South African J.Sci. 55. 73-77 (1959).

Bildung von nativen stärkeähnlichen Granula von Amylodextrin in vitro. Hizukuri, S. und Nikuni, Z. Mem.Inst.sci.ind.Res., Osaka Univ. 16. 231-38 (1959). - Ref.C. 1960. 10251.

Röntgenbeugungsuntersuchungen an Stärken. 4. Mitt. Bildung von Körnern aus Amylodextrin in vitro, die nativen Stärkekörnern ähnlich sind. Hizukuri, S., Nikuni, Z., Hattori, Y. und Wada, S. J.agric.chem.Soc.Japan 33. 615-19 (1959). - Ref.C.A. 57. 16947g (1962), C. 1963. 7198, Stärke 15. 35 (1963).

Über Zwickel- und Haftproteine. Kosmin, N.P. Mühle 96. 545-46 (1959). - Ref.C. 1960. 11502.

Bemerkungen zu den künstlichen Stärken von A. Eichinger. Ulmann, M. und Seidemann, J. Stärke 11. 363-67 (1959), - Ref.C. 1960. 12526.

Die Bildung organischer Materie aus Kohlensäure. Eichinger, A. Selbstverlag, Bayreuth 1959. 20 S.

Stärkebildung auf anorganischem Wege? Bemerkungen zu einer Arbeit von A. Eichinger. Wolffgang, H. Z.Acker- u.Pflanzenbau 107. 331-34 (1959). - Ref.Stärke 11. 340 (1959).

Über die Bildung der Stärkekörner. Nikuni, Z. Chem.and chem.Ind. (Japan) 13. 454-59 (1958). - Ref.C.A. 52. 13115c (1958).

Das durch Autoradiographie bestimmte Appositionswachstum von Stärkekörnern in Bohnen. Yoshida, M., Fujii, M., Nikuni, Z. und Maruo, B. Bull.agric.Soc.Japan 21. 127-28 (1958). - Ref.C.A. 52. 19703f (1958).

Studien über Stärkebildung außerhalb der Pflanze. Eichinger, A. Selbstverlag, Bayreuth 1958. 20 S.

Über die Bildung der Reservestärke in den Knollen der Kartoffelpflanze. 2. Mitt. Eichinger, A. Z.Acker- u.Pflanzenbau 104. 25-38 (1957). - Ref.C. 1959. 523, C.A. 52. 9326f (1958).

Die Gewinnung von ^{14}C-haltiger Stärke mit Hilfe der Photosynthese. Scherstnew, Je.A. Bot.J. (russ.) 42. 450-53 (1957). - Ref.C. 1957. 11319, C.A. 51. 18136f (1957).

Entwicklung der Stärkekörner im Mais-Endosperm. Whistler, R.L. und Thornburg, W.L. J.agric.Food Chem. 5. 203-07 (1957). - Ref.C.A. 51. 16733d (1957).

Über die Bildung der Reservestärke in den Knollen der Kartoffelpflanze. Eichinger, A. Z.Acker- u.Pflanzenbau 102. 51-68 (1956). - Ref.C. 1957. 7402.

711

Autoradiographisch verfolgtes Wachstum von mit ^{14}C-markierten Stärkekörnern in Kartoffelknollen. Badenhuizen, N.P. und Dutton, R.W. Protoplasma 47. 155-63 (1956). - Ref.C.A. 56. 1774h (1962).

Der Wachstumsmechanismus der Stärkekörner in der Kartoffelknolle, untersucht mit Kohlenstoff 14. Badenhuizen, N.P. und Dutton, R.W. Biochem.J. 62. 13P-14P (1956). - Ref.Stärke 8. 44 (1956), C. 1956. 10739.

Cytoplamatische Einschlüsse bei der Entwicklung und Reife des Maisendosperms. Duvick, D.N. Amer.J.Bot. 42. 717-25 (1955).

Das Wachstum der Stärkekörner in Beziehung zum Genotypus und zur Umgebung. Badenhuizen, N.P. South African J.Sci. 51. 41-47 (1954). - Ref.C.A. 49. 2570i (1955).

Histologische Untersuchung an Stärkekörnern der glatten und runzligen Erbse während der Reife der Samen. Kevei, J. und Pichler, E. Elelmezési Ipar (Verpflegungs-Ind.) 6. 87-92 (1952).

Über die Struktur und Entstehung der Stärkekörner. 2. Mitt. Die Struktur und Entwicklung im allgemeinen sowie die Einteilung und die Erblichkeit des Stärkekornes. Yasui, K. Cytologia (Tokyo) 15. 75-87 (1949).

Über die Struktur und Entstehung der Stärkekörner. 1. Mitt. Beobachtungen über die verschiedenen Arten von Stärkekörnern. Yasui, K. Cytologia (Tokyo) 15. 61-74 (1949).

Die Entwicklung des Endosperms und antipodischen Gewebes in Wachs-Mais. Sass, J.E. Amer.J.Bot. 33. 791-95 (1946).

Über den anatomischen Bau des Endosperm im Weizenkorn. Alexandrow, W.G. und Alexandrowa, O.G. Flora (Jena) 130. 21-38 (1945).

Einige Bemerkungen über das Wachstum des Stärkekornes. Badenhuizen, N.P. Chron.Bot. (Leyden) 5. 199-201 (1939).

Die pflanzliche Diastase im Hinblick auf die Entstehung und die Struktur der Stärkekörner. Teller, G.L. Plant Physiol. 13. 227-40 (1938). - Ref.C. 1938. II. 3824.

Ein Beitrag zur Entwicklungsgeschichte der Stärkekörner. Wieler, A. Protoplasma 30. 139-45 (1938). - Ref.C. 1938. II. 93.

Der Aufbau der pflanzlichen Zellwände. Frey-Wyssling, A. Protoplasma 25. 261 (1936).

Anatomische Analyse einiger Erscheinungen bei der Reifung des Weizenkorns. Alexandrow, W.G. und Alexandrowa, O.G. Flora (Jena) 30. 351-64 (1936).

Die Pflanzenzelle.. Küster, E. Gustav Fischer, Jena 1935.

Über die Synthese der Stärke. Baretto, A. Chimica e Ind. (Sao Paulo) 3. 28-29 (1935). - Ref.C. 1936. I. 2355.

Über die Synthese der Stärke. Baretto, A. Chimica e Ind. (Sao Paulo) 2. 137-38 (1934). - Ref.C. 1935. II. 3915.

Über eine angebliche Synthese der Stärke. Rosa, Militino C. und C.H. Liberalli. Rev.Soc.brasil.quim. 4. 313-49 (1933). - Ref.C. 1935. II. 3915.

Morphologie und Physiologie des Algenstärkekorns. Czurda, V. Beih.bot.Zbl. 45. (I) 97 (1929).

Über das Wachstum der Stärkekörner. Kiyohara, K. Bot.Mag.(Tokyo) 40. 427 (1926).

Über die Art der Bildung von Stärkekörnern in den Laticiferen von Euphorbiaceen. Mangenot, G. C.R.hebd.Séances Acad.Sci. 180. 157 (1925).

Verschiedene Methoden zur Abschätzung des Schwellenwertes der Stärkekondensation. Maige, A. C.R.hebd.Séances Acad.Sci. 180. 1428-31 (1925). - Ref.C. 1925. II. 473.

Über Sparstärke. Ziegenspeck, H. Botanisches Arch. 7. 251 (1924).

Entwicklung der Stärkekörner in den Wurzeltrieben (Augen, Tubercules) der Kartoffel. Lindet, L. und Nottin, P. Bull.Assoc. Chimistes Sucr.,Distill.Ind.agric.France Colonies 40. 343-349 (1923). - Ref.C. 1923. III. 397.

Die Entwicklung des Endosperms in Getreide. Gordon, M. Proc.Roy. Soc.Victoria 34. 105-116 (1922).

Cytologische Untersuchungen über den Vorgang der Bildung von Stärke und der Plasten von Pflanzen (Leuko-, Chloro- und Chromoplasten). Beitrag zur Untersuchung der Mitochondrien. Guilliermond, A. Arch.anat.microsc. 14. 309 (1912).

Das Wachstum und der organische Bau des Stärkekorns. Denniston, R.H. Wisconsin Acad.Sci., Arts Letters, Trans. 15. 664-708 (1907). - W.Ref. 561.

Über natürliche und künstliche Stärkekörner. Rodewald, H. und Kattein, A. Z.physik.Chem. 33. 579-592 (1900). - Ref.C. 1900. II. 180, W.Ref. 714.

Über die Herstellung künstlicher Stärke. Bütschli, O. Bot.Zentralbl. 68. 213 (1896).

Über die Herstellung von künstlichen Stärkekörnern oder von Sphärokristallen der Stärke. Bütschli, O. Verhandl.naturhistor.-med.Ver.Heidelberg 5. 457-472 (1893-97).

Beitrag zur Morphologie und Entwicklungsgeschichte der Stärkekörner von Pellionia Daveauana. Dodel, A. Flora, allg.bot.Ztg. 75. 266-280 (1892). - W.Ref. 547.

Beiträge zur Morphologie und Entstehungsgeschichte der Stärkekörner. Binz, A. Flora, allg.bot.Ztg. 76. 34 (1892).

Zur Kenntnis der inneren Struktur der vegetabilischen Zellmembranen. Correns, C. Jahrb.wiss.Bot. 23. 331 (1892).

Beiträge zur Entstehungsgeschichte der Stärke. Eberdt, O. Jb.wiss. Bot. 22. 293-348 (1891). - W.Ref. 546.

Über die Entwicklung der Stärke. Belzung, E. J.Botanique 5. 5-13 (1891).

Über die Bildung von Stärke in den Chlorophyllkörnchen. Belluci,G. Staz.speriment.Agrarie ital. 14. 77-85 (1888). - W.Ref. 1593.

Bildung der Stärkekörner in den Laubblättern aus Zuckerarten, Mannit und Glycerin. Meyer, A. Bot.Ztg. 44. 80, 105, 106-13 (1886).

Untersuchungen über die Chlorophyllkörner und die ihnen homologen Gebilde. Schimper, A.F.W. Jb.wiss.Bot. 16. 1 (1885).

Über die Entwicklung der Stärkekörner in den latiziferen Zellen von Euphorbiaceae. Potter, M.C. J.Linnean Soc., Botany 20. 446.

Anlage und Wachstum der Stärkekörner. Strasburger, E. In: E.Strasburger, Über den Bau und das Wachstum der Zellhäute, S. 147-61. Gustav Fischer, Jena 1882.

Untersuchungen über die Entstehung der Stärkekörner. Schimper, A.F.W. Bot.Ztg. 39. 185-194, 201-211, 217-228 (1881). - W.Ref. 534.

Das Wachstum der Stärkekörner durch Intussusception. Nägeli, C.W. Bot.Ztg. 39. 633-651, 657-678 (1881). - W.Ref. 535.

Untersuchungen über die Entstehung der Stärkekörner. Schimper, A.F.W. Bot.Ztg. 38. 881-902 (1880). - W.Ref. 534.

712. Korngröße und ihre Bestimmung

Über einige Eigenschaften von sich im Durchmesser unterscheidenden Stärkekörnern der Kartoffel. Putilowa, I.N., Masslowa, G.M. und Traubenberg, Ss. Je. Angew.Biochem.Mikrobiol. (russ.) 2. 616-20 (1966).

Bestimmung der Korngrößenverteilung von Stärke durch die Lichtdurchlässigkeitsmethode. Arai, K. und Suzuki, S. J.technol. Soc.Starch (Japan) 13. Nr.1. 5-12 (1965).

Bestimmung der Korngrößenverteilung von Stärke durch die Sedimentations-Schwebemethode und mikroskopische Methode. Fukuoka, K., Miwa, T. und Ina, T. J.technol.Soc.Starch (Japan) 13. Nr.1. 1-5 (1965).

Trennung von Stärken in Fraktionen von gleichmäßigen Korngrößen. Yamazaki, W.T. und Wilson, J.T. In: Whistler, R.L. u.a., Methods in Carbohydrate Chem. Vol. IV, Academic Press 1964. S. 20-24.

Die Korngröße der Kartoffelstärke im Zusammenhang mit der Knollengröße. Nowotny, F., Pojnar, E. und Pałasiński, M. Przemysł rolny spozywczy 1953. 3.

Anwendung des Kolorimeters KF-1A (polnischer Herstellung) zur Messung der Korngröße der Kartoffelstärke. Pałasiński, M. und Sochocka, J. Biul.Inst.Hodowli Aklimatyzacji Roślin 1963. 93.

Zur Frage der Fraktionierung von Stärkekörnern. Kopřiva, B. Sborník Vysoké školy chemicko-technologické v Praze Oddíl fakulty potravinářské technologie 6. 297-314 (1962). - Ref.Stärke 16. 35 (1964), Ref.J.Chem.(russ.) 1964. 8 R359, C. 1965. 37-3014.

Die Bestimmung der Kartoffelstärkekorngröße mit Hilfe des Elektrophotokolorimeters. Mierzwa, Z. und Swinarski, E. Biul.Inst. Hodowli Aklimatyzacji Rosl. 1961. Nr.5. 73-76. - Ref.J.Chem. (russ.) 1963. 14 R257.

Über die physikalischen Eigenschaften der Stärkekörner. 2. Mitt. Die Geschwindigkeit des Absetzens der Körner im Wasser und die Konsistenz von wäßrigen Suspensionen der Stärke. Maezawa, T., Hayakawa, S. und Okubo, M. J.Utilizat.agric.Prod. 7. 282-88 (1960). - Ref.J.Chem.(russ.) 1961. 18 N311.

Eine einfache und praktische Sedimentationsmethode zur Bestimmung der Mehlteilchengröße. Evans, V.J. Cereal Sci.today 5. 40-43 (1960).

Studien über Phaseolus-Stärke. 7. Mitt. Zusammenfassende Diskussion: Zusammenhänge zwischen Korngröße, Amylosegehalt und Brabender-Amylogramm. Kawamura, S. J.technol.Soc.Starch (Japan) 6. 57-59 (1959). - Ref.C.A. 53. 13286c (1959).

Studien über Leguminosenstärke. 7. Mitt. Zusammenfassende Diskussion über die Beziehungen zwischen Korngröße, Amylosegehalt und Brabender-Amylogramm. Kawamura, S. J.agric.chem.Soc. Japan 33. 300-04 (1959). - Ref.C.A. 53. 13286c (1959).

Probleme bei der experimentellen Bestimmung von Korngrößen und bei der schaubildlichen Darstellung von Korngrößenverteilungen nach Rosin, Rammler und Sperling. Fritz, W. Chemiker-Ztg., Chem. Apparatur 83. 819-23 (1959).

Die Korngrößenanalyse von Mehlen und ihre Bedeutung in der modernen Müllerei. Friedrich, W. Mühle 96. 423-25, 445-46, 459-60 (1959).

Eine Studie über das Problem der Korngrößenmessung. Rose, H.E. Chemie-Ing.-Techn. 31. 183-91 (1959).

Zur Charakterisierung von Batatenstärke. Matwejew, W.P. Ber.Akad. Wiss.UsbekSSR (russ.) 1958. Nr.9. 47-50. - Ref.C. 1960. 4378, Stärke 14. 28 (1962).

Spezifische Filtrationsresistenz und mittlere Durchmesser von nahezu kugelförmigen feinen Partikeln unter 100 Mikron. Sato, T. Chem.Engng. (Japan) 22. 25-28 (1958). - Ref.C.A. 52. 5864d (1958).

Bestimmung der Größe der Körner der Kartoffelstärke nach dem Sedimentationstest. Pałasiński, M. und Samotus, B. Przemysl Spozywczy 12. 408-11 (1958). - Ref.C. 1959. 16181.

Die Größe der Kartoffelstärkekörner. Zadina, J. Vědecké práce vyzkumného ustavu bramborářského Ceskoslovenská akademie zemědělských věd v Havlíčkově Brodě (Wiss.Arb.Forschungsanst. Kartoffelbau Tschechoslowak.Akad.Landwirtschafts-Wiss. Havlickuv Brod) 1958. 125-42.

Die Bestimmung der Kornstaffelung von Stärke. Holló, J. und Szejtli, J. Stärke 10. 25-30 (1958). - Ref.C. 1959. 2984, C.A. 53. 20866i (1959).

Kritische Betrachtungen zur Teilchengrößen-Bestimmung durch Siebanalyse, Windsichter, Sedimentation und den Blaine-Test. Batel, W. Chemie-Ing.-Techn. 9. 581-589 (1957). - Ref.Stärke 11. 22 (1959).

Die Beziehung der Größe der Stärkekörner zum spezifischen Gewicht der Kartoffelknollen. Sharma, K.N. und Thompson, N.R. Michigan State Coll.Agric.appl.Sci., agric. Exp.Stat., quart Bull. 38. 559-69 (1956). - Ref.C. 1959. 9754.

Jahreszeitlich bedingte Veränderungen des Umfanges der Stärkekörner im Baum Quercus. Yamazaki, H., Nishimura, K. und Taguchi,R. J.Sericult.Sci.Japan 24. 413-19 (1955). - Ref.C.A. 50. 7955c (1956).

Analysierung der Größe der Stärkekörner. Taki, Motoji und Takahashi, Ichiro. J.Utilizat.agric.Products (Japan) 1. 129-31 (1954). - Ref.C.A. 48. 12439b (1954).

Verteilung der Korngröße bei Weizenstärke. Nagase, J. und Maeda,I. J.technol.Soc.Starch (Japan) 1. 21-27 (1953). - Ref.C.A. 49. 9945f (1955).

Bestimmung von Korngrößen, Kornoberfläche und Korngewicht bei pflanzlichen Stärken. Hanssen, E.-G., Dodt, E. und Niemann, E.-G. Kolloid-Z. 130. 19-31 (1953). - Ref.Stärke 5. 96 (1953), C. 1953. 6988.

Mechanische Analyse von Stärketeilchen der süßen Kartoffel (Trennung und Eigenschaften von Stärkekörnern verschiedener Größe der süßen Kartoffel). Saito, F. und Imai, A. J.Home Economics (Japan) 3. Nr.1. 23-26 (1952). - Ref.C.A. 49. 15270e (1955).

Über die Bestimmung der Körnchengröße von Stärken. Lindemann, E. Stärke 2. 228-233 (1950).

Oberflächenfilme und Teilchengrößenbestimmung von Pulvern. Gray, V.R. Canad.J.Res.,Sect.B. 28. 277-91 (1950). - Ref.C. 1951. I. 1980.

Wirkung von Pflanzenhormonen auf das Kartoffelwachstum und die Größe der Stärkekörnchen. Whittenberger, R.T. und Nutting, G.C. Plant Physiol. 24. 278-84 (1949). - Ref.Stärke 1949. I. 103.

Untersuchung der Variationen der Korngröße von Maniokstärke. Cours. Agronom.tropicale 1. 138 (1946).

Beiträge zur Kenntnis des Kartoffelstärkemehles. Zijlstra, K. Versl.landbouwkund.Onderz., A.Rijkslandbouwproefstat.bodenkund. Inst.Groningen Nr. 47. A 1223-74 (1941). - Ref.C. 1942. II.2212.

Biochemische und anatomische Eigenschaften der Stärke verschiedener Kartoffelsorten und ihr Wert für technische Zwecke. Vaselovski, I.A. Amer.Potato J. 17. 330-39 (1940). - Ref.C. 1941. I. 2602.

Über die Messung der Lichtabsorptionswerte in der Stärkemilch und ihren Zusammenhang mit der Größe der Stärkekörner. Hospes, Boh. und Dmitrijev, Boris. Z.Spiritusind. 62. 115-16. 123-24 (1939). - Ref.C. 1939. II. 1793.

Über die Messung der Lichtabsorptionswerte in der Stärkemilch und ihren Zusammenhang mit der Größe der Stärkekörner. Hospes, Boh. und Dmitrijew, Boris. Sborník českoslov.Akad.Zemědělské 13. 320-28 (1938). - Ref.C. 1939. I. 2095.

Die Biochemie der Reisstärke. 7. Mitt. Die Korngröße der Reisstärke und ihre Zusammensetzung. Miyake, S. und Ono, K. J.Soc.trop.Agric.Taihoku Imp.Univ. 8. 192 (1936). - Ref.C.A. 32. 1723.

Korngrößenbestimmung feinster organischer Pulver (Braunkohle, Kakao, Sojamehl, Stärkemehl, Reismehl und Zucker). Kaul. E. Dissertation, Breslau T.H. 1935.

Korngrößenbestimmung feinster organischer Pulver (Braunkohle, Kakao, Sojamehl, Reismehl, Stärkemehle, Zucker). Kaul, E. Beih.Z.Ver.dtsch.Chemiker, A:Angew.Chem., B:Chem.Fabrik Nr.17. 8 S. (1935). - Ref.C. 1935. II. 2979.

Verfahren und Vorrichtung zur Bestimmung der Korngröße und Korngrößenverteilung von feinpulvrigen Stoffen. Ebert, L. und Waldschmidt, E. D.R.P. 640 602 Kl. 42 l vom 8/7.1933, ausg. 29/1.1938.

Die differenten Eigenschaften groß- und kleinkörniger Stärke. Grüss, J. Wschr.Brauerei 49. 389-91 (1932). - Ref.C. 1933. I. 1533.

Über die Zellgrößen der Kartoffeln und ihre Beziehung zur Stärkekorngröße. Bredemann, G. und Schulze, W. Z.Spiritusind. 54. 157 (1931).

Untersuchungen über die Zellgröße von Knollen verschiedener Kartoffelsorten und ihre Beeinflussung durch Anbaubedingungen sowie über die Beziehungen zwischen Zellgröße und Stärkekorngröße. Schulze, W. Angew.Bot. 13. 209 (1931).

Methode zur quantitativen Bestimmung der Zusammensetzung der Kartoffelstärke nach Korngröße. Bredemann, G. und Nerling, O. Chemiker-Ztg. 54. 87-88 (1930). - Ref.C. 1930. I. 2024.

Quantitative Bestimmung der Zusammensetzung der Kartoffelstärke nach Korngrößen. Bredemann, G. und Nerling, O. Z.Spiritusind. 53. 42-44 (1930). - Ref.C. 1930. I. 3493.

Die Korngröße bei der Kartoffelstärke. Sprockhoff. Z.Spiritusind. 53. 44 (1930). - Ref.C. 1930. I. 3493.

Über die quantitative Bestimmung der Korngrößen der Kartoffelstärke nebst Untersuchungen über den Einfluß verschiedener Faktoren auf die Stärkekorngröße der Kartoffel. Nerling, O. Wiss.Arch.Landwirtsch., Abt.A. 3. 268-320 (1930). - Ref.C.1931. I. 374.

Über die quantitative Bestimmung der Korngröße der Kartoffelstärke. Nerling, O. Dissertation, Hamburg 1929. 53 S.

Mehlmikroskopie. 1. Mitt. Die Korngröße fein gesichteter Weizenmehle. Berliner, E. und Rüter, R. Z.ges.Getreide- u.Mühlenwes. 5. 105-08 (1928).

Bestimmung der Stärke nach dem Gewicht der Körner. Lindet, L. und Nottin, P. Ann.Falsificat. Fraudes 16. 134-137 (1923). - Ref.C. 1923. IV. 465, W.Ref. 1514.

Die Größe der Stärkekörner verschiedener Kartoffelsorten und ihre Bedeutung für die Kartoffelverwertung. Parow, E. Umschau 26. 692-696 (1922). - Ref.C. 1923. II. 413, W.Ref. 1431.

Über den Größenunterschied der Stärkekörner verschiedener Kartoffelsorten. Parow, E. Z.Spiritusind. 45. 103, 111, 119, 127 (1922). - Ref.C. 1922. IV. 169, W.Ref. 2151.

Die Bestimmung der Durchschnittsgröße von Mikroben, Stärke und dgl. mit Hilfe mikrophotographischer Aufnahmen. Lindner, P. Z.techn.Biol. 8. 47-51 (1920). - Ref.C. 1920. IV. 454, W.Ref. 1428.

Die Korngröße der Weizen- und Kartoffelstärke. Hoyer, O. Z.allg. Oesterr.Apotheker-Ver. 49. 228-30 (1911). - W.Ref. 1415, C.1911. II. 305.

Einfluß trockener Jahreszeiten und Düngemittel auf die Feinheit der Kartoffelstärkekörner. Vilikovski, V. Chem.Listy Vedu Prumysl 5. 412-414 (1911). - W.Ref. 1416.

Die größten Stärkekörner. Eichler, B. Wszechświat 1904. 362-63.

Bestimmung der mittleren Größe der Stärkemehlkörner. Schoenn. Dingler's polytechn.J. 195. 469-470 (1870). - W.Ref. 1406.

713. Chemische Bestandteile des Stärkekornes

(Btr.P vgl. auch "Kartoffel, Phosphorverbindungen": 119, "Analytische Bestimmung von P": 562)

Glykolipid-Konstituenten der Stärkekörner. Duncan, H.J. und Rees, W.R. Biochem.J. 94. Nr.1. 18P-19P (1965). - Ref.C.A. 62. 13427e (1965).

Isolierung der Nucleotide von Stärkekörnern. Rees, W.R. und Duncan, H.J. Biochem.J. 94. Nr.1. 19P (1965). - Ref.C.A. 62. 13419d (1965).

Untersuchungen über das physikalisch-chemische Verhalten von Kartoffelstärke. 6. Mitt. Zersetzung der Amylophosphorsäure während des Alterns von Kartoffelstärke. Pałasiński, M., Bukowska, W., Kujawski, M. und Norek, H. Roczniki Technol.Chem.Zywności 11. 91-100 (1965).

Untersuchung der physikalisch-chemischen Eigenschaften von Kartoffelstärke. 5. Mitt. Die Sättigung der phosphorsauren Gruppen der Stärke durch Natrium und Kalium. Pałasiński, M. Zeszyty naukowe Wyzszej Szkoly Rolniczej 11. Nr.21. 65-76 (1964). - Ref.J.Chem.(russ.) 1965. 21 R335, C.A. 62. 15342e (1965), Stärke 18. 255 (1966).

Untersuchung der physikalisch-chemischen Eigenschaften der Kartoffelstärke. 4. Mitt. Die Absättigung der Phosphorsäure durch Calcium in Kartoffelstärke. Pałasiński, M. und Bussek, J. Roczniki Technol.Chem.Zywności 10. 47-57 (1964). - Ref.J.Chem. (russ.) 1964. 21 R314.

Die Bestimmung des Gehaltes an Phosphorsäure in der Kartoffelstärke auf indirektem Wege. Krzeczek, J. und Pałasiński, M. Roczniki Technol.Chem.Zywności 10. 59-67 (1964). - Ref.J.Chem. (russ.) 1964. 21 R315, Stärke 17. 99 (1965).

Phosphorsäure und Amylase in der Stärke. Ueda, S. J.Ferment. Assoc., Japan 21. 341-44 (1963). - Ref.J.Chem.(russ.) 1964. 16 R337.

Phosphate in Stärke und Glykogen. Harris, G. und Mac Williams,I.C. Stärke 15. 98-101 (1963). - Ref.C. 1963. 22929, Ref.J.Chem. (russ.) 1963. 24 R308, C.A. 61. 882e (1964).

Stellung und mögliche Bedeutung von esterartig gebundenem Phosphor in Stärkefraktionen. Radomski, M.W. und Smith, M.D. Cereal Chem. 40. 31-38 (1963). - Ref.C. 1964. 33-2525, Stärke 16. 35, 342 (1964).

Die Zusammensetzung der Maisstärke. Schusstowa, Ja.M. und Stauer, Ju.F. Ber.ukrain.Akad.Landwirtsch.-Wiss. (russ.) 3. Nr.1. 11-13 (1960). - Ref.C. 1961. 1398, C.A. 56. 6226g (1962), Stärke 14. 188 (1962).

Calziumgehalt in Kartoffelstärke, bei deren Produktion Calziumoxyhydrat angewandt wurde. Kawaguchi, T., Fukuda, N. und Naezawa, T. J.technol.Soc.Starch (Japan) 6. Nr.3-4. 124-25 (1959). - Ref.J.Chem.(russ.) 1960. Nr. 67161, C.A. 56. 13307a (1962).

Die Bedeutung der Phosphorsäure für die Eigenschaften der Kartoffelstärke. Wegner, H. Phosphorsäure 19. 16-26 (1959). - Ref.Stärke 12. 31 (1960), C. 1959. 14231.

Die chemische Zusammensetzung von Körnern verschiedener Weizensorten. Kevanishvili, V.N. Arb.wiss.Forsch.-Inst.Akad.Landwirtschaftswiss.Grusinischen SSR (russ.) 11. 151-60 (1958). - Ref.C.A. 54. 13284b (1960).

Phosphor in Kartoffelstärke. Fukui, T. Mem.Inst.Sci.ind.Res., Osaka Univ. 15. 201-07 (1958). - Ref.C.A. 52. 21185i (1958), C. 1961. 1398.

Über die mineralische Zusammensetzung von Kleber, Stärke und wasserlöslichen Fraktionen. El-Gindy, M.M., Burrell, R.C. und Lamb, C.A. Brot u. Gebäck 10. 68-70 (1956). - Ref.C. 1960. 17308.

Bildung von Fett in Stärkekörnern. Sweschnikowa, I.N. Ber.Akad. Wiss.UdSSR (russ.) 95. 889-92 (1954). - Ref.C.A. 48. 8881h (1954), C. 1956. 1331.

Über den Phosphor der Kartoffelstärke. Posternak, Theodore. J.biol.Chemistry 188. 317-25 (1951). - Ref.C. 1951. II. 828, Stärke 4. 270 (1952).

Über die Zusammensetzung der Fettsäuren der in Mais- und Sorghumstärke vorkommenden Fette. Sniegowski, M.S. und Baldwin, A.R. Stärke 2. 171-72 (1950); - Ref.C. 1951. I. 272.

Phosphorsäure in der Stärke. 1. Mitt. Phosphorsäure aus der Stärke von mit verschiedenen Mengen Phosphordünger gedüngten Kartoffeln. Nowotny, F. Roczniki Chem. (Ann.Soc.chim.Polonorum) 23. 29-42 (1949). - Ref.C. 1949. E.4916.

Die phosphorhaltigen Verbindungen der Weizenstärke. Rooke, H.S., Lampitt, L.H. und Jackson, E.M. Biochem.J. 45. 231-35 (1949). - Ref.C. 1950. II. 1471, Stärke 2. 307 (1950).

Die Fraktionierung der Kartoffelstärke. 5. Mitt. Phosphor in Kartoffelstärke. Lampitt, L.H., Fuller, C.H.F. und Goldenberg, N. J.Soc.chem.Ind. 67. 121-25 (1948). - Ref.C.A. 42. 8005, C.1948. E. 2883.

Chemischer Zustand des Phosphors in Stärke, nachgewiesen durch Titrationskurven an elektrodialysierten Stärken. Briggs, D.R. und Hanig, M. Cereal Chem. 23. 277-87 (1946).

Zusammensetzung des Stärkekorns verschiedener Pflanzen und Eigenschaften der Bestandteile von Weizenstärke. Knjaginitschew,M.I. Biochemie (russ.) 10. 393-400 (1945).

Extrakt von fettiger Substanz aus Stärke. Whistler, R.L. und Hilbert, G.N. J.Amer.chem.Soc. 66. 1721-22 (1944). - Ref.C. 1947. 64.

Nichtkohlenhydratsubstanzen in Getreidestärken. Schoch, Th.J. J.Amer.chem.Soc. 64. 2954-56 (1942). - Ref.C. 1945. I. 414.

Untersuchungen über Stärke. 24. Die Zusammensetzung einiger Stärkearten. Meyer, K.H. und Heinrich, P. Helv.chim.Acta 25. 1639-50 (1942). - Ref.C. 1943. I. 1051.

Untersuchungen über Stärke. 23. Mitt. Zusammensetzung der Stärke von Blättern, Keimen und Knollen der Kartoffel. Meyer, K.H. und Heinrich, P. Helv.chim.Acta 25. 1038-46 (1942). - Ref. C. 1942. II. 2264, C.A. 37. 1153 (1943).

Die Fraktionierung der Weizenstärke. VII. Der Phosphor der Weizenstärke. Lampitt, L.H., Fuller, C.H.F. und Goldenberg, N. J.Soc.chem.Ind. 60. 231-41 (1941). - Ref.C. 1943. II. 2269.

Beiträge zum Chemismus des Stärkekornes. Samec, M. Z.Spiritus-ind. 63. 169 (1940). - Ref.C. 1940. II. 2694.

Kommentar zur "Abwesenheit von gebundenen Fettsäuren in Stärken von Cerealien". Lehrman, Leo. J.Amer.chem.Soc. 61. 212-13 (1939). - Ref.C. 1939. I. 2203.

Abwesenheit von gebundenen Fettsäuren in Stärken und Cerealien. Schoch, T.J. J.Amer.chem.Soc. 60. 2824-25 (1938). - Ref.C. 1939. I. 946.

Die neueren Ergebnisse der Stärkeforschung. I. Die Bestandteile des Stärkekornes. Samec, M. und Blinc, M. Kolloid-Beih. 47. 371-472 (1938). - Ref.C. 1938. II. 3247.

Verteilung von Phosphor im Stärkekorn. Alsberg, C.L. Proc.Soc. exp.Biol.Med. 36. 127-29 (1937). - Ref.C. 1938. II. 1431.

Untersuchungen über die Stärke. V. Beitrag zur Phosphorsäurefrage in der Kartoffelstärke. Tychowski, A. und Masior, S. Biochem.Z. 292. 218-220 (1937). - Ref.C. 1939. I. 4961.

Die mit Bananenstärke assoziierten Fettsäuren. Lehrman, Leo und Elvin A. Kabat. J.Amer.chem.Soc. 59. 1050-51 (1937). - Ref.C. 1938. II. 4260.

Über den Phosphor der Stärkearten. Posternak, T. Helv.chim.Acta 18. 1351-69 (1935). - Ref.C. 1936. I. 3694.

Über den Phosphor von Stärkearten. Posternak, T. Arch.Sci. physiques natur 17. 182-83 (1935).

Die Phosphorsäure in der Kartoffelstärke. Samec, M. Roczniki Chem. Ann.Soc.chim.Polonorum 13. 607-17 (1933). - Ref.C. 1935. I. 166.

Über den Phosphor in der Kartoffelstärke. Posternak, T. C.R.hebd. Séances Acad.Sci. 197. 1157-58 (1933). - Ref.C. 1934. I. 2670.

Einige Faktoren, die die Elektrolyte der Stärkekörner beeinflussen. Edwards, D.W. und J.C. Ripperton. J.agric.Res. 47. 179-91 (1933). - Ref.C. 1934. I. 781.

Kohlenhydrat-Fettsäurebindungen in α-Amylose aus Mais. Taylor, T.C. und Sherman, R.T. J.Amer.chem.Soc. 55. 258-64 (1933). - Ref.C. 1933. I. 2805.

Die Abwesenheit assoziierter Fettsäuren in Kartoffelstärke. Lehrman, L. und Kabat, E. J.Amer.chem.Soc. 55. 850 (1933). - Ref.C. 1933. I. 2476.

Die in der Cassavastärke gebundenen Fettsäuren. Lehrman, L. J.Amer.chem.Soc. 54. 2527-30 (1932). - Ref.C. 1932. II. 1611.

Phosphorsäure in Kartoffelstärke. Janicki, J. Roczniki Chem. Ann.Soc.chim.Polonorum 12. 381-402 (1932). - Ref.C. 1933. I. 687.

Phosphor-, Stickstoff- und Siliciumgehalt der Stärkefraktionen. Samec, M. Helv.chim.Acta 15. 43-47 (1932). - Ref.C. 1932. I. 2021.

Bemerkungen zur Kritik M. Samec's. Karrer, P. Helv.chim.Acta 15. 48 (1932). - Ref.C. 1933. I. 2021.

Studien über Pflanzenkolloide. XXVI. Die Beziehungen zwischen Phosphor und Stickstoff in der Kartoffel- und Weizenstärke. Samec, M. Kolloidchem.Beih. 33. 95-102 (1931). - Ref.C. 1932. II. 3066, C.A. 25. 4913 (1931).

Die mit Weizenstärke assoziierten Fettsäuren. Lehrman, L. J.Amer. chem.Soc. 52. 808-11 (1930). - Ref.C. 1930. I. 2545.

Mikrochemie der Stärkekörner und der Amyloplasten in Kartoffelknollen (Solanum Tuberosum). Kudrzycka, F.W. Roczniki Farmacji 8. 29-129 (1930). - Ref.C. 1931. I. 3478.

Die mit Maisstärke assoziierten Fettsäuren. Lehrman, L. J.Amer. chem.Soc. 51. 2185-88 (1929). - Ref.C. 1929. II. 1396.

Nicht-Kohlenhydrat-Bestandteile als Faktoren bei der Charakterisierung von Stärkekomponenten. Taylor, T.C. In R.P. Walton: A comprehensive survey of starch chemistry, Part 1, S. 62-65. Chemical Catalog Company, New York 1928.

Über die Zusammensetzung der Stärke. Pringsheim, H. und Meyersohn, P. Hoppe-Seyler's Z.physiol.Chem. 173. 211-19 (1928). - Ref.C. 1928. I. 2705.

Studien über Pflanzenkolloide. XXI. Mitt. Über die Verteilung von Phosphor und Stickstoff innerhalb des Stärkekornes. Samec, M. Biochem.Z. 195 . 72-78 (1928). - Ref.C. 1928. II. 740.

Das Verhalten des Phosphors bei den chemischen Umsetzungen der Stärke. Samec, M. Arhiv za celokupnu hemiju i farmaciju 1. 55 (1927).

Über die Zusammensetzung der Stärke. II. Mitt. Peiser, E. Hoppe-Seyler's Z.physiol.Chem. 167. 88-90 (1927). - Ref.C. 1927. II. 1018.

Über die an Getreidestärke gebundenen ungesättigten Fettsäuren. Taylor, T.C. und Lehrman, L. J.Amer.chem.Soc. 48. 1739-43 (1926). - Ref.C. 1926. II. 901.

Über die Zusammensetzung der Stärke. Peiser, E. Hoppe-Seyler's Z.physiol.Chem. 161. 210-17 (1926). - Ref.C. 1927. I. 716.

Die ungesättigten Fettsäuren verbunden mit Maisstärke. Taylor, T.C. und Lehrman, L. Columbia Diss. 1925. - W.Ref. 626.

Über Fett in Reisstärkekörnern. Aoi, R-I. J.chem.Soc. Japan (Nippon Kwagaku Kwaishi) 44. Nr.7. 755-763 (1923). - W.Ref.604.

Fett verbunden mit Stärke. Taylor, T.C. und Nelson, J.M. J.Amer. chem.Soc. 42. 1726-1738 (1920). - Ref.C. 1920. III. 845, W.Ref. 593.

Die Phosphorsäure in Stärke. Northrop, J.C. und Nelson, J.M. J.Amer.chem.Soc. 38. 472-79 (1916). - Ref.C. 1916. I. 943, W.Ref. 587.

Der Phosphorgehalt der Stärke. Thomas, A.W. Biochem.Bull. 3. 403-406 (1913-14). - W.Ref. 582.

Die Zusammensetzung der Stärke. Jacobsen, H.C. Chem.Weekbl.10. 552-63 (1913). - Ref.C. 1913. II. 580, W.Ref. 1968.

Beitrag zum Studium der Zusammensetzung des Stärkekorns. Gatin-Gruzewska, Z. C.R.Séances Soc.Biol. Filiales Associées 64. 178-179 (1908).

Über die Zusammensetzung des Stärkekorns. Gatin-Gruzewska, Z. C.R.hebd.Séances Acad.Sci. 146. 540-542 (1908). - Ref.C.A. 2. 1631 (1908), W.Ref. 566.

Beitrag zur Kenntnis des Stärkemehls (Auszug). Bloemendal, W.H. Pharmac.Weekbl. 43. 1249-65 (1906). - Ref.C.A. 3. 1102 (1909), C. 1907. I. 176, W.Ref. 560.

Einige Beobachtungen über die Zusammensetzung der Kartoffelstärke. Fernbach, A. C.R.hebd.Séances Acad.Sci. 138. 428-430 (1904). - Ref.C. 1904. I. 819, W.Ref. 555.

Stärkekörner. Vries, H. de. Just's bot.Jber. 13. T.1, 122 (1885). - W.Ref. 539.

Über die chemische Zusammensetzung der Stärkekörner. Vries, H.de. Recueil Trav.chim.Pays-Bas 4. 187-188 (1885). - W.Ref. 538.

Beiträge zur genauen Kenntnis der chemischen Beschaffenheit der Stärkekörner. Brukner, B. Mh.Chem. (Wien) 4. 889-912 (1884). - Ref.C. 1884. 247, W.Ref. 537.

Beiträge zur genaueren Kenntnis der chemischen Beschaffenheit der Stärkekörner. Brukner, B. S.-B.kaiserl.Akad.Wiss. Wien 88. 1239 (1884).

Zur Kenntnis der Elementarzusammensetzung der Reisstärke und der quantitativen Bestimmung derselben. Salomon, F. J.prakt.Chem. 26. 324-333 (1882). - W.Ref. 49.

Die Elementarzusammensetzung der Stärke. Salomon, F. J.prakt. Chem. 25. 348-362 (1882). - Ref.C. 1882. 482, W.Ref. 48.

Bestandteile und Zerlegung der Stärkemehlkörner. Jessen, C. J.prakt.Chem. 105. 65-75 (1868). - W.Ref. 530.

714. Spezielle mikroskopische Strukturuntersuchungen

- 7141. Allgemeines zur mikroskopischen Technik
- 7142. Polarisationsmikroskopische Untersuchungen
- 7143. Mikroskopische Kennzeichnung von Stärkekörnern
- 7144. Mikroskopische Untersuchung beschädigter (korrodierter) Körner
- 7145. Submikroskopische Strukturen (Elektronenmikroskopie)
- 7146. Mikroskopische Verfolgung der Stärkequellung

7141. Allgemeines zur mikroskopischen Technik (Auch Anfärbemethoden)

Stärkekörner als Phasenobjekte. Czaja, A.Th. Stärke 18. 165-171 (1966).

Neuere Untersuchungen an Stärkekörnern. Czaja, A.T. Stärke 17. 211-18 (1965).

Über die Ursachen eines verschiedenfarbigen Leuchtens von mit Acridin-Orange angefärbten Zellen. Kononenko, A.P. Journ. angew.Spektroskopie (russ.) 3. 378-382 (1965).

Nachweis der Veränderungen in den parakristallinen Formen von Stärkekörnern unter Verwendung von Acridin-Orange. Badenhuizen, N.P. Stärke 17. 69-74 (1965).

Stärke-Primulin-Fluoreszenz. Sterling, C. Protoplasma 59. 180-92 (1964). - Ref.C.A. 62. 9447d (1965).

Mikroskopische Technik zur Bestimmung der Eigenschaften von Stärkekörnern. MacMasters, M.M. In: Whistler, R.L. u.a., Methods in Carbohydrate Chem. Vol. IV., Academic Press 1964. S.233-240.

Über die Brauchbarkeit von Farbstoffen in der Stärke-Mikroskopie. Seidemann, J. Stärke 14. 348-55 (1962). - Ref.C. 1963. 17907, Ref.J.Chem.(russ.) 1963. 13 R276, C.A. 58. 7017a (1963).

Eine verbesserte mikroskopische Methode zum Zählen der aufgebrochenen Zellen in getrockneten Kartoffelprodukten. Reeve, R.M. und Notter, G.K. Food Technol. 13. 574-77 (1959).

Eine Technik zur Herstellung von achsenparallelen Längsschnitten durch Fasern, Folien und andere Objekte. Iwanow, N. und Schneider, R. Z.wiss.Mikroskop.mikroskop.Techn. 64. 139-48 (1959). - Ref.Stärke 12. 250 (1960).

Ein Mikrofiltrationsapparat. Iwanow, N. und Schneider, R. Z.wiss. Mikroskop.mikroskop.Techn. 64. 158-64 (1959). - Ref.Stärke 12. 222 (1960).

Beobachtungen zur Färbung und Fluorochromierung von Stärkekörnern der Kartoffel (Solanum tuberosum). Bancher, E. und Hölzl, J. Österr.bot.Z. 106. 571-76 (1959). - Ref.Stärke 13. 188 (1961), C.A. 55. 26138d (1961).

Phasenkontrast und polarisiertes Licht als Hilfsmittel bei der mikroskopischen Untersuchung von Futtermitteln. Huss, W. Mikrokosmos 47. 247-54 (1958). - Ref.C. 1959. 11758, Stärke 12. 222 (1960).

Stärke unter dem Mikroskop. Brill, B. Photogr.u.Wissensch. 7. 37-40 (1958).

Mikroskopische Untersuchung von Samen. Mandl, A. Mikrokosmos 47. 332-34 (1957/58).

Phasenkontrastmikroskopie bei der Untersuchung von Stärkekörnern. Wigman, H.B., Leathen, W.W. und Brackemeyer, M.J. Food Technol. 10. 179-84 (1956). - Ref.C.A. 53. 20867c (1959), C. 1960. 2719.

Linsenartige Objekte im Phasenmikroskop. Barer, R. Naturwissenschaften 41. 206-08 (1954).

Farbphotographische Stärkestudien. Czaja, A.Th. Photogr.u.Forsch. 6. 123-26 (1954).

Kontrasteffekt linsenartiger Objekte im Phasenmikroskop. Frey-Wyssling, A. Naturwissenschaften 40. 517-20 (1953).

Das Mikroskop, seine Handhabung und Anwendung im Mühlenlaboratorium. Eckradt, O. Dtsch.Müller-Ztg. 50. 466-68, 490-91 (1952).

7141

Kontrasteffekt dicker Objekte im Phasenmikroskop. Frey-Wyssling, A. Naturwissenschaften 39. 145-46 (1952).

Über die Optik der Kartoffel-Stärkekörner. Speich, H. Ber. Schweiz.bot.Ges. 52. 175-215 (1942).

Über die Optik der Kartoffel-Stärkekörner. Speich, H. Diss. Zürich 1941.

Doppelfärbung von Stärkekörnern und Plastiden für Dauerpräparate. Jones, W.N. Chronica bot. 6. 152 (1940).

Herstellung von zweifarbigen Schichten von Stärke und Plastiden. Jones, W.N. Ann.Botany 3. 505 (1939).

Qualitative und quantitative mikroskopische Untersuchung von Stärken. Pugh, F. Microscope (London) 2. 239 (1938).

Mikroskopie von Stärke mit Hilfe der Spierer-Linse. Woodruff, S. Ind.Engng.Chem. 30. 1409-13 (1938). - Ref.C. 1939. I. 2317.

Eine einfache Methode zur Bleichung von Blättern. McVeight, Ilda Stain Technol. 10. 33-34 (1935). - Ref.C. 1936. I. 2153.

Ein neues Hilfsmittel zum Mikroskopieren. Steinhoff, G. Z.Spiritusind. 57. 291 (1934).

Lumineszenzanalytische Studien an Kartoffelknollen. Marx, Th. und Merkenschlager, F. Landwirtsch.Jb. 76. 733 (1932).

Stärke. Tunmann, O. und Rosenthaler, L. In O.Tunmann und L.Rosenthaler: Pflanzenmikrochemie. Ein Hilfsbuch beim mikrochemischen Studium pflanzlicher Objekte, 2. Auflage, S.819-44. Gebrüder Borntraeger, Berlin 1931. 819-48.

Die Mikroskopie der Stärke. Ellis, H. Textile Recorder 49. Nr.578. 23-25 (1931). - Ref.C. 1931. II. 3557.

Beiträge zur Kenntnis der Färbung des Stärkekorns. Haller, R. Kolloid-Z. 41. 81-87 (1927). - Ref.C. 1927. I. 1561.

Notizen über alkoholische Kalilauge als mikrochemisches Reagens für Stärke und Aleuron. Netolitzky, F. Festschr.Alexander Tschirch 1926. 362-65 (1927). - Ref.C. 1927. I. 2933.

Weiteres über Kolloide. Fischer, H. Ber. dtsch.bot.Ges. 44. 208-12 (1926). - Ref.C. 1926. II. 173.

Biochemische und histologische Studien über Holzbildung. II. Histologische Studien über die Polysaccharide und die aromatischen Bestandteile der Zellwand. Mehta, M.M. Biochemical J. 19. 979-97 (1925). - Ref.C. 1926. I. 2712, W.Ref. 1871B.

Der Proteingehalt und mikrochemische Tests der Samen einiger gewöhnlicher Unkräuter aus Iowa. Pammel, L.H. und Dox, A.W. Proc.Iowa Acad.Sci. 24. 527-532 (1917). - Ref.C.A. 12. 1066 (1918), W.Ref. 1907.

Über eine Methode zur Färbung der Stärkekörner in den Pflanzenzellen im Innern der Mitochondrien. Guilliermond, A. C.R.Séances Soc.Biol.Filiales 79. 806-809 (1916). - Ref.C.A. 12. 816 (1918), W.Ref. 1854.

Beiträge zur angewandten Pflanzenmikrochemie. 4. Notiz über die Anwendung von Jodzuckerlösung. Tunmann, O. Apotheker-Ztg. 27. 261-262 (1912). - W.Ref. 1418.

Einige Beobachtungen an Stärkekörnern und über die Zählkammer, ein Hilfsmittel zur quantitativen Ermittlung von Verfälschungen vegetabilischer Pulver. Hartwich, C. und Wichmann, A. Arch. Pharmaz. 250. 452-471 (1911-12). - Ref.C.A. 7. 534 (1913), C. 1912. II. 1695, W.Ref. 1498.

Der Einfluß von Aluminiumsalzen auf das Protoplasma. Fluri, M. Flora 99. 81-126 (1909). - Ref.C. 1909. I. 386.

Zur Färbungstheorie. Fischer, H. Z.physik.Chem. 63. 480-486 (1908). - Ref.C.A. 2. 3016 (1908), C. 1908. II. 1704, W.Ref.728.

Über die kolloidale Natur der Stärkekörner und ihr Verhalten gegen Farbstoffe. Fischer, H. Beih.z.Botan.Centralbl. 18. 1905. 409.

Die Mikroskopie der Cerealien. Moeller, J. Pharmaz.Zentralhalle Deutschland 5. 507-66 (1884).

7142. Polarisationsmikroskopische Untersuchungen

Die Polarisationsfarben von Maisstärken in Abhängigkeit des Amylosegehalts und genetischer Faktoren. Seckinger, H.L. und Wolf, M.J. Stärke 18. 1-5 (1966).

Die Anwendung optischer Methoden bei der Untersuchung von Stärke. 2. Mitt. Farbphotographische Studien an Stärkekörnern im polarisierten Licht. Seidemann, J. Photogr.Korresp. 100. 85-88 (1964). - Ref.Stärke 16. 238 (1964).

Die mit dem Interferenz-Mikroskop bestimmten Refraktions-Indices von Weizenstärkekörnern bei verschiedenen Feuchtigkeitsgehalten. Wolf, M.J., Ruggles, V.J. und MacMasters, M.M. Biochim. biophysica Acta (Amsterdam) 57. 135-42 (1962).

Untersuchungen an Stärkekörnern im gewöhnlichen, polarisierten und Fluoreszenzlicht. Czaja, A.T. Stärke 13. 357-63 (1961). - Ref.C. 1962. 12867, Ref.J.Chem.(russ.) 1962. 10 N352.

Beiträge zur mikroskopischen Untersuchung verschiedener Stärkearten im polarisierten Licht. Huss, W. Zeiss-Mitt. (Stuttgart) 2. 92-102 (1960). - Ref.C. 1964. 11-2592, Stärke 13. 188 (1961), Stärke 16. 370 (1964).

Die Anwendung optischer Methoden bei der Untersuchung von Stärke. 1. Mitt. Das unterschiedliche Verhalten verschiedener Stärken im polarisierten Licht. Seidemann, J. Ernährungsforschung 5. 56-75 (1960). - Ref.C.A. 54. 18995f (1960), C. 1960. 16283, Ref.J.Chem.(russ.) 1960. 86511, Stärke 13. 62 (1961).

Polarisations- und Fluoreszenzmikroskopische Untersuchungen an Stärkekörnern. Czaja, A.T. Photogr.u.Forsch. 8. 110-18 (1960). - Ref.Stärke 13. 59 (1961), C. 1961. 5103, Stärke 13. 92 (1961).

Über den Einfluß von Genen auf den Temperaturendpunkt der Doppelbrechung von Stärkekörnern in Mais. Pfahler, P.L., Kramer, H.H. und Whistler, R.L. Science (Washington) 125. 441-42 (1957). - Ref.C. 1960. 1218.

Polarisationsmikroskopische Untersuchungen an Pflanzen. Rathfelder, O. Mikrokosmos 47. 49-52 (1957/58).

Ionotrope Gele von Polyuronsäuren. II. Ordnungsgrad. Thiele, H. und Andersen, G. Kolloid-Z. 142. 5-24 (1955).

Praktische Anwendung der Polarisationsmikroskopie in der Pflanzenanalyse Pulveranalyse). Czaja, A.T. Ber.Oberhess.-Ges. Natur- u. Heilkd., naturwiss. Abt. 27. 147-166 (1954).

Wiederkehr der Doppelbrechung bei gelatinierten Stärkekörnern. MacMasters, M.M. Cereal Chem. 30. 63-65 (1953). - Ref.Stärke 5. 225 (1953), C. 1956. 12415.

Doppelbrechung von Amylose und Amylopektin in strukturell unveränderten Stärken. Baker, F. und Whelan, W.J. Nature (London) 166. 34 (1950). - Ref.C. 1951. II. 63.

Doppelbrechung, Jodreaktion und Feinstruktur wachsiger Stärken. Baker, F. und Whelan, W.J. J.Sci.Food Agric. 2. 444-46 (1951). - Ref.Stärke 4. 140 (1952), C.A. 46. 2828h (1952).

Die Optik der Stärkekörner. Frey-Wyssling, A. Ber.schweiz.bot. Ges. 50. 321-36 (1940). - Ref.C.A. 35. 7227 (1941).

Die Quellung und Doppelbrechung der Kartoffelstärkekörner. Speich, H. Verh.schweiz.naturforsch.Ges. Locarno 1940. 166.

Zur Optik der Stärkekörner. Frey-Wyssling, A. Naturwissenschaften 28. 78-79 (1940). - Ref.C. 1940. I. 1840.

Polarisiertes Licht und Stärkekörner. Jones, W.N. Ann.Botany 39. 651-653 (1925). - Ref.C.A. 19. 3512 (1925), W.Ref. 821.

Stärke und ihre optischen Eigenschaften. Gillis, J. Natuurwetensch. Tijdschr. 3. 109-12, 126-31 (1921). - Ref.C.A. 16. 3554 (1922), W.Ref. 1429.

Erklärung der optischen Eigenschaften des Stärkekornes im polarisierten Lichte. Gillis, J. Bull.Soc.Chim.Belgique 30. 114-119 (1921). - Ref.C. 1921. III. 550, W.Ref. 1426.

Über Erscheinungen, die Stärkekörner im polarisierten Licht aufweisen. Boutaric, A. J.Physique 1. Sér.5; 891-896 (1911). - Ref.C.A. 6. 826 (1912), W.Ref. 1414.

Gesundheitspolizeiliche Untersuchung der Stärke durch Anwendung von polarisiertem Licht. Herman, M. Bull.Soc.chim.Belgique 22. 340-342 (1908). - W.Ref. 1833.

Die Doppelbrechung der organisierten Gebilde. Strasburger, E. In E. Strasburger: Über den Bau und das Wachstum der Zellhäute, S. 208-16. Gustav Fischer, Jena 1882.

Stärke und ungetempertes Glas unter dem Polarisationsapparat. Baily, W. Philos.Mag. 7. Ser.5. 39-50 (1879). - W.Ref. 1201.

7143. Mikroskopische Kennzeichnung von Stärkekörnern

(Äußere Form und innere Struktur von Stärkekörnern verschiedener Pflanzen)

Mikroskopische Feinstruktur pflanzlicher Objekte und chromatische Korrektion der Mikroskopobjektive. Czaja, A.T. Zeiss-Mitt. 4. 110-25 (1966).

Mikroskopische Untersuchung und Nachweis von Reismehl in anderen Getreidestärken bzw. -mehlen. Seidemann, J. Nahrung 9. 899-910 (1965). - Ref.Stärke 18. 200 (1966).

Ein Beitrag zur mikroskopischen Untersuchung von Apfelstärke. Seidemann, J. Fruchtsaft-Ind. 10. 312-14 (1965). - Ref.Stärke 18. 199 (1966).

Notiz zur mikroskopischen Untersuchung von Palmstärken. Seidemann, J. Bot.Tidsskr. 61. 85-87 (1965). - Ref.Stärke 18. 200 (1966).

Zur mikroskopischen Kenntnis der Stärke unreifer Tomaten. Seidemann, J. Z.Lebensmittel-Unters. u. -Forsch. 125. 22-24 (1964). - Ref.C. 1966. 7-3275.

Die Bedeutung der Stärken für die Erkennung von Mehlen in Gemengen mit Reismehl. Czaja, A.T. Stärke 16. 276-79 (1964). - Ref.C. 1966. 6-3018.

Mikroskopische Eigenschaften hochamylosiger Maisstärken. Wolf,M.J., Seckinger, H.L. und Dimler, R.J. Stärke 16. 375-80 (1964).

Neue Methoden in der Getreide-Mikroskopie. Czaja, A.T. Getreide u.Mehl 14. 97-101 (1964).

Die Mikrographie von Kartoffelstärke. Wellendorf, M. Dansk Tidsskr. Farmaci 38. 247-54 (1964). - Ref.Stärke 17. 363 (1965).

Mikroskopische Untersuchung verschiedener Dioscorea-Stärken. Seidemann, J. Stärke 16. 246-53 (1964). - Ref.C. 1966. 16-3079.

Beitrag zur mikroskopischen Untersuchung der Stärke der Erdmandel (Cyperus esculentus L.). Seidemann, J. Nahrung 8. 533-36 (1964). - Ref.Stärke 16. 268 (1964), C. 1965. 9-2870.

Ein Beitrag zur mikroskopischen Untersuchung von Fruchtstärken. Seidemann, J. Fruchtsaft-Ind. Ver.Confructa 8. 97-99 (1963). - Ref.Stärke 15. 421 (1963), C. 1964. 36-2556.

Die mikroskopische Struktur von Palmstärken. Wellendorf, M. Bot.Tidskr. 59. 209-19 (1963). - Ref.Stärke 17. 101 (1965).

Mikroskopische Untersuchungen an Roggen. Ström, G. und Schwab, B. Getreide u.Mehl 13. 25-36 (1963).

Untersuchungen zur mikroskopischen Unterscheidung von Manioka- und Batatenstärke. Seidemann, J. Stärke 15. 326-29 (1963). - Ref.C. 1964. 30-2358.

Identifizierung verschiedener Stärkearten durch die mikroskopische Bestimmung des Quellungsbereiches. Seidemann, J. Stärke 15. 291-99 (1963). - Ref.C. 1964. 23-2521, Ref.J.Chem.(russ.) 1964. 6 R360.

Eine einfache Methode zum Nachweis von verschiedenen Stärkearten und Piper longum in gemahlenem Pfeffer. Seidemann, J. Quart.J.Crude Drug Res.(Amsterdam) 2. 245-53 (1963). - Ref.Stärke 15. 459 (1963), C.A. 60. 5883h (1964).

Beitrag zur mikroskopischen Untersuchung der Rinde von Cassia lignea. Seidemann, J. Z.Lebensmittel-Unters. u. -Forsch. 116. 24-26 (1961). - Ref.C.A. 56. 10651d (1962).

Getreide und Getreideprodukte. 1. Mitt. Charakteristische Merkmale der Stärkearten von Ost-Pakistan. Hossain, M.A., Mukherjee,B.D., Ahad, M.M., Haque, M.N., Rahman, M. und Khan, N.A. Pakistan J. sci.ind.Res. 13. 19-24 (1961). - Ref.C.A. 56. 15885e (1962).

7143

Dolichos biflorus L., eine bisher in Curry-Pulvern nicht beobachtete Leguminose. Deutschmann, F. Z.Lebensmittel-Unters. u. -Forsch. 115. 137-41 (1961). - Ref.C.A. 55. 21416c (1961).

Pharmakognostische Untersuchung von Rauwolfia aus Kwangsi. Zhi-Li, C. und Sze-wen, C. Acta pharmac.sinica 8. 145-55 (1960).

Die Vielgestaltigkeit der Stärketypen im Maiskorn. Peruanskij,Ju.B. Natur (russ.) 47. Nr.8. 118 (1958).

Lichtmikroskopische Untersuchungen über die Entwicklung der Chloroplasten von Cabomba furcata Schult.f. Haber, W. Protoplasma (Wien) 50. 269-76 (1958). - Ref.Stärke 13. 60 (1961).

Die mikroskopische Untersuchung von Bohne, Linse und Erbse. Ziesak, W. Mikrokosmos 47. 254-58 (1957/58). - Ref.Stärke 12. 222 (1960).

Mikroskopische Untersuchung von Kornrade, Mutterkorn und Taumellolch. Ziesak, W. Mikrokosmos 47. 62-65 (1957/58).

Fluorescenzmikroskopische Untersuchungen über das Haftprotein bei Stärkekörnern. Czaja, A.T. Protoplasma 46. 143-51 (1956). - Ref.C. 1957. 7669.

Untersuchungen an Leguminosen-Stärken. 1. Mitt. Mikroskopische Beobachtungen an den Stärkekörnern einiger japanischer Leguminosen. Kawamura, S., Tsuboi, Y. und Hujii, T. Techn.Bull. Kagawa agric.Coll. (Japan) 7. 87-91 (1955). - Ref.C.A. 51. 12237g (1957).

Weitere Untersuchung über die mikroskopische Bestimmung von Stärkekörnern in Beziehung zur Reife von Limabohnen. Salunkhe, D.K. und Pollard, L.H. Food Technol. 9. 521-22 (1955).

Mikroskopische Beobachtungen bei Stärkekörnern in Beziehung zur Reife der Kartoffeln. Salunkhe, D.K. und Pollard, L.H. Proc.Amer.Soc.horticult.Sci. 64. 331-34 (1954).

Untersuchungen an Stärkekörnern. Czaja, A.T. Ber.dtsch.bot.Ges. 66. (5)-(7) (1954).

Mikroskopischer Nachweis von Amylose und Amylopektin am Stärkekorn sowie zweier Typen von Stärkekörnern. Czaja, A.T. Planta 43. 379-392 (1954). - Ref.C. 1950/54. 1219 S., C.A. 48. 9477i (1954).

Über die Beschaffenheit der Stärkekornoberfläche im Mehl. Hampel, G. Getreide u. Mehl 2. 13-16 (1952). - Ref.Stärke 5. 45 (1953).

Mikroskopische Beobachtungen an Stärkekörnern. Berliner, E. Getreide, Mehl Brot 4. 34-36 (1950). - Ref.C. 1950. II. 353.

Zur Mikroskopie der Stärke. I. Mitt. Die Kennzeichen der wichtigsten Stärkearten. Thaler, H. Mikrokosmos 39. 3-8 (1949). - Ref.C. 1950. II. 1755.

Über abweichend geformte Erbsenstärke. 2. Mitt. Griebel, C. Z.Lebensmittel-Unters. u. -Forsch. 89. 404-11 (1949). - Ref.C. 1949. E. 5911.

Erbsenmehle mit auffallend geformten Stärkekörnern. Griebel, C. Z.Lebensmittel-Unters. u. -Forsch. 88. 269-72 (1948). - Ref.C. 1949. II. 1243.

Chemische Untersuchung über das reife Weizenkorn mit Hilfe des Mikroskops. Shetlar, M.R. Cereal Chem. 25. 99- 110 (1948).

Mikrophotographische Studien an Weizenstärke. 2. Mitt. Amylolytische Enzyme und der Amylase-Inhibitor des sich entwickelnden Weizenkornes. Sandstedt, R.M. und Beckord, O.C. Cereal Chem. 23. 548-59 (1946).

Mikrophotographische Studien über Weizenstärke. I. Entwicklung der Stärkekörner. Sandstedt, R.M. Cereal Chem. 23. 337-59 (1946).

Pfeilwurz- und Leguminosenstärke. Armitage, F.D. Ind.Chemist 19. 335-41 (1943). - Ref.C. 1945. I. 851.

Weitere Stärkearten unter dem Mikroskop. Armitage, F.D. Ind.Chemist. 19. 136-41 (1943). - Ref.C. 1943. II. 1679.

Untersuchungen über die Variabilität der Stärkeform in der Gattung Solanum, Sectio Tuberanium. Köhler, E. und Bode, O. Züchter 15. 135 (1943).

Mikroskopische Untersuchungen der Entwicklung der Maisstärke. Evans, J.W. Cereal Chem. 18. 462-64 (1941).

Morphologische Eigenschaften und Reaktionen von drei exotischen Stärken. Bastin, R. Bull.agric.Congo Belge 30. 258 (1939).

Eine mikroskopische Untersuchung von Stärkekörnern aus Gerste und Malz. Swanson, R.G. und Kruzic, T.P. Brewers Digest 14. Nr.3. 25-29 (1939). - Ref.C. 1939. I. 3977.

Wachstum und Korrosion des Stärkekorns in Verbindung mit unserer gegenwärtigen Kenntnis des mikroskopischen und chemischen Aufbaues. Badenhuizen, N.P. Protoplasma 33. 440-65 (1939). - Ref.C. 1940. I. 3406.

Mikroskopische Beobachtungen über die Struktur und Konsistenz von Stärkekörnern. Badenhuizen, N.P. Chronica Bot. (Leiden) 4. 123 (1938).

Über die Beschaffenheit einiger Stärkearten. Schmidt, E.A. Allg. dtsch.Mühlen-Ztg. 40. 499-505 (1937).

Eine mikroskopische Untersuchung von Weizenkörnern. Fairdough, B. Nat.Joint ind.Council for Flour Milling Ind., techn.Education Ser., Pamphlet Nr. 14, London 1937.

Mikroskopie von Stärkearten und ihren Modifikationen. Sjostrom, O.A. Ind.Engng.Chem. 28. 63-74 (1936). - Ref.C. 1936. II. 884.

Mikroskopische Untersuchungen von Stärke. Butchers, C.H. Food 3. 244 (1934).

Abhandlungen zur physikalischen Chemie der Stärke und der Brotbereitung. XVIII. Weitere Versuche, die gewachsene Struktur des Stärkekorns mikroskopisch sichtbar zu machen. (Anwendung von anderen Methoden zur Kontrolle der bei der Lintnerisierung von Weizenstärke gewonnenen Ergebnisse). Hanson, E.A. und Katz,J.R. Z.physik.Chem.Abt.A. 169. 135-42 (1934). - Ref.C. 1934. II. 3688.

Abhandlungen zur physikalischen Chemie der Stärke und der Brotbereitung. XVII. Über Versuche, die gewachsene Struktur des Stärkekorns mikroskopisch sichtbar zu machen, besonders an lintnerisierter Stärke. Hanson, E.A. und Katz, J.R. Z.physik. Chem.Abt.A. 168. 339-52 (1934). - Ref.C. 1934. II. 3687.

Unregelmäßigkeiten in der Struktur der Stärkekörner des weißen Pfeffers des Handels. Camilla, S. Giorn.Farmac.Chim.Sci. affini 80. 505-24 (1931). - Ref.C. 1932. I. 1455.

Beitrag zur Mikrophotographie der Getreidearten einschließlich Mais, Hirse, Buchweizen sowie der Leguminosen. 9. Mitt. Leguminosen. Strilciuc, D. Z.ges.Getreidewes. 17. 254 (1930).

Mikroskopische und mikrochemische Beobachtungen an Maiskörnern verschiedener Altersstufen. Niethammer, A. Z.ges.Getreidewes. 17. 214-16 (1930). - Ref.C. 1931. I. 1032.

Die mikroskopische Untersuchung von Stärke und Mehl. Garner, W. Ind.Chemist chem.Manufacturer 5. 119-20 (1929). - Ref.C. 1929. II. 361.

Beitrag zur Kenntnis des Bananenmehls. Ullán, E.A. Quim.e Ind. (Barcelona) 3. 261-63 (1926). - Ref.C. 1926. II. 3121.

Die Struktur von Stärkekörnern bei unter konstanten Bedingungen gewachsenen Weizen. Sande-Bakhuyzen, H.L. van de. Proc.Soc. exp.Biol.Med. 23. 302-05 (1926).

Untersuchungen über die Natur der Stärke. 2. Mitt. Ultramikroskopische Beobachtung der Jod-Stärke-Färbung. Nagai, K. Acta Scholae med.Univ.Imp.Kioto 7. 577-81 (1925). - Ref.C. 1926. II. 1014.

Untersuchungen über die Natur der Stärke. 1. Mitt. Ultramikroskopische Beobachtungen über den fermentativen Stärkeabbau. Nagai, K. Acta Scholae med.Univ.Imp. Kioto 7. 569-75 (1925). - Ref.C. 1926. II. 1014.

Beiträge zur angewandten Drogenkunde. Beobachtungen an Stärkekörnern. Rosenthaler, L. Schweiz.Apotheker-Ztg. 61. 654-59 (1923). - Ref.C. 1924. I. 451, W.Ref. 813.

Neue Mikrophotographien der üblicheren Handelsstärken. Fall, C.B. Chem.Age 31. 37-39 (1923). - W.Ref. 1434.

Spezifizierung in den Formen der Stärkekörner. Zwikker, J.J.L. Pharmac.Weekbl. 60. 1109-17 (1923). - Ref.C.A. 17. 3924 (1923), W.Ref. 1436.

Mikroskopie der Nahrungsmittel; eine Studie über Stärke, der Welt wichtigstes Nahrungsmittel. Hausman, L.A. Sci.American 127. 256-257 (1922). - W.Ref. 1430.

Einige Charakteristika der Weizenstärke. Wallis, T.E. Pharmac. Pharmacist 109. 82-83 (1922). - Ref.C. 1922. IV. 676, W.Ref. 1867.

Zur mikroskopischen Untersuchung stärkehaltiger Nahrungs- und Genußmittel. Herter, W. Z.ges.Getreidewes. 8. 177-83 (1916).

The differentiation and specifity of starches in relation to genera, species, etc. Stereochemistry applied to protoplasmic processes and products, and as a strictly scientific basis for the classification of plants and animals. (Die Differenzierung und Spezifizierung von Stärken in Beziehung zu Gattungen, Arten etc. Reichert, E.T. Carnegie Institution of Washington, Publ. Nr. 173, Part 2, Washington 1913. 558 S. - W.Ref. 1420.

The differentiation and specifity of starches in relation to genera, species, etc. Stereochemistry applied to protoplasmic processes and products and as a strictly scientific basis for the classification of plants and animals. (Die Differenzierung und Spezifizierung von Stärken in Beziehung zu Gattungen, Arten etc.). Reichert, E.T. Carnegie Institution of Washington, Publ. Nr. 173, Part 1, Washington 1913. 342 S. - W.Ref. 1419.

Die Stärke von Dolichos multiflorus. Pieraerts, J. Bull.Assoc. Chimistes Sucr. Distill., France Colonies 31. 230-34 (1913). - Ref.C. 1914. I. 269, W.Ref. 2103.

Die indischen Bohnen. Beschreibung der Stärkekörner. Hanausek,T.F. Arch.Chem.Mikroskop. 5. 203-4 (1912).

Über das Ergebnis der Kreuzung von runden mit runzligen Erbsen im Hinblick auf ihre Stärkekörner. Darbishire, A.D. Proc.Roy.Soc. (London), Ser.B. 80. 122-135 (1908).

Die mikroskopische und chemische Prüfung von schwarzem Pfeffer. Sindall, H. Amer.J.Pharmacy 80. 1-11 (1908).

Ultramikroskopische Untersuchungen der Stärkekörner, Zellmembranen und des Protoplasmas. Gaidukov, N. Ber.dtsch.bot.Ges. 24. 581-590 (1906). - Ref.C. 1907. I. 643, W.Ref. 1237.

Mikrophotogramme von Inulinsphäriten und Stärkekörnern. Fischer,H. Ber.dtsch.bot.Ges. 21. 107 (1903).

Über hochzusammengesetzte Stärkekörner im Endosperm von Weizen, Roggen und Gerste. Peter, A.H. Österr.bot.Z. 50. 315 (1900).

Stärke. Kirkby, W. Pharmac.J.Trans. 15. 665-66 (1884/85).

Der Molekularbau der organisierten Gebilde. Strasburger, E. In E. Strasburger: Über den Bau und das Wachstum der Zellhäute, S.216-36. Gustav Fischer, Jena 1882.

Über die Gestalt der Stärkekörner und Farbkörper. Scherrer, A.F.W. Bot.Zbl. 12. 175 (1882).

Untersuchung der neuen, zur Pariser Weltausstellung (1867) gesendeten Stärkesorten. 2. Wiesner, J. und Hübl, J. Dingler's polytechn.J. 190. 157-169 (1868). - W.Ref. 1405.

7144. Mikroskopische Untersuchung beschädigter (korrodierter) Körner

(Vgl. auch "Analytische Stärkekennzeichnung, Beschädigte Stärkekörner": 568)

Der Nachweis von intakten und veränderten Stärkekörnern. Farbphotographische Studien. Seidemann, J. Photogr.Korresp. 99. 207-08 (1963). - Ref.Stärke 16. 137 (1964), C. 1964. 29-1011.

Der Einfluß einiger α-Amylasen auf Stärkekörner. Walker, G.J. und Hope, P.M. Biochem.J. 86. 452-62 (1963). - Ref.Stärke 16. 73 (1964), C. 1965. 10-1215.

Versuche über die Bestimmung der Stärkebeschädigung. Apling, E.C., Kent-Jones, D.W. und Amos, A.J. J.Sci.Food Agric. 13. 516-20 (1962). - Ref.C. 1964. 43-2762.

Eine mikrophotographische Studie über mechanisch beschädigte Weizenstärke. Sandstedt, R.M. und Schroeder, H. Food Technol. 14. 257-65 (1960). - Ref.Stärke 13. 92 (1961), C. 1961. 16306.

Einige biochemische Eigenschaften von Maisstärke. Owtschar, L.A. Hochschulnachr., Nahrungsmittel-Technol. (russ.) 1960. Nr.2. 10-13. - Ref.Stärke 13. 59 (1961), Ref.J.Chem.(russ.) 1961. 7 N341, C. 1961. 9235.

Wirkung des Trocknens auf das Vorhandensein von Höhlungen in Maisstärkekörnchen. Whistler, R.L., Spencer, W.W., Goatley, J.L. und Nikuni, Z. Cereal Chem. 35. 331-36 (1958). - Ref.C.A. 52. 20762d (1958), C. 1959. 15207, Stärke 12. 33 (1960).

Physiko-chemische Untersuchungen an Stärken. 14. Mitt. Der Einfluß von Säure auf Weizenstärkekörner. Arbuckle, A.W. und Greenwood, C.T. J.Chem.Soc. (London) 1958. 2629-31. - Ref.C.A. 52. 19198b (1958), C. 1961. 511.

Physiko-chemische Untersuchungen an Stärken. 5. Mitt. Der Einfluß von Säure auf die Körner von Kartoffelstärke. Cowie, J.M.G. und Greenwood, C.T. J.Chem.Soc. (London) 1957. 2658-65. - Ref.C.A. 51. 14301b (1957), C. 1961. 12864.

Mikroskopische Untersuchung von modifizierten Stärken. Schoch, Th.J. und Maywald, E.C. Analytic Chem. 28. 382-87 (1956). - Ref.C.A. 50. 17499e (1956), C. 1957. 1692.

Mikrophotographische Studien an Weizenstärke. III. Enzymatischer Abbau und Kornstruktur. Sandstedt, R.M. Cereal Chem. 32. Suppl. 17-47 (1955), auch Brewers Digest 30. 49-63 (1955). - Ref.Stärke 7. 252 (1955), C.A. 49. 11307f (1955).

Über die Quellung und Enzym-Digestion von mechanisch beschädigten Weizenstärkekörnern. Sandstedt, R.M. und Fleming, J. Cinémicrograph. Univ.Nebraska, Lincoln 1954. Presented at the 125th meeting of the ACS 1954.

Die Struktur der Weizenstärkekörner unter der Einwirkung von Enzymen. Sandstedt, R.M., Fleming, J. und Allred, J.D. Cinémicrograph Univ. Nebraska, Lincoln 1954. Presented at the 125th meeting of the ACS 1954.

Selektive Färbung von unverletzten und beschädigten Stärkekörnchen durch Safranin O und Niagarablau 4B. Baker, F. und Hobson, P.N. J.Sci.Food Agric. 3. 608-12 (1952). - Ref.C.A. 47. 3593c (1953), Stärke 5. 163 (1953), C. 1950/54. S. 4318.

Korrosion von Stärkekörnern. Hrabowski, W. Mikrokosmos 40. 295-97 (1951). - Ref.C. 1952. 3259.

Nelkenöl als mikroskopisches Beobachtungsmittel zur schnellen Erkennung von Auswuchs- und Malzmehlspuren. Berliner, E. Mühle 76; Mühlenlabor. 9. 87-88 (1939). - Ref.C. 1939. II. 1598.

Abhandlungen zur physikalischen Chemie der Stärke und der Brotbereitung. XXIX. Mikroskopische Beobachtungen an den durch Röstdextrinbildung veränderten Stärkekörnern. Badenhuizen, jr. N.P. und Katz, J.R. Z.physik.Chem. Abt.A 182. 73-90 (1938). - Ref.C. 1938. II. 2857.

Stärkestruktur und Enzymeinwirkung. Schade, A.L. Commun.Sci.Pract. Brewing, Wallerstein Lab. 1938. Nr.2. 39-43. - Ref.C. 1938. II. 3474.

Über die durch die diastatische Methode festgestellte Verschiedenheit in der Struktur der Stärke. Iwanoff, N.N., Kurgatnikov, M.M. und Kirsanova, V.A. Enzymologia (Den Haag) 4. 163-68 (1937). - Ref.C. 1938. I. 1979.

Atypische Korrodierung der Stärke bei der mit Fusarium roseum und Gibberella Suabinetii befallenen amerikanischen Futtergerste. Strilciuc, D. Z.Unters.Lebensmittel 59. 258-65 (1930). - Ref.C. 1930. II. 577.

Der Einfluß amylolytischer Enzyme auf Körner natürlicher Stärke und die kolloidale Struktur der Stärke. Zwikker, J.J.L. Recueil Trav.bot.néerl. 18. 1 (1921).

Über den Nachweis von mechanischen Beschädigungen der Stärkekörner. Scheffer. Z.ges.Getreidewes. 11. 41-43 (1919). - Ref.C. 1919. IV. 749, W.Ref. 1425.

Mikroskopische Studie über die an Stärkekörnern eintretende Veränderung während der Keimung von Weizen. Whymper, R. 7.Int. Congr.appl.Chem., London, Sect. 6a. 7-13 (1909). - Ref.C.A. 4. 1821 (1910), W.Ref. 736.

Über das Eindringen von Substanzen, besonders der Diastase, in das Stärkekorn. Grüss, J. Beitr.wiss.Bot. 1. 295-315 (1895).

Untersuchungen über das Diastaseferment unter spezieller Berücksichtigung seiner Wirkung auf Stärkekörner innerhalb der Pflanzen. Krabbe, G. Jb.wiss.Bot. 21. 520 (1890).

7145. Submikroskopische Strukturen (Elektronenmikroskopie)

Elektronenmikroskopische Untersuchung von Stärke mit verschiedenen Zusätzen. Kaban, A.P., Kowalewskaja, Je.I. und Kurilenko, O.D. Ukrainskij chim.J. (russ.) 31. 720-22 (1965). - Ref.C.A. 63. 13550f (1965).

Elektronenmikroskopische Untersuchung von Stärkefraktionen bei Gegenwart von Polyelektrolyten. Kaban, A.P., Kowalowskaja, Je.I. und Kurilenko, O.D. Nahrungsmittel-Ind., Zwischenbehördliche republikanische wiss.-techn.Sammlung (russ.) 1965. Nr.2. 26-31. - Ref.J.Chem.(russ.) 1965. 23 R365.

Licht- und elektronenmikroskopische Untersuchungen an Weizen- und Kartoffelstärke. Hölzl, J. und Bancher, E. Qualitas Plantarum Mater.vegetabiles (Den Haag) 12. 96-117 (1965). - Ref.Stärke 17. 305 (1965), C. 1965. 51-2864.

Elektronenmikroskopie und Kavitationsausmaß. Techniken für die Elektronenmikroskopie von Stärkekörnern. Goatley, J.L. In: Whistler, R.L. u.a., Methods in Carbohydrate Chem. Vol.IV., Academic Press 1964. S. 242-244.

Elektronenmikroskopische Untersuchungen über das Wachstum der Stärkekörner in den Plastiden höherer Pflanzen. Badenhuizen, N.P. Stärke 15. 237-42 (1963).

Elektronenmikroskopie von durch Säure abgebauten Stärkekörnern. Buttrose, M.S. Stärke 15. 85-92 (1963). - Ref.C. 1963. 22929, Ref.J.Chem.(russ.) 1963. 23 R295, C.A. 59. 14184h (1963).

Bildung von Reisstärke-Körnern. Buttrose, M.S. Naturwissenschaften 49. 307-08 (1962). - Ref.Stärke 15. 34 (1963).

7145

Elektronenmikroskopische Befunde über die Entstehung und Struktur von Getreide- und Kartoffelstärke. Mühlethaler, K. Arbeitsgemeinsch. Getreideforsch. E.V., Ber. Getreidechem.-Tag. 1961. 1-5. - Ref.C. 1964. 5-2663.

Makromolekulare Feinstlamellen in den Körnern der Kartoffelstärke. Frey-Wyssling, A. und Buttrose, M.S. Makromolekulare Chem. 44-46. 173-78 (1961). - Ref.C.A. 55. 23687f (1961), C. 1963. 15454.

Elektronenmikroskopische Befunde über die Entstehung und Struktur von Getreide- und Kartoffelstärke. Mühlethaler, K. Getreide u. Mehl 11. 133-35 (1961).

Untersuchungen über das "Ryokka"-Phänomen in glutinösen Reiskörnern. 3. Mitt. Elektronenmikroskopische Untersuchung der Oberflächenstruktur von Stärkekörnern. Watabe, T. und Okamoto, H. Proc.Crop.Sci.Soc.Japan 29. 89-92 (1960).

Submikroskopische Entwicklung und Struktur der Stärkekörner im Getreideendosperm. Buttrose, M.S. J.ultrastructure Res. 4. 231-257 (1960). - Ref.Stärke 14. 142 (1962).

Elektronenmikroskopische Untersuchungen an Stärkekörnern. Nikuni, Z. Protein, Nucleic Acid, Enzyme (Japan) 4. 12-21 (1959). - Ref.C.A. 54. 9333e (1960).

Elektronenmikroskopische Beobachtungen über die Spiralstruktur in Stärke. Heyn, A.N.J. Textile Res.J. 29. 366-68 (1959). - Ref.C.A. 53. 11866c (1959), C. 1960. 2033.

Elektronenmikroskopische Studien des inneren Aufbaues der Reservestoffe der Gerste sowie deren Degradation durch Enzyme. Obolensky, G. Mikroskopie (Wien) 14. 189-207 (1959). - Ref.Stärke 13. 60 (1961).

Das elektronenoptische Bild der Stärkeprodukte in Säuglingsmilchen. Huth, E. Mschr.Kinderheilk. 106. 396-98 (1958).

Ungewöhnliche Struktur in den Stärkekörnern von Mais. Nikuni, Z. und Whistler, R.L. J.Biochemistry (Tokyo) 44. 227-31 (1957). - Ref.C. 1959. 13842, C.A. 51. 12232d (1957).

Submikroskopische Untersuchung der Struktur der Reservestoffe der Gerste. Obolensky, G. Qualitas Plantarum Mater.vegetabiles (Den Haag) 7. 1-15 (1960). - Ref.Stärke 13. 26 (1961).

Submikroskopische Struktur von Stärke: Prüfung der Körner mittels Ultraschnitten im Elektronenmikroskop. Guilbot, A. und Levavasseur, G. C.R.hebd.Séances Acad.Sci. 249. 2636-37 (1959). - Ref.Stärke 12. 314 (1960), C. 1965. 25726-1156.

Submikroskopische Untersuchung von Stärke und Proteinen im Endosperm der Gerste. Obolensky, G. Ann.Botanica 26. 1-16 (1958).

Submikroskopische Struktur von Getreidestärkekörnern. Sterling, C. und Spit, B.J. J.exp.Bot. (London) 9. 75-81 (1958). - Ref.C.A. 52. 19197f (1958), Stärke 11. 139-40 (1959).

Feinstruktur von Stärkekörnern. Untersuchungen mit Elektronen-Mikroskop und Röntgenstrahlen-Diffraktometer. Nikuni, Z. Science (Tokyo) 27. 283-88 (1957). - Ref.C.A. 51. 17210i (1957).

Der gegenwärtige Stand der elektronenmikroskopischen Erforschung der Pflanzenzelle. Mühlethaler, K. Naturwissenschaften 44. 204-13 (1957).

Über Plasmastrukturen bei Antirrhinum majus und Zea Mais. Heitz, E. Z.Naturforsch. 12b. 579-80 (1957).

Elektronenmikroskopische Untersuchung der Bildung von Stärkekörnern im Maisendosperm. Thornburg, W.L. Univ.Microfilms (Ann Arbor, Mich.) Publ.Nr. 16497, 51 S. - Ref.C.A. 50. 12206g (1956).

Elektronenmikroskopische und elektronengraphische Untersuchung von Sphärolithbildungen und Kristallen in kristallinen Polymeren. Kargin, W.A. und Koretzkaja, T.A. Ber.Akad.Wiss.UdSSR (russ.) 110. 1015-17 (1956). - Ref.C. 1958. 2450.

Elektronenmikroskopische Beobachtungen an Schnittflächen von Weizenkörnern. Hess, K., Mahl, H., Gütter, E. und Dodt, E. Mikroskopie (Wien) 10. 6-12 (1955).

Mit dem Elektronenmikroskop beobachtete physikalische Struktur von Stärkekörnern. Kore-Eda, A. und Nikuni, Z. Mem.Inst.sci. Ind.Res., Osaka Univ. 12. 141-46 (1955). - Ref.C. 1958. 6273.

Oberflächenstruktur von Stärkekörnern. Whistler, R.L., Byrd, J.D. und Thornburg, W.L. Biochim.biophysica Acta (Amsterdam) 18. 146-47 (1955). - Ref.C. 1956. 7825.

Feinstruktur von Stärkekornschnitten. Whistler, R.L. und Turner, E.S. J.Polymer Sci. 18. 153-56 (1955). - Ref.C. 1956. 5302.

Untersuchungen über den Bau der Stärkekörner. Mühlethaler, K. Z.wiss.Mikroskop.mikroskop.Techn. 62. 394-400 (1955). - Ref.C. 1956. 6159.

Elektronenmikroskopische Beobachtungen an Mehl und Mehlpräparaten von Weizen. Hess, K. und Mahl, H. Mikroskopie (Wien) 9. 81-88 (1954). - Ref.C. 1956. 4299.

Untersuchungen an Stärke mit dem Elektronenmikroskop. Guilbot, A. und Levavasseur, G. Proc. 3.int.Conf.Electron Microskopy, London 1954. 533-38. - Ref.C.A. 52. 21187g (1958).

Submikroskopische Struktur der Stärke. I. Sichtbarmachen verschiedener struktureller Elemente im Elektromikroskop nach wässeriger Dispersion der Körner bei unterschiedlichen Temperaturen. Guilbot, A. und Levavasseur, G. C.R.hebd.Séances Acad.Sci. 239. 728-30 (1954). - Ref.Stärke 6. 284 (1954), C. 1956. 3439.

Untersuchungen über die Beziehungen des Aufbaues des Stärkekornes zu seiner plastischen Struktur. Southwick, M.D. Thesis, Vassar College, Poughkeepie, N.Y. 1949.

Über den submikroskopischen Aufbau der Stärkekörner. Frey-Wyssling, A. Schweiz.Brauerei-Rdsch. 59, 1-18 (1948).

Elektronenmikroskopische Untersuchungen über die Beziehungen des Aufbaues des Stärkekornes zu seiner plastischen Struktur. Southwick, M.D. Amer.J.Bot. 33. 232 (1946).

Untersuchungen mit dem Elektronenmikroskop über die Struktur der Chloroplaste, Chromoplaste, Stärkekörner, Cellulose-"Partikel" und kolloidalen Kohlenstoff. Roberts, E.A. Amer.J.Bot. 31. 11-12 (1944).

7146. Mikroskopische Verfolgung der Stärkequellung

Stärke in trockenen Flüssigkeiten - Der Glycerinversuch. Hölzl, J. und Bancher, E. Mikroskopie (Wien) 18. 345-49 (1963). - Ref.Stärke 16. 268 (1964), C. 1965. 31-1102.

Eine mikrophotographische Methode zur Untersuchung der Stärkeverkleisterung. Masslowa, G.M. Hochschulnachr.Nahrungsmittel-Technol. (russ.) 1962. 157-60. - Ref.J.Chem.(russ.) 1963. 5 R281, Stärke 16. 271 (1964).

Zur Bestimmung der Verkleisterungstemperatur von Stärkekörnchen. Masslowa, G.M. und Gorin, L.F. Hochschulnachr.Nahrungsmittel-Technol. (russ.) 1962. Nr.6. 137-38. - Ref.C. 1963. 11067, Ref.J.Chem. (russ.) 1963. 19 R277, C.A. 58. 11563b (1963), Stärke 16. 271 (1964).

Ein Verfahren zur mikrophotographischen Bestimmung der Verkleisterungstemperatur von Stärke. Masslowa, G.M. UdSSR.P.151 843 ausg. 15/11.1962. - Ref.J.Chem. (russ.) 1963. 24 R307.

Quellungsstudien an Maisendosperm-Schnitten. Watson, S.A. und Sanders, E.H. Cereal Chem. 38. 22-33 (1961). - Ref.Stärke 13. 384 (1961), C. 1962. 333.

Die Messung der Quellung von Weizenstärke unter Anwendung einer mikrophotographischen Methode. Collison, R. Stärke 13. 9-10 (1961). - Ref.J.Chem. (russ.) 1961. 15 N354, C. 1962. 13979.

Struktur des Stärkekornes. 1. Mitt. Quellungs- und Lösungsvorgang von verschiedenen Stärken. Leach, H.W., McCowen, L.D. und Schoch, Th.J. Cereal Chem. 36. 534-44 (1959). - Ref.C.A. 54. 5138 (1960), C. 1961. 2121, Stärke 13. 271 (1961).

Der Einfluß von Salzen auf das Zerplatzen des Stärkekornes. Winter, St.S. und Loiselle, A.A. J.Colloid Sci. 13. 576-83 (1958). - Ref.C.A. 53. 4785i (1959), Stärke 12. 32 (1960), C. 1962. 17058.

Einwirkung von Monoglyceriden auf Stärke, Mehl und Brot: eine mikroskopische und chemische Studie. Stradine, E.J., Carlin, G.T., Werner, G.A. und Hopper, R.P. Cereal Chem. 28. 449-462 (1951). - Ref.C. 1953. 3487, Stärke 4. 105 (1952), C.A. 46. 2169i (1952).

Mikromanipulative Untersuchungen an gelatinierten Stärkekörnchen. Cox, M.J. und MacMasters, M.M. Plant Physiol. 21. 459-66 (1946). - Ref.Stärke 2. 281 (1950).

Die Quellung von Stärkekörnchen. Badenhuizen, N.P. Trans.Faraday Soc. 42 b. 255-59 (1946). - Ref.C. 1946. I. 903.

Struktur und Quellungsmechanismus der Stärkekörner. Höppler, F. Kolloid-Z. 101. 305-12 (1942). - Ref.C. 1943. I. 2079.

Untersuchungen über Stärke. VII. Die Feinstruktur des Stärkekorns und die Erscheinung der Quellung. Meyer, K.H. und Bernfeld, P. Helv.chim. Acta 23. 890-97 (1940). - Ref.C. 1940. II. 1723.

Die durch Verkleisterung und Retrogradation hervorgerufenen Veränderungen bei Mais- und Weizenstärken, dargestellt durch Mikrophotographien. Woodruff, S. und MacMasters, M.M. Illinois agric.Exp.Stat.Bull. 445. 43 S. (1938).

Kinematographische Quellungsanalyse im Dunkelfeld unter Verwendung des Mikromanipulators. I. Über den Mechanismus der Quellung bei Cellulosefasern, Stärkekörnern und ähnlichen Gebilden. Hess, K. und Rabinowitsch, B. Kolloid-Z. 64. 257-68 (1933). - Ref.C. 1933. II. 2962.

Eine mikrophotographische Untersuchung über verkleisterte Weizenstärke. Woodruff, S. und Webber, L.R. J.agric.Res. 46. 1099-1108 (1933). - Ref.C. 1933. II. 3058.

Die Quellung als ein Hilfsmittel bei der Erkennung der Varietäten von Maranta- und anderen Stärken. Symons, W.H. Pharmac.J. Trans. 13. Ser.3. 237-238 (1882-83). - Ref.C. 1883. 175, W.Ref. 1813.

Über den Bau der Stärkekörner und Zellhäute und das Verhältnis der Quellungsrichtungen zu dem anatomischen Bau. Strasburger, E. In E. Strasburger: Über den Bau und das Wachstum der Zellhäute, S. 161-70. Gustav Fischer, Jena 1882.

715. Aufbau und innere Struktur der Stärkekörner

7151. Innere Strukturierung des Stärkekornes
7152. Spezielle Probleme der Schichtung und der Kornhülle
7153. Das Wasser im Stärkekorn
7154. Quellung
7155. Ionenaustausch, Kationenstärke

7151. Innere Strukturierung des Stärkekornes

Struktur und Charakteristik des Stärkekornes. Nikuni, Z. J.technol.Soc.Starch (Japan) 14. Nr.1. 1-8 (1967).

Tritiummarkierte Stärkegranula. Nordin, P., Moser, H.C. und Senne, J.K. Biochem.J. 96. 336-39 (1965). - Ref.C. 1966. 14-1420, C.A. 63. 4561g (1965).

Die Ultrastruktur der Stärkekörner. Mühlethaler, K. Stärke 17. 245-49 (1965). - Ref.C.A. 63. 13550f (1965).

Die submikroskopische Struktur des Stärkekorns - eine Analyse. Sterling, C. Food Technol. 19. 987-90 (1965). - Ref.C. 1966. 14-3067.

Bildung und Verteilung von Amylose und Amylopektin im Stärkekorn. Badenhuizen, N.P. Nature (London) 197. 464-67 (1963). - Ref.C. 1963. 20471, Stärke 15. 421 (1963).

Klein-Winkel-Zwischenräume in Stärke. Sterling, C. J.Polymer.Sci. 56. S10-S12 (1962). - Ref.C.A. 56. 7563d (1962), Stärke 15. 157 (1963), C. 1964. 34-1037.

Über die Struktur des Stärkekorns. Badenhuizen, N.P. South African J.Sci. 56. 285-86 (1960). - Ref.C. 1961. 10391, Stärke 14. 142 (1962).

Der Einfluß von Feuchtigkeit auf die kristalline Struktur von roher Stärke. Oshima, K. und Takano, Y. J.Sci.Hiroshima Univ., Ser.A 24. 73-84 (1960). - Ref.C.A. 55. 10011i (1961), C.1964. 11-1023.

Kristallinität von Kartoffelstärke. Sterling, C. Stärke 12. 182-85 (1960). - Ref.C.A. 54. 21806i (1960), C. 1961. 3510, Ref.J. Chem. (russ.) 1961. 6 N398.

7151

Zur weiteren Kenntnis der inneren Morphologie von Stärkekörnern. Turner, E.S. Univ.Microfilms (Ann Arbor, Mich.) L.C.Card Nr. Mic 58-3202, 86 S. - Ref.C.A. 53. 3747f (1959), Stärke 12. 314 (1960).

Natur der Wasserstoffbindung. Diner, S. Bull.Soc.chim.France 1959. 1021-31. - Ref.C. 1960. 11957.

Mikrokristalline Struktur von roher (raw) Stärke. Oshima, K. J.appl.Physics (Japan) 27. 547-51 (1958). - Ref.C.A. 53. 5812b (1959).

Das appositive Wachsen von Stärkekörnern in Bohnen nach den Aussagen von Autoradiogrammen. Yoshida, M., Fujii, M., Nikuni, Z. und Maruo, B. Mem.Inst.sci.ind.Res., Osaka Univ. 15. 209-13 (1958). - Ref.C.A. 53. 3382h (1959), C. 1961. 7631.

Veränderungen der kristallinen Natur amylosereicher Stärken. Badenhuizen, N.P. S.Afr.J.Med.Sci. 23. 276 (1958). - Ref.Stärke 16. 72 (1964).

Innere Veränderungen von Kartoffelstärkekörnern durch Jod-Jodkalium-Lösung. Hizukuri, S. Mem.Inst.sci.ind.Res., Osaka Univ. 15. 215-28 (1958). - Ref.Stärke 11. 338 (1959), C.A. 53. 3748c (1959), C. 1961. 1756.

Zum Aufbau des Kartoffelstärkekornes. Ulmann, M. J.Polymer Sci. 30. 561-72 (1958). - Ref.C. 1959. 13024, C.A. 53. 8329d (1959).

Zum Aufbau des Kartoffelstärkekornes. Ulmann, M. Ernährungsforschung 3. 58-63 (1958). - Ref.Stärke 10. 154 (1958), C. 1959. 2309.

Struktur, Eigenschaften und Wachstum von Stärkekörnern. Badenhuizen, N.P. In W.Ruhland: Handbuch der Pflanzenphysiologie, Bd.VI, S.137-53. Springer-Verlag, Berlin-Göttingen-Heidelberg 1958.

Wasserstoffbrücken in Hochpolymeren und Einschlußverbindungen. Huggins, M.L. J.chem.Educat. 34. 480-88 (1957). - Ref.C.1958. 13793.

Über die Struktur von Stärkekörnern. Nikuni, Z. und Hizukuri, S. Mem.Inst.sci.ind.Res., Osaka Univ. 14. 173-81 (1957). - Ref.C.A. 52. 766e (1958), C. 1958. 11864.

Mizell-Dimensionen bei Kartoffelstärke. Hizukuri, S. und Nikuni, Z. Nature (London) 180. 436-37 (1957). - Ref.Stärke 9. 210 (1957), C.A. 52. 766f (1958), C. 1959. 9265.

Folgerungen bei der Lösungsextraktion auf die Struktur und das Verhalten des Stärkekornes (Auszug). Altau, K. Univ.Microfilms (Ann Arbor, Mich.) Publ.No. 16873. 88 S.

Die Struktur des Stärkekornes. Badenhuizen, N.P. Protoplasma 45. 315-26 (1956).

Struktur der Stärkekörner. Nikuni, Z. J.agric.chem.Soc.Japan 30. A 131-137 (1956). - Ref.C. 1958. 5411, C.A. 52. 6823g (1958).

Die Mikrostruktur von Stärkekörnern. Roberts, E.A. Selbstverlag, Salem, Mass., 1956. 47 S.

Versuch zur Unterscheidung der Weizenstärke. Geoffroy, R. Bull. anciens Eleves Ecole franc. Meunerie 1955. 18-21. - Ref.C. 1956. 2896.

Beobachtungen über die Verteilung der linearen Fraktion in Stärkekörnern. Badenhuizen, N.P. Cereal Chem. 32. 286-95 (1955). - Ref.C.A. 49. 15270e (1955), C. 1958. 12550.

Die verschiedenen Strukturelemente der Stärke. Ulmann, M. Stärke 6. 95-99 (1954). - Ref.C. 1954. 11208, C.A. 48. 14262i (1954), Ref.J.Chem. (russ.) 1955. Nr.13023.

Beiträge zur Kenntnis der Struktur der Getreide-Stärkekörner. Melchior, H. und Feuerberg, H. Ber.dtsch.bot.Ges. 67. 394-406 (1954). - Ref.C.A. 49. 6391f (1955).

Über die Feinstruktur des Stärkekornes. Untersuchungen über die Stärke. 53. Mitt. Meyer, K.H. und Menzi, R. Helv.chim.Acta 36. 702-08 (1953). - Ref.C. 1950/54. 960 S, Stärke 5 199 (1953), C.A. 48. 4237g (1954).

Über Wasserstoff-Bindungen in der Stärke. Samec, M. Stärke 5. 105-108 (1953). - Ref.C. 1953. 8099.

Der Einfluß der Retrogradation auf die Struktur des Stärkekorns. Badenhuizen, N.P. South African ind.Chemist 6. 155-57 (1952). - Ref.C. 1950/54. 8808 S.

Konstitution und Struktur der Stärkekörner. Meyer, K.H. 2.Congr. int.Biochim., Résumés et Commun., Paris 1952. 312-13. - Ref.C.A. 50. 12516i (1956).

Die Wasserstoff-Bindung in Stärke als Basis zur Darstellung ihres Verhaltens und ihrer Reaktionsfähigkeit. Caesar, G.V. In R.W. Kerr: Chemistry and Industry of Starch. S. 249-58. Academic Press Inc.Publishers, New York 1950.

Beitrag zur morphologischen Kenntnis des Stärkekorns durch Einwirkung von Milchsäure. Gazet du Chatelier, G. Rev.gén.Bot. 56, 189-204 (1949).

Beiträge zur Kenntnis des Aufbaues der Stärkekörner. II. Mitt. Haller, R. Helv.chim.Acta 28. 450-54 (1945). - Ref.C. 1946. I. 354.

Beiträge zur feineren Struktur der Stärkekörner. Jaloveczky, P. Bot.Közlemények 39. 601-19 (1942). - Ref.C. 1943. II. 1195.

Veränderungen der Stärkekornstruktur bei kranken Kartoffeln. Savile, D.B.O. Amer.J.Bot. 29. 286-87 (1942). - Ref.C. 1943. I. 1484.

Die neueren Ergebnisse der Stärkeforschung. VI. Der Aufbau des Stärkekornes. Samec, M. Kolloid-Beih. 54. 147-76 (1942). - Ref.C. 1942. II. 2264.

Über die sphäritische Natur der Stärkekörner. Wieler, A. Kolloid-Z. 99. 95-98 (1942). - Ref.C. 1942. II. 1109.

Struktur der Stärkekörner verschiedener Erbsensorten und Veränderungen der Eigenschaften der Stärke beim Reifen von Erbsensamen. Kurgatnikow, M.M. Biochemie (russ.) 5. 417-31 (1940). - Ref.C. 1941. II. 354.

Beiträge zur Kenntnis der Struktur des Stärkekorns. Haller, R. Helv.chim.Acta 23. 596-606 (1940). - Ref.C. 1940. II. 765.

Biochemische und anatomische Kennzeichen von Stärke. Wesselowski, I.A. Baumwoll-Ind. (russ.) 9. Nr.5. 45-46 (1939). - Ref.C.1940. I. 312.

Die Struktur der Stärkekörner. Alsberg, C.L. Plant Physiol. 13. 295-330 (1938). - Ref.C. 1938. II. 3827.

Die Sphäritnatur der Stärkekörner und einiger anorganischer Verbindungen. Wieler, A. Protoplasma 31. 370-420 (1938). - Ref.C. 1939. I. 3747.

Untersuchungen über die sogenannte Blöckchenstruktur der Stärkekörner. Badenhuizen, N.P. Protoplasma 29. 246-60 (1937).

Die Struktur des Stärkekorns. Badenhuizen, N.P. Protoplasma 28. 293-326 (1937). - Ref.C. 1937. II. 2853.

Abhandlungen zur physikalischen Chemie der Stärke und der Brotbereitung. 25. Mitt. Weitere Beobachtungen über die Blöckchenstruktur der Stärkekörner. Badenhuizen, N.P. jr. Z.physik. Chem., Abt. A 175. 383-95 (1936). - Ref.C. 1936. II. 3008.

Über Sphärite. Wieler, A. Kolloid-Z. 70. 79-94 (1935). - Ref.C. 1935. I. 2785.

Der Aufbau der Stärkekörner. Samec, M. Z.ges.Getreide-, Mühlen- u.Bäckereiwes. 21. 111-18 (1934). - Ref.C. 1934. II. 855.

Über eine quellungshemmende gewachsene Struktur im Stärkekorn, welche bei der Verkleisterung zerstört wird. Katz, J.R. und Hanson, E.A. Recueil Trav.chim.Pays-Bas. 51. 1207-10 (1932). - Ref.C. 1933. I. 932.

Zum Micellarzustand der Stärke. (Eine Klarstellung zur gleichbetitelten Arbeit von G. Malfitano und M. Catoire). Samec, M. Kolloid-Z. 47. 81-82 (1929). - Ref.C. 1929. I. 2526.

Sind die Stärkemicellen Komplexe verschiedener Ordnung der Amylosenphosphate und der Amylosesilicate von Erdalkalien? Malfitano,G. und Catoire, M. Bull.Soc.chim. France 37. 1014-27 (1925). - Ref.C. 1925. II. 2279, W.Ref. 618.

Weizenstärkekörner, betrachtet als teilweise entwässerte Amylose. Sande-Bakhuyzen, H.L. van de. Proc.Soc.exp.Biol.Med. 23. 195-197 (1925). - Ref.C. 1926. II. 1956, W.Ref. 818A.

Über das Stärkekorn. Reychler, A. Bull.Soc.chim.Belgique 31. 18-22 (1922). - Ref.C. 1922. I. 1077, W.Ref. 1432.

Untersuchungen über den Bau der Stärkekörner. Mikosch, K. Jb.K.u.K. Staats-Oberrealschule Währing. Wien 1915.

Pseudokristalle von Stärke und Kristalle von Glucose. Malfitano, G. und Moschkoff, A. C.R.hebd.Séances Acad.Sci. 156. 1412-15 (1913). - Ref.C. 1913. II. 492, W.Ref. 758.

Struktur der Stärkekörner. Beijerinck, M.W. Kon.Akad.Wetensch. Amsterdam, Proc. 14. 1107-1110 (1912). - W.Ref. 577.

Die Struktur des Stärkekornes. Kraemer, H. Amer.J.Pharmacy 79. 217-29 (1907).

Weitere Beobachtungen über die Struktur des Stärkekorns. Kraemer,H. Bot.Gaz. 40. 305 (1905).

Über die Natur des rohen Stärkekorns. Maquenne, L. C.R.hebd. Séances Acad.Sci. 138. 375-77 (1904). - Ref.C. 1904. I. 819, W.Ref. 1368.

Die Struktur der Stärkekörner. Denniston, R.H. Wisconsin Acad.Sci., Arts Letters, Trans. 14. 527-533 (1904). - W.Ref. 554.

Die Struktur der Stärkekörner. Kraemer, H. Bot.Gaz. 34. 341-354 (1902). - W.Ref. 553.

Untersuchung an Stärkekörnern und ihre Anwendung. Kraemer, H. Amer.J.Pharmacy 71. 174-89 (1899).

Untersuchungen über Strukturen. Bütschli, O. Engelmann, Leipzig 1898.

Über die Wabenstruktur der pflanzlichen organischen Körper. Puriewitsch, K. Ber.dtsch.bot.Ges. 15. 239-247 (1897). - W.Ref. 1412.

Kritisches Referat über O. Bütschli. Über die Herstellung von künstlichen Stärkekörnern oder Sphaerokristallen der Stärke. Meyer, A. Bot.Ztg. 54. 329-35 (1896).

Über den feineren Bau der Stärkekörner. Bütschli, O. Verh.naturhistor.-med.Ver. Heidelberg 5. 89-102 (1893-97). - Ref.C. 1893. II. 529, W.Ref. 1410.

Über die Struktur der Maisstärkekörner. Buscalioni, L. Nuovo Giron.bot.ital. 23. 45-47 (1891). - W.Ref. 545.

Der Bau der Stärkekörner (Auszug). Mikrosch, K. Wagner's Jber. chem.Technol. 33. 862-863 (1887). - W.Ref. 544.

Über die Struktur der Stärkekörner. Meyer, A. Pharmaz.Ztg. 32. 332-333 (1887). - Ref.C. 1887. 923, W.Ref. 543.

Über die Struktur der Stärkekörner. Meyer, A. Bot.Ztg. 39. 841-846, 857-864 (1881). - W.Ref. 536.

Über den Bau des Stärkemehls. Hartig, Th. S.-B.Akad.Wiss.Wien, math.-naturwiss.Kl., Abt.II 63. 505-512 (1873). - W.Ref. 531.

7152. Spezielle Probleme der Schichtung und der Kornhülle.

Zur Darstellung und Ursache der tangentialen Schichtung im Stärkekorn. Bancher, E. und Hölzl, J. Stärke 16. 81-84 (1964). - Ref.C. 1965. 5-2932, Ref.J.Chem.(russ.) 1966. 1 R329.

Der Einfluß der Umweltbedingungen auf die Schichtenstruktur von Stärkekörnern. Buttrose, M.S. Stärke 15. 213-17 (1963). - Ref.C. 1964. 24-2746.

Die Bildung von Schichten in Tabakstärkekörnern unter konstanten Bedingungen. Buttrose, M.S. Naturwissenschaften 50. 450-51 (1963).

Der Einfluß der Umweltbedingungen auf die Schichtenstruktur von Stärkekörnern. Buttrose, M.S. J.Cell Biol. 14. 159-67)1962).

Untersuchungen über periodische Bildungen. 1. Mitt. Radiale Rhythmizität. Chatterji, A.C. und Bhagwan, H. J.Colloid Sci. 13. 232-36 (1958). - Ref.C. 1960. 9808.

Die Stabilität der Hülle des Stärkekorns in wäßrigen und Salzlösungen. Knjaginitschew, M.I., Bolchowitina, J.R. und Kostikow, R.R. Arb.Leningrader technol.Inst.der Lebensmittel-Ind.(russ.) 14. 28-31 (1958). - Ref.Stärke 12. 192 (1960), C.A. 55. 23859e (1961).

Bestimmung der chemischen Natur der Hülle eines gequollenen Stärkekornes. Ulmann, M. Kolloid-Z. 150. 128-34 (1957). - Ref.Stärke 9. 183 (1957), C.A. 51. 14301a (1957), C. 1959. 7496.

Über die äußere Hülle des Stärkekornes. Ulmann, M. Stärke 8. 109-17 (1956). - Ref.C. 1957. 9534, C.A. 51. 16321 (1957), Ref.J. Chem.(russ.) 1957. 56245.

Die Bedeutung der Hülle der Stärkekörner in Beziehung zu den Eigenschaften der Stärke. Knjaginitschew, M.I., Bolchowitina, J.R. und Massakowa, T.A. Biochemie (russ.) 20. 116-22 (1955). - Ref.C.A. 49. 9308e (1955), Stärke 7. 219 (1955), C. 1957. 4733.

Die Hüllen der Stärkekörner und ihre Bedeutung bei der Bestimmung der Eigenschaften der Stärke. Knjaginitschew, M.I. Arb.Leningrader technol.Inst.Lebensmittel-Ind.(russ.) 12. 9-39 (1955).

Über den Rhythmus der Schichtenbildung beim Stärkekorn. Hess, C. Z.Bot. 43. 183-204 (1955). - Ref.C.A. 49. 14914e (1955).

Phosphorylaseaktivität und ihre Beziehung zu der Schichtung der Stärkekörner. Badenhuizen, N.P. und Melkin, M.I. Nature (London) 175. 1134 (1955). - Ref.Stärke 7. 219 (1955), C.A. 49. 14922b (1955).

Schichtenbildung im Stärkekorn bei konstanten Außenbedingungen. Bünning, E. und Hess, C. Naturwissenschaften 41. 339-340 (1954). - Ref.C. 1956. 11751.

Das Auftreten der Stärkekörner in den unter konstanten Licht- und Temperaturverhältnissen gewachsenen Kartoffelknollen. Roberts, E.A. und Proctor, B.E. Science (Washington) 119. 509-10 (1954).

Gequollene Stärkekörner und osmotische Zellen. Badenhuizen, N.P. Experientia (Basel) 9. 136-38 (1953). - Ref.C. 1955. 4367.

Feinbau der Membran gequollener Stärkekörner. Frey-Wyssling, A. Experientia (Basel) 8. 101-02 (1952). - Ref.C. 1952. 6703, C.A. 46. 6901e (1952).

Isolierung von Membranen von Stärkekörnern verschiedener Früchte. Knjaginitschew, M.I. Ber.Akad.Wiss.UdSSR (russ.) 23. 92-94 (1939). - Ref.C. 1940. II. 1885.

Aufbau und physikalisch-chemische Eigenschaften der Oberflächenschichten von hochmolekularen Verbindungen. Ptschelin, W.A. Kolloid-J. (russ.) 5. 717-22 (1939). - Ref.C. 1940. II. 992.

Beitrag zur Chemie der Stärke. 7. Mitt. Die Beziehung der α- und β-Polyamylosen zur Inhalts- und Hüllensubstanz des Stärkekorns. Pringsheim, H. und Goldstein, K. Ber.dtsch.chem.Ges. 55. 1446-1449 (1922). - Ref.C. 1922. III. 761, W.Ref. 602.

Das Hilum des Stärkekorns. Gillis, J. Bull.Soc.chim.Belgique 30. 266-267 (1921). - Ref.C. 1922. I. 358, W.Ref. 1427.

Über Spaltenbildung bei Stärkekörnern. Reuss, A. Z.Unters.Nahrungs- u.Genußmittel 32. 269-270 (1916). - Ref.C.A. 11. 220 (1917), C. 1916. II. 961, W.Ref. 1422.

Über die Schichtung der Stärkekörner. Küster, E. Ber.dtsch.Bot. Ges. 31. 339-46 (1913). - Ref.C. 1914. I. 1957.

7153. Das Wasser im Stärkekorn
(Vgl. auch "Wasseradsorption bei Stärke": 7162)

Der Einfluß von Erhitzen von angefeuchteter Stärke auf deren Hydratation und Packungsdichte. Knjaginitschew, M.I., Tschernjak, B.I. und Ljapunowa, G.M. Angew.Biochem.u.Mikrobiologie (russ.) 2. 431-38 (1966).

Einfluß der Luftfeuchtigkeit und Temperatur auf den Ausgleich des Feuchtigkeitsgehaltes von Pulvern. Shotton, E. und Harb, N. J.Pharmacy Pharmacol. 18. 504-08 (1965). - Ref.C.A. 63. 11260h (1965).

Phasenumwandlungen von Wasser in porösem Glas. Antoniou, A.A. J.physic.Chem. 68. 2754-64 (1964). - Ref.C. 1966. 16-0537.

Spezifische Verdampfungswärme des Wassers aus Stärke und Gelatine. Kasanski, W.M. Ber.Akad.Wiss.UkrainSSR 1964. 226-28. - Ref.C. 1965. 4-0394.

Zur Hydratation der Stärke. Dávid, A. und Orbán, E. Stärke 16. 391-93 (1964). - Ref.C. 1965. 44-2767, Ref.J.Chem.(russ.) 1965. 15 R278.

Feuchtigkeitsgleichgewicht in der Stärke. 1. Mitt. Goto, F. und Suzuki, M. J.technol.Soc.Starch 10. 124-27 (1963). - Ref.J.Chem. (russ.) 1964. 3 R304.

Zum Stand der Kenntnisse über die Wechselwirkung zwischen nativer Stärke und Wasser. Schierbaum, F. und Täufel, K. Ernährungsforschung 7. 647-79 (1963). - Ref.J.Chem.(russ.) 1964. 1 R318, Stärke 15. 271 (1963).

Die Hydratation der Stärke. 9. Mitt. Die Bindung des Wassers und deren Bedeutung für die Eigenschaften des Stärkekornes. Schierbaum, F. und Täufel, K. Stärke 15. 161-66 (1963). - Ref.C.A. 59. 15467f (1963), Ref.J.Chem.(russ.) 1964. 7 R414, C. 1964. 8-2685.

Phasenübergänge in an Silicagel sorbiertem Wasser. Barnes, G.T. Z.angew.Math.Physik (Basel) 13. 533-44 (1962). - Ref.C. 1965. 21-0394.

Die Hydratation der Stärke. 3. Mitt. Entwässerung der Stärke unter dem Einfluß von Infrarot-Strahlen. Schierbaum, F., Täufel, K. und Ulmann, M. Stärke 14. 161-67 (1962). - Ref.C.A. 57. 14041c (1962), Ref.J.Chem. (russ.) 1962. 23 N382, C. 1963. 1107.

Über den Anteil des Wassers an der Organisation der makromolekularen Ketten der Stärke. Guilbot, A., Charbonnière, R. und Drapron, R. Stärke 13. 204-07 (1961). - Ref.C.A. 55. 21631h (1961), C. 1962. 2932.

Das Wasser des Stärkekornes. Ulmann, M. Kolloidchem.makromolekularer Naturstoffe 18. 81-91 (1958). - Ref.C.A. 52. 15105b (1958), C. 1963. 15454.

Zum Nachweis von verschiedenartig gebundenem Wasser in der Kartoffelstärke. Ulmann, M. und Schierbaum, F. Ernährungsforschung 3. 65-80 (1958). - Ref.C.A. 52. 19197g (1958), Stärke 10. 212 (1958), C. 1959. 2310.

Messungen der Menge gebundenen Wassers mit dem Ultraschallinterferometer. Saccharide. Shiio, H. J.Amer.chem.Soc. 80. 70-73 (1958). - Ref.C. 1959. 4477.

Analyse der Bindungsform zwischen Wasser und einem Substrat unter Verwendung von Thermogrammen der isothermalen Trocknung kapillarporöser Körper. Kasanski, M.F. Wiss.Schr.Kiewer staatl. pädagog.Inst. (russ.) 25. 28-33 (1957). - Ref.C.A. 53. 11937f (1959).

Messung der Hydratation durch Ultraschallwellen. Shiio, H. J.japan.Chem. 11. 440-46 (1957). - Ref.C.A. 52. 16838b (1958).

Über die Wärmekapazität von gebundenem Wasser. Kurilenko, O.D. Kolloid-J. (russ.) 19. 584 (1957).

Über verschieden gebundenes Wasser in der Kartoffelstärke. Ulmann, M. Ernährungsforschung 1. 96-104 (1956). - Ref.C.A.51. 17211e (1957), Stärke 10. 265 (1958).

Tensimetrische Untersuchungen einiger offizineller kristallwasserhaltiger Chemikalien und einiger wasserhaltiger Arzneimittel. Lannung, A. Arch.Pharmacog.Chem. 57. 343-48 (1950). - Ref.C. 1952. 1699.

Hydratisierung von Stärkekörnern. Yoshioka, K. J.chem.Soc.Japan, pure Chem.Sect. (Nippon Kagaku Zassi) 71. 456-58 (1950). - Ref.C. 1950/54. 5383 S.

Kryoskopische Methode zur Bestimmung des gebundenen Wassers. Woitzechowsky, R.W. Ukrain.chem.J. (russ.) 16. Nr.1. 99-106 (1950). - Ref.C. 1953. 7149.

Wärmekapazität von gebundenem Wasser. Andrianow, P.I. Ber.Akad. Wiss.UdSSR (russ.) 66. 219-22 (1949).

Die neueren Ergebnisse der Stärkeforschung. VIII. Das Stärkekorn und Wasser. Samec, M. Kolloid-Beih. 54. 435-83 (1943). - Ref.C. 1943. II. 904.

Wärmekapazität und gebundenes Wasser in Stärkesuspensionen. Freeman, M.E. Arch.Biochemistry 1. 27-39 (1943). - Ref.C.1946. I. 903.

Über die Dichte sorbierter und gebundener Flüssigkeiten. I. Über die Dichte des von Stärke gebundenen Wassers. Kotukow, A. Kolloid-J. (russ.) 5. 373-78 (1939). - Ref.C. 1940. I. 993.

Über die Bestimmung von capillarkondensiertem Wasser in hydrophilen Kolloiden. Tschapek, M.W. Kolloid-J. (russ.) 4. 123-30 (1938). - Ref.C. 1939. II. 1646.

Dampfspannung und gebundenes Wasser in verschiedenen Stärkearten. Tscheschewa, S.P. Kolloid-J. (russ.) 3. 121-27 (1937). - Ref.C. 1937. II. 2083.

Hydratation und Struktur der Stärke. Centola, G. Atti Reale Accad. naz.Lincei, Rend. 23. 617-22 (1936). - Ref.C. 1936. II. 3541.

Über die chemischen und physikalischen Eigenschaften des Wassers in kolloidalen Substanzen. I. Untersuchungen an einigen organischen Kolloiden. Passerini, L. Gazz.chim.ital. 65. 518-28 (1935). - Ref.C. 1935. II. 2931.

Über den Aggregatzustand des Wassers in den lufttrockenen Stärken. Wiegel, E. Z.Spiritusind. 57. 299 (1934).

Die Struktur der Wasserhülle der Stärkemicellen. Kolkmeijer, N.H. und Favejee, J.C.L. Z.Kristallogr.,Mineralog.Petrogr., Abt.A. 88, 226-32 (1934). - Ref.C. 1934. II. 2195.

Wasserbindung in hydrophilen Kolloidsystemen. Dumanski, A.W., Kuhlmann, A.G. und Golossowa, O.N. Chem.J.Ser.B, J.angew. Chem. (russ.) 7. 585-91 (1934). - Ref.C. 1936. I. 2515.

Ultrafiltration. II. "Gebundenes" Wasser (Hydratation) biologischer Kolloide. Greenberg, D.M. und Greenberg, M.M. J.gen. Physiol. 16. 559-569 (1933). - Ref.C. 1933. II. 3139.

Die Bestimmung der Menge des gebundenen Wassers in dispersen Systemen. I. Methode der Refraktometrie und Polarimetrie. Dumanski, A. Kolloid-Z. 65. 178-84 (1933). - Ref.C. 1934.1171.

Der Wassergehalt in Mehl und Stärke regelt die Hydratationswärme. Geddes, W.F. Food Ind. 4. 243 (1932). - Ref.C. 1932. II. 1851.

Methode zur Bestimmung des Wirkungsbereiches von Kolloidteilchen. Banow, A. und Jakowlew, A. J.physik.Chem. (russ.) 1. 401-09 (1930). - Ref.C. 1931. II. 2975.

Über den Wassergehalt der Stärke. Gertz, O. Bot.Notiser 1922. 69-76.

7154. Quellung

(Vgl. auch "Stärkelösungen": 84, "Verkleisterungsvorgang": 851)

Quellvermögen und Löslichkeit von körnigen Stärken. Schoch, T.J. In: Whistler, R.L. u.a., Methods in Carbohydrate Chem. Vol.IV., Academic Press 1964. S. 106-108.

Die Wirkung von Monoglyceriden auf die Quellung und Viscosität von Stärkekörnern. Nara, S., Maeda, I. und Tsuzino, T. J.agric. chem.Soc.Japan 38. 356-60 (1964).

Der Einfluß der Dauer eines Erhitzungsprozesses auf die Veränderung der physikalisch-chemischen Eigenschaften von quellender Maisstärke. Koptelowa, Je.K. Arb.Allunions wiss.Forsch.-Inst. Stärkeprodukte (russ.) 7. 41-46 (1964). - Ref.J.Chem. (russ.) 1965. 13 R369, C.A. 63. 18434a (1965).

Die Hydratation der Stärke. 8. Mitt. Die Quellfähigkeit von Stärke verschiedenen Wassergehaltes in Pyridin-Wasser-Gemischen. Schierbaum, F. und Täufel, K. Stärke 15. 93-98 (1963). - Ref.C. 1964. 8-2684, Ref.J.Chem. (russ.) 1964. 1 R322.

Die Hydratation der Stärke. 6. Mitt. Beeinflussung der Quellungstemperatur der Stärke durch Wasserentzug und Hitze. Schierbaum, F. und Täufel, K. Stärke 14. 411-15 (1962). - Ref.J.Chem.(russ.) 1963. 13 R273, C. 1964. 2-2597.

Einfluß von Zusätzen an oberflächenaktiven Stoffen und Fetten auf die Quellung und Lösung von körnigen Stärken. Gray, V.M. und Schoch, T.J. Stärke 14. 239-46 (1962). - Ref.C. 1963. 6050, Ref.J.Chem. (russ.) 1963. 5 R295.

Über die physikalischen Eigenschaften der Stärkekörner. 1. Mitt. Quellung und spezifisches Gewicht. Maezawa, T., Hayakawa, S. und Okubo, M. J.Utilizat.agric.Prod. 7. 276-82 (1960). - Ref.J.Chem. (russ.) 1961. 18 N311.

Der Einfluß von oberflächenaktiven Stoffen auf Quellungs- und Geleigenschaften von Weizenstärke. Collison, B., Campbell, J.D. und Elton, G.A.H. Chem. and Ind. 1960. 1230-31. - Ref.C.A. 55. 14017c (1961).

Unterschiedliches Verhalten von Reisstärkekörnern beim Erhitzen in Wasser auf 62° C. Little, R.R. und Hilder, G.B. Cereal Chem. 37. 456-63 (1960). - Ref.C.A. 55. 8683i (1961), C. 1961. 17417.

Quellkraft der Stärke. Takahashi, T., Obashi, K. und Hasegawa, T. J.technol.Soc.Starch (Japan) 6. 46-47 (1959). - Ref.C.A. 56. 15881g (1962).

Die Bestimmung der Kontraktion bei Einweichen von Stärke und die Anwendung dieser Größe bei der Untersuchung der Hydrophilität. Kurilenko, O.D. und Jakowkina, Je.A. Nachr.höherer Lehranstalten. Lebensmittel-Technol. (russ.) 1959. Nr.1. 130-34. - Ref.J.Chem. (russ.) 1960. Nr. 6789, Stärke 13. 56 (1961), C. 1961. 18535.

Zur Quellung der Kartoffelstärke in Gegenwart von Dehydratationsmitteln. Täufel, K. und Berschneider, F. Nahrung 2. 683-96 (1958). - Ref.Stärke 11. 338 (1959), C.A. 53. 13635d (1959).

Veränderung des Quellungsvermögens der mit Säure behandelten Stärke während der Aufbewahrung. Suzuki, H. J.chem.Soc.Japan, Ind.Chem.Sect 60. 207-08 (1957). - Ref.C. 1957. 9101.

Pektingelierung und Dehydratation. Täufel, K., Feldmann, G. und Panzer, W. Naturwissenschaften 43. 374-75 (1956). - Ref.C. 1957. 7665, C.A. 52. 20771b (1958).

Über die Quellung von Stärkekörnern durch Wasserdampfabsorption. Hellman, N.N., Boesch, T.F. und Melvin, E.H. J.Amer.chem.Soc. 74. 348-50 (1952). - Ref.C. 1952. 7026.

Untersuchungen über Lösungsmittel. I. Mitt. Quellungsgeschwindigkeit von Stärke und lyophile Eigenschaften. Hirai, Nishio. Bull.Inst.chem.Res., Kyoto Univ. 23. 73-74 (1950). - Ref.C. 1953. 7106.

Kolloidchemische Erscheinungen beim Quellen des Maises. Glagoljew, Ju.Ju., Dumanski, A.W. und Strukowa, Je.P. Kolloide in der Lebensmittel-Ind., Sammlung 2, Moskau (russ.) 1949. 231-37.

Über die Wirkung einer konzentrierten Harnstofflösung auf die Stärke der Pflanzenzellen in vitro und in situ. Hagène, P. und Goas, M. C.R.hebd.Séances Acad.Sci. 229. 947-49 (1949). - Ref.C. 1950. II. 1249.

Einige Wirkungen 1) der Soxhlet-Extraktion mit Methanol und 2) der Zusammensetzung der Kochflüssigkeit auf die Quellkraft von Weizenstärke. Harris, R.H. und Sibbit, L.D. Food Research Bd. 14. 190-94 (1949). - Ref.Stärke 1. 131 (1949).

Eine weitere Untersuchung bezüglich der Wirkung von Elektrolyten auf die Quellung von Getreidestärken. Harris, R.H. und Banasik, O. Food Research Bd. 13. 70-81 (1949). - Ref.Stärke 1. 131 (1949).

Über Quellungsvorgänge bei Stärkemehl-Eiweiß-Gemischen. Leeden, R. van. Z.Lebensmittel-Unters.u.Forsch. 89. 543 (1949).

Quellungsvorgänge bei Stärkemehl-Eiweißgemischen. Leeden, van der R. Getreide, Mehl Brot 3. 17-19 (1949). - Ref.C. 1949. E 4298.

Untersuchungen über Stärkegelatinierung. 2. Mitt. Eine Methode, die die Stadien bei der Quellung von Stärke während des Erhitzens im Amylograph demonstriert. Crossland, L.B. und Favor,H.H. Cereal Chem. 25. 213-20 (1948).

Gelatinierungsmechanismus bei Stärkekörnern. Bear, R.S. und Samsa, E.G. Ind.Engng.Chem. 35. 721-26 (1943). - Ref.C. 1946. II. 1440.

Die Quellung der Stärke in der Kälte. Lejeune, G. C.R.hebd. Séances Acad.Sci. 216. 217-18 (1943). - Ref.C. 1944. I. 286.

Über das Schwellen von Xerogelen und pulverigen, dispersen Stoffen bei der Sorption von Wasserdämpfen. Tschapek, M.W. und Shurawel, P.W. Kolloid-J. (russ.) 5. 541-53 (1939). - Ref.C. 1939. II. 2625.

Über einige Quellungs- und Lösungsversuche von Casein und Stärke in Formamid. Erbring, H. Kolloid-Z. 87. 308-11 (1939). - Ref.C. 1939. II. 4459.

Untersuchung der Quellung von Weizenmehl. II. Kuhlmann, A.G. und Golossowa, O.M. Kolloid-J. (russ.) 4. 107-12 (1938). - Ref.C. 1939. II. 1795.

Die lyotrope Reihe bei der Quellung und ihre Ausbreitung auf organische, auch nichtionisierte Substanzen. XV. Mitt.: Über den Einfluß von organischen und anorganischen Säuren auf die Quellung der Stärke. Katz, J.R., Seiberlich, J. und Weidinger, A. Biochem. Z. 298. 323-25 (1938). - Ref.C. 1941. I. 627.

Die lyotrope Reihe bei der Quellung und ihre Ausbreitung auf organische, auch nichtionisierte Substanzen. XIV. Mitt. Über den Einfluß verschiedener Kationen. Katz, J.R., Seiberlich, J. und Weidinger, A. Biochem.Z. 298. 320-22 (1938). - Ref.C. 1941. I. 627.

Die stabilisierende Wirkung der Saccharose auf Stärke. Levitov, N. und Nekhotenova, E. J.Mikrobiol. (russ.) 21. Nr.6. 134-35 (1938).

Die lyotrope Reihe bei der Quellung und ihre Ausbreitung auf organische, auch nicht ionisierte Substanzen. 13. Mitt. Einfluß von Salzen der Alkylamine. Katz, J.R., Seiberlich, J. und Weidinger, A. Biochem.Z. 297. 412-16 (1938). - Ref.C. 1939. I. 4019.

Die Peptisation der Weizenstärke. Kuhlmann, A.G. und Golossowa,O.N. Kolloid-Z. 76. 223-27 (1936). - Ref.C. 1936. II. 3011.

Über die Abhängigkeit des Warmwasserquellvermögens der Kartoffelstärke von Art und Menge der in ihr enthaltenden Kationen. Wiegel, E. Kolloid-Z. 74. 58-66 (1936). - Ref.C. 1937. I. 453.

Über die Bestimmung des Wasserbindungsvermögens (Quellfähigkeit) von Kartoffelwalzmehl, Streumehl, Backmehl, Quellstärke und ähnlichen Produkten. Steinhoff, G. Z.Spiritusind. 58. 205 (1935). - Ref.C. 1935. II. 3172.

Die lyotrope Reihe bei der Quellung und ihre Ausbreitung auf organische, auch nicht ionisierende Substanzen. XII. Mitt. Einfluß einer doppelten oder dreifachen Kohlenstoffbindung; Einfluß der Verzweigung einer aliphatischen Kohlenstoffkette auf die Quellung von Stärke (Kartoffelstärke). Katz,J.R. u.Weidinger,A. Biochem.Z.271. 54-57 (1934). - Ref.C. 1935. I. 2335.

7154

Die lyotrope Reihe bei der Quellung und ihre Ausbreitung auf organische, auch nicht ionisierende Substanzen. XI. Mitt. Einfluß von Substanzen mit zwei oder mehr hydrophilen Gruppen auf die Quellung von Kollagen. Katz, J.R. und Weidinger, A. Biochem.Z. 263. 421-27 (1933). - Ref.C. 1934. II. 1600.

Die lyotrope Reihe bei der Quellung und ihre Ausbreitung auf organische, auch nicht ionisierende Substanzen. 10. Mitt. Einfluß von Benzolderivaten mit zwei oder mehr hydrophilen Gruppen auf die Quellung von Stärke (Kartoffelstärke). Katz, J.R., Weidinger, A. und Muschter, F.J.F. Biochem.Z. 263. 923-31 (1933). - Ref.C. 1934. II. 1599.

Die lyotrope Reihe bei der Quellung und ihre Ausbreitung auf organische, auch nicht ionisierende Substanzen. IX. Mitt. Einfluß von aliphatischen und alicyclischen Verbindungen mit zwei oder mehr hydrophilen Gruppen auf die Quellung von Stärke (Kartoffelstärke). Katz, J.R., Weidinger, A. und Muschter, F.J.F. jr. Biochem.Z. 262. 355-63 (1933). - Ref.C. 1934. II. 1599.

Die lyotrope Reihe bei der Quellung und ihre Ausbreitung auf organische, auch nicht ionisierende Substanzen. VIII. Mitt. Einfluß von Nitronverbindungen auf die Quellung von Stärke (Kartoffelstärke) Katz, J.R., Weidinger, A. und Muschter, F.J.F. jr. Biochem.Z. 261. 433-35 (1933). - Ref.C. 1934. I. 3715.

Die lyotrope Reihe bei der Quellung und ihre Ausbreitung auf organische, auch nicht ionisierende Substanzen. VII. Mitt. Über den Einfluß von normalen aliphatischen und von alicyclischen Verbindungen mit einer hydrophilen Gruppe auf die Quellung von Stärke (Kartoffelstärke). Katz, J.R., Muschter, jr., F.J.F. und Weidinger, A. Biochem.Z. 261. 47-54 (1933). - Ref.C. 1934. I. 3715.

Die lyotrope Reihe bei der Quellung und ihre Ausbreitung auf organische, auch nicht ionisierende Substanzen. VI. Mitt. Einfluß von aromatischen Verbindungen mit einer hydrophilen Gruppe auf die Quellung von Stärke (Kartoffelstärke). Katz, J.R., Muschter jr., F.J.F. und Weidinger, A. Biochem.Z. 261. 15-21 (1933). - Ref.C. 1934. I. 3715.

Die lyotrope Reihe bei der Quellung und ihre Ausbreitung auf organische, auch nicht ionisierende Substanzen. V. Mitt. Einfluß von organischen Halogenverbindungen mit einer hydrophilen Gruppe auf die Schrumpfung von Kollagen; Einfluß der Kettenlänge organischer Verbindungen mit einer hydrophilen Gruppe auf die Schrumpfung von Kollagen. Katz, J.R. und Weidinger, A. Biochem.Z. 259. 223-30 (1933). - Ref.C. 1934. I. 1021.

Die lyotrope Reihe bei der Quellung und ihre Ausbreitung auf organische, auch nicht ionisierende Substanzen. IV. Mitt. Einfluß von organischen Salzen, Rhodaniden und organischen Schwefelverbindungen auf die Schrumpfung von Kollagen. Katz, J.R. und Weidinger, A. Biochem.Z. 259. 191-99 (1933). - Ref.C. 1934. I.1021.

Die lyotrope Reihe bei der Quellung und ihre Ausbreitung auf organische, auch nicht ionisierende Substanzen. III. Mitt. Einfluß von organischen Halogenverbindungen auf die Quellung von Stärke (Kartoffelstärke). Katz, J.R., Muschter jr., F.J.F. und Weidinger, A. Biochem.Z. 259. 76-84 (1933). - Ref.C. 1934. I.1021.

Die lyotrope Reihe bei der Quellung und ihre Ausbreitung auf organische, auch nicht ionisierende Substanzen. II. Mitt. Einfluß von Rhodaniden und von organischen Schwefelverbindungen auf die Quellung von Stärke (Kartoffelstärke). Katz, J.R. und Muschter jr., F.J.F. Biochem.Z. 257. 397-405 (1933). - Ref.C. 1934. I. 1021.

Die lyotrope Reihe bei der Quellung und ihre Ausbreitung auf organische, auch nicht ionisierende Substanzen. I. Mitt. Einfluß von anorganischen Salzen mit verschiedenem Anion auf die Quellung von Stärke (Kartoffelstärke). Katz, J.R. und Muschter jr., F.J.F. Biochem.Z. 257. 385-96 (1933). - Ref.C. 1934. I. 1020.

Die Quellung von Kartoffelstärke in Pyridin-Wasser. 3. Mitt. über Stärke. Hess, K. und Pfleger, R. u. Trogus, G. Ber.dtsch.chem. Ges. 66. 1505-12 (1933). - Ref.C. 1933. II. 3832.

Die Wirkung von Pflanzenlecithin auf die Quellung und Oberflächenspannung des Klebers und der Stärke des Mehls. I. Beitrag zur Untersuchung der Bindemittel in der Küche. Ziegelmayer, W. Kolloid-Z. 53. 224-31 (1930). - Ref.C. 1931. I. 1984.

Über die Stärkequellung in lebenden und toten Zellen. Lepeschkin, W.W. Ber.dtsch.Bot.Ges. 43. 16 (1925).

Die Bedeutung der Röntgenspektographie für die Quellungsprobleme. Katz, J.R. Phys.Z. 25. 659 (1924).

Röntgenspektrographische Untersuchungen über das Wesen des Aufquellens bei einigen ein Debye-Scherrer-Diagramm gebenden Stoffen. Katz, J.R. und Mark, H. Kon.Akad.Wetensch.Amsterdam, Versl. 33. 294-301 (1924). - W.Ref. 1294A.

Über die Stärkequellung und Hitzekongulation der Eiweißstoffe (Temperaturkoeffizienten in heterogenem Medium). Lepeschkin, W.W. Kolloid-Ztschr. 32. 42-44 (1923). - Ref.C. 1923. I. 1593.

Weitere Untersuchungen über quellbare Kristalle. Katz, J.R. Kon.Akad.Wetensch.Amsterdam, Wisk.en Natk.Afd. 31. 333-336 (1922). - Ref.C. 1923. I. 876, C.A. 17. 2526 (1923), W.Ref.1289.

Untersuchungen über die Quellung der Stärkekörner. Huss, H. Ark.Bot. 18. Nr.8. 1-23 (1922-24). - Ref.C.A. 18. 2540 (1924), W.Ref. 1352.

Studie über die chemische Reaktion während des Aufquellens der Stärke in heißem Wasser. Lepeschkin, W.W. Bull.Soc.bot.Genève 13. 40-65 (1921). - Ref.C.A. 18. 1599 (1924), W.Ref. 1290.

Untersuchungen über die chemische Reaktion während der Quellung von Stärke in kaltem Wasser. Lepeschkin, W.W. Bull.Soc.bot. Genève 13. 40-65 (1921).

Über Osmose und Quellung disperser Systeme. Ostwald, W. und Mündler, K. Kolloid-Z. 24. 7-27 (1919). - Ref.C. 1919. I. 787.

Über die Quellungstemperatur der Stärkekörner. Arzichowskago, W. Bull.Acad.St.Petersburg Ser.6. 12. 349-68 (1918). - Ref.C.1925. I. 2543, W.Ref. 1347.

Untersuchungen über einige physikalische Eigenschaften kolloider Lösungen. I. Volumänderung bei der Wasseraufnahme bzw. Lösung von Kolloiden. Frank, J. Kolloidchem.Beih. 4. 195-228 (1913). - Ref.C. 1913. I. 1746, W.Ref. 1245.

<u>Studien über Pflanzenkolloide. I. Die Lösungsquellung der Stärke bei Gegenwart von Kristalloiden</u>. Samec, M. Kolloidchem.-Beih. 3. 123-60 (1911). - Ref.C. 1912. I. 1384, W.Ref. 747.

<u>Einwirkung wässeriger Resorcinlösung auf Stärke</u>. Lindet, L. Bull.Soc.chim.Paris 35. Sér.3. 101 (1906). - W.Ref. 556.

<u>Über die Quellung und Lösung der Stärke durch Chloralhydrat und den Einfluß des Chloralhydrats auf die Verzögerung oder das Ausbleiben der Jodstärkereaktion</u>. Mauch, R. Arch.Pharmazie 240. 166-178 (1902). - Ref.C. 1902. I.1199, W.Ref. 1342.

<u>Über Quellungs- und Benetzungserscheinungen</u>. Rodewald, H. Z.physik. Chem. 33. 593-604 (1900). - Ref.C. 1900. I. 180, W.Ref. 1227.

<u>Über die reversible Verflüssigung. Neue physikalisch-chemische Eigenschaften der Eiweißstoffe</u>. Tsvett. Bull.Soc.chim.Paris 23. Sér.3. 309-319 (1900). - W.Ref. 716.

<u>Über physikalisch-chemische Eigenschaften des Chloralhydrats und deren Verwertung in pharmazeutisch-chemischer Richtung</u>. Mauch,R. Dissertation, Straßburg 1898, 194 S.

<u>Thermodynamik der Quellung mit spezieller Anwendung auf die Stärke und deren Molekulargewichtsbestimmung</u>. Rodewald, H. Z.physik. Chem. 24. 193-218 (1897). - Ref.C. 1897. II. 1068, W.Ref. 1222.

<u>Untersuchungen über die Quellung der Stärke</u>. Rodewald, H. Lipsins & Tischer, Kiel und Leipzig 1896, 87 S.

<u>Über ein merkwürdiges Verhalten des Chloralhydrates zu Stärkemehl und Jod</u>. Schär, E. Pharmaz.Zentralhalle Deutschland 37. 540-542 (1896). - Ref.C. 1896. I. 661, W.Ref. 1339.

<u>Über die Quellung der Stärke</u>. Rodewald, H. Landwirtsch.Versuchsstat. 45. 201-227 (1894). - Ref.C. 1895. I. 76, W.Ref. 1218.

<u>Untersuchung über die Quellkraft der Rhodanate (Auszug)</u>. Meusel,E. Jber.Chem. 1886. 2099-2101. - W.Ref. 1337.

<u>Die Quellkraft der Rhodanate und die Quellung als Ursache fermentartiger Reaktionen</u>. Meusel, E. Dissertation, Gera 1886.

7155. Ionenaustausch, Kationenstärke

<u>Eine alkalimetrische Methode zur Bestimmung von für einen Kationenaustausch geeigneter Kartoffelstärke</u>. Pałasiński, M. Acta agrar.et silsetr.Ser.roln. 4. 169-79 (1964). - Ref.J.Chem. (russ.) 1965. 21 R325, Stärke 18. 254 (1966).

<u>Spektrophotometrische Methode zur Bestimmung der Kationenaktivität von Pülpe-Kationenstärke-Komplexen</u>. Mehltretter, C.L., Weakley, F.B., Ashby, M.L., Herlocker, D.W. und Rist, C.E. Tappi 46. 506-08 (1963). - Ref.Stärke 15. 460 (1963), C.A. 59. 8966d (1963), C. 1965. 27-3004.

<u>Körnige Kationenaustauscher-Stärken</u>. U.S.Dept. of Agriculture (Erfinder: Bullock, A.L. und Guthrie, J.D.). A.P. 3 065 222 ausg. 20/11.1962. - Ref.C.A.(M.) 58. 4723d (1963), Ref.J.Chem. (russ.) 1964. 24 R315.

Die maschinelle Herstellung zellreiner Kartoffelstärken. Winkler, S. Stärke 13. 406-07 (1961). - Ref.J.Chem. (russ.) 1962. 12 N316, C.A. 56. 10433a (1962).

Eigenschaften und Bedeutung der H-Stärken. Winkler, S. Stärke 13. 319-27 (1961). - Ref.C. 1962. 9185, C.A. 56. 10433b (1962), Ref.J.Chem. (russ.) 1962. 10 N353.

Ionenaustauscher-Stärken unter Erhaltung ihrer natürlichen Kornform. U.S.Dept. of Agriculture (Erfinder: Bullock, A.L. und Guthrie, J.D.). A.P. 2 992 215 ausg. 11/7.1961. - Ref.C.A. 55. 22878g (1961), Ref.J.Chem. (russ.) 1962. 14 N348.

Deuterium-Austausch in Stärken und Amylose. Taylor, N.W., Zobel, H.F., White, M. und Senti, F.R. J.physic.Chem. 65. 1816-20 (1961). - Ref.C.A. 56. 617f (1962), C. 1962. 8278.

Kationenaustausch an Stärkephosphat. 17. Mitt. über Ionenaustauscher. Wettstein, F., Neukom, H. und Deuel, H. Helv.chim.Acta 44. 1949-56 (1961). - Ref.C.A. 57. 15845c (1962), C.1963. 4622.

Ionenaustauscher-Materialien. W. & R. Balston Ltd. (Erfinder: Knight, C.S.). E.P. 1 001 481 vom 18/11.1960., ausg.18/8.1965. - Ref.C.A. 63. 18385a (1965).

Die Gewinnung von Kationenstärke. Kamitani, I., Abe, S. und Isidzaki, K. Japan.P. 18 246 (61') vom 10/3.1960., ausg. 3/10. 1961. - Ref.J.Chem. (russ.) 1965. 1 R236.

Kationisch-nichtionische Stärkeverbindungen. Hercules Powder Co. E.P. 915 473 vom 1/9.1960., ausg. 16/1.1963. A.Prior. 4/9.1959. id.mit Japan.A.S. 10600/1962 u.Aust.P. 247 664. - Ref.C. 1964. 48-2822.

Kationenaustausch an phosphorylierter Stärke. Wettstein, F. Dissertation, Eidgenöss.Techn.Hochschule, Zürich, L.Speich 1960. 95 S. - Ref.J.Chem. (russ.) 1962. 14 N345.

Untersuchungen über die Eigenschaften von zellreinen Nativ-Stärken. Winkler, S. Stärke 10. 125-30 (1958).

Die ionenaustauschenden Eigenschaften der Kartoffelstärke. Wegner, H. Stärke 9. 196-203 (1957). - Ref.C. 1959. 2309, C.A. 52. 21187b (1958).

Herstellung von kationischen Stärkeverbindungen. Corn Products Refining Co. (Erfinder: Paschall, E.F.). F.P. 1 165 642 vom 20/12.1956., ausg. 28/10.1958. A.Prior. 20/12.1955. - Ref.C. 1965. 37-3018.

Zur Frage des Ionenaustausches bei Stärke. Nasarow, W.I. und Lukjanow, A.B. Kolloid-J. (russ.) 17. 302-04 (1955). - Ref.C. 1956. 7155, Stärke 8. 45 (1956), C.A. 49. 16483b (1956).

Zur Elektrochemie der Stärkekörner. I. Kationenaustausch an Kartoffelstärkekörnern. Dykyj, J. und Bena, J. Kolloid-Z. 104. 106-12 (1943). - Ref.C. 1943. II. 1865.

Über Aciditätsänderungen, die beim biologischen Arbeiten gelegentlich beobachtet werden. Sander, F. Biochem.Z. 284. 189-96 (1936). - Ref.C. 1936. I. 4582.

Einfluß der Kationen der Stärke auf gewisse Eigenschaften der Stärke. Dedek, J., Jelinek, B. und Kulcickij, I. Annales Fermentat 2. 79-85 (1936). - Ref.C. 1937. I. 4644.

716. Sorptionseigenschaften

7161. Allgemeines und Nichtstärkesubstanzen
7162. Wasseradsorption (Hydratation) bei Stärke
7163. Farbstoffadsorption
7164. Sonstige Sorptionserscheinungen

7161. Allgemeines und Nichtstärkesubstanzen

Einige Angaben zur Frage der Adsorptionseigenschaften der Stärke. Nasarow, W.I. und Ssuchorukowa, T.I. Kolloid-J. (russ.) 25. 578-80 (1963). - Ref.Stärke 16. 73 (1964), C. 1964. 20-1022.

Sorptionsisothermen. Ihre Ermittlung und Auswertung. Poersch, W. Stärke 15. 405-412 (1963). - Ref.C. 1964. 41-2523, Ref.J.Chem. (russ.) 1965. 1 R229.

Neuere Beiträge zur Chemie der Stärkefraktionen. 12. Mitt. Untersuchung des Calcium- und Magnesium-Adsorptionsvermögens der Stärkekörner. Hollò, J., Huszár, J., Szejtli, J. und Pethö, M. Stärke 14. 343-47 (1962). - Ref.C. 1963. 16381, Ref.J.Chem. (russ.) 1963. 13 R275, C.A. 58. 7016c (1963).

Die Adsorption von Salzen des Calciums und Magnesiums durch Stärkekörner. Hollò, J., Huszár, J. und Szejtli, J. Szeszipar 10. 45-51, 72 (1962). - Ref.J.Chem. (russ.) 1962. 23 N381.

Multimolekulare Adsorptionsgleichung. Rounsley, R.R. A.I.Ch.E. Journal 7. 308-11 (1961). - Ref.C. 1963. 9984.

Adsorptionseigenschaften von Stärke. Nasarow, W.I. Sammelber.von Arbeiten der Konferenz über Adsorption (russ.) 1957. 268-70. - Ref.C.A. 51. 18664c (1957).

Einige Daten zur Physikochemie der Stärke. Nasarow, W.I. und Tichomirowa, T.P. Untersuchungen über die physikalisch-mechanischen Eigenschaften des Kornes und seiner Vorbereitung zur Vermahlung. - Arbeiten Moskauer Technol.Inst.f.Lebensmittel-Ind. (russ.) Nr.9. 83-90 (1957).

Das System Zellulose-Methanol. Lauer, K. und Ayer, J.E. J.Polymer Sci. 24. 67-74 (1957).

Die Untersuchung der Adsorptionskomplexe von Polymeren mit Netzmittelionen. Saito, S. Kolloid-Z. 154. 19-29 (1957). - Ref.C.A. 52. 5005d (1958).

Die Sorption von Wasserdampf durch Kalziumpektat. Bettelheim, F.A. und Volman, D.H. J.Polymer Sci. 24. 485-88 (1957).

Pektinsubstanzen-Wasser. 2. Mitt. Thermodynamik der Wasserdampf-Sorption. Bettelheim, F.A. und Volman, D.H. J.Polymer Sci. 24. 445-454 (1957).

Pektinsubstanzen - Wasser. 1. Mitt. Strukturelle Veränderungen in Polygalacturonide-Ketten während der Wasseradsorption. Bettelheim, F.A. und Sterling, C. J.Polymer Sci. 22. 303-14 (1956).

Die Struktur von Verdickungsmitteln aus Stärke. Lipatowa, G. J.angew.Chem. (russ.) 29. 2025-27 (1956). - Ref.C.A. 52. 8689g (1958).

Zur Frage der Struktur der Stärkedickungsmittel. Lipatowa, G. J.angew.Chem. (russ.) 29. 1881-83 (1956). - Ref.C.A. 51. 7806e (1957), C. 1958. 859.

Die Hydratationsstruktur von Makromolekülen. Jacobson, B. Svensk kem.Tidskr. 67. 1-17 (1955). - Ref.C. 1956. 7549.

Wasseraufnahme durch Polymerisate. Enderby, J.A. Trans.Faraday Soc. 51. 106-16 (1955). - Ref.C. 1958. 9236.

Untersuchung der hydrophilen Eigenschaften disperser Systeme durch eine Methode der Sättigung derselben mit Wasser in unpolaren Kohlenwasserstoffen. Woitzechowski, R.W. und Demschenkow, P.A. Kolloid-J. (russ.) 17. 261-63 (1955). - Ref.C. 1956. 5206, C.A. 49. 14432i (1955).

Die Sorption von Wasserdampf bei Hefezellwänden und anderen Polysacchariden. Northcote, D.H. Biochim.biophysica Acta (Amsterdam) 11. 471-479 (1953).

Untersuchung hydrophiler Sole mit dem Ultraschallinterferometer. 3. Mitt. Entzug von gebundenem Wasser durch Alkohol. Shiio, H. J.chem.Soc. Japan, pure Chem.Sect. (Nippon Kagaku Zassi) 74. 203-04 (1953). - Ref.C. 1956. 7829.

Zur Kenntnis der Cellulosefasern. 1. Mitt. Die Systeme Faser-Wasser. Lauer, K., Döderlein, R., Jäckel, C. und Wilde, O. J.makromolekulare Chem. 1. 76-96 (1943). - Ref.C. 1945. I. 503.

Die Beziehung zwischen spezifischen Induktionsvermögen der hydratisierten Kolloide und ihrer Hydratation. Overbeek, J.Th.G. Atti X Congr.int.Chim. Roma 2. 390-401 (1938). - Ref.C. 1940. II. 2727.

Die Struktur der Wasserhüllen hydrophiler Kolloide. Tscheschewa,S. und Kolessowa, M. Kolloid-J. (russ.) 4. 497-505 (1938). - Ref.C. 1939. II. 3254.

Untersuchungen über die Hydratation frischer und getrockneter Kleewurzeln und -sprosse im Hinblick auf physikalische Eigenschaften und chemische Zusammensetzung der Gewebe. Greathouse, G.A. und Stuart, N.W. Plant Physiol. 11. 873-80. - Ref.C.1938. II. 2283.

Die Hydratation von Gummi arabicum und Glykogen. Oakley, H.B. Biochemical J. 31. 28-34 (1937). - Ref.C. 1938. I. 1742.

Adsorptionseigenschaften von Stärke und Jodstärke. Magidson, O.J. und Bajtschikow, A.G. Journ.chem.Ind. 6. 1098-1103 (1929). - Ref.C. 1930. I. 953.

Der Mechanismus der Adsorption von Wasser durch Baumwolle. Urquhart, A.R. J.Textile Inst. 20. T 125 (1929).

Eine Zweiphasentheorie der Aufnahme von Wasserdampf durch Baumwollcellulose. Peirce, F.T. J.Textile Inst. 20. T 133-50 (1929). - Ref.C. 1930. I. 2988.

Die Säurebindung und Quellung des Fibrins. III. Mitt. Das Wasser- und Säurebindungsvermögen des durch Kochen in Wasser koagulierten Fibrins. Lochmüller, F. Ztschr.Biol. 87. 292-306 (1928). - Ref.C. 1928. II. 24.

Zur Lehre der Adsorption. III. Mitt. Notiz über die Adsorptionsgeschwindigkeit. Liepatow, S. Kolloid-Z. 39. 9-14 (1926). - Ref.C. 1926. II. 363.

Zur Lehre der Adsorption. IV. Sorptionserscheinungen und chemische Vorgänge. Liepatow, S. Kolloid-Z. 39. 127-40 (1926). - Ref.C. 1926. II. 1740.

Über chemische Sorption. II. Sorption und heterogenes chemisches Gleichgewicht. Liepatow, S. Z.f.anorg.u.allg.Chem. 157. 22-26 (1926). - Ref.C. 1927. I. 41.

Über chemische Sorption. I. Liepatow, S. Z.anorg.u.allg.Chem. 152. 73-90 (1926). - Ref.C. 1926. I. 3590.

Untersuchungen über die Adsorption an hydrophile Kolloide. Lasnitzki, A. und Loeb, Farmer L. Biochem.Z. 146. 96-107 (1924). - Ref.C. 1924. II. 161, W.Ref. 811.

Absorptionskraft von Zucker für Wasser. Browne, C.A. Sugar 25. 73-75 (1923). - Ref.C. 1923. III. 120.

Eine quantitative Untersuchung über die Adsorption in Lösung und an Grenzflächen von Zuckern, Dextrin, Stärke, Gummi arabicum und Eialbumin und dem Mechanismus ihrer Wirkung als Emulgator. Clark, G.L. und Mann, W.A. J.biol.Chemistry 52. 157-182 (1922). - Ref.C.A. 16. 2432 (1922), C. 1922. III. 1109-1110, W.Ref.1280.

Die Adsorption von Cellulose (Filtrierpapier) und Stärke, ein Beitrag zur Kenntnis der Durchtränkung. Scheringa, K. Pharm. Weekblad 57. 1289-1294 (1920). - Ref.C. 1921. I. 131, W.Ref.798.

Über negative Adsorption. Berczeller, L. Biochem. Z. 90. 290-293 (1918). - W.Ref. 783.

Zum zeitlichen Verlauf der Adsorption. Arendt, O. Kolloidchem. Beih. 7. 212-50 (1915). - Ref.C. 1915. II. 868, W.Ref. 769.

Adsorption. 12. Prinzip von der Beweglichkeit des Wassers in Adsorptionsverbindungen. Rakovski, A.V. J.russ.physik.-chem. Ges. 47. 1326-1329 (1915). - Ref.C.A. 10. 2828 (1916), W.Ref. 773.

Über Adsorption und gesättigte Oberflächen. Marc, R. Z.physik. Chem. 81. 641-694 (1913). - W.Ref. 761.

Über affine Adsorptionskurven. I. Mitt. Mecklenburg, W. Z.physik. Chem. 83. 609-24 (1913). - Ref.C. 1913. II. 1014, W.Ref. 760.

Zur Kenntnis der Adsorption. VII. Adsorption und Hydrolyse. Rakowski, A. Ztschr.f.Chem.u.Industr.der Kolloide 12. 177-81 (1913). - Ref.C. 1913. I. 2080.

Zur Kenntnis der Adsorption. IX. Adsorption und Hydrolyse. Rakowski, A. J.Russ.Phys.-Chem.Ges. 45. 13-21 (1913). - Ref.C. 1913. I. 1385, W.Ref. 1006.

Zur Kenntnis der Adsorption. VIII. Die Adsorption durch Stärke in gemischten Lösungen. Rakowski, A. J.Russ.Phys.-Chem.Ges. 45. 7-12 (1913). - Ref.C. 1913. I. 1384, W.Ref. 1005.

Zur Kenntnis der Adsorption. VI. Adsorption durch Stärke in gemischten Lösungen. Rakowski, A. Z.Chem.Ind.Kolloide 12. 128-30 (1913). - Ref.C. 1913. I. 1806.

Zur Kenntnis der Adsorption. VI. Die Kinetik der Wässerung und Entwässerung der Kolloide. Rakowski, A. J.Russ.Phys.-Chem.Ges.44. 836-49 (1912). - Ref.C. 1912. II. 668, W.Ref. 756.

Zur Kenntnis der Adsorption. 5. Mitt. Chemische Hysteresis der Stärke. Rakowski, A. Z.Chem.Ind. Kolloide 11. 269-72 (1912). - Ref.C. 1913. I. 586.

Zur Lehre der Adsorption. VII. Die chemische Hysteresis der Stärken. Rakowski, A. J.Russ.Phys.-Chem.Ges. 44. 1722-28 (1912). - Ref.C. 1913. I. 586, W.Ref. 762.

Zur Kenntnis der Adsorption. 3. Mitt. Kinetik der Entwässerung und Wässerung der Kolloide. Rakowski, A. Z.Chem.Ind.Kolloide 11. 19-25 (1912).

Zur Kenntnis der Adsorption. Rakowski, A. Z.Chem.Ind. Kolloide 10. 22-29 (1912). - Ref.C. 1912. I. 1080.

Adsorption. 4. Thermodynamik von nicht umkehrbaren Prozessen und chemischer Hysteresis. Rakowski, A. J.russ.physik.-chem.Ges. 43. 1762-1784 (1911). - Ref.C. 1912. I. 970, C.A. 6. 1246 (1912), W.Ref. 746.

Adsorption. 3. Ähnlichkeiten zwischen Gelen und gewöhnlichen Lösungen. Rakowski, A. J.russ.physik.-chem.Ges. 43. 362-374 (1911). - Ref.C. 1911. II. 178, C.A. 6. 19 (1912), W.Ref. 745.

Adsorption. 2. Chemische Hysteresis. Rakowski, A. J.russ.physik.-chem.Ges. 43. 186-201 (1911). - Ref.C. 1911. I. 1479, C.A. 6. 19 (1912), W.Ref. 744.

Adsorption. I. Chemische Hysteresis. Rakowski, A. J.russ.physik.-chem.Ges. 43. 170-186 (1911). - Ref.C. 1911. I. 1478, C.A. 6. 19 (1912), W.Ref. 743.

Zur Kenntnis der Adsorption. 1. Mitt. Chemische Hysteresis der Stärke. Rakowski, A. Z.Chem.Ind. Kolloide 9. 225-30 (1911).

Die Adsorption einiger Substanzen durch Stärke. Lloyd, H. J.Amer. chem.Soc. 33. 1213-1226 (1911). - Ref.C. 1911. II. 1126, W.Ref. 741.

7162. Wasseradsorption (Hydratation) bei Stärke

(Vgl. auch "Das Wasser im Stärkekorn": 7153)

Wasserdampfsorption und Saugpotential der Stärkekörner. El-Khawas, F., Tawahashi, R. und Czetsch, H.von. J.Soc.Cosmet.Chemists 17. 103-14 (1966).

Sorption von Wasserdampf durch Amylose "B". Macchia, D.J. und Bettelheim, F.A. J.Polymer Sci., Part B 2. 1101-04 (1964). - Ref.C. 1965. 44-1106, C.A. 62. 8413g (1965).

Zur Aufnahmetechnik von Sorptionsisothermen und ihre Anwendung in der Lebensmittelindustrie. Hofer, A.A. und Mohler, H. Mitt. Gebiete Lebensmittelunters.Hyg. 53. 274-90 (1962). - Ref.Stärke 15. 193 (1963).

Apparatur zur Messung der Sorptionskinetik und eine Mikromethode zur Messung von Sorptionsisothermen. Hofer, A.A. und Mohler, H. Helv.chim.Acta 45. 1415-18 (1962). - Ref.Stärke 15. 193 (1963).

Die hygroskopischen Eigenschaften von Stärken und Stärkeprodukten. Nemitz, G. Stärke 14. 276-78 (1962). - Ref.C. 1963. 9144, Ref.J.Chem.(russ.) 1963. 6 R286, C.A. 58. 1623a (1963).

Sorption von Wasserdampf durch hydrophile Hochpolymere. 4. Mitt. Sorptionsisothermen und Benetzungswärmen von Gemischen mehlbildender Polymerer. Nekrjatsch, Je.F. Ukrain.chem.J.(russ.) 27. 326-30 (1961). - Ref.C. 1965. 46-1114.

Anwendungen der Infrarotspektroskopie. 5. Mitt. Die Adsorption von Wasser und organischen Lösungsmitteln durch Kohlenhydrate. Anderson, D.M.W. und King, N.J. Talanta (London) 8. 497-504 (1961). - Ref.C. 1964. 29-1015.

Dipolare Adsorption von an Stärke und Silica-Gel adsorbiertem H_2O. Kamiyoshi, K., Freymann, M. und Ripoche, M.J. Arch.Sci. (Genève) 11. Sonderh. 71-73 (1958). - Ref.C.A. 53. 21032g (1959), C. 1962. 11814.

Sorption von Wasserdampf durch Stärke. Thermodynamische und strukturelle Veränderungen bei Dextrin, Amylose und Amylopektin. Volman, D.H., Simons, J.W., Seed, J.R. und Sterling, C. J.Polymer Sci. 46. 355-63 (1961). - Ref.C.A. 55. 11997d (1961), C. 1961. 10587.

Wassersorption durch Dextrane und Weizenstärke bei hohen Luftfeuchtigkeiten. Taylor, N.W., Cluskey, J.E. und Senti, F.R. J.physic.Chem. 65. 1810-16 (1961). - Ref.C.A. 56. 617d (1962), Ref.J.Chem.(russ.) 1962. 15 N285.

Untersuchung der Bindungsform von Feuchtigkeit bei Speisematerialien durch Methoden der physikalischen Charakterisierung. Jermolenko, W.D. Hochschulnachr.Nahrungsmittel-Technol.(russ.) 1961. Nr.1. 140-46. - Ref.Stärke 14. 30 (1962).

Die Hydratation der Stärke. 2. Mitt. Tensimetrische Untersuchungen der Ad- und Desorption von Wasser durch Stärke. Schierbaum, F. Stärke 12. 257-65 (1960). - Ref.C. 1961. 13385, C.A. 55. 4019e (1961), Ref.J.Chem.(russ.) 1961. 11 N380.

Die Hydratation der Stärke. 1. Mitt. Entwicklung und Stand der Kenntnisse über die Wasser-Sorption und Desorption der Stärke. Schierbaum, F. Stärke 12. 237-43 (1960). - Ref.C. 1961. 13385, C.A. 55. 1039h (1961), Ref.J.Chem.(russ.) 1961. 11 N380.

Das Sorptionswasser der Stärke. Untersuchung mit Hilfe der Hertzschen Spektrologie. Guilbot, A., Charbonnière, R., Abadie, P. und Girard, P. Stärke 12. 327-32 (1960). - Ref.J.Chem. (russ.) 1961. 15 N351, C.A. 55. 11890i (1961), C. 1962. 8451.

Untersuchung des Gleichgewichts im System Stärke-Alkoholwassergemisch. Kurilenko, O.D. und Jakowkina, Je.A. Kolloid-J. (russ.) 22. 282-87 (1960). - Ref.Stärke 13. 184 (1961), C.A. 55. 11890h (1961), C. 1962. 7918.

Sorption von Wasser durch Cellulose und Stärke. Urquhart, A.R. in J.Honeyman: Recent Advances in the Chemistry of Cellulose and Starch. 240-64. Heywood & Co. Ltd., London 1959.

Die Wasserabsorption von Weizenmehl: relative Einflüsse von Protein und Stärke. Greer, E.N. und Stewart, B.A. J.Sci.Food Agric. 10. 248-52 (1959). - Ref.C.A. 53. 11686b (1959), C. 1961. 3178.

Über die Gleichgewichtsfeuchtigkeit einiger Dextrine. Bytschkow, B.K. Zucker-Ind. (russ.) 33. Nr.12. 50-51 (1959). - Ref.C. 1960 11847, Stärke 12. 283 (1960).

Sorption von Wasserdampf bei Weizenmehl, Stärke und Gluten. Bushuk, W. und Winkler, C.A. Cereal Chem. 34. 73-85 (1957). - Ref.C.A. 51. 10778e (1957), C. 1958. 3186.

Analyse des von gequollenen Maiskörnern absorbierten Wassers. Hanula, P. und Janiga, J. Prumysl Potravin 10. 318-20 (1959).

Verhalten von Stärke während der Herstellung von Nahrungsmitteln. I. Mitt. Einige Eigenschaften des Stärke-Wasser Systems. Osman, E. und Mootse, G. Food Res. 23. 554-64 (1958). - Ref.C. 1960. 16968, Stärke 12. 31 (1960).

Diffusions- und Gleichgewichtseigenschaften von Wasser in Stärke. Fish, B.P. Dep.sci.Industr.Res., Food Investigation 1957. Tech.Paper Nr.5. 92 S. Verlag Stationery Office, London. - Ref.C.A. 52. 5865b (1958).

Wasserbindung durch Stärken. Smolina, L.B. Arb.Taschkenter landwirtsch.Inst. (russ.) 1956. Nr.7. 189-95. - Ref.C.A. 53. 8672i (1959).

Über die Bestimmung von primär adsorbiertem Wasser in Baumwollfasern durch Trocknungsverfahren. Ayer, J.E. J.Polymer Sci. 21. 455 (1956).

Kolloidale Aspekte in der Nahrungsmittel-Chemie und -Technologie. Maczelka, L. Elelmezési Ipar (Lebensmittel-Ind.) 9. 199-202 (1955). - Ref.C.A. 53. 12505h (1959).

Über die Hydratation von Kartoffelstärke. Yovanovitch, O. C.R.hebd.Séances Acad.Sci. 240. 429-31 (1955). - Ref.C. 1956. 4170, C.A. 49. 8623a (1955).

Prüfung der Methoden zur Bestimmung der Wasseraufnahme von Stärke. Rajkay, Antel und Zukal, Endre. Elelmiszervizsgálati Közlemények (Lebensmittelanalyt.Mitt.) 1. 122-30 (1955).

Das Wasser in den Getreideindustrien. Geoffroy, R. Bull.anciens Elèves Ecole franç. Meunerie 1954. 195-99. - Ref.C. 1956. 3170.

Das Wasser bei der Kristallisation der Maltose und Glucose und die Zustände des Sorptionswassers der Stärke nach ihren Radiofrequenzabsorptionsspektren. Abadie, J., Charbonniere, R., Gidel, A., Girard, P. u. Guilbot, A. J.Chim.physique Physico-Chim.biol. 50.C 46-52 (1953). - Ref.C. 1954. 7838, C.A. 48. 7388e (1954).

Die Wassersorption von Maisstärke. Ubertis, B. und Roversi, G. Stärke 5. 266-67 (1953). - Ref.C. 1954. 3353, C.A. 48. 4238f (1954).

Physikalisch-chemische Untersuchungen an Stärke. 3. Mitt. Wasseradsorption bei α- und ß-Amylose. Azumi, H., Nakajima, T. und Shuto, M. Sci.Rep.Tohoku Imp. Univ., Ser.I 37. 149-54 (1953). - Ref.C. 1950/54. 3222 S, C.A. 48. 124440a (1954).

Über die Hydratation von Stärke. Champetier, G. und Yovanovitch, O. C.R.hebd.Séances Acad.Sci. 234. 837-39 (1952). - Ref.C. 1954. 3035, C.A. 46. 7350i (1952).

Heterogene Systeme: Binäre flüssige Polymerisationsprodukte. I. Mitt. Anwendung bei der Hydratation von Cassavastärke. Mateus, V.M. Anais Assoc.brasil.quim. 11. 91-94 (1952). - Ref.C.A. 51. 11746a (1957).

Die Abhängigkeit der Volumenänderung der festen Phase einer Stärkesuspension von der Feuchtigkeit. Dumanski, I.A. und Jakowkina, Je.A. Kolloid-J. (russ.) 14. 37-39 (1952). - Ref.C. 1952. 7427, C.A. 46. 4324b (1952).

Sorption von Wasserdampf durch Kartoffelstärke und deren Bestandteile. Sato, H. J.chem.Soc.Japan, pure Chem.Sect. (Nippon Kagaku Zassi) 72. 790-93 (1951). - Ref.C. 1950/54. 5383 S.

Wassersorption durch Kartoffelstärke und ihre Komponenten. Hideshi, S. J.chem.Soc.Japan, pure Chem.Sect. (Nippon kagaku Zassi) 72. 790 (1951).

Oberflächenausdehnung von Stärke und ihre Rolle bei der Wassersorption. Hellman, N.N. und Melvin, E.H. J.Amer.chem.Soc. 72. 5186-88 (1950). - Ref.C. 1951. II. 828, Stärke 3. 308 (1951).

Vergleichende Untersuchungen über das Wasserbindungsvermögen von Johannisbrotkernmehl, Johannisbrotmehl und Karottenpulver, Kartoffel- und Maisstärke. Selawry, O. Helv.paediat.Acta 5. 246-63 (1950).

Die Wasserbindungskapazität und elektrokinetische Potentiale von elektrolytischen Systemen bei Kartoffel-Stärke-Saccharose. Smolina, L.B. Ukrain.Chem.J. (russ.) 17. 485-95 (1950). - Ref.C.A. 48. 4285c (1954).

Abgabe von Feuchtigkeit an die Luft durch Maisstärke. Shurawlewa, Je. Kolloid-J. (russ.) 12. 32-35 (1950). - Ref.C. 1951. II. 2745.

Die Feuchtigkeitsaufnahme von Maisstärke aus Zuckerlösung. Shurawlewa, Je.I. Kolloid-J. (russ.) 11. 222-36 (1949). - Ref.C. 1949. E. 5910.

Die Aufnahme der Luftfeuchtigkeit durch die Maisstärke. Shurawlewa, Je.I. Kolloid-J. (russ.) 10. 203-208 (1948). - Ref.C. 1948. E. 2529.

Wasseraufnahme durch Maisstärke in Abhängigkeit von der Herstellungsmethode und Lagerzeit. Hellman, N.N. und Melvin, E.H. Cereal Chem. 25. 146-50 (1948). - Ref.Stärke 1. 78 (1949).

Die Wassersorption der Stärken. Sair, L. und Fetzer, W.R. Ind.Engng.Chem., ind.Edit. 36. 205-08 (1944). - Ref.C. 1946. II. 2483.

Wassersorption durch Maisstärke. Und handelsübliche Umwandlungen an Stärken. Sair, L. und Fetzer, W.R. Ind.Engng.Chem. 36. 316-19 (1944). - Ref.C. 1946. II. 4120.

Feuchtigkeit absorbierende Kraft von Stärkehydrolysaten. Cleland, J.E. und Fetzer, W.R. Ind.Engng.Chem.ind.Edit. 36. 552-55 (1944).

Die Hydratation der Stärke unterhalb der Verkleisterungstemperatur. Gallay, W. und Puddington, I.E. Canad.J.Res., Sect.B. 21. 179-85 (1943). - Ref.C. 1945. I. 1224.

Über die Wasseraufnahmefähigkeit der Mehle. Hladik, I. Z.Unters. Lebensmittel 76. Nr.5 (1938).

Das kolloidale Verhalten von Mehlteigen. III. Untersuchungen über die Eigenschaften des Mehl-Stärke-Wassersystems. Markley, M.C. Bakers techn.Digest 13. 43-45 (1938). - Ref.C. 1939. I. 273.

Die Hydratation der Kartoffelstärke in Abhängigkeit von der Temperatur. Granskaja, T.A. und Ssakun, N.J. Kolloid-J. (russ.) 3. 117-20 (1937). - Ref.C. 1937. II. 2084.

Zur Kenntnis der hydrophilen Kolloide. I. Calorimetrische Untersuchung der Hydratation hydrophiler Kolloide im Äthylalkohol-Wassergemisch und im Äthylalkohol-Äther-Wassergemisch. Tschapek, M.W. Kolloid-Z. 72. 46-50 (1935). - Ref.C. 1936. I. 3470.

Die Hydratationskapazität der Stärke. Gortner, Ross Aiken. Cereal Chem. 10. 298-312 (1933). - Ref.C. 1933. II. 2336.

Die Wasserabsorption getrockneter Filme aus gekochter Stärke. Absorption und Desorption zwischen 20 und 90°. Swan, Enoch. J. Textile Inst. 17. T. 527-36 (1926). - Ref.C. 1927. I. 408.

Absorption von Wasser durch getrocknete Schichten von gekochter Stärke. Farrow, F.D. und Swan, E. J.Textile Inst. 14. 465-474T. (1923). - Ref.C.A. 18. 907 (1924), W.Ref. 1287.

Feuchtigkeitsabsorptionsvermögen verschiedener Zucker und Kohlenhydrate unter veränderlichen Bedingungen der atmosphärischen Feuchtigkeit. Browne, C.A. J.ind.Engng.Chem. 14. 712-714 (1922). - Ref.C.A. 16. 3227 (1922), C. 1922. III. 959, W.Ref. 1279.

Die Wasser-absorbierende Kapazität von Staubpuder. Sollmann, T. J.Amer.med.Assoc. 72. 935-936 (1919). - W.Ref. 1269.

Die Aufnahmefähigkeit von Weizen- und Mühlenprodukten für Feuchtigkeit. Stockham, W.L. Bull.agric.Exp.Stat.North Dakota, agric.Coll. 120. 97-131 (1917). - Ref.C.A. 11. 3064 (1917), W.Ref. 1266.

Über die Wasserbindung der Malztrockensubstanz. Ullik, F. Z.ges. Brauwes. 14. 565-577 (1891). - Ref.C. 1892. I. 250, W.Ref. 1213.

7163. Farbstoffadsorption

(Vgl. auch "Spezielle mikroskopische Strukturuntersuchungen": 714)

Adsorption von eingetragenen Farbstoffen durch Stärke. Zografi, G. und Mattocks, A.M. J.pharmac.Sci. 52. 1103-05 (1963). - Ref.C.A.(B.) 60. 4692h (1964). Stärke 17. 98 (1965), C. 1965. 16-1675.

Über die Wechselwirkung von Farbstoffen und Polysacchariden. Carroll, B. und Cheung, H.C. J.physic.Chem. 66. 2585-91 (1962). - Ref.C.A. 58. 4717g (1963).

Die Absorption von Methylenblau an Stärken von verschiedenem Phosphatgehalt. Hofstee, J. Stärke 11. 200-03 (1959). - Ref.C. 1960. 6351, C.A. 58. 4720g (1963).

Beitrag zum Mechanismus der Sorption von Molekularkolloiden an festen Stoffen. I. Mitt. Sorption von Methylenblau an Tierkohle. Skulikidis, Th. und Dellios, F. Kolloid-Z. 167. 25-27 (1959).

Absorption von Farbstoffen durch "An" (Bohnenpaste) und Stärke. Takahashi, T., Ohashi, K. und Tokoro, T. J.technol.Soc.Starch (Japan) 4. 154-55 (1957).

Die katalytischen Eigenschaften von adsorbierten Farbstoffen. 1. Mitt. Juschina, W.W. J.physik.Chem. (russ.) 31. 2357-60 (1957). - Ref.C.A. 52. 8417e (1958).

Beziehungen zwischen Farbstoffphosphoren und den Wasserstoffbindungen des Festkörpersolvens oder der Adsorbensoberfläche. Yamamoto, D. und Iwaki, R. J.chem.Physics 19. 662 (1951). - Ref.C. 1952. 7949.

Adsorption von sauren und basischen Farbstoffen in Teilen der Stärke verschiedener Herkunft. Covello, M. Quaderni Nutriz.4. 467-74 (1937).

Abhandlungen zur physikalischen Chemie der Stärke und der Brotbereitung. XIX. Über die Farbstoffadsorption aus sehr verdünnten Kongorotlösungen als Charakteristikum verschiedener nativer Stärkearten. Katz, J.R. und Weidinger, A. Z.physik.Chem.Abt.A. 169. 143-46 (1934). - Ref.C. 1934. II. 3688.

Das Verhalten verschiedener Stärken gegen Farbstoffe und Jod. 2. Mitt. Huebner, J. und Venkataraman, K. J.Soc.Dyers Colourists 42. 327-32 (1926). - Ref.C. 1927. I. 708.

Das Verhalten von verschiedenen Stärken gegenüber Farbstoffen und Jod. 1. Mitt. Huebner, J. und Venkataraman, K. J.Soc.Dyers Colourists 42. 110-21 (1926). - Ref.C. 1926. II. 1741.

Einfluß des kolloidalen Zustandes auf die Farbe. Vignon, L. Bull.Soc.chim. (Paris) 5. Sér.4. 678-681 (1909). - Ref.C.A. 4. 516 (1910), W.Ref. 735.

Über das Verhalten von Farbstoffen gegenüber Stärke, Kieselsäure und Silikaten. Suida, W. S.-B.Akad.wiss. Wien. Math.-naturwiss.Kl. - Abt.II b 113. 1904. 725-61.

Über das Verhalten von Teerfarbstoffen gegenüber Stärke, Kieselsäure und Silikaten. Suida, W. Mh.Chem.(Wien) 25. 1107-1143 (1904). - Ref.C. 1905. I. 128-130, W.Ref. 720.

7164. Sonstige Sorptionserscheinungen

(Vgl. auch "Stärkesäulen für die Chromatographie": 495)

Adsorbierung von Rivanol an Kartoffelstärke bei der Isolierung von Transferin. Sutton, H.E. und Karp, G.W. jr. Biochim. biophysica Acta (Amsterdam) 107. 153 (1965). - Ref.Stärke 18. 30 (1966).

Adsorption von Thiamin an Kartoffelstärke. Okumura, K. und Hayakawa, A. Vitamins (Kyoto) 23. 333-39 (1961). - Ref.C. 1962. 12360.

Untersuchung von homogenen gefällten und auf Trägern abgelagerten Peroxyden von Zirkonium, Thorium und anderen mehrwertigen Kationen. Gantz, D.E. und Lambert, J.L. J.physic.Chem. 61. 112-14 (1957). - Ref.C. 1957. 7299.

Die Adsorption von Kohlenhydraten und verwandten Verbindungen an Tonmineralien. Lynch, D.L., Wright, L.M. und Cotnoir, L.J. jr. Proc.Soil Sci.Soc.America 20. 6-9 (1956). - Ref.C. 1957. 1443.

Einfluß von Elektrolyten auf die Adsorption von schwefliger Säure an Kartoffelstärke. Basiński, A. und Wilmańska, A. Przemysl chem. 10 (33). 82-84 (1954). - Ref.C. 1950/54. 5041 S.

Die Natur der mit Stärke assoziierten Fettsäuren. Die Adsorption von Palmitinsäure durch Kartoffel- und entfettete Mais- und Reisstärken. Lehrman, L. J.Amer.chem.Soc. 64. 2144-2146 (1942).

Volumetrische Bestimmung der Dichte der von Pulvern adsorbierten Luft. Tschapek, M.W. Kolloid-Z. 67. 145-48 (1934). - Ref.C. 1934. II. 1431.

Untersuchungen über die Bindung der Biokolloide. XIV. Mitt. Adsorption von Stärke auf verschiedenen Emulsionsoberflächen. Horowicz, Z. Biochem.Z. 257. 344-50 (1933). - Ref.C. 1935. I. 1563.

Untersuchungen über die Bindung der Biokolloide. Przylecki, St.J.v. und Majmin, R. Biochem.Z. 240. 98-122 (1931). - Ref.C. 1932. I. 1207.

Über das Absorptionsvermögen der Stärke für Gase und über die Wirkung auf die Magnesylderivate. Costa, Domenico. Gazz.chim. ital. 54. 207-211 (1924). - Ref.C. 1924. II. 458, W.Ref. 810.

Über das Haften von Stärke an Flüssigkeitsgrenzen. I. Versuche an Stärkekörnern. Hofmann, F.B. Pflüger's Arch.ges.Physiol. Menschen Tiere 167. 267-79 (1917). - Ref.C. 1917. II. 230, W.Ref. 1265.

Vergleichbare Adsorption von Saccharose, Inulin und Dextrin. Rakuzin, M.A. J.russ.physik.-chem.Ges. 48. 1319-1324 (1916). - Ref.C.A. 11. 1434 (1917), C. 1923. III. 1070, W.Ref. 779.

Zur Kenntnis der Adsorption. 10. Die Adsorption von Kupferhydroxyd in wässerig-ammoniakalischen Lösungen durch Stärke. Rakowski, A. J.Russ.Phys.-Chem.Ges. 46. 246-58 (1913). - Ref.C. 1914. I. 2146, W.Ref. 766.

Zur Kenntnis der Adsorption. V. Über die Adsorption der in Wasser gelösten Salze durch Stärke. Rakowski, A. J.Russ.Phys.-Chem. Ges. 44. 586-605 (1912). - Ref.C. 1912. II. 668, W.Ref. 1004.

Zur Kenntnis der Adsorption. IV. Adsorption von in Wasser gelösten Stoffen durch Stärke. Rakowski, A. Ztschr.f.Chem.u.Industr.der Kolloide 11. 51-61 (1912). - Ref.C. 1912. II. 1714.

Über das Verhalten von vegetabilischen Geweben und von Stärke und Kohle zu Gasen. Böhm, J. Bot.Ztg. 41. 522-526, 538-551, 554-559 (1883). - Ref.C. 1883. 710, W.Ref. 687.

72. Biologie der Stärke im pflanzlichen Organismus

720. Allgemeines
721. Photosynthese
722. Stärkebildung allgemein
723. Stärkebildung in bestimmten Pflanzen
724. Kohlenhydratstoffwechsel im pflanzlichen Organismus unter Normalbedingungen
725. Verhalten der Stärke unter besonderen Bedingungen

720. Allgemeines

Die Polysaccharidsynthese höherer Pflanzen. Porter, H.K. Annu. Rev.Plant Physiol. 13. 303-28 (1962). - Ref.C. 1963. 8996.

Chemische Synthese der Polysaccharide. O'Colla, P.S., Lee, E.E. und McCrath, D. Chem.and Ind. 1962. 178-79. - Ref.Stärke 14. 436 (1962).

Verwendung von $^{14}C_{(1)}$-D-Glucose bei der Synthese von Polysacchariden. Micheel, F. und Böckmann, A. Makromolekulare Chem. 51. 102-06 (1962). - Ref.C. 1965. 7/8-1134.

Biologische und chemische Synthese von Polysacchariden. Jones, J.K.N. Pure appl.Chem. 4. 469-82 (1962). - Ref.C.A. 57. 5002h (1962), C. 1966. 12-1119.

Der Mechanismus der Neusynthese von Polysaccharid durch Phosphorylase. Brown, D.H., Illingworth, B. und Cori, C.F. Proc.nat. Acad.Sci.USA 47. 479-85 (1961). - Ref.C. 1963. 10130.

Die Neusynthese von Polysaccharid durch Phosphorylase. Illingworth, B., Brown, D.H. und Cori, C.F. Proc.nat.Acad.Sci. USA 47. 469-78 (1961). - Ref.C. 1963. 10130.

Die Biosynthese von Polysacchariden. Hassid, W.Z. Biochem.J. 79. 16P-17P (1961). - Ref.C. 1962. 6818.

Ausführungen über die Chemie und Biochemie von Kohlenhydraten und maßgebende Resultate über die geleistete Arbeit in den physiologisch-chemischen Laboratorien der Akademie der Wissenschaften der UdSSR. Stepanenko, B.N. Kohlenhydrate und Kohlenhydratstoffwechsel im tierischen und pflanzl.Organismus, Konferenzmaterial, Moskau (russ.) 1958. 5-39. - Ref.C.A. 54. 24928d (1960).

Die Phosphorylierung in höheren Pflanzen. Marrè, E. Annu.Rev. Plant Physiol. 12. 195-218 (1961). - Ref.C. 1962. 11596.

Biosynthese von C^{14}-markierter Isomaltose. Suzuki, H., Tonomura,K. und Tanabe, O. Rep.Fermentat.Res.Inst. (Japan) 19. 55-58 (1961). - Ref.C.A. 55. 27535e (1961).

Die Wirkung von Zuckern auf die Chlorophyll-Biosynthese in höheren Pflanzen. Wolff, J.B. und Price, L. J.biol.Chemistry 235. 1603-08 (1960). - Ref.C. 1961. 4769.

Die Beziehung von pH-Wert, Salzen und Stärke zur Stomata-Bewegung. Fujino, M. Science (Japan) 29. 147-48 (1959). - Ref.C.A. 55. 1819d (1961).

Enzymsynthese in der Cotyledonen von reifenden Samen. Young, J.L. und Varner, J.E. Arch.Biochem.Biophysics 84. 71-78 (1959).

Die enzymatische Synthese und Abbau von Cellulose und Stärke. Whelan, W.J. In J. Honeyman: Recent Advances in the Chemistry of Cellulose and Starch. 307-36. Heywood & Co. Ltd., London 1959.

Vergleichende evolutionäre Gesichtspunkte an Enzymen, welche Polyglucoside aufbauen. Fredrick, J.F. Physiol.plantarum (Copenhagen) 12. 511-17 (1959).

Die enzymatische Synthese von kristallisiertem Glucose-6-phosphat aus anorganischem Phosphat. Bot, G. Acta physiol.Acad.Sci. hung. 13. 317-20 (1958). - Ref.C. 1959. 8919, Stärke 12. 91 (1960).

Chemie und Stoffwechsel der Kohlenhydrate im tierischen und pflanzlichen Organismus. Sergienko, I.Z. Nachr.Akad.Wiss.UdSSR (russ.) 28. Nr.6. 112-14 (1958).

Polysaccharides in Biology. Transactions of the Third Conference May 29, 30, and 31, 1957, Princeton, N.J. (Polysaccharide in der Biologie. Verhandlungen der 3. Konferenz vom 29. bis 31.Mai 1957, Princeton, N.J.). Springer, G.F. Josiah Macy, jr. Foundation, New York 1958. 249 S.

Biogenese der Kohlenhydrate. Hough, L. und Jones, J.K.N. J.sci. ind.Res. (New Delhi), Sect.A 16. 271-85 (1957). - Ref.C. 1959. 14769.

Die Biosynthese von Kohlenhydraten. Stacey, M. Roy.Inst.Chem., Lectures, Mongr.Rep. 1956. Nr.2. 1-18. - Ref.C. 1960. 3895.

Die biologische Synthese komplexer Kohlenhydrate. Stacey, M. Suomen Kemistilehti 28 A. 147-51 (1955). - Ref.C. 1957. 3023.

Über Biosynthesen. Knorr, F. Brauwissenschaft 8. 267-71 (1955). - Ref.C. 1957. 3312.

Die biologischen Funktionen der Stärke. Peat, S. Starch and its derivatives, J.A.Radley 1953. Bd.I. 5-24.

Saccharosesynthese bei höheren Pflanzen und hochwirksames Phosphat. Meeuse, B.J.D., van der Eijk, A. und Latuasan, H.E. Biochem. biophysica Acta (Amsterdam) 8. 478-79 (1952). - Ref.C. 1950/54. 1834S.

Biologische Polymerisation mit besonderer Berücksichtigung der Polysaccharidsynthese. Stacey, M. Chem.and Ind. 1950. 727-29. - Ref.C. 1951. I. 2307.

Die biologische Synthese von Polysacchariden und Nucleotiden. Westenbrink, H.G.K. Chem.Weekbl. 44. 541-46 (1948). - Ref.C. 1949. I. 1001.

Die Synthese der Kohlenhydrate und Polysaccharide in der Pflanze. Hibbert, H. Sci.Pap.Inst.physic.chem.Res. (Tokyo) 20. 254-58 (1933). - Ref.C. 1933. I. 3583.

Stärkeabbau in Mesophyll- und Schließzellen. Weber, F. und Strugger, S. Ber.dtsch.bot.Ges. 43. 431-38 (1925).

Die Bedeutung des Kaliums für die pflanzliche Kohlenhydraterzeugung. Sabalitschka, Th. Z.angew.Chem. 37. 690-93 (1924).

Reservenährmaterial in vegetativen Geweben. Tuttle, G.M. Bot.Gaz. 71. 146-151 (1921). - Ref.C. 1921. III. 114.

A biochemic basis for the study of problems of taxonomy, heredity, evolution, etc., with especial reference to the starches and tissues of the parent-stocks and hybrid-stocks and the starches and hemoglobins of varieties, species, and genera. (Eine biochemische Grundlage für das Studium der Probleme der Taxonomie, Vererbung, Entwicklung etc.). Reichert, E.T. Carnegie Institution of Washington, Publ.Nr. 270, Washington 1919. 854 S. - Ref.C.A. 14. 2496 (1920), W.Ref. 1424.

Die Bedeutung des Glykogens und der Stärke als Stoffwechselzwischenprodukte einiger Organismen. Waterman, H.I. Chem. Weekbl. 12. 552-56 (1915). - Ref.C. 1915. II. 546.

Ein Beitrag zur Chemie und Physiologie der Blattbelaubung. Brown, H.T. und Morris, G.H. J.chem.Soc. (London) 63. 604-677 (1893). - W.Ref. 3377.

721. Photosynthese

(Stärkebildung in Blättern. Vgl. auch "Stärkebildung allgemein": 722, "Stärkebildung in bestimmten Pflanzen": 723)

Probleme der Photosynthese und ihre Zukunft. Nitschiporowitsch, A.A. Nachr.Akad.Wiss., Ser.Biol. (russ.) 1967. 20-33.

Über die Natur der Stärkebildung in Spinatblättern nach der Inkubation von Saccharose. Doi, K., Doi, A. und Nikuni, Z. Stärke 18. 281-84 (1966).

Biosynthese von Stärke in Spinatchloroplasten. Ghosh, H.P. und Preiss, J. Biochemistry 4. 1354-61 (1965). - Ref.Stärke 18. 301 (1966), C.A. 63. 4561d (1965).

Die Biosynthese von Stärke in Spinatchloroplasten. Ghosh, H.P. und Preiss, J. J.biol.Chemistry 240. PC 960-62 (1965). - Ref.C. 1966. 3-1378, C.A. 62. 12041c (1965).

Die Hydrolyse von Adenosintriphosphat durch Spinatchloroplasten. Petrack, B., Craston, A., Sheppy, F. und Farron, F. J.biol. Chemistry 240. 906-14 (1965). - Ref.C. 1966. 3-1379.

Direkter Beweis für die Teilnahme der Phosphoglycerinsäure am photosynthetischen Reduktionszyklus des Kohlenstoffs. Doman, N.G., Schkolnik, R.Ja. und Terentjewa, S.A. Ber.Akad.Wiss. UdSSR (russ.) 156. 698-701 (1964). - Ref.C. 1966. 5-1328.

Biosynthese von Adenosindiphosphat-D-hexosen. Passeron, S., Recondo, E. und Dankert, M. Biochim.biophysica Acta (Amsterdam) 89. 372-74 (1964). - Ref.C. 1966. 2-1295.

Photophosphorylierung. 14. Mitt. Identifizierung der endogenen cyclischen Photophosphorylierung bei Blattzellenpräparationen von Ipomoea batatas. Gongmao Shen, I-ji Fan, Yuen-kang Shen und Hungchang Yin. Acta biochim.biophysica sinica 4. 249-52 (1964). - Ref.C. 1966. 21-1395.

Schädigung der Adenosintriphosphat-Synthese durch Gefrieren und ihre Beziehung zum Problem der Frosthärte. Heber, U.W. und Santarius, K.A. Plant Physiol. 39. 712-19 (1964). - Ref.C. 1966. 12-1374.

Gezielte Biosynthese von Kohlenhydraten bei Chlorella. Kljatschko-Gurwitsch, G.L. Physiol.Pflanzen (russ.) 11. 978-87 (1964). - Ref.C. 1966. 11-1435.

Der Chemismus der photosynthetischen Phosphorylierung. Ssissakjan, N.M. und Bekina, R.M. Nachr.Akad.Wiss.UdSSR, biol.Ser.(russ.) 29. 257-64, 396-409 (1964). - Ref.C. 1965. 36-1226.

Guard-cell Stärkeretention und Akkumulierung in der Dunkelheit. Pallas, J.E. jr. Bot.Gaz. 125. 102-07 (1964). - Ref.C.A.(B.) 61. 7357a (1964).

Die Bedeutung von Adenosindiphosphat-Glucose zur Stärkebildung im Blatt. Murata, T. und Akazawa, T. Biochem.biophysic.Res. Commun. 16. Nr.1. 6-11 (1964). - Ref.C.A.(B.) 61. 5950g (1964).

Enzymatische Phosphorylierung der D-Glucose mit Acetylphosphat. Kamel, M.Y. und Anderson, R.L. J.biol.Chemistry 239. PC 3607-08 (1964). - Ref.C. 1965. 51-1345.

Dephosphorylierung von Zucker-Phosphaten und Nucleotiden durch Ionen der Metalle der IV. Nebengruppe. 38. Mitt. Trapmann, H. und Devani, M. Enzymologia (Den Haag) 28. 65-84 (1964). - Ref.C. 1966. 1-1202.

Chemie der Photosynthese. Warburg, O., Krippahl, G., Jetschmann, K. und Lehmann, A. Z.Naturforsch. 18b. 837-44 (1963). - Ref.C. 1965. 37-1391.

Natur der kurzfristigen Photosynthese. Tartschewski, I.A. und Karpilow, Ju.Ss. Pflanzenphysiologie (russ.) 10. Nr.2. 229-31 (1963). - Ref.C. 1966. 1-1371.

Trennung der Hell- und Dunkelreaktionen beim Elektronenübergang während der Photosynthese. Whatley, F.R., Tagawa, K. und Arnon, D.I. Proc.nat.Acad.Sci.USA 49. 266-70 (1963). - Ref.C. 1965. 43-1400.

Photosynthese. Bailey, J.L. Roy.Inst.Chem., Lecture Ser. 1963. Nr.5. 1-30. - Ref.C. 1964. 36-1182.

Photochemie der Kohlenhydrate. Phillips, G.O. Advances Carbohydrate Chem. 18. 9-59 (1963). - Ref.C. 1964. 45-0856.

Der Weg des Kohlenstoffs bei der Photosynthese. Stiller, M. Annu. Rev.Plant Physiol. 13. 151-70 (1962). - Ref.C. 1963. 8997.

Der gegenwärtige Stand der vergleichenden Untersuchungen der Photosynthese. Niel, C.B.van. Annu.Rev.Plant Physiol. 13. 1-26 (1962). - Ref.C. 1963. 8997.

Der Weg des Kohlenstoffs in der Photosynthese. Nobel-Vortrag am 11. Dezember 1961. Calvin, M. Angew.Chem. 74. 165-75 (1962). - Ref.C. 1962. 16377.

Neue Entwicklungen der Photosynthese. Clayton, R.K. Bacteriol.Rev. 26. 151-64 (1962). - Ref.C. 1964. 49-1193.

Photosynthetische Phosphorylierung oberhalb und unterhalb 0°. Hall, D.O. und Arnon, D.I. Proc.nat.Acad.Sci.USA 48. 833-39 (1962). - Ref.C. 1965. 38-1392.

Mechanismus der Photosynthese. Müller, A., Rumberg, B. und Witt, H.T. Angew.Chem. 74. 330-31 (1962). - Ref.C. 1966. 18-1402.

Zur Photosynthese der Radiokohlenstoff-markierten Glucose. Billek, G. und Kindl, H. Atompraxis 8. 167-70 (1962). - Ref.C. 1963. 19662.

Photosynthese von Kohlenhydraten. Grundland, I. Przemysł spożywczy 16. 642-49 (1962). - Ref.C. 1965. 43-1401.

Die Zucker von assimilierenden Blättern. Lissizyn, D.I. Kohlenhydrate und Kohlenhydratstoffwechsel, Verlag Akad.Wiss.UdSSR, Moskau (russ.) 1962. 264-69.

Darstellung von mit ^{14}C markierten Verbindungen durch Biosynthese. 1. Mitt. Apparatur für die Biosynthese und Darstellung unspezifisch markierter Kohlenhydrate. Liebster, J., Kopoldová, J., Kozel, J. und Dobiášová, M. Collect.czechoslov.chem.Commun.26. 1582-90 (1961). - Ref.C. 1962. 11220.

Synthese von Stärke und Oligosacchariden aus Uridindiphosphoglucose. Leloir, L.F., Fekete, M.A.R.de und Cardini, C.E. J.biol.Chemistry 236. 636-41 (1961). - Ref.C. 1962. 511.

Beziehung zwischen Atmung und Photosynthese der Pflanzenblätter. Salenski, O.W. Nachr.Akad.Wiss.UdSSR, Ser.biol. (russ.) 26. 202-12 (1961). - Ref.C. 1966. 2-1301.

Über den Einbau von Tritium in einige Zucker bei der Photosynthese. Simon, H. und Trebst, A. Z.Naturforsch. 16b. 285-87 (1961).

Untersuchungen über Phosphorylierungsprozesse bei der Photosynthese höherer Pflanzen (Helodea) unter Verwendung von radioaktivem Phosphat. Weichart, G. Planta 56. 262-89 (1961).

Die Photosynthese bei Hydrilla. Basu, D.K. und Sen, S.P. Proc.nat. Inst.Sci.India, Part B 25. 215-21 (1959). - Ref.C. 1961. 9473.

Über den Einbau von $^{14}CO_2$ in phosphorylierte und freie Zucker von Bryophyllum daigremontianum Berger bei der Photosynthese nach vorangegangener Belichtung. Garnier-Dardart, J. C.R.hebd. Séances Acad.Sci. 248. 1386-89 (1959). - Ref.C. 1961. 5492.

Die Kohlensäure-Assimilation bewurzelter Blattstecklinge in Abhängigkeit von Entwicklungsstand und Beleuchtung. Parthier, B. Flora (Jena) 147. 156-60 (1959).

Fortschritte bei der Untersuchung der Zwischenreaktionen bei der Photosynthese von Kohlenhydraten. Wassiljew, Ss.Ss. Fortschr. Chem. (russ.) 28. 647-68 (1959). - Ref.C. 1962. 2016.

Die Biosynthese von Polysacchariden. 2. Mitt. Einbau von $^{14}CO_2$ in die Polysaccharide von Pflaumenbaumblättern während der Photosynthese. Andrews, P. und Hough, L. J.chem.Soc. (London) 1958. 4483-88. - Ref.C. 1959. 9601.

Phosphorylierung und Stärkebildung in Blättern. Li, Shu-Chun. Acta Bot.Sinica 7. 149-52 (1958). - Ref.C.A. 53. 15220g(1959).

Stoffwechsel organischer Verbindungen. 1. Mitt. (Photosynthese). Teilbericht über die Jahre 1957 und 1958. Pirson, A. Fortschr. Bot. 21. 262-80 (1958). - Ref.C. 1962. 16024.

Zur Frage der ersten bei der Photosynthese sich bildenden Kohlenhydrate. Turkina, M.W. Ber.Akad.Wiss.UdSSR (russ.) 115. 1142-45 (1957). - Ref.C. 1960. 7895.

Die Anwendung von gleichmäßig markierter ^{14}C-Glucose für das Studium der Stärkesynthese im Blatt. Radwan, M.A. Arch.Biochem. Biophysics 68. 467-77 (1957). - Ref.C. 1958. 2778, C.A. 51. 15712i (1957).

Enzymatische Aspekte der Photosynthese. Vishniac, W., Horecker, B.L. und Ochoa, S. Advances Enzymol. 19. 1-77 (1957). - Ref.C. 1958. 13275.

Neuere Ergebnisse auf dem Gebiet der Photosynthese. Grisebach, H. Chemiker-Ztg. 80. 33-36 (1956). - Ref.C. 1957. 169.

Untersuchungen über den Bildungsmechanismus der Polysaccharide. 20. Mitt. Synthese von Glucose-6-phosphat. I. Mitt. Inouye, Y., Onodera, K. und Ito, T. J.agric.chem.Soc. (Japan) 30. 59-62 (1956). - Ref.C. 1962. 14510.

Über die Lokalisation von Stärke und Proteinen in den Blättern von Pflanzen im Zusammenhang mit einer differenzierten photoperiodischen Einwirkung. Tschailachjan, M.Ch. Ber.Akad.Wiss.ArmenSSR (russ.) 21. Nr.1. 37-42 (1955). - Ref.C. 1956. 4477, C.A. 49. 16078i (1955).

Die Photosynthese isolierter Chloroplasten. 3. Mitt. Nachweis der vollständigen Photosynthese. Allen, M.B., Arnon, D.I., Capindale, J.B., Whatley, F.R. und Durham, L.J. J.Amer.chem.Soc. 77. 4149-55 (1955). - Ref.C. 1957. 12215.

Einbau von ^{14}C in verschiedene Kohlenhydrate von Tabakblättern nach unterschiedlich langen Photosyntheseperioden mit $^{14}CO_2$. Vittorio, P.V., Krotkov, G. und Reed, G.B. Science (Washington) 119. 906-08 (1954). - Ref.C. 1950/54. S. 4037.

Chemie und Energetik der pflanzlichen Photosynthese. Holzer, H. Angew.Chem. 66. 65-75 (1954).

Mechanismus der Stärkebildung in den Blättern höherer Pflanzen. 2. Mitt. Maruo, B., Akazawa, T. und Iimura, Y. J.agric.chem. Soc.Japan 27. 207-09 (1953). - Ref.C. 1955. 11408, C.A. 48. 12919d (1954).

Enzymatische Bildung und Abbau von Stärke. XI. Mechanismus der Stärkebildung in den Blättern höherer Pflanzen. Maruo, B. und Nakamura, M. J.agric.chem.Soc. Japan 25. 245-248 (1952). - Ref.Stärke 5. 46 (1953).

Enzymatische Bildung und Abbau von Stärke. X. Verteilung der Phosphorylase, Phosphatase und ß-Amylase in Pflanzen. 4. Verteilung in Früchten, Gemüsen und Blättern. Nakamura, M., Yamasaki, K. und Toda, H. J.agric.chem.Soc. Japan 25. 119-121 (1952). - Ref.Stärke 5. 46 (1953).

Lichtempfindlichkeit der die Stärkesynthese in isolierten Spaltöffnungen stimulierenden Auxinwirkung. Marrè, E. und Profumo,P. Atti Accad.naz.Linzei,Rend., Cl.Sci.fisiche, mat.natur. 12. 181-84 (1952). - Ref.C. 1952. 7680.

Stärke-Assimilation in grünen Blättern. Fuwa, H., Sonoda, T. und Nikuni, Z. J.agric.chem.Soc. Japan 23. 477-80 (1950). - Ref.C.A. 46. 8199 (1952).

Markierung der als Stärke abgelagerten Glucose während der Photosynthese. Vittorio, P., Krotkov, G. und Reed, G.B. Proc.Soc. exp.Biol.Med. 74. 775-76 (1950). - Ref.C. 1951. II. 545.

Über die Probleme der Eiweiß- und Stärkesynthese. Bressler, Ss.J. Bull.Acad.Sci.UdSSR, Ser.physique (russ.) 12. 695-710 (1948). - Ref.C. 1949. E 6632.

Die Rolle der Stärke bei der durch Licht hervorgerufenen Bewegungen der Stomata und ein neues Reagens zur Färbung von Stomata-Stärke. Heath, O.V.S. Nature (London) 159. 647 (1947). - Ref.C. 1947. 1863.

Photosynthese. French, C.S. Annu.Rev.Biochem. 15. 397-416 (1946).

Über Stärkebildung aus Zuckerarten in Blattgewebeschnitten. Tauja-Thielman, M.J. Beih.bot.Zbl., Abt.A 61. 310-28 (1941).

Zur Physiologie des Chlorophylls. Seybold, A. Science (New York) 93. 186-87 (1941). - Ref.C. 1941. II. 2336.

Der Einfluß der ß-Indolylessigsäure auf die Photosynthese. Gorbovsky, A.G. Planta 30. 151-59 (1939). - Ref.C. 1939. II. 4264.

Struktur von Pflanzenverbindungen und Löslichkeit. Carr, R.H. Science (New York) 69. 407-08 (1929). - Ref.C. 1929. II. 176.

Beiträge zum Studium der Photosynthese. Stanescu, P.P. Ann.Sci. Univ.Jassy 15. 161-212 (1928). - Ref.C. 1928. I. 2266.

Die quantitativen Veränderungen der Produkte der Photosynthese in den Blättern grüner Pflanzen im Verlauf eines Tages (24 Stunden). Stanescu, P.P. Ann.sci. Univ. Jassy 14. 383-508 (1927). - Ref.C. 1927. II. 98.

Eine Stärkeprobe für photosynthetische Versuche. Emerson, F.W. Science (New York) 65. 598-99 (1927). - Ref.C. 1927. II. 1586.

Bildung von Stärke durch die Blätter höherer Pflanzen und Gegenwart von Zucker in den Nahrungsmitteln. Reinhard, A.W. C.R.Séances Soc.Biol.Filiales Associées 89. 1274-75 (1923). - Ref.C. 1924. I. 1548.

Die Kohlenhydrate des Zuckerrübenblattes. Colin, H. Bull.Assoc. Chimist.Sucr.Distill. France Colonies 38. 331-338 (1921). - Ref.C. 1921. III. 1288.

Über die Bedeutung der Wellenlänge für die Stärkebildung. Ursprung, A. Ber.dtsch.bot.Ges. 36. 86-100 (1918). - Ref.C. 1918. II. 456.

Über die Stärkebildung im Spektrum. Ursprung, A. Ber.dtsch.bot. Ges. 35. 44-69 (1917). - Ref.C. 1917. I. 961.

Die Bildungsstärke der grünen Blätter und ihre Nutzbarmachung. Neger, F.W. Naturwissenschaften 3. 407-08 (1915). - Ref.C.1915. II. 904.

Über die Assimilation des Formaldehyds und die Versuche, dieses Zwischenprodukt bei der Kohlensäure-Assimilation nachzuweisen. Assimilation von Glycerin und Zucker. Bokorny, Th. Pflüger's Arch.ges.Physiol. Menschen Tiere 125. 467-490 (1908).

Die Assimilationsgröße bei Zucker- und Stärkeblättern. Müller, A. Jb.wiss.Bot. 40 (1904).

Über die Stärke von immergrünen Blättern und ihre Beziehung zur Photosynthese während des Winters. Miyake, K. Bot.Gaz. 23 (1902).

Ernährung grüner Pflanzenzellen mit Formaldehyd. Bokorny, Th. Landwirtsch.Jb. 21. 445-465 (1892).

Zur Kenntnis der täglichen Assimilation der Kohlenhydrate. Menze, O. Bot.Ztg. 46. 465-468 (1888).

Kohlenstoff-Assimilation. Strasburger, E. In E. Strasburger: Über den Bau und das Wachstum der Zellhäute, S. 237-41. Gustav Fischer, Jena 1882.

Über Chlorophyllkörner, Stärkebildner und Farbkörper. Meyer, A. Bot.Zbl. 12. 314 (1882).

Ist das Assimilationsprodukt der Musaceen Öl oder Stärke? Godlewski, E. Flora, allg.bot.Ztg. 1877. 215.

722. Stärkebildung allgemein

(Auch Plastiden, Chloroplasten, Cytoplasma u.a., vgl. auch "Photosynthese": 721)

Die Biosynthese der Stärke. 7. Mitt. Amylose-Synthese und Phosphorolyse mit Kartoffel-Phosphorylase: Abhängigkeit der Gleichgewichtskonstanten von pH und Temperatur. Holló, J., László, E. und Hoschke, A. Acta chim.Acad.Sci.hung. 50. 351-60 (1966).

Biosynthese der Stärke. 6. Mitt. Untersuchung der Bindung zwischen Kartoffelphosphorylase und ihren Substraten durch reaktionskinetische Methoden. Holló, J., László, E. und Hoschke, A. Stärke 18. 67-72 (1966).

Biosynthese der Stärke. 4. Mitt. Kritische Untersuchung der Gewinnungsmethoden von Kartoffel-Phosphorylase. Holló, J., László, E. und Hoschke, A. Nahrung 9. 317-24 (1965). - Ref.Stärke 18. 56 (1966), C.A. 63. 16677h (1965).

Synthese und enzymatischer Abbau der Stärke. Jemmali, M. Ind.agric.aliment 82. 1271-92 (1965).

Bildung von Amylopektin-Körnern in Gelatine-Gel als ein Modell der Stärkeabscheidung in Pflanzenplastiden. Doi, K. Biochim.biophysica Acta 94. 557-65 (1965). - Ref.C.A. 62. 15067a (1965), Stärke 18. 30 (1966).

Stärkekörner als neue "Zell-Organellen" falsch gedeutet. Calvin, C.L. und McGrath, J.J. Planta 62. 373-78 (1964). - Ref.C.A. 62. 3059a (1965).

Die Synthese von Stärke in Koacervattropfen. Jewreinowa, T.N., Schurygina, N.N. und Oparin, A.I. Biochemie (russ.) 29. 1035-41 (1964). - Ref.C.A. 62. 8043b (1965), C. 1966. 8-1092.

Lösliche Enzyme in Bezug auf die Stärkesynthese. Frydman, R.B. und Cardini, C.E. Biochem.biophysic.Res.Commun. 17. 407-11 (1964). - Ref.C.A. 62. 4261d (1965).

Die Biosynthese von Stärke. Holló, J., László, E. und Hoschke, A. Ind.agric.aliment. 81. 535-39 (1964). - Ref.C. 1965. 34-1356, Stärke 17. 28 (1965).

Probleme der Stärkebiosynthese. Nowotny, F. Hodowla Roślin, Aklimatyzacja Nasiennictwo 7. 301-10 (1963). - Ref.Stärke 17. 101 (1965).

Photostimulierter Stärkeabbau in Plastiden und die Blatt-Morphogenese. Klein, W.H., Price, L. und Mitrakos, K. Photochem. Photobiol. 2. 233-40 (1963). - Ref.C.A.(B.) 60. 863h (1964).

Neuere Beiträge zur Chemie der Stärkefraktionen. 11. Mitt. Die Herstellung von mit C^{14} markierter Stärke und von Glucose-1-Phosphat. Hollò, J., Szejtli, J., László, E. und Vándor, E. Stärke 14. 53-58 (1962). - Ref.C.A. 57. 7503a (1962). - Ref.C. 1963. 2257.

Probleme der Stärkebildung. Badenhuizen, N.P. Recent Advances Bot. 1961. 1258-62.

Herstellung von radioaktiven Kohlenhydraten unter Verwendung von Tabakblättern. Matsuhashi, S. Mem.Inst.sci.ind.Res., Osaka Univ. 19. 89-92 (1961). - Ref.C.A. 56. 6368h (1962), C. 1962. 13445.

Adenosindiphosphat-Glucose und Stärkesynthese. Recondo, E.F. und Leloir, L.F. Biochem.biophys.Res.Commun. 6. 85-89 (1961). - Ref.C.A. 56. 10561e (1962), C. 1966. 6-1267.

^{14}C-Verteilung in der Glucose bei der Photosynthese mit Chloroplasten. Trebst, A. und Fiedler, F. Z.Naturforsch. 16b. 284-85 (1961).

Zur Biosynthese des Amylopektins. Jeremias, K. Naturwiss.Rdsch. 14. 399 (1961).

Zur Biosynthese der Amylose. Jeremias, K. Naturwiss.Rdsch. 14. 150 (1961). - Ref.Stärke 14. 105 (1962).

Mechanismus der Stärkebiosynthese. Fekete, M.A.R.de, Leloir, L.F. und Cardini, C.E. Nature (London) 187. 918-19 (1960). - Ref.Stärke 13. 186 (1961), C.A. 55. 37421 (1961), C. 1963. 11314.

Über die Entstehung der Stärke in der Pflanze. Kühlwein, H. Stärke 12. 103-106 (1960). - Ref.C. 1961. 687.

Hemmungsfaktor des Saponins der Runkelrübe bei der Amylosebildung durch Kartoffelphosphorylase. Yoshinori, I. und Obata, Y. Bull.agric.chem.Soc. Japan 24. 699-702 (1960).

Die Stärkebildung in isolierten Chloroplasten. 3. Mitt. Ono, H. und Konagamitsu, Y. Sieboldia (Fukuoka) 2. 171 (1960).

Die Fähigkeit zur Stärkebildung in Schließzellen während der Bildung der Spaltöffnungen. Konagamitsu, Y. und Ono, H. Sieboldia (Fukuoka) 2. 131-35 (1959).

Stärkebildung in amylophyllen und saccharophyllen Pflanzen. Ono,H. und Konagamitsu, Y. Sieboldia (Fukuoka) 2. 143-50 (1959).

Synthese und Abbau von mit C^{14} markierter Stärke in Tabakblattgeweben. Porter, H.K., Martin, R.V. und Bird, I.F. J.exp. Botany 10. 264-76 (1959). - Ref.Stärke 13. 145 (1961), C.1962. 15657.

Synthese von Amylose durch D-Enzym der Kartoffel. Walker, G.J. und Whelan, W.J. Nature (London) 183. 46 (1959). - Ref.C. 1960. 852.

Stärkebildung in isolierten Chloroplasten. 3. Mitt. Das Verhalten von Stärkekörnern abgetrennter Chloroplasten nach Rückführung in kernhaltiges Cytoplasma. Ueda, R. Bot.Mag. (Tokyo) 72. 44-50 (1959). - Ref.Stärke 13. 26 (1961).

<u>Stärkebildung in isolierten Chloroplasten. 2. Mitt. Versuche mit durch Plasmolyse isolierten Chloroplasten.</u> Ueda, R. Bot.Mag. (Tokyo) 71. 366-70 (1958). - Ref.Stärke 13. 26 (1961).

<u>Stärkebildung in isolierten Chloroplasten. 1. Mitt. Untersuchungen mit durch Ultraschall isolierten Chloroplasten.</u> Ueda, R. Bot. Mag.(Tokyo) 71. 326-34 (1958).

<u>Anaerobe Synthese von Stärke aus Glucose in Tabakblättern.</u> Baclachlan, G.A. und Porter, H.K. Biochem.J. 70. 11p (1958).

<u>Die Umwandlung von $^{14}CO_2$ zu Stärke-Glucose während der Photosynthese durch Spinat-Chloroplasten.</u> Gibbs, M. und Cynkin, M.A. Nature (London) 182. 1241-42 (1958). - Ref.C. 1960. 7560, Stärke 11. 283 (1959).

<u>Die Entwicklung der Chloroplasten in Kartoffelblättern im Zusammenhang mit den Bedingungen der Mineralsalzernährung.</u> Romantschuk, P.S. Physiol.Pflanzen (russ.) 5. 400-08 (1958).

<u>Die Retention von Stärke in Chloroplasten.</u> Hattori, S. und Osaki,S. Z.Bot. 46. 355-68 (1958). - Ref.C.A. 55. 26139c (1961).

<u>Bildung von Fett in Stärkekörnern und Plastiden.</u> Swesohnikowa, D.I.N. Research 9. 396-402 (1956). - Ref.C.A. 51. 559f (1957).

<u>Die natürliche Vakuolisierung von Chromoplasten.</u> Gimesi, N.I. und Pozsár, B.I. Acta biol.Acad.Sci.hung. 7. 153-60 (1957).

<u>Einbau von ^{14}C in den pflanzlichen Polysaccharidkomplex.</u> Hough, L. und Pridham, J.B. Natur (London) 177. 1039 (1956). - Ref.C.1956. 12885.

<u>Über die Verteilung der sauren Phosphatase und der Phosphorylase in Beziehung zur Stärkeproduktion.</u> Badenhuizen, N.P. Acta bot. neerl. 4. 565-574 (1955). - Ref.C. 1959. 7504.

<u>Der Einfluß äußerer Faktoren auf Stomata-Stärke.</u> Williams, W.T. und Barrett, F.A. Physiol.Planatarum (Kopenhagen) 7. 298-311 (1954). - Ref.C.A. 49. 13378f (1955).

<u>Über die enzymatische Synthese von Amylose.</u> Fritz, B. Dissertation, Freiburg i.Br. 1954. 108 S.

<u>Stärkesynthese und -abbau in vivo.</u> Porter, H. Biochem.Soc. Symposia 1953. Nr.11. 27-41. - Ref.C. 1954. 10971, C.A. 48. 3487g (1954).

<u>Die biologische Stärkesynthese.</u> Bourne, E.J. Biochem.Soc. Symposia 1953. Nr.11. 3-16. - Ref.C. 1954. 10971.

<u>Die Stärke und andere metaplasmische Produkte bei der Plasmolyse von chlorophyllhaltigen Zellen.</u> Beya Alonso, E. Farmac.nueva 18. 55-64 (1953). - Ref.C. 1953. 6281, C.A. 48. 4059d (1954).

<u>Über die Stärkebildung in den Plastiden.</u> Paech, K. und Krech, E. Planta 41. 391-95 (1953). - Ref.C. 1954. 4643.

<u>Zur Frage der Bildungsprozesse grüner Plastiden.</u> Tabenzki, A.A. Nachr.Akad.Wiss.UdSSR, biol.Ser. (russ.) 1953. Nr.1. 71-95. - Ref.C. 1954. 7215.

<u>Über die Möglichkeit einer nichtplastiden Bildung von Stärke in Pflanzenzellen.</u> Alexandrow, W.G. Ber.Akad.Wiss.UdSSR (russ.) 89. 561-64 (1953). - Ref.C. 1953. 6911.

Herstellung von radioaktiver Stärke, Glucose und Fruktose aus $C^{14}O_2$. Porter, H.K. und Martin, R.V. J.exp.Botany 3. 326-35 (1952).

Stärke, Abbau und Synthese. Aragão, R. Moniz de. Quimica (Rio de Janeiro) 8. 116-24 (1952). - Ref.C. 1950/54. 3603 S.

Die Stärkesynthese bei den Leukophyten. Pringsheim, E.G. New Phytologist 51. 415-16 (1952). - Ref.C. 1954. 5552.

Die Veränderung des Stärkegehaltes in den Stomata im Verlauf der durch das Licht induzierten Bewegungen. Mouravieff, I. C.R.hebd.Séances Acad.Sci. 234. 2637-39 (1952). - Ref.C. 1953. 393, C.A. 46. 10312g (1952).

Einfluß der Stickstoffernährung und der Belichtung auf die chemische Zusammensetzung der Chloroplasten. Ossipowa, O.P. und Timofejewa, I.W. Ber.Akad.Wiss.UdSSR (russ.) 80. 449-51 (1951). - Ref.C. 1952. 7357, C.A. 46. 2221e (1952).

Die Chloroplasten in den Stengelgeweben von bedecktsamigen Pflanzen. Sawalischina, Ss.F. Ber.Akad.Wiss.UdSSR (russ.) 78. 137-39 (1951). - Ref.C. 1951. II. 2473.

Über die reversible Bildung von Stärke in Verbindung mit einigen biologischen Problemen. Meeuse, B.J.D. Chem.Weekbl. 47. 17-23 (1951). - Ref.C.A. 46. 11345b (1952).

Die amylolytischen und phosphorylitischen Enzyme. Abbau und Synthese von Stärke. Meyer, K.H. Exposés annu.biochim.Med. 11. 123-32 (1950).

Die Synthese der Stärke bei den Leukophyten und der morphologische Wert des Volkonskyschen Netzes. Lwoff, A. New Phytologist 49. 72-80 (1950). - Ref.C.A. 46. 8193i (1952), C. 1950. II. 783.

Über die Fluorescenz der Chloroplasten und ihre Fähigkeit, Silbernitrat zu reduzieren. Hagene, P. und Goas, M. C.R.Séances Soc. Biol.Filiales 143. 147-49 (1949). - Ref.C. 1950. I. 881.

Das Problem der Synthese von Protein und Stärke. Bressler, Ss.Je. Unters.auf dem Gebiete der hochmol.Verb., Ber.6. Konf.hochmol. Verb., Akad.Wiss.UdSSR (russ.) 1949. 78-89. - Ref.C.A. 49. 190i (1955).

Die enzymatische Synthese und der Abbau von Stärke. 3. Mitt. Die Rolle des Kohlehydrataktivators. Bourne, E.J., Sitch, D.A. und Peat, S. J.chem.Soc. (London) 1949. 1448-57. - Ref.C. 1949. E. 4943.

Die Biosynthese von C^{13}-Verbindungen; die Biosynthese von C^{13} markierter Stärke. Livingston, L.G. und Medes, G. J.gen.Physiol 31. 75-88 (1947).

Mechanismus der Bildung von Stärke und Glykogen. Cori, G.T., Swanson, M.S. und Cori, C.F. Federat.Proc. 4. 234-41 (1945).

Die Struktur der Chloroplasten. Weier, E. Bot.Rev. 4. 497-530 (1938). - Ref.C. 1939. I. 977.

Pollenphysiologische Studien zum Stärkeproblem. Kühlwein, H. Botanisches Arch. 39. 245-62 (1938).

Amylogenesekapazität und organische Stoffe von Plasten. Maige, A. C.R.hebd.Séances Acad.Sci. 201. 1411 (1935).

Neue Beobachtungen über die Entwicklung der stärkebildenden Plastiden in den Reservestärkezellen. Maige, A. C.R.hebd. Séances Acad.Sci. 200. 1618-20 (1935).

Die Entstehung der Stärke in den Reserveorganen der Pflanzen. Belval, R.P.H. Bull.Soc.Encouragement Ind.nat. 130. 605-28 (1931). - Ref.C. 1932. I. 2194.

Über die Stärke in pflanzlichen Spermien. Mühldorf, A. Botanisches Arch. 30. 167-94 (1930). - Ref.C. 1930. II. 2791.

Stärkehüllen von Pyrenoiden. Howitt, F.O. Nature (London) 125. 412-13 (1930). - Ref.C. 1930. I. 3065.

Die Rolle des Cytoplasmas in der Amylogenese. Maige, A. C.R.hebd. Séances Acad.Sci. 188. 1058-60 (1929). - Ref.C. 1929. II. 1016.

Veränderungen im Pyrenoid während der Stärkeproduktion. Steinecke, F. und Ziegenspeck, H. Ber.dtsch.bot.Ges. 46. 678-81 (1929). - Ref.C. 1929. I. 1706.

Zur Theorie der Stärkebildung. Josephson, K. Hoppe-Seyler's Z.physiol.Chem. 174. 179-90 (1928). - Ref.C. 1928. I. 2378.

Wachstum und Stärkebildung einiger Conjugaten auf Kosten organisch gebundenen Kohlenstoffes. Czurda, V. Z.wiss.Biol. 2. 67-86. - Ref.C. 1927. I. 1964.

Änderungen der Stärkekondensationsschwelle in verschiedenen Zellen der Pflanze. Maige, A. C.R.hebd.Séances Acad.Sci. 182. 588-90 (1926). - Ref.C. 1926. I. 3555.

Der "unilokulare" oder "plurilokulare" Stärkebildungsvorgang der Plastiden. Maige, A. C.R.hebd.Séances Acad.Sci. 181. 1157-59 (1925).

Über die Stärkebildung in den Pflanzen aus Arabinose. Polonovski, N. und Morvillez, F. C.R.Séances Soc.Biol.Filiales Associées 92. 443-45 (1925). - Ref.C. 1925. I. 2312.

Die verschiedenen Stadien der Stärkekondensation. Maige, A. C.R.hebd.Séances Acad.Sci. 178. 1998-2000 (1924). - Ref.C. 1924. II. 679, W.Ref. 610.

Die Veränderungen der Kondensationsschwelle der Stärke mit dem Turgorzustand der Zellen. Maige, A. C.R.hebd.Séances Mem.Soc. Biol. 90. 1415-15 (1924).

Schwankungen im Schwellenwert für Amylogen mit der Temperatur. Maige, A. C.R.Séances Soc.Biol.Filiales Associées 90. 685-87 (1924). - Ref.C. 1924. I. 2784.

Entwicklung der stärkebildenden Eigenschaften der Plastiden in den Reservestärkequellen. Maige, P.A. C.R.hebd.Séances Acad.Sci. 179 1426 (1924). - Ref.C. 1925. I. 679.

Über die Fähigkeit der grünen Pflanze, Formaldehyd im Dunkeln zu Zucker und Stärke zu polymerisieren. Sabalitschka, Th. Pharmaz. Mh. 4. 169-71 (1923). - Ref.C. 1924. I. 924.

Einfluß der Natur der organischen Stoffe auf die Bildung der Stärke in den Pflanzenzellen. Maige, A. C.R.Séances Soc.Biol.Filiales Associées 87. 303-304 (1922). - Ref.C. 1922. III. 629.

Über die Bildung der Stärke in den grünen Pflanzen. Ravenna, C. Gazz.chim.ital. 50. I. 354-361 (1920). - Ref.C. 1921. I. 35.

<u>Über die Bildung der Stärke in den grünen Pflanzen</u>. Ravenna, C. Atti Reale Accad.naz. Lincei, Rend. <u>29</u>. I. 148-150 (1920). - Ref.C. <u>1921</u>. I. 815.

<u>Die "Hülle" der Chromatophoren</u>. Meyer, A. Ber.dtsch.bot.Ges. <u>35</u>. 586 (1917).

<u>Einige Bedingungen der Bildung undAuflösung der Stärke</u>. Lundegardh, H. Jb.wiss.Bot. <u>53</u>. 421 (1914).

<u>Die Reservekohlenhydrate der Samen. 2. Die Stärke</u>. Czapek, F. In F. Czapek: Biochemie der Pflanzen, 2. Aufl. Bd. I, S.397-417, Gustav Fischer, Jena <u>1913</u>.

<u>Einige neue Bemerkungen über die Art der Bildung von Stärke in den pflanzlichen Zellen</u>. Guilliermond, A. C.R.Séances Soc.Biol. Filiales Associées <u>72</u>. 276 (1912).

<u>Beiträge zur Stärkebildung in der Pflanze</u>. Reinhard und Suschkow, A.W. Beih.bot.Zbl. Abt.A <u>18</u>. 133-146 (1905).

<u>Untersuchungen über die Stärkebildung in den verschiedenartigen Chromatophoren</u>. Winkler, H. Jb.wiss.Bot. <u>32</u>. 525 (1898).

<u>Beobachtungen über Stärkebildung</u>. Bokorny, Th. Chemiker-Ztg. <u>20</u>. 1005-6 (1896). - Ref.C. <u>1897</u>. I. 177.

<u>Die Stärkebildung aus organischen Substanzen in den chlorophyll-führenden Zellen der Pflanzen</u>. Nadson, G. Bot.Zbl. <u>42</u>. 48 (1890).

<u>Über die Entstehung stärkebildender Fermente in den Zellen höherer Pflanzen</u>. Detmer, W. Bot.Ztg. <u>37</u>. 601-606 (1883).

<u>Über Stärkebildung aus Zucker</u>. Böhm, J. Bot.Ztg. <u>41</u>. 33/34 - 37/38 (1883).

<u>Über die Gestalt der Stärkebildner und Farbkörper</u>. Schimper, A.F.W. Bot.Zbl. <u>12</u>. 175 (1882).

723. Stärkebildung in bestimmten Pflanzen

7231. Kartoffeln und sonstige Knollengewächse
7232. Getreide
7233. Leguminosen
7234. Kastanien (Roßkastanien und echte Kastanien)
7235. Zuckerrohr
7236. Wurzeln, Rhizome, Zwiebeln
7237. Früchte und Samen
7238. Hölzer (Rinden)
7239. Sonstiges

7231. Kartoffeln und sonstige Knollengewächse.

<u>Trennung und Reinigung der Stärke aus Chufanußknollen (Cyperus esculentus)</u>. Abdel-Akher, M. und Michalinos, A.N. Stärke <u>15</u>. 329-34 (1963). - Ref.C. <u>1964</u>. 30-2357, Ref.J.Chem. (russ.) <u>1964</u>. 9 R353.

<u>Über den Tagesgang der Assimilation und des Kohlenhydratgehaltes von Kartoffelblättern</u>. Meinl, G. Z.Bot. <u>51</u>. 388-98 (1963). - Ref.Stärke <u>17</u>. 102 (1965).

Kohlenstoffernährung als Faktor der Ontogenese und Ertragsfähigkeit der Kartoffelpflanzen. Mokronossow, A.T. Botan.J.(russ.) 47. 1233-43 (1962). - Ref.C. 1966. 23-1344.

Die Resultate der Lagerung von Topinamburknollen in der Markisower Obstfabrik. Martschenko, I.I. und Ssljussarenko, M.Ja. Zucker-Ind. (russ.) 35. Nr.5. 48-51 (1961). - Ref.J.Chem. (russ.)1961. 22 N259.

Die Speicherung von Stärke in den Knollen der Süßkartoffel während des Wachstums. Okubo, M., Fukuda, N. und Maezawa, T. J.technol. Soc.Starch (Japan) 8. 77-82 (1961). - Ref.C.A. 55. 18890g (1961).

Die Entwicklung von Amylose und Amylopektin im Maisendosperm und in Kartoffelknollen. Erlander, S.R. Cereal Chem. 37. 81-93 (1960). - Ref.C.A. 54. 7833e (1960), C. 1961. 13977.

Biogenese von Stärke in Kartoffeln. Qudrat-i-Khuda, M. De, H.N., Haq, M., Haq, N. und Rahman, M. Proc.Pan Indian Ocean Sci. Congr., Sect.D 1960. 389-90. - Ref.C.A. 62. 15078d (1965).

Histochemische Studien über die Stärkebildung aus verschiedenen Zuckern in Beziehung zur Permeabilität von Kartoffelknollenzellen. Hori, S. Bot.Mag., Tokyo 71. 127-30 (1958). - Ref.Stärke 12. 33, 91, 344 (1960).

Die chemische Zusammensetzung von Zyperngrasheu und -knollen. Golitzyn, S.W. und Semljanykin, A.A. Arb.Woronesher Inst. (russ.) 45. Nr.3. 23-26 (1958). - Ref.C.A. 54. 19878a (1960).

Ein Faktor für die Hemmung der Stärkeproduktion in der Knolle von Helianthus tuberosus. Funasaki, K. und Toyama, S. Annu.Rep. Studies, Jissen Women's Univ. (Japan) 4. 9-12 (1957). - Ref.C.A. 53. 22264a (1959).

Bildung von Stärke in Speicherorganen. 3. Mitt. Die Stärkebildung in der Wurzelknolle der Süßkartoffel. Hori, S. Bot.Mag.(Tokyo) 68. 347-51 (1955). - Ref.C.A. 50. 11443g (1956).

Untersuchung über die Kohlenhydrate in der Knolle von Lycoris radiata Herb. 4. Mitt. Die einzelnen Vertreter an Kohlenhydraten und ihre Mengenanteile. Mizuno, T. und Hayashi, K. J.agric. chem.Soc.Japan, Trans. 28. 349-52 (1954). - Ref.C. 1950/54. 9826 S.

Bildung von Stärke in Speicherorganen. I. Stärkebildung in Kartoffelknollen. Hori, S. Bot.Mag. (Tokio) 67. 57-63 (1954). - Ref.Stärke 7. 128 (1955), C.A. 49. 7657h (1955).

Die Untersuchung der enzymatischen Synthese und des Zerfalls in den Kartoffelknollen bei Aufbewahrung derselben bei verschiedenen Temperaturen. Petrowa, A.N., Bolotina, T.T. und Kobsewa, A.A. Biochemie (russ.) 19. 64-67 (1954). - Ref.C. 1954. 11213, C.A. 48. 8337d (1954).

Untersuchung der Prozesse der Synthese und des Zerfalls der Stärke in den Kartoffelknollen zu verschiedenen Vegetationszeiten. Petrowa, A.N., Bolotina, T.T. und Kobsewa, A.A. Biochemie (russ.) 18. 47-50 (1953). - Ref.C. 1953. 5523.

Photosynthese bei Kartoffeln unter Feldbedingungen. Chapman, H.W. und Loomis, W.E. Plant Physiol. 28. 703-16 (1953). - Ref.C. 1950/54. 3304 S.

Über die Stärke und ihre Bildung in der Kartoffel. Stepanenko, B.N., Rosenfeld, Je.L., Petrowa, A.N. und Kotelnikowa, A.W. Fortschr.gegenwärt.Biol. (russ.) 32. 193-231 (1951). - Ref.C. 1952. 3582.

Die Temperaturkurven der Stärkesynthese in der Kartoffel im Zusammenhang mit der Entwicklung der Pflanze. Rubin, B.A. und Ssokolowa, W.Je. Ber.Akad.Wiss. UdSSR (russ.) 54. 335-38 (1946). - Ref.C. 1947. 882.

Zusammensetzung einiger indischer Amorphophallusarten. Van Hulsen, C.J. und Koolhaas, D.R. Chem.Weekbl. 37. 442-46 (1940). - Ref.C. 1940. II. 2399.

Die Rolle der Blätter bei der Stärkespeicherung von Kartoffelknollen in Abhängigkeit von ihrer Stellung an der Pflanze. Nilowa, W.P. C.R. (Doklady) Acad.Sci.UdSSR (russ.) 22. 633-36 (1939). - Ref.C. 1940. I. 1218.

Beitrag zur Kenntnis des Einflusses des Blattgrüns auf den Stärkegehalt bei Solanum tuberosum. Knienieder, G. Bl.Pflanzenbau Pflanzenzücht. 9. 33 (1931).

Ursprung der Stärke in der Kartoffel. Colin, H. und Franquet, R. Bull.Soc.bot.France 74. 451 (1927).

Über die Knollen von Pinellia tuberifera. Mannich, C. und Yih, Sze. Festschrift Alexander Tschirch 1926. 158-61 (1927). - Ref.C. 1927. I. 2754.

Chemische Untersuchung von "Chufa", den Knollen von Cyperus esculentus Linné. Power, F.B. und Chesnut, V.K. J.agric.Res. 26. 69-75 (1923). - Ref.C.A. 17. 408 (1924), W.Ref. 2157.

Die Natur der Kohlenhydrate in Blatt, Stiel und Knolle von Amorphosphallus Konjaku und ihre Mengenveränderungen unter verschiedenen Bedingungen. Goto, Kiko. J.Biochemistry 1. 201-11 (1922). - Ref.C. 1924. I. 781.

Das Mehl der Körner und die Stärke der Knollen von Icacina senegalensis. Cerighelli, R. Ann.Musée colon. Marseille Ser.3, 7. 169-178 (1919). - W.Ref. 2131.

Die Bildung von Zucker und Stärke in Süßkartoffeln. Keitt, T.E. South Carolina agric. Exp.Stat., Bull.Nr. 156. 14 S. (1911). - W.Ref. 2092.

Über den Ursprung der Leukoplasten und über den cytologischen Vorgang der Entstehung der Stärke in den Kartoffelknollen. Guilliermond. C.R.hebd.Séances Acad.Sci. 153. 1492 (1911). - Ref.C. 1912. I. 587.

Analyse von Vitis sessiliflora Bak. Peckolt. Z. allg. österr. Apotheker-Ver. 1893. 829.

Über Peucodanum eurycarpum C.R., eine indianische Nahrungspflanze. Trimble, H. Amer.J.Pharmacy 61. 556 (1889).

7232. Getreide

Enzymatischer Mechanismus der Stärkesynthese in Klebreis-Körnern. Murata, T., Sugiyama, T. und Akazawa, T. Biochem.biophysic.Res. Commun. 18. 371-76 (1965). - Ref.C.A. 62. 10831h (1965).

Enzymatische Überführung von 1→6-gebundenen α-Maltosylresten durch ein Enzympräparat aus Zuckermais. Taylor, P.M. und Whelan, W.J. Biochem.J. 95. 26P-27P (1965). - Ref.C. 1966. 14-1279.

Anhäufung und Bewegung der Stärke während der Entwicklung des Weizenkaryopse. Hu, S.Y. Acta bot.Sinica 12. 139-53 (1964). - Ref.Stärke 17. 305 (1965).

Mechanismus des Glucosetransfers von der Saccharose in die Stärkekörnchen von Mais. Fekete, M.A.R. de und Cardini, C.E. Arch. Biochem.Biophysics 104. 173-84 (1964). - Ref.C. 1964. 50-1004, Stärke 17. 102 (1965).

Glucoseübertragung von Adenosindiphosphat-Glucose auf Stärke in Präparaten aus Wachsmais. Nelson, O.E. und Tsai, Ch.Yin. Science (Washington) 145. 1194-95 (1964). - Ref.Stärke 17. 361 (1965), C. 1966. 16-1174.

Biosynthese von Phytoglykogen mit Adenosindiphosphat-D-Glucose im Süßmais. Frydman, R.B. und Cardini, C.E. Biochem.biophysic.Res. Commun. 14. 353-57 (1964).

Enzymatischer Mechanismus der Stärkesynthese in reifenden Reiskörnern. 2. Mitt. Der Weg der Adenosindiphosphat-Glucose (ADPG). Murata, T., Sugiyama, T. und Akazawa, T. Arch.Biochem. Biophysics 107. 92-101 (1964). - Ref.C.A.(B.) 61. 7267d (1964), C. 1965. 10-1218, Stärke 17. 362 (1965).

Mechanismus der enzymatischen Stärkesynthese in reifenden Reiskörnern. Akazawa, T., Minamikawa, T. und Murata, T. Plant Physiol. 39. 371-78 (1964). - Ref.C.A.(B.) 61. 3426b (1964).

Die Bildung von Stärke durch Zuckerrübengewebe in vitro. Ruecker, W. C.R.hebd.Séances Acad.Sci. 258. 4826-28 (1964). - Ref.C.A.(B.) 61. 3424b (1964).

Isolierung von Adenosindiphosphat-D-Glucose aus Maiskörnern. Recondo, E., Dankert, M. und Leloir, L.F. Biochem.biophysic. Res.Commun. 12. 204-07 (1963). - Ref.C. 1966. 1-1366.

Dynamik der Speicherung und Bewegung der Assimilate in Mais. Dudko, S.G. Arb.Akad.Wiss.Belorussischen SSR (russ.) 7. 477-80 (1963). - Ref.C.A. 60. 7150e (1964), C. 1965. 30-1426.

Adenosindiphosphat-Glucose im Reis und ihre Bedeutung bei der Stärkesynthese. Murata, T., Minamikawa, T. und Akazawa, T. Biochem.biophysic.Res.Commun. 13. 439-43 (1963). - Ref.C.A.(B.) 60. 5896c (1964), Stärke 17. 101 (1965), C. 1965. 45-1368.

Physiologische und biochemische Besonderheiten der Samen von Mais verschiedener Reifephasen. Rall, Ju.Ss. Nachr.landwirtsch. Timirjasew-Akad. (russ.) 1962. Nr.4. 64-68. - Ref.C. 1963.21607.

Zur Stoffbildung und Stoffspeicherung bei Mais. Mühling, H.-G. Z.Acker- u.Pflanzenbau 116. 129-53 (1962). - Ref.C. 1963. 21607.

Änderung der Zusammensetzung des Maiskornes während der Entwicklung. Walger, J., Szászi, J. und Thurånszky, A. Agrokémia és Talajtan (Agrochem.u.Bodenkunde) 11. 403-12 (1962). - Ref.C. 1964. 32-2580.

Die Stärke- und Hemicelluloseanreicherung im Maiskolben während seiner Entwicklung. Ossmanowa, F.Sch. Bot.J. (russ.) 47. 1510-17 (1962). - Ref.C. 1963. 9913.

7232

Übersicht zur Verwendung von Radioisotopen in Australien bei der Forschung über die Stärkebildung im Getreidekorn und die Proteinqualität und ihre Bedeutung für die Züchtung. May, L.H. Int.J.appl.Radiat.Isotopes 13. 479-82 (1962). - Ref.C. 1964. 17-2813.

Der Mechanismus der Stärkespeicherung in Reispflanzen. 6. Mitt. Identifizierung der Amylose fällenden Substanzen im Reiskorn. Hamada, I. J.Fac.Fisheries, Prefect.Univ.Mie 5. 86-92 (1961). - Ref.C.A.(B.) 61. 4714f (1964).

Der Mechanismus der Stärkespeicherung in Reispflanzen. 5. Mitt. Amylose fällende Substanzen im Reiskorn. Hamada, I. J.Fac. Fisheries, Prefect.Univ.Mie 5. 81-85 (1961). - Ref.C.A.(B.)61. 4714e (1964).

Der Mechanismus der Stärkespeicherung in Reispflanzen. 4. Mitt. Jahreszeitliche Veränderungen der Aktivität von Phosphorylase, Q-Enzym und Amylase sowie des Stärke- und Amylosegehalts in Reispflanzen. Hamada, I. J.Fac.Fisheries, Prefect.Univ.Mie 5. 75-80 (1961). - Ref.C.A.(B.) 61. 4714c (1964).

Der Mechanismus der Stärkespeicherung in Reispflanzen. 3. Mitt. Reinigung der Enzyme und die Synthese von Stärke. Hamada, I. J.Fac.Fisheries, Prefect.Univ.Mie 5. 71-74 (1961). - Ref.C.A.(B.) 61. 4714b (1964).

Studien an Reiskörnern mit milchig-weißem Innern. 3. Mitt. Beziehungen zwischen dem Auftreten der Milchigkeit und der Entwicklung des Stärkegewebes im Reiskorn. Ebata, M. und Nagato, K. Proc.Crop Sci. Japan 29. 93-96 (1960).

Die Bildung von Stärke in Weizenkörnern. Whistler, R.L. und Young, J.R. Cereal Chem. 37. 204-11 (1960). - Ref.C.A. 54. 13287d (1960), C. 1961. 10623, Stärke 13. 272 (1961).

Hemizellulose in der Haferpflanze - Bildung von Stärke im Weizenkorn. Young, J.R. Univ.Microfilms (Ann Arbor,Mich.), L.C.Card Nr. Mic 60-2254. 44 S. - Ref.C.A. 55. 18071 (1961).

Einige beobachtete Sekundär-Effekte von "High-Amylose"-Genen in Mais. Zuber, M.S., Grogan, C.O., Fergason, V.L., Deatherage, W.L. und MacMasters, M.M. Cereal Chem. 37. 212-17 (1960). - Ref.C.A. 54. 13477e (1960), Stärke 13. 58 (1961).

Einfluß der durch Röntgenbestrahlung induzierten Genmutationen auf die Zusammensetzung der Stärke von Reisvarietäten. Primo, E., Oyanguren, J. de, Lafuente, B., Casas, A. und Canovas, F. Proc.Fifth Latin int.biochem.Meeting Barcelona 1960. 4,Suppl.4 zu: Rev.espan.Fisiol. 15. 159-66 (1959), herausg. 1960. - Ref.C. 1963. 16211.

Die Bildung von Phytin und seine Rolle beim Reifungsvorgang der Reispflanze. Asada, K. und Kasai, Z. Mem.Res.Inst.Food Sci., Kyoto Univ. No. 18. 32-40 (1959).

Die Wirkung der Gene su_1, su_2 und du auf die Kohlenhydrate im wachsenden Maiskorn. Cameron, J.W. und Cole, D.A. Agronomy J. 51. 424-27 (1959).

Bildung von Embryostärke während des Keimens als ein Kennzeichen der Lebensfähigkeit und Vitalität bei hitzegeschädigter Gerste. French, R.C. Plant Physiol. 34. 500-505 (1959). - Ref.C.A. 54. 5845h (1960), Stärke 13. 143 (1961).

Photosynthese in der Gerstenähre. Frey-Wyssling, A. und Buttrose, M.S. Nature (London) 184. 2031-32 (1959). - Ref.C. 1961. 4769.

Studien an mit ^{14}C-Verbindungen behandelten Weizenpflanzen. 8. Mitt. Bildung von Amylose und Amylopektin im Weizenkorn. McConnell, W.B., Mitra, A.K. und Perlin, A.S. Canad.J.Biochem. Physiol. 36. 985-91 (1958). - Ref.C.A. 52. 20455h (1958), C. 1961. 1982.

Bemerkungen über die Entwicklung der Stärke in der reifenden Gerstenähre. Harris, G. und MacWilliam, I.C. Cereal Chem. 35. 82-83 (1958). - Ref.Stärke 11. 139 (1959), C.A. 52. 5559e (1958).

Bestimmung hochamyloser Erbanlagen im Mais. Kramer, H.H., Bear, R.P. und Zuber, M.S. Agronomy J. 50. 229 (1958).

Die Entwicklung von "Amylomais"-Hybriden mit hohem Amylosegehalt. 1. Mitt. Genetische Betrachtungen. Vineyard, M.L., Bear, R.P., MacMasters, M.M. und Deatherage, W.L. Agronomy J. 50. 595-98 (1958).

Untersuchungen an deutschen Hafersorten. Rohrlich, M. und Brückner, G. Z.Pflanzenzücht. 40. 266-74 (1958).

Über die Entwicklung des Gewebes der Stärkezelle in Reiskörnern. Nagato, K. und Kobayashi, Y. Proc.Crop Sci.Soc. Japan 27. 204-06 (1958).

Genetische Kontrolle von Stärkeeigenschaften im Mais. Pfahler,P.L. Dissertation. Univ.Microfilms Publ.Nr.22 134, 160 S. - Ref.C.A. 52. 13861 (1958).

Physiologische und ökologische Studien an Reispflanzen in gut und schlecht entwässerten Reisfeldern. 1. Mitt. Wachstum und Änderungen der Reservenährstoffe in Reiskörnern. Kido, M. und Yanatori, S. Bull.Fac.Agric.Niigata Univ. (Japan) Nr. 9. 7-14 (1957). - Ref.C.A. 52. 13015d (1958).

Biochemische Untersuchungen über Reisstärke. 2. Mitt. Physikalisch-chemische Eigenschaften der Stärke von Reiskörnern während der Reife. Kurasawa, H. und Yamamoto, Y. J.agric.chem.Soc.Japan 31. 516-19 (1957). - Ref.C.A. 52. 20294i (1958).

Die Physiologie der Stärkeaufspeicherung und die Phosphorylase im Samen von Reis. Aimi, R. und Murakami, T. Symposia Enzyme Chem. (Japan) 12. 169-74 (1957). - Ref.C.A. 52. 4752a (1958), C. 1963. 13601.

Stärkebildung in jungen Maiskörnern. Fuwa, H. Nature (London) 179. 159-60 (1957). - Ref.C. 1957. 10248, C.A. 51. 18145i (1957).

Beitrag zur Kenntnis des Stärkeanteiles verschiedener Getreidearten und -sorten. Lentner, K. Dissertation, Wien 1956.

Eine neue Gen-Einwirkung auf den Endosperm von Mais. Kramer, H.H., Whistler, R.L. und Anderson, E.G. Agronomy J. 48. 170-72 (1956).

Dynamik der Speicherung von Kohlenhydraten während des Wachstums bei verschiedenen Maisvarietäten. Kasanowitsch, Ja.N. und Godnewa, M.T. Bull.Inst.Biol.Akad.Wiss.BSSR (russ.) 1956. Nr.2. 145-48.

Der Prozeß der Kohlenhydratspeicherung in Verbindung mit dem Wachstum von Reispflanzen. Murayama, N., Yoshino, M., Oshima, M., Tsukahara, S. und Kawarazaki, Y. Bull.nat.Inst.agric.Sci.(Japan)Ser.B.Nr.4. 123-64 (1955). - Ref.C.A.51. 2953b (1957).

7232

Entwicklung von Stärke und Phytoglycogen in "Golden Sweet" Mais. Maywald, E., Christensen, R. und Schoch, Th.J. (Corn Prod. Refining Co.). J.agric.Food Chem. 3. 521-23 (1955). - Ref.C.A. 49. 10546b (1955), C. 1957. 6793.

Polysaccharidgehalt von Hafer. Anderson, D.M.W. und Greenwood, C.T. J.Sci.Food Agric. 6. 587-92 (1955). - Ref.C.A. 50. 1990i (1956), C. 1960. 7214.

Bildung von Stärke in Speicherorganen. II. Stärkebildung in Maiskörnern. Hori, S. Bot.Mag.(Tokio) 67. 228-33 (1954). - Ref.Stärke 7. 128 (1955), C.A. 49. 7657i (1955).

Kohlenhydratverhältnisse in sich entwickelndem und reifem Endosperm von "brittle" und verwandten Maisgenotypen. Cameron, J.W. und Teas, H.J. Amer.J.Bot. 41. 50-55 (1954). - Ref.C. 1954. 6979.

Der Einfluß des sh_2-Faktors auf die Kohlenhydratreserven bei der Entwicklung des Maisendosperms. Laughnan, J.R. Genetics 38. 485-99 (1953).

Gen-Dosierungseffekt auf die Kohlenhydrate des Maisendosperms. Dunn, G.M., Kramer, H.H. und Whistler, R.L. Agronomy J. 45. 101-04 (1953). - Ref.C. 1953. 6903.

Die Umwandlung der Phosphorverbindungen im reifenden Korn des Sommerweizens. Sujew, L.A. und Porutschikowa, W.I. Ber.Akad. Wiss.UdSSR (russ.) 70. 469-72 (1950). - Ref.C. 1950. II. 904.

Quantitativer Einfluß bestimmter Gene auf den Amylosegehalt von Maisendospermstärke. Kramer, H.H. und Whistler, R.L. Agronomy J. 41. 409-11 (1949).

Chemisch-genetische Grundlagen für die Reserve-Kohlenhydrate in Maisendosperm. Cameron, J.W. Genetics 32. 453-85 (1947).

Die Erbeigenschaften von Zucker-Mais-Endosperm und seinen Abkömmlingen. Mangelsdorf, P.C. Genetics 32. 448-58 (1947).

Glutinöse Mais- und Hirsestärken. MacMasters, M.M. und Hilbert, G.E. Ind.Engng.Chem. 36. 958-62 (1944). - Ref.C. 1946. II. 4120.

Einige Einwirkungen der Wachs-Gene in Mais auf die Eigenschaften der Endospermstärke. Sprague, G.F., Brimhall, B. und Hixon, R.M. J.Amer.Soc.Agronomy 35. 817-22 (1943).

Über die chemische Zusammensetzung des Haferkorns und das energetische Prinzip der Varietätbewertung. Archangelski, M.P. Lenin Acad.agric.Sci., Inst.Plant Ind., Bull.appl.Bot., Genetics Plant Breeding, Ser.III (russ.) Nr.15. 111-22 (1936). - Ref.C. 1938. I. 1020.

Über die Bildung der Stärke während der Entwicklung des Reiskornes. Mudaliar, C.R. Proc.Assoc.Econ.Biologists, Coimbatore 4. 53 (1936). - Ref.C.A. 32 6292.

Entstehung der Stärke in den Ceralien, Zuckerstoffen der Blätter und Halme des Reises. Belval, H. C.R.hebd.Séances Acad.Sci. 186. 781-83 (1928). - Ref.C. 1928. I. 2265.

Die Ausscheidung von Kohlenhydraten in Kreuzungen zwischen wachsartigen und stärkehaltigen Typen von Mais. Kiesselbach, T.A. und Petersen, N.F. Genetics 11. 407-422 (1926).

Kohlenhydratspeicherung im Endosperm von Süßmais. Lampe, L. und Meyers, M.T. Science (New York) 61. 290-91 (1925).

Die Bildung von Stärke im Getreide. Belval, H. Rev.gén.Bot. 36. 308-24, 337-56, 395-411 (1924).

Stärke in Hirsesaft. Sherwood, S.F. Ind.Engng.Chem. 15. 727-728 (1923). - Ref.C. 1923. IV. 671, W.Ref. 1917.

Erblichkeit des Zucker- und Stärkecharakters beim Mais. Harper, R.A. Bull.Torrey bot.Club 47. 137-86 (1920). - W.Ref. 2139.

Auswahl von Pseudo-Stärke-Endosperm beim Mais. Jones, D.F. Genetics 4. 364-93 (1919).

Über die Bildung von Stärke im Embryon vor dem Reifwerden des Kornes. Guilliermond, A. C.R.Séances Soc.Biol. Filiales Associées 76. 567 (1914).

Untersuchungen über die Bestandteile der Haferkörner unter dem Einfluß verschiedener Witterungs- und Anbauverhältnisse. Frei, A. Landwirtsch.Versuchsstat. 72. 161-310 (1910). - Ref.C. 1910. I. 1545, W.Ref. 1780.

Über den Ursprung der Stärke im Getreidekorn. Dehérain, P.P. und Dupont, C. C.R.hebd.Séances Acad.Sci. 133. 774-78 (1901). - Ref.C. 1901. II. 1353.

Über Zucker- und Stärkebildung in Gerste und Malz. IV. Grüss, J. Wschr.Brauerei 15. 269-75 (1898). - Ref.C. 1898. II. 42.

Über Zucker- und Stärkebildung in Gerste und Malz. III. Der Rohrzucker in der Aleuronschicht. Grüss, J. Wschr.Brauerei 15. 81-84 (1898). - Ref.C. 1898. I. 786.

Berichtigung zu der Grüss'schen Arbeit: "Über Zucker- und Stärkebildung in Gerste und Malz". Reinitzer, F. Wschr.Brauerei 14. 486-487 (1897). - Ref.C. 1897. II. 903, W.Ref. 2662.

Über Zucker- und Stärkebildung in Gerste und Malz. Grüss, J. Wschr.Brauerei 14. 409-12 (1897). - Ref.C. 1897. II. 665.

Über Zucker- und Stärkebildung in Gerste und Malz. Grüss, J. Wschr.Brauerei 14. 321-323 (1897). - Ref.C. 1897. II. 363, W.Ref. 2659.

Analysen der Grütze von Fagopyrum esculentum. Aus: "Untersuchungen über die Zusammensetzung und Nähreigenschaften des Buchweizens". Sudakoff, A. Dissertation, St. Petersburg 1879. 50 S.

7233. Leguminosen

Mikroskopische Untersuchung der Stärke der Lupinenwurzel (Lupinus luteus L.). Seidemann, J. Landwirtschaftl.Forschung 18. 251-252 (1965).

Untersuchungen über Stärke von Sojabohnensämlingen. Hizukuri, S., Fujii, M. und Nikuni, Z. Stärke 17. 40-43 (1965). - Ref.C.A. 63. 928b (1965).

Polysaccharide der Sojabohne. 1. Mitt. Galaktomannane aus der Hülle. Aspinall, G.O. und Whyte, J.N.C. J.chem.Soc. (London) 1964. 5058-63. - Ref.Stärke 17. 239 (1965).

7233

Biosynthese von Stärkekörnern in Cotyledonen und Phaseolus-Arten. Dhaliwal, A.S., Pollard, L.H. und Salunkhe, D.K. Proc.Amer. Soc.horticult.Sci. 85. 361-65 (1964). - Ref.C. 1966. 15-1344, C.A. 63. 4668h (1965).

Die Oligosaccharide einiger japanischer Leguminosen. 2. Mitt. Höhere Oligosaccharide in Mungo-Bohnen. Kawamura, S. Techn. Bull.Fac.Agric., Kagawa Univ. (Japan) 15. 29-33 (1963).

Abhängigkeit zwischen den Veränderungen der Ausbeute und der Korngröße sowie Gehaltsänderungen an Zucker und Stärke bei Erbsenarten. Michov, A., Manueljan, H. und Kovatschev, A. Lebensmittel-Ind. (pol.) 7. Nr.11. 11-14 (1962).

Der Einfluß der Umweltbedingungen auf die Entwicklung von Erbsensamen. Robertson, R.N., Highkin, H.R., Smydzuk, J. und Went, F.W. Austral.J.biol.Sci. 15. 1-15 (1962). - Ref.Stärke 14. 436 (1962).

Untersuchungen über die Biosynthese der Stärkekörner. 2. Mitt. Die Eigenschaften der Stärkekomponenten von glatten und runzligen Erbsen während des Wachstums. Greenwood, C.T. und Thomson, J. Biochem.J. 82. 156-64 (1962). - Ref.C.A. 56. 13261e (1962), Stärke 14. 298 (1962), C. 1963. 7802.

Einfluß des Gibberellins auf den Gehalt an Kohlenhydraten in den Epikotylen der Erbse. Maciejewska-Patapczykowa, W., Wilusz, T. und Lukasiak, H. Acta Soc.bot.polon. 30. 43-51 (1961). - Ref.Stärke 15. 305 (1963).

Über die Wirkung von Kalkstickstoffdüngung auf die Qualität von Erbsen. Nehring, P. Ind.Obst- u.Gemüseverwert. 44. 23-26 (1959). - Ref.C.A. 53. 15440i (1959).

Chemische Analysen von reifenden Erbsen. Danielson, C.E. Physiol. Plantarum (Kbh.) 12. 176-82 (1959). - Ref.Stärke 13. 27 (1961).

Die Dynamik der Stärkeanreicherung in den Wurzeln von mehrjährigen Leguminosen im Zusammenhang mit ihrer Entwicklung. Tregubenko, M.Ja. Agrobiologie (russ.) 1959. 931-35. - Ref.C. 1961. 4411, Stärke 14. 31 (1962).

Physiologie von Erbsen. 5. Mitt. Phosphatverbindungen im sich entwickelnden Samen. Rowan, K.S. und Turner, D.H. Austral.J.biol. Sci. 10. 414-25 (1957). - Ref.C.A. 52. 2177c (1958).

Stärkebildung in reifenden Erbsensamen. Danielson, C.E. Physiol. Plantarum (Kopenhagen) 9. 212-19 (1956). - Ref.C.A. 52. 13025d (1958).

Beziehung der Reife zu der Zusammensetzung von Ackerbohnensamen. 2. Mitt. Kohlenhydrate. Kawamura, S., Suzuki, H. und Matsumoto, T. Techn.Bull.Kagawa agric.Coll. (Japan) 7. 81-85 (1955). - Ref.C.A. 51. 15710b (1957).

Beziehung der Reife zu der Zusammensetzung von Ackerbohnensamen. 1. Mitt. Suzuki, H., Matsumoto, T. und Kawamura, S. J.Utilizat. agric.Products (Japan) 2. 95-98 (1955). - Ref.C.A. 51. 15710a (1957).

Schnelle und einfache Methode zur Bestimmung der Reife und Qualität von Limabohnen. Salunkhe, D.K. und Pollard, L.H. Food Technol. 9. 45-46 (1955).

Vergleichende Untersuchung über wirksame und unwirksame Knöllchen von Leguminosenpflanzen. Ishiwazawa, S. und Toyoda, H. Soil Plant Food (Tokyo) 1. 47-48 (1955). - Ref.C. 1960. 12045.

Über das Abhängigkeitsverhältnis zwischen Hämoglobin-, Stärke-, Bakteroidvorkommen und Stickstoffbindung in den Wurzelknöllchen der Erbse. Heumann, W. Naturwissenschaften 39. 66-67 (1952). - Ref.C. 1953. 6282.

Einfluß von Lagerzeit und -temperatur auf die Tenderometerablesung, Trockengewicht, freie Stärke und Farbindex von "Southern"-Erbsen. Cain, R.F. Canner 112. Nr.14 (2927) 11-12 (1951). - Ref.C. 1951. II. 3104, C.A. 46. 1178c (1952).

Vererbung von Stärkegehalt und Amylosegehalt der Stärke bei Erbsen (Pisum sativum). Kellenbarger, S., Silveira, V., McCready, R.M., Owens, H.S. und Chapman, J.L. Agronomy J. 43. 337-40 (1951). - Ref.C. 1952. 2438.

Einige Beobachtungen über Stärkesynthese in den Wurzelspitzen der Erbse. Dyar, M.T. Amer.J.Bot. 37. 786-91 (1950).

Reifestudien an eingemachten Erbsen. Die Wechselbeziehung zwischen Reife, Tenderometer-Wert, Siebgrad, Stärke- und Ascorbinsäuregehalt von "Early Pefection"- und "Perfection"-Erbsen. Pollard, L.H., Wilcox, E.B. und Peterson, H.B. Utah State agric.Exp. Stat., Bull. Nr. 328 (1947).

Hilfsmittel zur Herstellung von Stärke. Bubeck und Dolder. Schwz.P. 223 938 vom 25/8.1942, ausg. 16/3.1943. - Ref.C. 1943. II. 2271, C. 1949. E. 3055.

Stärke aus der Kuhbohne. Sarin, J.L. und Qureshi, M.H. Ind.Engng. Chem. 33. 640-42 (1941).

Beiträge zur Untersuchung der Sojabohne. Miksa, Gyula v. Ber.ung. pharmaz.Ges. 17. 40-44 (1941). - Ref.C. 1941. II. 826.

Eine vergleichende Untersuchung über die chemische Zusammensetzung von fünf Sojabohnenvarietäten. Burell, R.C. und Wolfe, A.C. Food Res. 5. 109-13 (1940). - Ref.C. 1941. I. 3454.

Stärkebildung in den Leukoplasten von Phaseolus vulgaris. Young,P. Bull.Torrey bot. Club 65. 1-8 (1938). - Ref.C. 1938. I. 2378.

Stärke aus Kichererbsen. Sarin, J.L. und Qureshi, M.H. Ind.Engng. Chem. 30. 1318-19 (1938). - Ref.C. 1939. I. 5063.

Die Sienebohne. Die Zusammensetzung von Sienebohnen. Perrin, T.S. J.Amer.chem.Soc. 59. 1401-02 (1937). - Ref.C. 1938. I. 1803.

Die Wirkung des Kalimangels auf die Stärkebildung bei Pisum sativum. Day, D. und Comboni, S. Amer.J.Bot. 24. 594-97 (1937). - Ref.C. 1938. I. 1999.

Schwankung und Vererbung des Proteingehaltes in den Erbsensamen. Shuralew, Je.M. Lenin Akad.agric.Sci., Inst.Plant Ind., Bull. appl.Bot., Genetics Plant Breeding, Ser.III (russ.) Nr.15. 73-82 (1936). - Ref.C. 1938. I. 758.

Qualitative Änderungen im Protein- und Stärkegehalt von Erbsensamen. Kurgatnikow, M.M. Lenin Akad.agric.Sci., Inst.Plant Ind., Bull.appl.Bot., Genetics Plant Breeding, Ser.III (russ.) Nr.15. 83-109 (1936). - Ref.C. 1938. I. 758.

Die Kohlenhydrate der Lupinensamen. Mazzaroni, A. Italia Agricola 72. 136-37 (1935).

7233

Der Charakter der Stärke bei Erbsenkreuzungen in der ersten Generation. Bourdouil, C. Bull.Soc.Chim.biol. 15. 790-92 (1933). - Ref.C. 1934. II. 985.

Über die Beziehung zwischen der Stärkesynthese und dem Samengewicht bei Bastarden von Pisum. Bourdouil, C. C.R.hebd. Séances Acad.Sci. 195. 1317-19 (1932).

Bemerkungen betreffs des physikalisch-chemischen Ablaufs der Stärkekondensation. Maige, A. C.R.hebd.Séances Acad.Sci. 193. 602-3 (1931).

Entstehung der Stärke in der Bohne. Colin, H. und Franquet, R. C.R.hebd.Séances Acad.Sci. 187. 309-11 (1928). - Ref.C. 1928. II. 1578.

Beobachtungen über die Stärkebildung in den Cotyledonen der Erbse. Maige, M. C.R.hebd.Séances Acad.Sci. 183. 669-671 (1926). - Ref.C. 1927. I. 114.

Der Einfluß der Reife auf die Zusammensetzung der Erbsen. 2. Mitt. Muttelet, C.F. Ann.Falsificat.Fraudes 19. 283-89 (1926). - Ref.C. 1926. II. 836.

Einfluß der Reife auf die Zusammensetzung der Erbsen. 1. Mitt. Muttelet, C.F. Ann.Falsificat.Fraudes 18. 5-12 (1925).

Der Kohlenhydratgehalt der Gartenbohnen. Eichelberger, M. J.Amer. chem.Soc. 44. 1407-08 (1922).

Dakamballistärke. Goodson, J.A. Analyst 47. 205-06 (1922). - Ref.C. 1922. III. 835, C.A. 16. 2426 (1922), W.Ref. 2149.

Der Kohlenhydratgehalt der "Navy Bean". Peterson, W.H. und Churchill, H. J.Amer.chem.Soc. 43. 1180-85 (1921). - W.Ref. 2135.

Chemische Untersuchung der Knollen der Platterbse. (Lathyrus tuberosus). Braconnot, H. Ann.Chim.Phys. (2) 8. 241-250 (1818).

Über einige ausländische Hülsenfruchtersamen. 3. Mitt. Weese, J. Arch.Chem.Mikroskopie 10. 199-242 (1917).

Über einige ausländische Hülsenfruchtersamen. 2. Mitt. Weese, J. Arch.Chem.Mikroskopie 10. 145-70 (1917).

Über einige ausländische Hülsenfruchtersamen. 1. Mitt. Weese, J. Arch.Chem.Mikroskopie 10. 65-91 (1917).

Die Kohlenhydrate und die Enzyme der Sojabohne. Street, J.P. und Bailey, E.M. J.ind.Engng.Chem. 7. 853-858 (1915). - Ref.C. 1915. II. 1255, W.Ref. 1502.

Untersuchungen an Mark-, Kneifel- und Zuckererbsen und ihren Bastarden. Kappert, H. Dissertation, Münster 1914.

Über "voandzou". (Voandzeia subterranea). Balland. C.R.hebd. Séances Acad.Sci. 132. 1061-1062 (1901). - W.Ref. 2055.

Anatomische Charakteristik von Samen der Leguminosae, insbesondere von Gray's Manual. Paumel, L. Trans.St.Louis Acad.Sci. 9. 91-274 (1899).

Zur Kenntnis der Sojabohne. Stingl, J. und Morawski, Th. Mh.Chem. 7. 176-190 (1886).

7234. Kastanien (Roßkastanien und echte Kastanien)

Verwendung der Roßkastanie. Weiss, G. und Elopataki, L. Studia Univ.Babes-Bolyai, Cluj, Ser.1. Nr.2. 159-67 (1961). - Ref.C.A. 57. 7432d (1962), C. 1963. 21014.

Chemische Bestandteile von rohen und gedämpften Kastanien. Nara, S. und Yamazaki, A. J.agric.chem.Soc.Japan 35. 490-92 (1961). - Ref.C. 1964. 35-2605.

Änderungen im Zuckergehalt von γ-bestrahlten und gelagerten Kastanien. Nara, S. J.agric.chem.Soc.Japan 35. 415-18 (1961). - Ref.C. 1964. 35-2606.

Über eine chemische Untersuchung der Kastanie (Castanea Vesca). Mentzer, C. Cuoio-Pelli-Mater.concianti 36. 398-404 (1960). - Ref.C. 1962. 15466.

Öl und Stärke im Samen der Roßkastanie. Melnitschuk, O.P. Arb.Lwower med.Inst. (russ.) 12. 166-69 (1957). - Ref.C.A. 55. 23690c (1961).

Über die Analyse und Zusammensetzung der Edelkastanie (Castanea vesca). Hadorn, H. und Jungkunz, R. Z.Lebensmittel-Unters.u. Forsch. 95. 418-29 (1952). - Ref.C. 1954. 10125.

Stärke aus indischen Roßkastanien und ihre chemische Untersuchung. Uppal, I.S. J.Indian chem.Soc., ind.News Edit. 15. 178-80 (1952). - Ref.Stärke 7. 67 (1955), C.A. 49. 5011b (1955).

Erzeugnisse aus Roßkastanien. Benda, H. Natur u.Nahrung B2. Nr.15, 16. 77-78 (1948). - Ref.C.A. 46. 7252g (1952), C. 1949. 1017.

Verarbeitung von Eicheln, Kastanien und Hagebutten im Nahrungsmittelgroßbetrieb. Steiner, J. Getreide, Mehl Brot 2. 45-46 (1948).

Zur Kenntnis der Roßkastanie. Lüers, H., Diemair, W. und Gergs, W. Z.Lebensmittel-Unters. 88. 353-66 (1948).

Die Verwertung der Roßkastanien. Lehmann, E. Seifensieder-Ztg., Parfumeur, chem.-techn.Fabrikant. 73. 196-97 (1947). - Ref.C. 1948. II. 139.

Neuzeitliche Kastanienverwertung. Dieckmann. Pharmazie 1. 270-72 (1946). - Ref.C. 1947. 1514.

Gewinnung von konzentrierten Saponinlösungen. Soc.Bourguignonne Cacaos Anciens Etablissements Ricard & Cie. (Erfinder: Jean Zwiller). F.P. 917 005 vom 7/7.1945, ausg. 23/12.1946. - Ref.C. 1946. I. 2328.

Verarbeitung von Roßkastanien. Agier, Eugéne-Francois. F.P. 900 034 vom 19/7.1943, ausg. 18/6.1945. - Ref.C. 1946. I. 2328.

Stärkemehl, Öle, Saponine aus Roßkastanien. Buigne, Jean de. Riv.ital.Essenze, Profumi, Piante officin, Olii Veget., Saponi 25. 124-28 (1943). - Ref.C. 1944. I. 253.

Zur Zusammensetzung von Kastanien (Maronen). Großfeld, J. Z.Lebensmittel-Unters. 84. 520-22 (1942).

Verarbeitung von Roßkastanien. Cornu, J. und Lecompte, P. F.P. 866 997 vom 3/9.1940, ausg. 20/9.1941. - Ref.C. 1942. I. 3155.

Die Verwendung der Roßkastanie. Mario Testoni und Remo Bartolozzi. Ind.Saccarif.ital. 33, 5-7 (1940). - Ref.C. 1940. I. 2401.

Stärke, Öl und Saponine von der indischen Kastanie. Buigne, Jean de. Rev.Produits chim. 43. 202-08. 15. (1940). - Ref.C. 1941. I. 2058.

Über die Verwertung der Samen der Roßkastanien, insbesondere das Öl derselben. Sabalitschka, Th. Fette und Seifen 45. 228-29 (1938). - Ref.C. 1938. II. 2365.

Die Kastanie als Rohstoff. Ziegelmayer, W. Vierjahresplan 1. 476-77 (1937). - Ref.C. 1938. I. 764.

Beitrag zur Untersuchung der Roßkastanie. Huitric, J. Bull.Soc. Pharmac.Bordeaux 64. 184-94 (1926). - Ref.C. 1927. I. 1844.

Gleichzeitige Gewinnung von Stärke, Öl, Protein und Saponin aus Roßkastanien. Wischin, R. D.R.P. 384 955 vom 14/1.1923, ausg. 10/11.1923. - Ref.C. 1924. I. 2908.

Über die Gewinnung der Stärke aus Roßkastanien. Wischo, F. Seifensieder-Ztg. 46. 210-11 (1919). - Ref.C. 1919. IV. 47, W.Ref. 2344.

Über die Gewinnung der Stärke aus Roßkastanien. Wischo, F. Z.allg. österr.Apotheker-Ver. 57. 49-50 (1919). - Ref.C. 1919. IV. 46.

Verfahren zur Herstellung von Nahrungs- und Futtermitteln oder Stärke aus Roßkastanien. Elektro Osmose AG. (Graf Schwerin Gesellschaft). D.R.P. 306 324 Kl. 53k vom 22/6.1917, ausg. 16/6. 1919. - Ref.C. 1919. IV. 465.

Verfahren zur Verarbeitung von Roßkastanien oder ähnlich zusammengesetzten Pflanzenteilen auf Stärke, Saponin und andere nutzbare Produkte. Brezina, H. und Meyer, L. Oe.P. 87 609 vom 28/8.1917, ausg. 10/3.1922. - Ref.C. 1923. II. 582.

Die Verwendung der indischen Kastanie (Marone). Goris, A. C.R.hebd. Séances Acad.Sci. 165. 345-48 (1917). - W.Ref. 2116.

Über die Verwendung der Roßkastanien. Heiduschka, A. Pharmaz.Zentralhalle Deutschland 59. 291-93 (1918). - Ref.C. 1919. II. 182.

Analytische Untersuchung von Eicheln und Roßkastanien. Baker, J.L. und H.F.E. Hulton. Analyst 42. 351-355 (1917). - W.Ref. 2114.

Die Frucht der Roßkastanie und ihrer Verwendung zur menschlichen und tierischen Ernährung. Serger, H. Chemiker-Ztg. 40. 221-22 (1916). - Ref.C. 1916. I. 991.

Verfahren zur Gewinnung von Stärke und Zuckersubstanzen aus den Früchten der Roßkastanie. Cross, Ch.F. und Steward-Remington, J. D.R.P. 114 283 Kl. 89k vom 17/8.1899, ausg. 17/10.1900. - Ref.C. 1900. II. 1048.

Maronen und Kastanien (Auszug). Balland. Just's bot.Jber.1897. II. 84.

Wird Stärkemehl aus Roßkastanien im Großen hergestellt? Saare, O. Z.Spiritusind. 19. 105 (1896). - W.Ref. 2049.

Verwertung der Roßkastanie zur Stärkefabrikation. Stollár, J. Wagner's Jber.chem.Technol. 24. 742-746 (1878). - W.Ref. 2206.

Über die Extraktion der Stärke aus indischen Kastanien (Maronen). Callias, H. Bull.Soc.Encouragement Ind.nat. 61. 65-77 (1862). - W.Ref. 1998.

Stärke der indischen Kastanie (marron d'Inde). Thibierge und Romilly. Bull.Soc.ind.Mulhouse 59. 478-480 (1858). - W.Ref.2444.

Wirtschaftliche Verfahren zur Extraktion der Stärke aus indischen Kastanien (Maronen); Verwendung des Produkts in der Industrie und Ernährung. Callias, H. C.R.hebd.Séances Acad.Sci. 44. 514 (1857). - W.Ref. 1997.

Stärke von Roßkastanie und Arrowroot. Sci.American 8. 105 (1852/53). - W.Ref. 1994.

7235. Zuckerrohr

Die Zusammensetzung von Zuckerrohr-Saft. 5. Mitt. Der Stärkegehalt vom Saft verschiedener Varietäten. Parish, D.H. Mauritius Sugar Ind.Res.Inst., annu.Rep. 1962. 46-48. - Ref.C.A.(B.) 60. 2048e (1964).

Bildung eines Polysaccharids im Zuckerrohr. Nicholson, R.I. und Lilienthal, B. Austral.J.biol.Sci. 12. 192-203 (1959).

Die Rolle der Stärke bei der Eindickung von Rohrzuckersäften. 2. Mitt. Benett, M.C. und Schmidt, N.O. Int.Sugar J. 61. 328-30 (1959). - Ref.C. 1960. 7366, C.A. 54. 16883i (1960).

Die Rolle der Stärke bei der Eindickung von Rohrzuckersäften. 1. Mitt. Benett, M.C. und Schmidt, N.O. Int.Sugar J. 61. 295-98 (1959).

Herstellung von verbessertem Rohzucker. Alexander, J.B. South African Sugar J. 42. 579-83 (1958). - Ref.C.A. 53. 4784h (1959).

Zuckerrohrstärke und ihr Einfluß auf die Filtrierbarkeit von Zukker. Buchanan, E.J. South African Sugar J. 42. 32-47 (1958). - Ref.C.A. 52. 10617g (1958).

Rohrzucker- und Stärkesynthese in der Zuckerrohrpflanze. Ramakrishnan, C.V. Experientia (Basel) 14. 91-92 (1958). - Ref.C.A. 52. 13012d (1958), Stärke 12. 33 (1960), C. 1961. 3710.

Stärkegehalt von Rohzucker aus Taiwan. Chiu, T.-G. Taiwan Sugar 5. Nr.6. 21-29 (1958). - Ref.C.A. 52. 19196e (1958).

Einige Faktoren, die das Verhalten von Stärke als Flockenbildner in Rohrzuckersaft beeinflussen. Benett, M.C. Chem. and Ind. 1958. 1552-53.

Der Stärkegehalt von Rohzuckern. Iinuma, A. Proc.Res.Soc.Japan Sugar Refineries' Technologists 5. 72 (1956). - Ref.C.A. 52. 13294f (1958).

Einige Bemerkungen über Stärke in der Zuckerindustrie. Alexander, J.B. Proc.annu.Congr.South African Sugar Technologists' Assoc. 28. 100-04 (1954). - Ref.C. 1950/54. S. 4317.

Stärke in Natal-Rohrzucker. Ergebnisse vorläufiger Untersuchungen. Alexander, J.B. South African Sugar J. 38. 617, 619, 621 und 623 (1954). - Ref.C.A. 49. 4313i (1955).

Stärke in Ubazuckerrohr. Feuilherade, L. Sugar 30. 168-69 (1928). - Ref.C. 1928. I. 2670.

7236. Wurzeln, Rhizome, Zwiebeln

Die Qualitäten von chinesischem "licorice" - vergleichende Untersuchungen des wilden "licorice" aus Nordost-China. Fu, Ke-Chih, Wu, Shui-Hua und Kao, Kuei-Pin. J.pharmac.Assoc. (China) 11. 473-84 (1964). - Ref.C.A. 62. 821f (1965).

Zur Kenntnis der Stärke der knollig verdickten Wurzeln von Phaseolus coccineus L. Seidemann, J. und Schliepe, W. Biol. Zbl. 82. 727-31 (1963). - Ref.Stärke 16. 135 (1964), C.A. 63. 3309a (1965).

Der Anbau von Yamwurzeln als Nahrungsmittel. Ingram, J.S. und Greenwood-Barton, L.H. Trop.Sci. 4. 82-86 (1962).

Synthese von Stärke in Batatenwurzeln in sterilen Kulturen. Koga, M. Physiol. and Ecol. (Japan). - Ref.C.A. 54. 19870h (1960).

Untersuchungen der Wurzel von Morinda citrifolia Linné I. Youngken, H.W. J.Amer.pharmac.Assoc., sci.Edit. 47. 162-65 (1958). - Ref.Stärke 13. 26 (1961).

Die Ginsengwurzel auf dem heutigen Drogenmarkt. Esdorn, I. Pharmazie 15. 75-81 (1960).

Pharmakognostische Untersuchung von chinesischer Rauwolfia. 1. Mitt. Wurzeln und Rhizome. Chen-Ku, Lee, Me-Chu, Wu, Ling-Yi, Chang und Keh-Chi, Fu. Acta pharmac.Sinica 5. 293-308 (1957).

Die Kohlenhydrate der Pastinakwurzeln, Pastinaca sativa. Anderson, D.M.W. und Greenwood, C.T. J.chem.Soc. (London) 1956. 220-21. - Ref.C. 1959. 5525.

Untersuchungen über die Kohlenhydrate im Meerrettich, Cochlearis armoracia L. 1. Mitt. Die Kohlenhydrate der Wurzel. Mizuno, T. und Hayashi, K. Bull.agric.chem.Soc.Japan 20. 116-21 (1956). - Ref.C.A. 51. 5927i (1957).

Wachstumsversuch von "chufa" im Gebiet Kuibyschew. Woronkewitsch, G.M. Bull.Bot.Hauptgarten (russ.) 1956. Nr.29. 91-93. - Ref.C.A. 51. 15711i (1957).

Die Kohlenhydrate von "Ephedra intermedia Schrenk et C.A. Mey" und "Ephedra equisetina Bge.Mem.". Tarasskina, K.W., Tschumbalow, T.K. und Winogradowa, K.A. Nachr.Akad.Wiss.KasachSSR (russ.) 12. Nr.4. 89-93 (1956). - Ref.C. 1957. 722.

Einfluß von Antioxyger auf Stärkesynthese aus Glucose-1-Phosphat in isoliertem stomata der Iris. Profumo, P. Atti Acad.naz. Lincei, Rend., Cl.sci.fisiche, mat.natur. 15. 135-38 (1953). - Ref.C.A. 48. 4060d (1954).

Stärke von Osterlilienzwiebeln. Stuart, N.W. und Brimhall, B. Cereal Chem. 20. 734-39 (1943).

II "Cyperus esculentus L." die neue Öl-, Zucker- und Stärkepflanze. Giuseppe, Barbera, Ann.Chim.appl. 31. 330-337 (1941).

Die Nutzbarmachung des Rohrkolbens zur Stärkegewinnung. Nowikowa, N.G. Natur (russ.) 29. Nr.5. 58-60 (1940). - Ref.C. 1941. I. 1100.

Morphologische und mikrochemische Untersuchungen der Wurzeln von Derris tubli von den Philippinen. Llanes, R.M. Univ.Philippines natur, appl.Sci. Bull. 7. 349-88 (1940). - Ref.C. 1941. II. 1030.

Über Athyrium Filix femina. Trupp, M.S. und Goodrich, F.J. J.Amer.pharmac.Assoc., sci.Edit. 29. 286-88 (1940). - Ref.C. 1940. II. 3364.

Chemische Untersuchungen über einige Produkte, die sich aus Hibiscus sabdariffa L. gewinnen lassen. Indovina, R. und Capotummino, G. Boll.Studio Informaz.Palermo 15. 24 S. (1938). - Ref.C.1939. II. 1295.

Verfahren zur Gewinnung von Stärke aus den Wurzelstöcken und Blättern der Typhaceen. Meissner, W. D.R.P. 717 876 Kl. 89k vom 22/5.1937, ausg. 25/2.1942.

Studie über Struthiopteris spicant. Goodrich, F.J. und Koozin, E. Amer.J.Pharmaz. 109. 412-14 (1937). - Ref.C. 1938. I. 1399.

Der Einfluß des Schälens auf die Bestandteile des Philippinen-ingwers. Maranon, J. und Cosme, L.Ll. Philippine J.Sci. 63. 405-08 (1937). - Ref.C. 1938. I. 2970.

Chemische Veränderungen in Karotten während des Wachstums. Platenius, H. Plant Physiol. 9. 671-80. - Ref.C. 1936. I. 1039.

Die Kohlenhydrate in Irideae laminarioides (Rhodophyceae). Hassid, W.Z. Plant Physiol. 11. 461-63 (1936). - Ref.C. 1936. II. 2933.

Pũngapũng als Quelle für Stärke und Alkohol. Reantaso, C.G. Philippine Agriculturist 24. 239-44 (1935). - Ref.C. 1935. II. 3848.

Der arzneiliche Wert der Senecio. Kelly, E.A. und Lynn, E.V. J.Amer.pharmac.Ass. 23. 113-18 (1934). - Ref.C. 1934. II. 280.

Eine interessante Quelle für Saccharose und Stärke. Die eßbare Cypergraswurzel. Lheureux, L. Bull.Ass.Chimistes Sucr., Distill.Ind.agric. France Colonies 49. 452-54 (1932). - Ref.C. 1933. I. 2009.

Die Wurzel der Zwergpalme als Verfälschung der Sarsaparille. Lobstein, J.E. und Weill, A. Bull.Sci.pharmacol. 39. (34). 657-63 (1932). - Ref.C. 1933. I. 2840.

Chemische Zusammensetzung von etiolierten und grünen Berberissprossen und ihrer Wurzeln. Schulz, E.R. und Thompson, N.G. Bot.Gaz. 81. 312-22 (1926). - Ref.C. 1926. II. 599.

Zur Kenntnis der Stoffverteilung bei einigen Irisarten, besonders in ihren Blättern. Irmen, G. Beih.z.Bot.Zbl. I. 39. 152-205 (1922). - Ref.C. 1923. 255.

Blumenzwiebeln als Viehfutter. Ezendam, J.A. Pharmac.Weekbl. 55. 494. 504 (1918). - Ref.C. 1918. II. 658, W.Ref. 2124.

Über Blumenzwiebelnstärkemehl. Verkade, P.E. Chem.Weekbl. 15. 427-434 (1918). - Ref.C. 1918. II. 551, C.A. 12. 1602 (1918), W.Ref. 2129.

Typha als Stärkepflanze. Kofler, L. Z.Unters.Nahrungs- u.Genußmittel 35. 266-72 (1918). - Ref.C. 1918. II. 374.

Die Rhizome des Adlerfarnes (Pteris aquilina L.) als Stärkequelle. Zlataroff, A. Z.Unters.Nahrungs- u.Genußmittel 35. 483-84 (1918). - Ref.C. 1919. II. 70, W.Ref. 2130.

Ausnutzung der Zehrwurz zur Ernährung und zur Gewinnung von Stärke, Glucose und Alkohol. Pantanelli, E. Staz.sperim.agrar.ital.51. 69-81 (1918). - Ref.C. 1918. II. 851, W.Ref. 2127.

Die Verwendung der Wurzel von Anthriscus sylvestris. Colin, H. Bull.Assoc.Chimistes 35. 106-107 (1918). - Ref.C.A. 13. 2297 (1919), W.Ref. 2120.

Über stärkehaltige Zuckerrüben. Peklo, J. Z.Zuckerind.Böhmen Mähren 33. 438-446 (1908-09). - Ref.C.A. 3. 1477 (1909), C. 1909. I. 1587, W.Ref. 1895.

Über die experimentelle Erzeugung von Radieschen mit Stärkereserven. Molliard, M. C.R.hebd.Séances Acad.Sci. 139. 885-887 (1904). - Ref.C. 1905. I. 38.

Über die Stärkekörner in den Wurzelhauben von Allium cepa. Husek, G. S.-B. königl.böhm.Ges.Wiss. Prag 1902. 10 S.

Bestandteile der Ipecacuanha-Wurzel. Cripps, R.A. und Whitby, A. Yearbook Pharmacy 1891. 385.

Heuchera americana L. Peacock, J. Amer.J.Pharmacy 63. 172 (1891).

Die chemische Zusammensetzung von Iris germanica. Passerini, N. Staz.speriment.Agrarie ital. 21. 565 (1891).

Analyse der Wurzelrinde von Reibus villosus. Krauss, Amer.J.Pharmacy 61. Nr.12 (1889).

Die Menge der Stärke im Ingwer. Jones. Analyst 1886. 75.

Pingo-pingo. Moeller, J. Pharmaz.Zentralhalle Deutschland 27. 304-05 (1886).

Rhizoma Imperatoriae. Linde, O. Pharmaz.Zentralhalle Deutschland 26. 175-78 (1885).

Analyse der Wurzel von Stillingia sylvatica L. Bichy, W. Amer.J. Pharmacy 57. 529-531 (1885).

Annähernde Analyse der Rhizome von Alpinia officinarum (Auszug). Thresh, J.C. Justs bot.Jber. 1884. I. 187.

Bedeutung des Stärkemehlgehalts der Radix Belladonnae. Buddel, F. Arch.Pharmazie 220. 414-16 (1882).

Beiträge zur Kenntnis pharmazeutisch wichtiger Gewächse. II. Über die Rhizome der officinellen Zingiberaceen, Curcuma longa L., Curcuma Zedoaria Roscoe, Zingiber officinale Roscoe, Alpinia officinarum Hauce. Meyer, A. Arch.Pharmazie 218. 401-429 (1881).

Analyse der Zwiebeln von Erythronium dens canis L. Dragendorff. Arch.Pharmaz. 213. 7 (1878).

Bemerkungen über die Scammoniawurzel. Greenish, T. Pharmac.J. Trans. 5. Ser.3. 263-264 (1874-75). - W.Ref. 2007.

Stärke von Pankratium (Amaryllidaceae). Philippe, J.G.de. Génie industriel 25. 306 (1863). - W.Ref. 2000.

Bemerkung über Stärke und Alkohol aus der Herbstzeitlose (Colchicum). Comar, F. J.Pharmac.Chim. 29. 47-49 (1856). - Ref.C. 1856. 143, W.Ref. 1996.

Bemerkung zur Stärke von Fritillaria imperialis im Hinblick auf einen möglichen teilweisen Ersatz der Kartoffel. Basset. C.R.hebd.Séances Acad.Sci. 37. 299-302 (1853). - W.Ref. 1995.

Über die chemische Natur von "Chufa" (eßbares Zypergras). Luna, R. Ann.Chim.Phys. Ser.3. 35. 194-205 (1852). - W.Ref. 1993.

7237. Früchte und Samen

Amylase und Stärke in bestimmten Coniferen-Samen. Tesche, M. Naturwissenschaften 52. 132 (1965). - Ref.C.A. 62. 15070a (1965), C. 1966. 13-1214, Stärke 18. 199 (1966).

Grassamenreifung. 1. Mitt. Veränderungen im Kohlenhydrat-Gehalt. Stoddart, J.L. J.agric.Sci. 62. Nr.1. 67-72 (1964). - Ref.C.A. 60. 13569f (1964).

Einige anatomische und biochemische Veränderungen in Apfelsamen nach dem Entlauben. Jebetullajew, A.A. Ber.Moskauer Akad. Landwirtsch. (russ.) Nr. 83. 173-78 (1963). - Ref.C.A.(B.) 61. 1190a (1964).

Biochemische Untersuchung über das Nachreifen von Bartlett-Birnen. 1. Mitt. Über Birnenstärke. Osodo, K., Araki, C. und Shitomi,H. J.agric.chem.Soc.Japan 36. 447-51 (1962). - Ref.C. 1965. 41-1394.

Einige Beobachtungen an Fruchtpulpe von Passiflora edulis. Mollenhauer, H.P. Fruchtsaft-Ind. 7. 370-79 (1962). - Ref.Stärke 15. 421 (1963).

Beziehungen zwischen Zucker- und Stärkegehalt sowie dem Grad der Bevorzugung von Winterkürbissen. Merrow, S.B. und Hopp, R.J. J.agric.Food Chem. 9. 321-26 (1961). - Ref.C. 1963. 16014.

Die Wirkung synthetischer Wuchsstoffe auf Ertrag und Qualität von Tomatenfrüchten. Kumar, K. und Lall, S.B. Proc.nat.Acad.Sci., India, Sect.B 30. 1-6 (1960). - Ref.C. 1963. 2898.

Kohlenhydrate im Passionsfruchtsaft. Pruthi, J.S. und Lal, G. Indian J.Hort. 17. 133-37 (1960). - Ref.C.A. 56. 746g (1962).

Chemische Analyse von handelsüblichem Pfeffer (Piper nigrum L.) und seinen Nebenprodukten. Dwarakanath, C.T., Rao, T.N.R. und Johar, D.S. Food Sci.(India) 8. 351-52 (1959). - Ref.C. 1960. 8716.

Die chemische Zusammensetzung der Passionsfrucht (Passiflora edulis, Sims.). Pruthi, J.S. und Lal, G. J.Sci.Food Agric. 10. 188-92 (1959).

Eicheln der Sommereiche, Traubeneiche und Zerreiche. Mohacek, M. Arhiv Poljoprivredne Nauke 12. Nr.36. 106-25 (1959). - Ref.C.A. 54. 14497b (1960).

Oligosaccharidsynthese in der Banane und ihre Beziehung zur Transferaseaktivität von Invertase. Henderson, R.W., Morton, R.K. und Rawlinson, W.A. Biochem.J. 72. 340-44 (1959). - Ref.C.1960. 1888, Stärke 12. 91 (1960).

Ginkgo, eine "eierlegende" Pflanze. Favre-Duchartre, M. Phytomorphology (Delhi) 8. 377-90 (1959).

Untersuchung der Stärke aus Pinienkernen. Vorl.Mitt. Fonseca, F.E. L. da und Netto, M.A.B. Bol.Dep.Quim. (São Paulo) 1958. Nr.10. 25-27. - Ref.C. 1962. 17089.

Über eine neue, Stärke enthaltende Pfirsichart. Menezes, jr., J.B. de. Rev.Inst.Adolfo Lutz 18. 133-44 (1958).

Untersuchungen über die chemische Zusammensetzung einer Aristolochiacee afrikanischer Herkunft: Aristolochia Zenkeri Engler. Dumont, P. J.Pharmac.Belgique 13. 3-37 (1958). - Ref.C. 1959. 12630.

Untersuchungen über die chemische Zusammensetzung einer Aristolochiacee afrikanischer Herkunft: Aristolochia Zenkeri Engler. Dumont, P. J.Pharmac.Belgique 12. 475-512 (1957). - Ref.C. 1959. 12630.

Änderungen in der Zusammensetzung von Zagloul-Datteln während der verschiedenen Reifestadien. Ashmawi, H., Aref. H. und Hussein, Abd El Aziz. J.Sci.Food Agric. 7. 625-28 (1956). - Ref.C.1959. 16502.

Die Temperaturabhängigkeit der Stärkebildung in Agrostemma-Embryonen und ihre Beziehung zur Keimungsbereitschaft der Samen. Borriss, H. und Arndt, M. Naturwissenschaften 43. 255 (1956). - Ref.C. 1957. 5321.

Pharmazeutisch-botanische Untersuchung der Früchte von Cinnamomum pedunculatum presl. Erisstawi, L.I. Mitt.Akad.Wiss.Grusin SSR (russ.) 17. 913-20 (1956). - Ref.C. 1957. 12543.

Gewinnung von Stärke aus Amaranthus cruentus-Samen. MacMasters, M.M., Baird, P.D., Holzapfel, M.M. und Rist, C.E. Econ.Botany 9. 300-302 (1955). - Ref.C.A. 49. 16482g (1955).

Physikochemische Untersuchungen über Stärken. I. Eigenschaften der in Samen des Gummibaums Hevea brasiliensis vorkommenden Stärke. Greenwood, C.T. und Robertson, J.S.M. J.chem.Soc. (London) 1954. 3769-78. - Ref.Stärke 7. 12 (1955), C. 1955. 7227, C.A. 49. 3323f (1955).

Selbstverzuckernde stärkehaltige Rohfruchtkörner für Brauzwecke. Nugey, A.J. und Nugey, A.L. A.P. 2 970 054 vom 15/6.1953., ausg. 31/1.1961. - Ref.C. 1962. 14714.

Morphologische Entwicklung in dianthus. II. Stärkeanreicherung in Zelle und Samen. Buell, K.M. Amer.J.Bot. 39. 458-67 (1952). - Ref.C.A. 46. 10312b (1952).

Der Abbau der Stärke in Äpfeln, die in verschiedenen Entwicklungsstadien gepflückt wurden. Kidd, F., West, C., Griffiths, D.G. und Potter, N.A. J.horticult.Sci. 25. 289-96 (1950).

Amylopektinvorkommen in den Früchten von Passiflora edulis. Cillie, G.G. und Joubert, F.J. J.Sci.Food Agric. 1. 355-57 (1950). - Ref.C. 1955. 8183.

Nachweis von Phosphorylase und der Bildung von Stärke in Samen. Yin, H.C. und Sun, C.N. Plant Physiol. 24. 103-110 (1949).

Stärken aus Toran- und Shingada-Samen. Airan, J.W. und Rajopadhye, S.B. J.Indian chem.Soc., ind.News Edit. 12. 152-54 (1949). - Ref.C. 1949. E. 4295.

Die Nutzbarmachung von Äpfeln. 15. Mitt. Apfelstärke. Aso, K., Matsuda, K., Iwamura, S. und Goto, K. J.Fermentat.Technol. (Japan) 35. 37-41 (1957). - Ref.C.A. 51. 17011i (1957).

Gewinnung von zur menschlichen Ernährung geeigneter Prima- und Sekundastärke und von Eiweiß aus giftigen, geschmacklich minderwertigen Samenarten. Munz, E. Schwz.P. 248 791 vom 15/4.1943, ausg. 1/3.1948. - Ref.C. 1948. E. 677.

Über Johannisbrotmehl des Handels. Pritzker, J. und Jungkunz, R. Mitt.Gebiete Lebensmittelunters. Hyg. 34. 102-06 (1943). - Ref.C. 1943. II. 685.

Hilfsmittel zur Herstellung von Stärke. Bubeck und Dolder. Schwz.P. 223 940 vom 25/8.1942., ausg.16/3.1943. - Ref.C. 1943. II. 2271, C. 1949. E. 3055.

Bemerkungen über mexikanische Drogen. I. Mitt. Zapote borracho (Lucama salicifolia, Kunth) Sapotac. Bachstez, M. und Aragon, A. J.Amer.pharmac.Assoc.sci.Edit. 30. 218-19 (1941). - Ref.C. 1942. II. 2718.

Die Stärke von unreifer Leinsaat. Dodd, F.R. Analyst 64. 735 (1939). - Ref.C. 1950. I. 399.

Stärke aus unreifen Tomaten. Dodd, F.R. Analyst 64. 877 (1939). - Ref.C. 1940. I. 1363.

Chemische Zusammensetzung der Samen und des Samenöls von Brachychiton diversifolium. Labruto, G. und Angelis, E. de. Ann.Chim. applicata 29. 68-73 (1939). - Ref.C. 1940. I. 1441.

Einfluß einiger organischer Säuren auf den Stoffwechsel des Zellkerns und die Stärkebildung bei Lupinen. Deloffre, G. C.R.hebd. Séances Acad.Sci. 206. 1045-47 (1938). - Ref.C. 1938. II. 336.

Der Einfluß von Xylose und Arabinose auf den Kernstoffwechsel und auf die Amylogenese bei der Lupine. Deloffre, G. C.R.Séances Soc.Biol.Filiales Associées 127. 1320 (1938). - Ref.C. 1940. I. 576.

Die Gewinnung von Stärke aus der Wassernuß. Shafee, M. und Sarin, J.L. Ind.Engng.Chem. 29. 1436-38 (1937). - Ref.C. 1938. I.2801.

Untersuchungen über Stärkearten aus einheimischen Körnern und Knollen. III. Ragistärke. Gupta, Das H.P. J.Indian Inst. Sci. Ser.A. 19. 27-29 (1936). - Ref.C. 1936. II. 1076.

Untersuchung von Johannisbrot aus Mittelmeerländern und angrenzenden Gebieten: Resultate chemischer Untersuchungen. V. Mitt. Über die Gewinnung von kristallisierter Saccharose aus Johannisbrot. Oddo, Giuseppe, Antonio Algerino und Elena Ribon. Ann.Chim.applicata 26. 65-69 (1936). - Ref.C. 1936. II. 1076.

Untersuchung von Johannisbrot aus Mittelmeerländern und angrenzenden Gebieten: Beschreibung der Muster. IV. Mitt. Über die Gewinnung von kristallisierter Saccharose aus Johannisbrot. Oddo, Giuseppe, Algerino, Antonio und Ribo, Elena. Ann.Chim. applicata 26. 56-65 (1936). - Ref.C. 1936. II. 1076.

Untersuchung von Johannisbrot aus Mittelmeerländern und angrenzenden Gebieten. Kontrolle und Abänderung der Untersuchungsmethoden. III. Mitt. Über die Gewinnung von kristallisierter Saccharose aus Johannisbrot. Oddo, Giuseppe, Algerino, Antonio und Ribon, Elena. Ann.Chim.applicata 26. 11-19 (1936). - Ref.C. 1936. II. 1075.

Technische Gewinnung von kristallisierter Saccharose aus Johannisbrot. II. Oddo, Giuseppe. Ann.Chim.applicata 26. 3-10 (1936). - Ref.C. 1936. II. 1075.

Vergleichende chemische und biologische Analyse der trockenen Datteln (Degla-Beida) und der weichen Datteln (Deglet-Nour) algerischer Herkunft. Lecoq, Raoul. Bull.Sci.pharmacol. 43. 284-89 (1936). - Ref.C. 1936. II. 3374.

Chemische Charakteristik der Amaranthussamen. Murri, I.K. und Jermakow, A.I. Lenin Acad.agric.Sci., Inst.Plant Ind., Bull.appl. Bot., Genetics Plant Breeding, Ser. III (russ.). Nr.15. 149-60 (1936). - Ref.C. 1938. I. 1998.

Histologische, chemische und pharmakologische Untersuchung der Samen von Torreya nucifera, einer chinesisch-annamitischen wurmtreibenden Droge. Trensz, R. Bull.Sci.pharmacol. 42. (37). 343-346 (1935). - Ref.C. 1936. I. 4758.

Nutzbarmachen ungenießbarer Pflanzensamen und von deren Preßrückständen. Srinivasan, N. Ind.P. 20 143 vom 4/8.1933, ausg. 24/3.1934. - Ref.C. 1935. I. 646.

Chemische Untersuchungen über die Physiologie der Äpfel. 12. Mitt. Reifungsvorgänge im Apfel und die Beziehung der Pflückzeit zu den chemischen Änderungen bei der Kühlhausaufbewahrung. Archbold, H.K. Ann.Botany 46. 407-59 (1932). - Ref.C. 1932. II. 2754.

Ein Beitrag zur Chemie der Frucht des weißen Zedernbaumes (Melia Azedarach, L. var. australasica C.DC., Syn.Melia australasica, A.Juss.) wachsend in Neusüdwales, mit Bemerkungen über seine angebliche Giftigkeit. Morrison, F.R. J.Proc.Roy.Soc. New-South Wales 65. 153-77 (1931). - Ref.C. 1933. I. 72.

Umbildung der Kohlenhydrate in der Banane. I. Bildung von Stärke. Belval, H. Chin.J.Physiol. 4. 365-72 (1930). - Ref.C. 1931. I. 954.

Die Umwandlung der Glucide im Bananenbaum: Bildung der Stärke in den Früchten. Belval, H. C.R.hebd.Séances Acad.Sci. 190. 886-88 (1930). - Ref.C. 1930. II. 76.

Chemische Studien über die Physiologie der Äpfel. 9. Mitt. Die chemische Zusammensetzung reifer und sich entwickelnder Äpfel und die Beziehung zur Umgebung und zu der Schnelligkeit der chemischen Umwandlung bei der Entwicklung. Archbold, H.K. Ann.Botany 42. 541-66 (1928). - Ref.C. 1929. II. 1088.

Chemische Untersuchungen über die Physiologie der Äpfel. 10. Mitt. Eine quantitative Untersuchung der chemischen Änderungen bei gelagerten Äpfeln. Haynes, D. und Archbold, H.K. Ann.Botany 42. 965-1017 (1928). - Ref.C. 1930. II. 2589.

Zum Vorkommen von Stärke in ölreichen, als Lebensmittel Verwendung findenden Samenkernen (Sapucaja-Nuß, Pecan-Nuß, Zirbel-Nuß). Griebel, C. Z.Unters.Lebensmittel 55. 236-39 (1928). - Ref.C. 1928. II. 902.

Über das Vorkommen von Stärke in Haselnüssen. Griebel, C. Z.Unters.Lebensmittel 54. 477-81 (1927). - Ref.C. 1928. I. 1882.

Untersuchungen über die Ablagerung und die Form der Stärkeeinschlüsse in Obst- und Traubensorten. Kroemer, K. und Krumbholz. Landwirtsch.Jb. 66. Erg.Bd.1. 358-59 (1927).

Chemische Untersuchung der Samen "Bunya Bunya" (Araucaria Bidwilli Hooker). Morrison, F.R. J.Proc.Roy.Soc.New South Wales 58. 234-39 (1924). - Ref.C. 1926. I. 3554, W.Ref. 2160.

Die Kohlenhydrate der Pekannuß (Pecan). Friedemann, W.G. J.Amer. chem.Soc. 42. 2286-2288 (1920). - W.Ref. 1913.

Analyse der Samen des bogigen Fuchsschwanzes, Amaranthus Retroflexus L. Harding, E.P. und W.A. Egge. J.ind.Engng.Chem. 10. 529-530 (1918). - Ref.C. 1918. II. 1044, W.Ref. 2125A.

Die Frucht von Menispermum canadense. Neidig, R.E. Chem.News 102. 40-41 (1910). - Ref.C. 1910. II. 668.

Untersuchungen über die in den Pflanzensamen enthaltenen Kohlenhydrate. Schulze, E. und Godet, Ch. Hoppe-Seyler's Z.physiol. Chem. 61. 279 (1909).

Abwesenheit von Stärke im Samenkorn des Flachses. Rusting, G. Répertoire Pharmac. 19. Sér. 3. 122-123 (1907). - W.Ref. 1892.

Über die chemische Zusammensetzung des Samens der Zuckerrübe (Beta vulgaris L.). Stoklasa. Österr.-ung.Z.Zuckerind.u.Landwirtsch. 35. 159-163 (1906). - Ref.C. 1906. II. 1834.

Über die chemische Zusammensetzung des Samens der Zuckerrübe (Beta vulgaris L.). Strohmer, F. und Fallada, O. Österr.-ung.Z.Zukkerind.u.Landwirtsch. 35. 12-22, 164 (1906). - Ref.C. 1906. II. 1440, 1834.

Analyse von Johannisbrot verschiedener Herkunft. Balland. J.Pharmac.Chim. 19. 569-71 (1904). - Ref.C. 1904. II. 553.

Die chemische Zusammensetzung der Kolanuß. Uffelmann, C. und Bömer, A. Z.angew.Chem. 1894. 710.

Über den Gehalt reiner Pfeffersorten und Pfefferschalen an Cellulose (Holzfaser) und Stärke sowie an wasserlöslichen Aschenbestandteilen (Alkalien) und Phosphorsäure. Raumer, E.von. Z.angew.Chem. 6. 453-457 (1893). - Ref.C. 1893. II. 607, W.Ref. 1601.

Über die Kolanuß. Chodat, R. und Chuit, Ph. Arch.Sci.physiques natur. 1888. 497-518.

Die Mutternelken. Moeller, J. Pharmaz.Zentralhalle Deutschland 26. 3-5 (1885).

Die Kolanuß. Zohlenhofer, H. Arch.Pharmazie 222. 344-47 (1884).

Über die Cacaostärke. Girardin und Bidard. J.Pharmac.Chim. 38. 266-267 (1860). - W.Ref. 1797.

7238. Hölzer (Rinden)

Untersuchungen über die heißwasserlöslichen Kohlenhydrate in Bambus. I. Mitt. Der Beweis für die Gegenwart von Stärke in Bambus. Hsieh, Pe-Tung, Liao, Yun-Hao und Wu, Chun-Mei. Chung Kuo Nung Yeh Hua Hsueh Hui Chih (China) 2. 97-100 (1964). - Ref.C.A. 63. 920e (1965).

Stärke in Gymnosperm-Pflanzen. Bluket, N.A. Ber.Moskauer Akad. Landwirtsch. (russ.) 83. 367-72 (1963). - Ref.C.A.(B.) 61. 3415f (1964).

Stärkemaximum im Frühjahr bei verholzten Pflanzen (Vitis riparia Michx). Eifert, J. und Eifert, A. Nature (London) 199. 825-26 (1963). - Ref.C. 1964. 35-1191, C.A. 59. 11898g (1963).

Ofen- und Lufttrocknung von europäischer Eiche. Einfluß auf die Verminderung des Stärkegehalts und folgende Angreifbarkeit durch Lyctus. Harris, E.C. J.Inst.Wood Sci. Nr.7. 3-14 (1961). - Ref.C.A. 57. 16940d (1962).

Holzstärke aus Kiefernschößlingen. Peskowa, A.W. Arb.zentr.wiss. Forsch.- u.Projektierungsinst.holz-chem.Ind. (russ.) 1961. Nr.14. 106-15. - Ref.C.A. 57. 17077c (1962).

Veränderungen des Gehalts an Stärke und an mit Sudan anfärbbaren Stoffen in Pinus caribaea Mor. und Pinus pinaster Sol. David, R., Lapraz, G., Bernard, C. und Demounem, R. C.R.hebd.Séances Acad.Sci. 249. 2820-22 (1959). - Ref.C. 1961. 17997.

Morphologische und histologische Untersuchungen an Cortex Meliae tooseudan und Cortex picrasmae quassiodis. Jun-Hua, C. und Tze-ching, L. Acta pharmac.Sinica 7. 10-16 (1959).

Photosynthese in der Espenborke. Pearson, L.C. und Lawrence, D.B. Amer.J.Bot. 45. 383-387 (1958). - Ref.Stärke 12. 121 (1960).

Osen und Holoside in Elaeis guineesis Jacq. Chollet, M.-M., Scheidecker, D. und Bouloux, M. C.R.hebd.Séances Acad.Sci. 244. 2086-88 (1957). - Ref.C. 1961. 539.

Die quantitativen Veränderungen des Stärkegehaltes im Holz einiger im Klima von Erevan gewachsenen holzigen Pflanzenarten. Palandshjan, W.A. Bull.Bot.-Garten Akad.Wiss.Armenischen SSR (russ.) 1957. Nr.16. 13-22. - Ref.C.A. 53. 8317a (1959).

Über das Vorkommen der Stärke im Lumen der Holzfasern. Frison, E. Bull.agric.Congo belge 39. 869-74 (1948). - Ref.C. 1948. E 3134.

Stärke im Avocadobaum. Cameron, S.H. und Borst, G. Proc.Amer.Soc. horticult.Sci. 36. 255-58 (1939). - Ref.C. 1940. II. 263.

Die Entleerung von Stärke aus Bauholz in Beziehung zu dessen Angreifbarkeit durch den Lyctuskäfer. I. Die Stärke, mit besonderer Berücksichtigung ihres Vorkommens in Bauholz. Phillips, E.W.J. Forestry 12. 15-29 (1938). - Ref.C. 1938. II. 2672.

Die Rinde der amerikanischen Lärche. Larsen, K.E. und Lynn, E.V. J.Amer.pharmac.Assoc. 26. 288-90 (1937). - Ref.C. 1938. I. 2737.

Die Stärke und verwandte Polysaccharide einiger Harthölzer. I. Darstellung und Eigenschaften von Eiche- und Walnußstärke. Campbell, W.G. Biochem.J. 29. 1068-80 (1935). - Ref.C. 1935. II. 1178.

Die Isolierung und Charakterisierung eines Stärkepolysaccharids aus dem holzigen Gewebe des Apfelbaums (Malus Malus). Niemann, C. und Roberts, R.H. und Link, K.P. J.biol.Chemistry 110. 727-37 (1935). - Ref.C. 1936. I. 1023.

Ein Baum, der Zucker produziert. Noter, R.de. Nature (Paris) 1934. II. 181-82. - Ref.C. 1934. II. 2914.

Untersuchung der Stärke- und Hemicelluloseextrakte des Apfelholzes. Otterson, H. und Tottingham, W.E. Plant Physiol. 8. 561-64 (1933). - Ref.C. 1934. II. 958.

Das Dickenwachstum des Xylems im Zusammenhang mit den Stärkereserven bei Pinus silvestris. Wight, W. New Phytologist 32. 77-96 (1933). - Ref.C. 1933. II. 2412.

Stärke im jungen Orangenbaum. Cameron, S.H. Proc.Amer.Soc.horticult.Sci. 29. 110-14 (1932).

Einige Beobachtungen über die Cambiumtätigkeit und über den Stärkegehalt des weißen Ahorns (Acer pseudo platanus) während der verschiedenen Jahreszeiten. Cockerham, G. Proc.Leeds philos.lit. Soc. 2. 64-80 (1930). - Ref.C. 1930. II. 3792.

Das griechische Süßholz und dessen Succus. Emmanuel, E. Festschrift Alexander Tschirch 1926. 288-90 (1927). - Ref.C. 1927. I. 2753.

Eingetretene Veränderungen in Apfelbäumen durch verschiedene Arten des Aufpfropfens. Hooker, H.D. Res.Bull.agric.Exp.Stat. Missouri 72. 11 S. (1924). - W.Ref. 1919.

Baum-Farne auf Hawaii als Rohstoff für Stärke. Popular Mechanics Mag. 38. 74 (1922). - W.Ref. 2152.

Untersuchungen über die Stärke von Hevea Brasiliensis. Bobilioff, W. Archief Rubbercultuur Nederl.-Indie. 4. 71-118, 119-121 (1920). - Ref.C. 1924. II. 2369.

Über die Zusammensetzung, insbesondere über den Stärkegehalt einiger Reisigarten. Lucks, R. Landwirtsch.Jb. 53. 586-625 (1919). - W.Ref. 1910A.

Einige Bestandteile des Jambulbaumes. Hart, M.C. und Heyl, F.W. J.Amer.chem.Soc. 38. 2805-2813 (1916). - Ref.C. 1917. I. 779, W.Ref. 2113A.

Untersuchungen über das Reifen des Rebenholzes und die Erziehung der amerikanischen Unterlagsreben. Schmitthenner, F. Landwirtsch.Jb. 38. 629-696 (1909). - Ref.C. 1909. II. 647.

Stärke vom Brotfruchtbaum der Seychellen. Bull.Imp.Inst. 2. 28-29 (1904). - W.Ref. 2061.

Auftreten von Gerbstoff, Stärke und Zucker bei Acer Pseudoplatanus im ersten Jahre. Hämmerle, J. Ber.dtsch.bot.Ges. 19. 538-51 (1902). - Ref.C. 1902. I. 597.

Über eine falsche Zimmtrinde. Micko, K. Z.Unters.Nahrungs- u. Genußmittel 3. 305-12 (1900).

Beiträge zur chemischen Physiologie des Baumstammes. Vandevelde, A.J.J. Hochschule zu Gent. Separatdr. - Ref.C. 1898. I. 466.

Beobachtungen an einigen der chemischen Substanzen in den Baumstämmen. Storer, F.H. Harvard Univ., Bull.Bussey Inst. 2. T.6. 386-408 (1897). - W.Ref. 1888.

Zur Kenntnis der Zimmtrinden. Pfister, R. Forschungsber.Lebensmittel Beziehungen Hyg., forense Chem.Pharmakog. 1. 6-13, 25-29 (1894).

Beiträge zur Anatomie der Gattung Cinchona. Koch, H. Dissertation, Freiburg/Br. 1884.

Amerikanische Drogen. 17. Mitt. Lignum Nyssae (Tupelo-wood). Moeller, J. Pharmaz.Zentralhalle Deutschland 24. 545-49 (1883).

Untersuchungen über die stärkeführenden Zellen der Hölzer. Schorler. Jenaische Z.Naturwiss. 16 (1883).

7239. Sonstiges

Charakterisierung von Stärke der vielwurzeligen Teichlinse (Spirodela polyrrhiza). Pankey, R.D., Draudt, H.N. und Desrosier, N.W. J.Food Sci. 30. 627-31 (1965).

Stärkebildung durch in vitro gezüchtetes Zuckerrübengewebe. Rücker, W. C.R.hebd.Séances Acad.Sci. 258. 4826-28 (1964). - Ref.C. 1965. 45-1368.

Stärke in Blättern von Nicotania-tabacum-N. sylvestris "Bright yellow". Doi, K. Mem.Inst.sci.ind.Res., Osaka Univ. 21. 135-44 (1964). - Ref.C. 1965. 42-1283.

7239

Eigenschaften einer im Blatt des Japanischen Rettichs (Raphanus sativus L. var. acanthyformis Makino) enthaltenen Substanz, die die ß-Amylase der Batate schützt. Nakayama, S. Agric.biol. Chem. (Tokyo) 27. 326-31 (1963). - Ref.C. 1965. 28-1186.

Polysaccharide in Pollen. 1. Mitt. Untersuchung des Pollens der Bergkiefer (Pinus mugo Turra). Bouveng, H.O. Phytochemistry 2. 341-52 (1963). - Ref.C. 1964. 48-1195.

Die Granadilla (Passiflora edulis), ein Handelsprodukt der Subtropen. Mollenhauer, H.P. Z.analyt.Chem. 192. 260-61 (1962). - Ref.C. 1963. 7974.

Stärkeveränderungen in sich entwickelnden und alternden Tabakblättern. Matheson, N.K. und Wheatley, J.M. Austral.J.biol. Sci. 15. 445-58 (1962). - Ref.C.A. 57. 14197a (1962), Stärke 15. 158 (1963).

Stärkegehalt einiger Saccharum spontaneum-Varianten. Rao, K.C. und Aiyar, K.V.G. Current Sci. 30. 113 (1961). - Ref.C.A. 55. 17770c (1961).

Veränderungen im Stärke- und Gesamt-Polysaccharidgehalt in den Nadeln von Pinus ponderosa nach Fluorid-Begasung. Adams, D.F. und Emerson, M.T. Plant Physiol. 36. 261-65 (1961). - Ref.C.A. 55. 14601f (1961).

Biochemische Untersuchungen an Pollen. 1. Mitt. Kohlenhydrate der Pollen von Pinus densiflora. Togasawa, Y., Katsumata, T., Isurugi, Y. und Takahashi, M. J.agric.chem.Soc. Japan 35. 623-28 (1961). - Ref.C.A. 62. 10824a (1965).

Polysaccharide bei der Bildung von Pollenkörnern bei Tradeskantien. Poljakowa, T.F. Ber.Akad.Wiss.UdSSR (russ.) 127. 438-40 (1959). - Ref.C.A. 54. 9006f (1960).

Über Pflanzenwachstumsregulatoren. 3. Mitt. Beiträge zur Kenntnis der phytoloxischen Wirkung von Triazinen. Gast, A. Experientia (Basel) 14. 134-36 (1958). - Ref.C. 1963. 6656.

Die Kohlenhydrate in Luzerne, Medicago sativa. 1. Mitt. Allgemeine Zusammensetzung, Identifizierung eines nicht reduzierenden Zuckers und Untersuchung der Pektinstoffe. Lagowski, J.M., Sell, H.M., Huffman, C.F. und Duncan, C.W. Arch.Biochem.Biophysics 76. 306-16 (1958).

Stärke und Zucker in den Stöcken von im Sommer beschnittenen Vitis vinifera-Pflanzen. Bernstein, Z. und Klein, S. J.exp.Botany 8. 87-95 (1957). - Ref.C. 1958. 1331, C.A. 51. 18133d (1957).

Isolierung und Charakterisierung von Sonnenblumenblattstärke. Radwan, M.A. und Stocking, C.R. Amer.J.Bot. 44. 682-86 (1957). - Ref.C. 1958. 9260.

Untersuchungen über den Kohlenhydrataufbau einiger Alismataceen. Stich, G. Rev.gén.Bot. 64. 549-71 (1957). - Ref.C. 1962. 6466.

Stärke in den vegetativen Organen von monocotyledonen Pflanzen. Bluket, N.A. Ber.Moskauer "K.A. Timirjasew" Akad.Landwirtsch., wiss.Konferenz (russ.) 1957. Nr.27. 88-107. - Ref.C.A. 53. 11522e (1959).

Die Bestimmung von Stärke in Weinranken in Beziehung zu der zeitigen Entblätterung der Pflanze. Zappalà, A. und Fichera, P. Notiz.malattie piante 40-41. 156-60 (1957). - Ref.C.A. 51. 15861h (1957).

Der Stärkegehalt von Weinblättern in Beziehung zur Entblätterung nach der Weinlese. Ciferri, R. Notiz. malattie piante Nr. 40-41. 149-54 (1957). - Ref.C.A. 51. 15863c (1957).

Die Bildung von Stärke und das Verhalten von Isocitronensäure in abgeschnittenen Blättern von Bryophyllum calycinum in der Dunkelheit. Vickery, H.B. Plant Physiol. 32. 220-24 (1957). - Ref.C. 1959. 16056, C.A. 51. 14041b (1957).

Polysaccharide aus P. Luteum Zukal. Lloyd, P.F., Pon, G. und Stacey, M. Chem. and Ind. 1956. 172-73. - Ref.C. 1961. 18343.

Praxis bei der Stärkegewinnung aus "Shibu" (Rohstärke enthaltender Latex). Matsumura, H. und Fujiki, T. J.technol.Soc.Starch (Japan) 3. Nr.1. 11-12 (1955).

Verwertbare Wildpflanzen. 17. Mitt. Stärke aus Wildpflanzen. Iwata, H., Hashino, A. und Takagi, H. J.Jap.Soc.Food Nutrit. 7. 143-45 (1954/55). - Ref.C.A. 53. 8470c (1959).

Verwertbare Wildpflanzen. 16. Mitt. Stärkegehalt von Lycoris radiate. Iwata, H., Hashino, A. und Ueda, K. J.Jap.Soc.Food Nutrit. 7. 115-17 (1954/55). - Ref.C.A. 53. 8470b (1959).

Über Formen der Vorratskohlenhydrate der Weinrebe. Afrikjan, B.L., Marutjan, Ss.A. und Ssaakjan, R.G. Ber.Akad.Wiss.UdSSR (N.S.) (russ.) 96. 1195-96 (1954). - Ref.C. 1955. 4134.

Beitrag zur Zusammensetzung von Hedychium Coronarium Koen (Lirio de Brejo). Martins, A.Q. Arquivos Bromatologia 2. 19-28 (1954).

Zur Frage der Stärkebildung in normalen Assimilationsorganen und Tumororganoiden von Datura metel. Parchwitz, H.K., Graffi, A. und Schneider, E.J. Arch.Geschwulstforsch. 7. 28-33 (1954).

Plastide und Stärke in den Wurzeln von Zuckerrüben. Gomoljako,S.E. Ber.Akad.Wiss.UdSSR (russ.) 95. 881-84 (1954). - Ref.C.A. 48. 8881e (1954), C. 1950/54. 9179 S.

Einfluß von Schatten und teilweisem Abblättern auf die Kohlenhydratmenge, Wachstum, Früchte und Fasereigenschaften von Baumwollpflanzen. Eaton, F.M. und Ergle, D.R. Plant Physiol. 29. 39-49 (1954). - Ref.C.A. 48. 6517h (1954).

Über die Stärke der Bambus-Sprößlinge. Baba, A. und Okubo, S. J.Jap.Soc.Food Nutrit. 6. 160-62 (1953/54). - Ref.C.A. 52. 20755f (1958).

Über die Beteiligung von phosphorylierten Zuckern an der Atmung von Rübenpflanzen. Pawlinowa, O.A. Ber.Akad.Wiss. UdSSR (russ.) 85. 851-54 (1952). - Ref.C. 1953. 4390.

Über die Bildung von Stärke in den Blättern von Bryophyllum calycinum in Dunkelheit gezogen. Vickery, H.B. Plant Physiol. 27. 231-39 (1952). - Ref.C.A. 46. 6208i (1952).

Untersuchungen über extracellulare Stärkeproduktion durch Torulopsisarten. Goyette, L.E. Trans.Kansas Acad.Sci. 54. 28-35 (1951). - Ref.C. 1954. 1275.

Nahrungsmittel für den Notfall. XXII. Stärke aus Lycoris radiata. Yamafuji, K. und Tono, T. J.Fac.Agric.Kyushu Univ. 9. 355-60 (1950). - Ref.C.A. 46. 11346d (1952).

Das Vorkommen von Stärke in Saccharum und ihre Bedeutung als ein spezifisches Charakteristikum. Dutt, N.L. und Narasimhan, R. Current Sci. 18. 346-47 (1949). - Ref.C. 1949. E 6791.

Die Amylogenese im Hochgebirge während der Entwicklung der Blätter von Dryas octopetala L. Nétien, G. C.R.hebd.Séances Acad.Sci. 217. 550-51 (1943). - Ref.C. 1945. I. 1143.

Die chemische Analyse der Pflanze Inga paterna L. Cabella, F. Fitoterapia 17. 30 (1941). - Ref.C. 1942. II. 1527.

Eine phytochemische Untersuchung von Aloe vera-Blättern. Rowe,T.D. und Parks, L.M. J.Amer.pharmac.Assoc.sci.Edit. 30. 262-66 (1941). - Ref.C. 1943. II. 140.

Chemische Zusammensetzung der Tannenadeln. Orlowa, I.M. Holzind. (russ.) 1941. Nr.1. 33-36. - Ref.C. 1942. II. 2807.

Angaben über die Untersuchung von Ferula-Ferula Schair Borszcz. Kirjalow, N.P. J.Chim.appl. (russ.) 13. 579-82 (1940). - Ref.C. 1940. II. 2825.

Biochemische Besonderheiten der Hochgebirgspflanzen. I. Futterpflanzen. Grebinski, S.O. Wiss.Ber.Kasachischen staatl.Kirow-Univ. (russ.) 3. 3-15 (1940). - Ref.C. 1942. I. 64.

Studie über Cochlospermum tinctorium A.Rich. Rabaté, J. J.Pharmaz. Chim. 29. 582-83 (1939). - Ref.C. 1939. II. 2565.

Merkmale von Bormangel bei der Rose. Davidson, O.W. und Biekart, H.M. Proc.Amer.Soc.horticult.Sci. 36. 841-44 (1939). - Ref.C. 1940. II. 2668.

Grundeigenschaften der Stärke von wildwachsenden Pflanzen. Strepkow, S.M. und Kuramischin, Ch.K. J.prakt.Chem. 150. 186-96 (1938). - Ref.C. 1938. II. 2283.

Eine phytochemische Untersuchung von Kalmia polyfolia, Ericaceae. Evans, C. J.Amer.pharmac.Ass. 27. 681-89 (1938). - Ref.C. 1939. I. 722.

Die Plasten und die Stärkebildung bei den Dasycladaceen (Grünalgen, Siphonales). Chadefaud, M. C.R.hebd.Séances Acad.Sci. 206. 362-64 (1938). - Ref.C. 1938. I. 4673.

Amerikanische Mistel. Desantis, F.J. und Lynn, E.V. J.Amer. pharmac.Assoc. 26. 219-20 (1937). - Ref.C. 1937. II. 3194.

Über die chemischen Bestandteile und die Faser von Onigaya. Shinra, K. J.Soc.chem.Ind.Japan (Suppl.) 40. 353B-54B (1937). - Ref.C. 1938. I. 2901.

Kanadischer und amerikanischer röhrengetrockneter Tabak. Vergleich der chemischen Bestandteile und der Erzeugerpreise. Symons,J.W. Canad.Chem.Metallurgy 19. 259-61. (1935). - Ref.C. 1936. II.3734.

Zigaretten- und Zigarrentabake. Beziehungen zwischen Produktionsbedingungen und chemischen sowie physikalischen Merkmalen. Garner, W.W., C.W. Bacon und J.D. Bowling jr. Ind.Engng.Chem. 26. 970-74 (1934). - Ref.C. 1936. I. 3764.

Die Kohlenhydrate des Tabaks und ihre Bedeutung. Pyriki, C. Z.Unters.Lebensmittel 68. 554-66 (1934). - Ref.C. 1935. I.1788.

Chemische Analyse einiger wichtiger Tabakvarietäten, die in den Philippinen gewachsen waren. Crisostomo, F.E. Philippine Agriculturist 23. 516-28 (1934). - Ref.C. 1935. II. 1274.

Beiträge zur vergleichenden Pflanzenchemie. XXIV. Über Heracleum spondylium L. Fraenkel, A.E. und Zellner, J. Mh.Chem. 62. 206-08 (1933). - Ref.C. 1933. II. 2150.

Saprophytismus und Symbiose. Studien an tropischen Orchideen. Burgeff, H. Gustav Fischer, Jena 1932.

Chemische Untersuchungen der Tabakpflanze. III. Tabaksamen. Teil IV. Mikrochemisches Studium des Samens von Nicotiana tabacum. McCormick, F.A. Rep.Connecticut agric.Exp.Stat. 55. 646-51 (1932). - Ref.C. 1933. I. 3585.

Über eine besondere Art der Ansammlung transitorischer Stärke in den Blättern der Amylophilen. Stanescu, P.P., Aronescu, A. und Milhailescu, I.G. Bull.Sect.sci.Acad.roum. 12. Nr.6. 18-20 (1929). - Ref.C. 1930. I. 2111.

Eine neue Pflanze mit Maltose, Schizopepon Fargesii Cagnepain. Colin, H. und Franquet, R. C.R.hebd.Séances Acad.Sci. 186. 890-91 (1928). - Ref.C. 1928. I. 2948.

Untersuchungen über die Bildung der Stärke in den Nadeln der Strandkiefer. Bargues, M.A. Bull.Inst.Pin 1928. 1-3. - Ref.C. 1928. I. 1537.

Über die Plastiden in der Eizelle von Podophyllum peltatum. Lublinerowna, K. Acta Soc.bot.Polon. 2. 225-27 (1925).

Gleichzeitiges Vorhandensein von Stärke und Inulin bei gewissen Compositen. Daniel, L. C.R.hebd.Séances Acad.Sci. 178. 726-728 (1924). - Ref.C. 1924. I. 2712.

Beiträge zur vergleichenden Pflanzenchemie. VII. Über Knautia silvatica Dub. Zellner, J. Mh.Chem. 44. 247-253 (1924). - Ref.C. 1924. II. 676.

Studien über die Macis. Tschirch, A. und Schklowsky, H. Arch.der Pharm. 253. 102-9 (1915). - Ref.C. 1915. II. 195, W.Ref. 1904.

Über die Bildung von Stärke in den unterirdischen Organen einiger Herbaceenarten. Arbaumont, J.d'. Bull.Soc.bot.France 61. 347-351 (1914). - W.Ref. 1421.

Über den Stärkegehalt der Beutelspitze von Acrobollus unguiculatus. Haberlandt, G. Flora 99. 277 (1909).

Stärkebildung aus Adonit im Blatte von Adonis vernalis. Treboux, O. Ber.dtsch.bot.Ges. 27. 428-30 (1909).

Stärkebildung aus Sorbit bei Rosaceen. Treboux, O. Ber.dtsch.bot. Ges. 27. 507 (1909).

Beiträge zur Kenntnis der Inhaltsstoffe in den Saugorganen der grünen Rhinanthaceen. Sperlich, A. Beih.bot.Zbl. 11. 438-85 (1902).

Kohlenstoffassimilation durch eine grüne Alge. Charpentier, F.G. C.R.hebd.Séances Acad.Sci. 134. 671-673 (1902). - Ref.C. 1902. I. 1017.

Stärkebildung in Hydrodictyon utriculatum. Timberlake, H.G. Ann.Botany 15. (1901).

Der Sinn der Mycorhizenbildung. III. Einige Merkmale zur Beurteilung der Größe des Wasserbedarfs der Pflanzen. Stahl, E. Jb.wiss.Bot. 34. 556-566 (1900).

Die Grenzen der Anhäufung von Kohlenhydraten in den Blättern. Saposchnikoff, W. Ber.dtsch.bot.Ges. 11. 391-393 (1893). - Ref.C. 1893. II. 757.

Über stärkereiche Chlorophyllkörper im Wassergewebe der Laubmoose. Dalmer, M. Flora 1891. 460-465.

Beitrag zur Kenntnis der Gattung Thorea. Möbius, M. Ber.dtsch.bot. Ges. 9. 333-344 (1891).

Über die Grenzen der Anhäufung der Kohlenhydrate in den Blättern der Weinrebe und anderer Pflanzen (vorläufige Mitt.). Saposchnikoff, W. Ber.dtsch.bot.Ges. 9. 293-300 (1891).

Beitrag zur Kenntnis der Amylumbildung bei Angiospermen. Königsberger, J.C. Dissertation, Utrecht 1891.

Peucodanum Canbyi, eine indianische Nährpflanze. Trimble, H. Amer.J.Pharmacy 62. 6 (1890).

Die Stärkebildung aus organischen Substanzen in den chlorophyllführenden Zellen der Pflanzen. Nadson, G. Sepr.Abdruck aus den Arbeiten des St.Petersburger Naturforscher-Vereins 1889. 50 S.

Die Stärkebildung aus Zucker in den Laubblättern. Saposchnikoff, W. Ber.dtsch.bot.Ges. 7. 258-260 (1889).

Bemerkung zu Prof. Dr. Josef Boehms Mitteilung über Stärkebildung in den Blättern von Sedum spectabile Boreau. Bokorny, Th. Bot.Cbl. 37. 414-415 (1889).

Stärkebildung in den Blättern von Sedum spectabile Boreau. Boehm, J. Bot.Cbl. 37. 193-201, 225-232 (1889).

Über Canaigre (Rumex hymenosipalus Torr.), eine gerbstoffhaltige Pflanze. Wittmack. Verh.bot.Vereins Prov.Brandenburg 28. 8-10 (1886).

Über die chemische Zusammensetzung des Blütenstaubes der Haselstaude. Planta, A.v. Landwirtsch.Versuchsstat. 31. 97-144 (1885).

Über die Assimilationsprodukte der Laubblätter angiospermer Pflanzen. Meyer, A. Bot.Ztg. 43. 433-434, 439-440 (1885).

Über die japanischen Gallen. Hartwich, C. Arch.Pharmazie 222. 904-07 (1884).

Beiträge zur Chemie der Nymphaeaceen. Grüning. Dissertation, Dorpat 1881, 78 S.

Über allgemeines Vorkommen von Stärke in den Siebröhren. Briosi, G. Bot.Z. 31. 305 (1873).

Bemerkung über die normale Stärke in Hanfgeweben. Malaguti, F. C.R.hebd.Séances Acad.Sci. 23. 542-543 (1846). - W.Ref. 1794.

724. Kohlenhydratstoffwechsel im pflanzlichen Organismus unter Normalbedingungen

7241. Allgemeiner Überblick und einzelne Pflanzen
7242. Kartoffeln und sonstige Knollengewächse
7243. Getreide
7244. Leguminosen

7241. Allgemeiner Überblick und einzelne Pflanzen

Einige anatomisch-physiologische Veränderungen in Stecklingen während des Wurzelschlagens. Jusufow, A.G., Tylik, L.N. und Achlakowa, R. Physiol.Pflanzen, Akad.Wiss.UdSSR (russ.) 12. 732-35 (1965). - Ref.C.A. 63. 13716a (1965).

Kohlenhydratstoffwechsel in Splintholz von Populus deltoides. Edwards, S.A. und Wilson, A.T. Biochim.biophysica Acta (Amsterdam) 97. 340-41 (1965). - Ref.C. 1966. 17-1400.

Umwandlung der Zucker bei ihrem Eintritt in die Pflanzenzelle. Kurssanow, A.L., Turkina, M.W. und Ssokolowa, Ss.W. Fisiol. Rast. 11. 569-80 (1964). - Ref.C. 1966. 15-1366.

Biochemische Veränderungen in mit Gibberellin behandelter Pflanzen und die Perspektiven dieser Anwendung für die Landwirtschaft. Kalinin, F.L., Jastrembowitsch, N.I. und Schalahai, M.S. Arb.1.republ.wiss.Konf.Physiologen u.Biochemiker d.Pflanzen d. Moldau-Gebietes, Akad.Wiss.d.Moldauischen SSR, Inst.Physiol. Biochem.Pflanzen (russ.) 1964. 420-25. - Ref.C.A. 63. 12244b (1965).

Phosphorylierung und Stärke-Stoffwechsel in Verbindung mit Infektionen durch obligate Parasiten. Thrower, L.B. Phytopathol.Z. 51. 425-36 (1964). - Ref.C.A. 62. 5586c (1965), C. 1966. 5-1353.

Kohlenhydrat-Stoffwechsel. Ashwell, G. Annu.Rev.Biochem. 33. 101-38 (1964).

Kohlenhydratstoffwechsel. Cabib, E. Annu.Rev.Biochem. 32. 321-54 (1963). - Ref.C. 1965. 33-1616.

Veränderungen des Kohlenhydrat-Stoffwechsels in den Blättern verschiedener Olivensorten während eines Jahres. Melikowa, O.F. Nachr.Akad.Wiss.Aserbaidsch.SSR, Ser.biol.med.Wiss. (russ.) 1963. Nr.6. 77-83. - Ref.C.A.(B.) 61. 6044g (1964).

Wirkung von Pseudomonas tabaci auf den Stärke-Stoffwechsel in Tabakblättern. Lovrekovich, L., Klement, Z. und Farkas, G.L. Nature (London) 197. 917 (1963). - Ref.C. 1963. 19665.

Neuere Fortschritte im Stärkestoffwechsel. Whelan, W.J. Stärke 15. 247-51 (1963). - Ref.C.A. 60. 861g (1963), C. 1965. 2-1487.

Umwandlung der Kohlenhydrate in der Rebenwurzel unter der Einwirkung von Kälte. Marutjan, Ss.A. Fiziol.Rast. 9. 247-49 (1962). - Ref.C. 1966. 9-1416.

Einige morphologische, anatomische und physiologische Veränderungen in Birnen während der Entwicklung und nach der Ernte. Bain, J.M. Austral.J.Bot. 9. 99-123 (1961). - Ref.C.A. 56. 9116f (1962).

Fortschritt bei biochemischen Untersuchungen. 1. Mitt. Kohlenhydrate und deren Stoffwechselprodukte: 1960. Natelson, S. Microchem.J. (New York) 5. 361-75 (1961). - Ref.C. 1963. 10220.

Stoffwechsel von Kohlenstoffatomen der Glucose in Gewebescheiben von Tabakblättern. Maclachlan, G.A. und Porter, H.K. Biochim. biophysica Acta (Amsterdam) 46. 244-58 (1961). - Ref.C. 1962. 15657.

Veränderungen des Stärke- und Zuckergehalts von Weinreben während der Ruheperiode. Eifert, J., Panczel, M. und Eifert, A. Vitis Ber. Rebenforsch. 2. 257-65 (1961). - Ref.C.A. 55. 21262c (1961), C. 1962. 16737.

Die Inkulturnahme der Primula veris L. Wechselbeziehungen zwischen Saponin- und Stärkegehalt in der Wurzel. Mestenhauser, A. Pharmazie 16. 45-49 (1961). - Ref.C. 1961. 13271, C.A. 57. 7627g (1962).

Dextrinisierung von Stärke als Beginn der nachfolgenden Umwandlung in den Früchten von ölliefernden Pflanzen. Sweschnikowa, I.N. und Assikritowa, M.A. Ber.Akad.Wiss.UdSSR (russ.) 134. 1490-93 (1960). - Ref.C.A. 55. 9581i (1961), C. 1961. 15808, Stärke 13. 421 (1961).

Die Verlagerung der Kohlenhydrate in Pflanzen. Turnowska-Starck, Z. Postepy Biochemii 6. 517-32 (1960). - Ref.C. 1965. 32-1343.

Einfluß des Verhältnisses von Makro- und Spurenelementen auf den Kohlenhydrat-Stickstoffumsatz des weißen Maulbeerbaumes. Gusseinow, B.S. und Mamedowa, S.Ju. Ber.Akad.Wiss.Aserbaidshan SSR (russ.) 16. 71-75 (1960). - Ref.C. 1963. 10531.

Die Verwendung von ^{14}C-Glucose zur Auswertung der Mechanismen des Glucose-Stoffwechsels. Katz, J. und Wood, H.G. J.biol.Chemistry 235. 2165-77 (1960). - Ref.C. 1961. 6894.

Der Kohlenhydratstoffwechsel. Beloff-Chain, A. und Pocchiari, F. Annu.Rev.Biochem. 29. 295-346 (1960). - Ref.C. 1961. 15793.

Jährlicher Kohlenhydratcyclus in alpinen Pflanzen in Beziehung zu ihrem Wachstum. Mooney, H.A. und Billings, W.D. Amer.J.Bot.47. 594-98 (1960). - Ref.C.A. 54. 19883b (1960), C. 1961. 13977.

Ersatz der Oxydation durch Licht als Energiequelle beim Glucosestoffwechsel im Tabakblatt. Maclachlan, G.A. und Porter, H.K. Proc.Roy.Soc. (London), Ser.B. 150. 460-73 (1959). - Ref.C.1963. 5901.

Einfluß der Spurenelemente auf den Kohlenhydrat-Eiweißumsatz beim weißen Maulbeerbaum. Gusseinow, Ss.G. Nachr.Akad.Wiss.Aserbaidshan SSR,Ser.Biol. landwirtsch.Wiss. (russ.) 1959. Nr.5. 81-89. - Ref.C. 1961. 16150.

Untersuchungen über die physiologische Natur von Süßkartoffelpflanzen. 9. Mitt. Änderungen der chemischen Komponenten in den Schösslingen und Wurzeln von der Pflanzzeit bis zur Knollenbildung. Naka, J. und Tamaki, K. Techn.Bull.Fac.Agric., Kagawa Univ. (Japan) 11. 7-12 (1959). - Ref.C.A. 54. 17572d (1960).

Reife von MacIntosh-Äpfeln in Beziehung zum Stärkeverlust und dem Pflücktermin. Poapst, P.A., Ward, G.M. und Phillips, W.R. Canad.J.Plant Sci. 39. 257-63 (1959). - Ref.C.A. 53. 22262h (1959).

Stoffwechsel organischer Verbindungen. 2. Mitt. a) Kohlenhydrat- und Säurestoffwechsel. Bericht über die Jahre 1958 und 1959. Reznik, H. Fortschr.Bot. 22. 217-51 (1959). - Ref.C. 1965. 32-1347.

Der Kohlenhydratstoffwechsel. Holzer, H. Annu.Rev.Biochem. 28. 171-222 (1959). - Ref.C. 1960. 5552.

Der Einfluß der Reifezeit auf den Stärkegehalt von tragenden Pfirsichzweigen. Ryugo, K. und Davis, L.D. Proc.Amer.Soc. horticult.Sci. 74. 130-33 (1959). - Ref.C.A. 54. 15551b (1960).

Untersuchungen über den Kohlenhydrathaushalt bei Tomaten nach Behandlung mit 2,3,5-Trijodbenzoesäure. Heinze, W. Naturwissenschaften 45. 169-70 (1958). - Ref.Stärke 12. 90 (1960).

Die Dynamik der Kohlenhydrate und der stickstoffhaltigen Stoffe während der Ontogenese der Baumwollpflanze. Lemajewa, A.M. Nachr.Akad.Wiss.TurkmenSSR (russ.) 1958. Nr.5. 39-45. - Ref.C. 1960. 4893.

Die Kohlenhydraternährung von Tomatenwurzeln. 5. Mitt. Die Förderung und Hemmung des Wachstums abgeschnittener Wurzeln durch verschiedene Zucker und Zuckeralkohole. Ferguson, J.D., Street, H.E. und David, S.B. Ann.Botany (N.S.) 22. 513-23 (1958). - Ref.C. 1962. 10151.

Kohlenhydratstoffwechsel von Äpfeln während längerer Lagerung. Arassimowitsch, W.W. Biochem.Früchte u.Gemüse (russ.) 4. 73-87 (1958).

Physiologische Einwirkung von Hydrazin auf höhere Pflanzen. 5.Mitt. Vorläufige Untersuchungen über den Stoffwechsel von Stärke. Riggio-Bevilacqua, L. und Vigoni, A. Atti Accad.Ligure Sci. Lettere 14. 382-87 (1958). - Ref.C.A. 55. 20097c (1961).

Biochemische Studien an nachreifenden Bananen. Yang, Shang-Fa. J.Chinese chem.Soc. 5. Ser.II. 71-85 (1958).

Kohlenhydratstoffwechsel massiger Speicherorgane nach Abschluß der Speicherung, Lagerung, Kältekonservierung. Wolf, J. Handbuch Pflanzenphysiologie Bd.VI. 1958. 881-908.

Untersuchungen über die physiologische Natur von Süßkartoffelpflanzen. 10. Mitt. Physiologische Unterschiede zwischen Wurzelknollen verschiedener Entwicklungsstadien. Naka, J. und Tamaki, K. Proc.Crop.Sci.Soc.Japan 27. 95-96 (1958). - Ref.C.A. 54. 17572g (1960).

Unterschiede im Kohlenhydrat- und Stickstoffgehalt bei Blättern der "Souri"-Olive in Beziehung zur Alternanz. Fahmi, I. Proc.Amer.Soc.horticult.Sci. 72. 252-56 (1958).

Stoffwechsel der Zwischenprodukte der Stärke-Amylolyse in abgetrennten Tabakblättern. Rizvi, S. und Krotov, G. Canad.J.Bot. 36. 73-77 (1958). - Ref.Stärke 12. 344 (1960).

Über das Verhalten der Stärke in den Samen der ölliefernden Pflanzen. Sweschnikowa, I.N. Ber.Akad.Wiss.UdSSR (russ.) 118. 604-06 (1958). - Ref.C. 1959. 13844, C.A. 52. 9324g (1958).

Neuere Ergebnisse und Anschauungen auf dem Gebiet des Kohlenhydratstoffwechsels. Leuthardt, F. Helv.med.Acta 24. 647-64 (1957). - Ref.C. 1958. 9839.

7241

Der Stoffwechsel der Kohlenhydrate und verwandter Verbindungen. Wood, W.A. Annu.Rev.Microbiol. 11. 253-82 (1957). - Ref.C. 1958. 9839.

Kohlenhydratstoffwechsel. Duve, C.de und Hers, H.G. Annu.Rev. Biochem. 26. 149-80 (1957). - Ref.C. 1958. 13034.

Jahreszeitliche Veränderungen der Bestandteile von jungen Apfelbäumen. 1. Mitt. Gesamtzucker und Stärke. Mochizuki, T. und Hanada, S. Soil Plant Food (Tokyo) 2. 115-22 (1957). - Ref.C. 1959. 522, C.A. 51. 16737d (1957).

Veränderungen der reduzierenden und nichtreduzierenden Zucker und der Stärke bei der chinesischen Yam-Pflanze (Dioscorea batatas) während der Entwicklung. Izawa, G. und Natake, M. J.Sci.Soil Monure Japan 27. 389-92 (1957). - Ref.C.A. 52. 3042h (1958).

Die Kohlenhydratumwandlung und die Aktivität der Fermente in Weintrauben unter den Bedingungen des Moskauer Gebietes. Wassiljewa, S.W. Wiss.Ber.Moskauer staatl.Univ. (russ.) 97. 133-66 (1956). - Ref.J.Biol.(russ.) 1958. Nr.10387.

Produkte von Stärkehydrolysen und ihr Stoffwechsel. Vittorio, P.V., Krotkov, G., Nelson, C.D. und Bidwell, L.G.S. Canad.J.Botany 34. 209-13 (1956). - Ref.C.A. 50. 7243h (1956).

Der Weg der Reservekohlenhydrate von den holzigen Teilen zu den wachsenden Ausläufern von Pflanzen. Kasarjan, W.C. und Palandshjan, W.A. Ber.Akad.Wiss.Armen.SSR (russ.) 23. 81-84 (1956). - Ref.C.A. 51. 4505a (1957).

Abhängigkeit der Atmung von dem Kohlenhydratgehalt in Blättern. Menschikowa, N.I. Wiss.Schriften staatl.Inst.Gomel (russ.) 1956. Nr.3. 261-68.

Über den Hemmungsfaktor der Stärkeansammlung in Beta vulgaris-Wurzeln. 5. Mitt. Phosphorylasehemmung durch Saponin. Obata, Y., Ishikawa, Y. und Yoshida, T. J.agric.chem.Soc.Japan 30. 397-99 (1956). - Ref.C. 1958. 5109, C.A. 51. 16605i (1957).

Über den Hemmungsfaktor der Stärkeansammlung in Beta vulgaris-Wurzeln. 4. Mitt. Eigenschaften des Hemmungsfaktors in der Futterrübe. Obata, Y., Ishikawa, Y. und Yoshida, T. J.agric. chem.Soc.Japan 30. 89-92 (1956). - Ref.C. 1958. 5109, C.A. 51. 16605g (1957).

Gang einiger Enzymaktivitäten und des Gehalts an Ketosäuren, Proteinstickstoff, Glucose, Stärke und Citronensäure während der Phasen des Vegetationscyclus von Nicotiana tabacum var.Sumatra. Tombesi, L. Tabacco 59. 383-92 (1955). - Ref.C. 1959. 2167.

Über den Hemmstoff der Stärkespeicherung in der Wurzel von Beta vulgaris. 3. Mitt. Obata, Y., Ishikawa, Y. und Yoshida, T. J.agric.chem.Soc. Japan 29. 947-49 (1955). - Ref.C. 1958. 1874, C.A. 51. 7513g (1957).

Untersuchungen über den Kohlenhydratstoffwechsel und die Aciditätsänderungen während des Reifungsprozesses der Tomate. Andreotti, R. und Ceci, D. Ind.Conserve 30. 249-53 (1955). - Ref.C. 1959. 1178.

Intracelluläre Beschaffenheit, die den Austausch von Stärke und Zucker in den Pflanzen steuert. Ono, H. Jap.J.Bot. 15. 28-48 (1955). - Ref.C. 1958. 3072, C.A. 49. 9758f (1955).

Über das Auftreten von Fett in Plastiden. Sweschnikowa, I.N. Ber.Akad.Wiss.UdSSR (russ.) 102. 1039-41 (1955). - Ref.C. 1956. 5873.

Physiologische Untersuchungen über Milchsaftstärke von Euphorbia peplus, L. Schwär, Ch. Pharmazie 10. 554-59 (1955). - Ref.C. 1959. 4193, C.A. 51. 559f (1957).

Stomatabewegung und Wechsel im Kohlenhydratgehalt in Blättern von Chrysanthemum maximum. Yemm. E.W. und Willis, A.J. New Phytologist 53. 373-96 (1954). - Ref.C. 1950/54. 7990 S.

Beziehungen zwischen Calcium-Oxalat und Stärke. Assailly, A. C.R.hebd.Séances Acad.Sci. 238. 1902-04 (1954). - Ref.C.A. 48. 12254c (1954).

Über den Hemmstoff der Stärkespeicherung in der Wurzel von Beta vulgaris. 2. Mitt. Obata, Y., und Ishikawa, Y. J.agric.chem. Soc. Japan 28. 961-63 (1954). - Ref.C. 1958. 1874.

Der Hinderungsfaktor für die Speicherung der Stärke in der Wurzel von Beta vulgaris. 1. Mitt. Obata, Y., Tomoeda, M. und Yoshida, T. J.agric.chem.Soc.Japan 28. 132-34 (1954). - Ref.Stärke 7. 250 (1955), C.A. 49. 8397e (1955).

Über den Kohlenhydratstoffwechsel der ausdauernden Borraginacee Anchusa sempervirens. 2. Mitt. Die Entwicklung der zwei Arten von Kohlenhydratreserven der Wurzeln im Laufe des Vegetationscyclus. Bourdu, R. und Quillet, M. C.R.hebd.Séances Acad.Sci. 238. 138-41 (1954). - Ref.C. 1950/54. 6925S.

Über den Kohlenhydratstoffwechsel ausdauernder Borraginaceen. 3. Mitt. Stoffwechsel und jahreszeitliche Änderungen der Zucker der Wurzel von Symphytum officinale. Bourdu, R. C.R.hebd. Séances Acad.Sci. 239. 1524-26 (1954). - Ref.C. 1950/54. 6925S.

Der Stärkegehalt in Blättern immergrüner Pflanzen im römischen Klima. Anzalone, B. Ann.Botanica 24. 379-407 (1954). - Ref.C. 1950/54. 4741 S, C.A. 53. 8326f (1959).

Untersuchungen über die Chemie der lebenden Rinde der schwarzen Robinie in Beziehung zu ihrer Frosthärte. 8. Mitt. Mögliche enzymatische Vorgänge, die sich während der Stärke-Zucker-Umwandlungen abspielen. Ewart, M.H., Siminovitch, D. und Briggs, D.R. Plant Physiol. 29. 407-13 (1954). - Ref.C. 1956. 3894.

Untersuchungen über die Chemie der lebenden Rinde von Black locust in Beziehung zur Frostwiderstandsfähigkeit. 5. Mitt. Jahreszeitlich bedingte Umwandlung und Abweichung der Kohlenhydrate: Stärke-Saccharose-Konvertierung. Siminovitsch, D., Wilson, C.M. und Briggs, D.R. Plant Physiol. 28. 383-400 (1953).

Stärkeumwandlungen in Blättern von Helianthus tuberosus und H.annuus: Vorläufige Beobachtungen. Wassink, E.C. Acta bot. neerl. 2. 327-48 (1953). - Ref.C. 1954. 1027.

Untersuchung der Umwandlungen der Stärke und der Dextrine auf spektralphotometrischem Wege. Sotow, W.W., Golub, Ss.I. und Saidman, N.M. Biochemie (russ.) 18. 271-74 (1953). - Ref.C. 1954. 575, C.A. 48. 14861 (1954).

Mechanismus der Stärkeumbildung in Pflanzen. III. Stärkeumbildung in Schutzzellen. Ono, R. Bot.Mag. (Tokyo) 66. 182-88 (1953). - Ref.C.A. 48. 8883i (1954).

7241

Jahreszeitlicher Wechsel des Stärkegehaltes bei Quercus myrsinaefolia und Q. acitissima. Sato, T. und Takegoshi, T. Tokyo Univ. Forests Misc.Inform. 9. 17-23 (1952). - Ref.C.A. 49. 7658h (1955).

Jahreszeitlich bedingter Wechsel der Konzentration von Zucker und Stärke in den Blättern und Zweigen der Citrusbäume. Jones, W.W. und Steinacker, M.L. Proc.Amer.Soc.horticult.Sci. 58. 1-4 (1951). - Ref.C.A. 46. 8203b (1952), C. 1950/54. 6220 S.

Der Stoffwechsel der Pilze. Foster, J.W. Annu.Rev.Microbiol. 5. 101-20 (1951). - Ref.C. 1952. 6712.

Untersuchung der Samenkeimung beim Warzenspindelbaum. Kretowitsch, W.L., Smirnowa, T.I., Bundel, A.A. und Petschnikowa, Ss.Ss. Ber.Akad.Wiss.UdSSR (russ.) 73. 527-30 (1950). - Ref.C. 1951. I. 69.

Verwendung von ^{14}C bei der Untersuchung des Säurestoffwechsels von Bryophyllum calycinum. Varner, J.E. und Burrell, R.C. Arch.Biochemistry 25. 280-87 (1950). - Ref.C. 1950. II. 2454.

Jahreszeitliche Dynamik der Vorratskohlenhydrate bei Wüstenpflanzen des Karssakpaissk-Plateaus. Nekrassowa, L.F. Bot.J.(russ.) 34. 51-64 (1949). - Ref.C. 1950. I. 564.

Über die Wege der Synthese und des Zerfalls der Stärke des Weinstocks. Stojew, K.D. Biochemie (russ.) 14. 5-13 (1949). - Ref.C. 1950. I. 739.

Der nächtliche Stärkeabbau bei einer Kurztag- und einer tagneutralen Sippe von Xanthium in verschiedenen photoperiodischen Bedingungen. Claes, H. und Melchers, G. Z.Naturforsch. 4b. 38-45 (1949). - Ref.C. 1950. I. 738.

Die Rolle der Saccharose im Kohlenhydratstoffwechsel der Pflanzen. Rubin, B.A. und Arzichowskaja, Je.W. Ber.Akad.Wiss.UdSSR (russ.) 60. 841-44 (1948). - Ref.C. 1948. II. 864.

Zur Frage der Beteiligung des Phosphors an den Umwandlungen der Stärke in der lebenden Pflanze. Rubin, B.A. und Ssokolowa, W.Je. Ber.Akad.Wiss.UdSSR (russ.) 58. 1993-96 (1947). - Ref.C. 1949. E 6805.

Durch polarisiertes Licht hervorgerufene Stärkehydrolyse in stomatären Palisadenzellen von lebenden Pflanzen. Semmens, E.S. Plant Physiol. 22. 270-78 (1947).

Bestimmung der verwertbaren Kohlenhydrate in Pflanzen. Weinmann, H. Plant Physiol. 22. 279-90 (1947).

Kohlenhydratstoffwechsel von "Mc Intosh"-Äpfeln während ihrer Entwicklung am Baum und bei der Kalt-Lagerung. Krotkov, G. und Helson, V. Canad.J.Res., Sect.C 24. 126 (1946).

Die Atmung der Pflanzen. James, W.O. Annu.Rev.Biochem. 15. 417-434 (1946).

Mechanismus des Kohlenhydratstoffwechsels. Untersuchung über vergleichende Biochemie. Guzman Barron, E.S. Advances in Enzymol. 3. 149-89 (1943). - Ref.C. 1946. II. 934.

Kohlenhydratstoffwechsel. Cori, C.F. und Cori, G.T. Annu.Rev. Biochem. 10. 151-80 (1941). - Ref.C. 1941. II. 2224.

Über die Verteilung der Calciumoxalatkristalle in Ricinus Communis in Bezug zur Gewebedifferenzierung und das Vorkommen anderer ergatischer Stoffe. Scott, F.M. Bot.Gaz. 103. 225-45 (1941). - Ref.C. 1943. II. 915.

Eine Untersuchung über die Veränderungen in der chemischen Zusammensetzung und Respiration während der Reife und Lagerung von "Conference"-Birnen. Kidd, F., West, C., Griffiths, D.G. und Potter, N.A. Ann. of Bot. 4. 1-30 (1940).

Untersuchungen über tropische Früchte. VIII. Kohlenhydratstoffwechsel der Bananenfrucht während der Entwicklung. Barnell,H.E. Ann.Botany 4. Nr.13. 39-71 (1940). - Ref.C. 1940. I. 2087.

Über die Anwesenheit von Stärke im Embryosack der Angiospermen. Dahlgreen, K.V.O. Bot.Notiser 1939. 221-31.

Die Verlagerung von Kohlenhydraten in der Zuckerrübe. Leonard, O.A. Plant Physiol. 14. 55-74 (1939). - Ref.C. 1939. II. 1900.

Der maßgebliche Einfluß der Kohlensäure. 6. Der Einfluß der Sauerstoff- und Kohlensäuretension in der Atmosphäre auf den Verlauf der chemischen Veränderungen in lagernden Äpfeln. Kidd, F. und West, C. New Phytologist 38. 105-22 (1939). - Ref.C. 1940. I. 2873.

Die Bildung von "Fructose"-Einheiten während der Stärkehydrolyse in den späten Wachstumsstadien des Apfels. Kidd, F. und West,K. New Phytologist 38. 123-24 (1939). - Ref.C. 1940. I. 2815.

Entfernung des Zuckers aus Apfelmark. Baker, G.L. und Goodwin,M.W. Fruit Products J.Amer.Vinegar Ind. 17. 232-34 (1938). - Ref.C. 1938. II. 206.

Die Stärke in den Rübenblättern. Colin, H. Publ.Inst.belge Améliorat.Betterave 6. 133-41 (1938). - Ref.C. 1939. I. 543.

Die verschiedenen Zuckerarten in den Rübenblättern im Herbst; die grünen und die gelben Blätter. Colin, H. Publ.Inst.belge Améliorat.Betterave 4. 191-98. - Ref.C. 1938. I. 3848.

Die Zucker der assimilierenden Blätter. I. Über Glucose und Fructose beim Abbau und der Synthese in den Blättern. Lissitzyn,D.I. Biochemie (russ.) 2. 767-75 (1937). - Ref.C. 1938. I. 4066.

Über die Rolle des Zuckers in den Pflanzen. Nurmia, M. Suomen Kemistilehti 9. 37-40 (1936). - Ref.C. 1936. II. 318.

Calciumoxalatanhäufung in stärkereichen Zellen bei Tradescantia Fluminensis. Werner, O. Mikrochemie Festschr. Hans Molisch 452-54 (1936). - Ref.C. 1938. II. 3101.

Über die Zusammenhänge zwischen der Menge tauber Körner und dem Stickstoff-, Zucker- und Stärkegehalt der Stengel und Blätter von Reispflanzen. Tesima, S. J.Sci.Soil Manure, Japan 10. 339 (1936). - Ref.C. 1937. I. 3537.

Chemie der Saatkornkeimung. Malhotra, R.C. Cereal Chem. 11. 105-09 (1934). - Ref.C. 1934. I. 3140.

Stärkehydrolyse in den Spaltöffnungen durch Einwirkung von polarisiertem Licht. Semmens, E.S. Proc.Linné Soc.(London) 111. 112-13 (1933).

Physikalische und chemische Veränderungen beim Ausreifen von Fallobst. Allen, F.W. Hilgardia 6. 381-441 (1932). - Ref.C. 1932. II. 2890.

Untersuchung über die Veränderungen der Bestandteile der Tabakpflanze während ihrer Wachstumsperioden. I. Organische Bestandteile. Hasegawa, Hiroshi und Iwata, Sei. Bull.agric.chem.Soc. Japan 8. 69-70 (1932). - Ref.C. 1932. II. 2835.

Chemische Untersuchungen über die Physiologie der Äpfel. XIII. Der Stärke- und Hemicellulosegehalt von Äpfeln bei der Entwicklung. Widdowson, E.M. Ann.Botany 46. 597-631 (1932). - Ref.C. 1932. II. 2754.

Veränderungen in der Saccharidverteilung bei Geranium pratense L. im Verlaufe der jährlichen Vegetationsperiode. Gillot, P. und Morisot, A.M. Bull.Sci.pharmacol. 39. 465-71 (1932). - Ref.C. 1933. I. 258.

Morphologie und Cytologie der Äpfel unter besonderer Berücksichtigung der Sorte "Bramley's Seedling". Tetley, U. J.Pomol.horticult.Sci. 9. 287-97 (1931).

Untersuchungen über die anatomische Entwicklung der Äpfel und einige Beobachtungen über die Pektinstoffe der Zellwand. Tetley, U. J.Pomol.horticult.Sci. 8. 153-72 (1930).

Zur Physiologie einiger Syniewskidextrine. Joszt, A. und Kuninski, M. Z.physiol.Chem. 191. 65-68 (1930). - Ref.C. 1930. II. 3163.

Veränderungen in der chemischen Zusammensetzung der gelesenen und gepahlten Erbsen. Kertész, Z.I. Mezögazdasági Kutatások 3. 450-55 (1930). - Ref.C. 1931. I. 1535.

Chemische Veränderungen in Erbsen nach dem Pflücken. Kertesz, Z.I. Plant Physiol. 3. 399-412 (1930). - Ref.C. 1931. I. 2776.

Chemische Bedingungen bei der Reifung, im Ruhestadium und bei der Keimung der Samen von Gymnocledus dioica. Raleigh, G.J. Bot.Gaz. 89. 273-94 (1930). - Ref.C. 1930. II. 3302.

Über die Änderung der Zusammensetzung der Banane im Verlaufe der Reifung. Bourdouil, C. Bull.Soc.Chim.biol. 11. 1130-41 (1929). - Ref.C. 1930. I. 3197.

Chemische Zusammensetzung von Apfelsäften unter dem Einfluß klimatischer Bedingungen. Caldwell, J.S. J.agric.Res. 36. 289-365 (1928). - Ref.C. 1928. I. 3124.

Über die Umwandlung von Stärkekörnern in Calciumoxalatkristalle in den pflanzlichen Zellen unter der Einwirkung von ultravioletten Strahlen. Nadson, G. und Rochline, E. C.R.Séances Soc.Biol. Filiales Associées 99. 131-33 (1928). - Ref.C. 1928. II. 1108.

Über die Verteilung der Stärke in Laubblättern zu verschiedenen Tageszeiten. Langer, W. Jb.wiss.Bot. 67. 291-333 (1927).

Über das Vorkommen von Stärke in den Embryosäcken. Dahlgreen, K.V.O. Ber.dtsch.bot.Ges. 45. 374-84 (1927).

Über tägliche Veränderungen des Stärkegehalts in Blättern. Alexandrow, W.G. Ber.dtsch.bot.Ges. 44. 217-26 (1926). - Ref.C. 1926. II. 441.

Bestimmte physikalische und chemische Veränderungen bei "Grimes"-Apfeln während der Reife- und Lagerungsperiode. Plagge, H.H., Maney, E.J. und Gerhardt, F. Iowa State, Agric.exp.Stat., Bull. Nr.91 (1926).

Die Tannine der schwarzen Cypressenfichte (Callitris calcarata R.Br.) und ihre Verteilung in der Rinde. Coombs, F.A.,McGlynn, W. und Welch, M.B. J.Proc.Roy.Soc.New South Wales 59. 356-82 (1926). - Ref.C. 1927. II. 1041.

Über die physiologische Rolle der in dem grünen Parenchym der Blätter niedergeschlagenen Stärke. Lubimenko, V. C.R.hebd. Séances Acad.Sci. 182. 651-53 (1926). - Ref.C. 1926. I. 3242.

Über die Lösung des kristallischen Calciumoxalates in den Pflanzen. Alexandrow, W.G. und Timoveef, A.S. Botanisches Arch. 15. 279-93 (1926). - Ref.C. 1927. II. 269.

Über Stärkewanderung und Wanderstärke. Pringsheim, E.G. Naturwissenschaften 14. 305-07 (1926). - Ref.C. 1926. I. 3478.

Stärkeabbau in Mesophyll- und Schließzellen. Strugger, S. und Weber, F. Ber.dtsch.bot.Ges. 43. 431-36 (1925). - Ref.C. 1926. I. 1424.

Die Vorgänge bei der Stärkeabwanderung aus dem Laubblatt. Bernhauer, K. Bh.bot.Zbl.Abt.A. 41. 83-127 (1924). - Ref.C. 1925. II. 1452.

Die quantitativen Veränderungen der Stärke in den Blättern der grünen Pflanzen während eines Tages (24 Stunden). Stanescu,P.P. C.R.hebd.Séances Acad.Sci. 178. 117-119 (1924). - Ref.C. 1924. I. 1048.

Bemerkungen zur Bildung und Verdauung von Stärke in Pflanzenzellen. Maige, A. C.R.hebd.Séances Acad.Sci. 177. 646-49 (1923).

Die Frucht von Bassia longifolia und die Veränderung ihrer Zusammensetzung nach der Ernte. Fowler, G.J. und Dinanath, T. J.Indian Inst.Sci. 6. 131-42 (1923). - W.Ref. 2156.

Einfluß der Konzentration der organischen Lösungen auf die Bildung der Stärke in den Pflanzenzellen. Maige, A. C.R.Séances Soc. Biol. Filiales Associées 86. 856-857 (1922). - Ref.C. 1922. III. 439.

Synthese und Hydrolyse von Stärke unter dem Einfluß der Anionen von Salzen in Pflanzen. Iljin, W.S. Biochem.Z. 132. 511-525 (1922). - Ref.C. 1923. III. 254.

Über den Einfluß der Transpiration auf das Verschwinden der Stärke in den Blättern. Molisch, H. Ber.dtsch.chem.Ges. 39. 339-344 (1921). - Ref.C. 1922. I. 759.

Die Bildung löslicher Stärke im elektiven Stickstoff-Stoffwechsel. Boas, F. Ber.dtsch.bot.Ges. 37. 50-56 (1919).

Die Verteilung der Maltose in Pflanzen. I. Die Funktion der Maltose beim Stärkeabbau und ihr Einfluß auf die amyloklastische Wirksamkeit von Pflanzenmaterialien. Davis, W.A. Biochem.J. 10. 31-48 (1916). - Ref.C. 1916. II. 1168.

Die Verteilung der Maltose in Pflanzen. II. Die Gegenwart von Maltose in Laubblättern. Daish, A.J. Biochem.J. 10. 49-55 (1916). - Ref.C. 1916. II. 1169.

Quantitative Untersuchungen über den Kohlenhydratstoffwechsel im Laubblatt. Gast, W. Hoppe-Seyler's Z. physiol.Chem. 99. 1-53 (1916). - Ref.C. 1917. I. 1009.

7241

Über das Verhalten der Stärke in sich entwickelnden Blättern. Glazel, R. Dissertation, Göttingen 1912. 165 S.

Untersuchungen über den Kohlenhydratstoffwechsel. Klotz, M. Nauyn-Schmiedeberg's Arch.exp.Pathol.Pharmakol. 67. 451-80 (1912). - Ref.C. 1912. I. 2046.

Einfluß der sich in den Organen als Assimilationsrückstand anhäufenden Mineralsubstanzen auf die Entwicklung der Pflanze. Absorption kolloidaler organischer Substanzen durch die Wurzeln. Mazé. C.R.hebd.Séances Acad.Sci. 152. 783-785 (1911). - Ref.C. 1911. I. 1368.

Der Zucker- und Stärkegehalt in den Schließzellen offener und geschlossener Spaltöffnungen. Rosing, M. Ber.dtsch.bot.Ges. 26. 438 (1908).

Untersuchungen über die kolloidalen Eigenschaften der Stärke und über den Mechanismus der Wanderung der Stärke in den Pflanzen. Fouard, E. Ann.Inst.Pasteur 21. 475-484 (1907). - Ref.C.A. 1. 1781, 2312 (1907), W.Ref. 562.

Untersuchungen über die Umwandlung einiger stickstofffreier Reservestoffe während der Winterperiode der Bäume. Niklewski, B. Beih.bot.Zbl. 19. 68-101 (1905).

Studien über Äpfel. Bigelow, W.D., Gore, H.C. und Howard, B.J. U.S.Dept.Agric.,Bur.Chem.,Bull.Nr. 94 (1905).

Über die Kohlenhydratreserven von ständig belaubten Bäumen. Sablon, Leclerc du. C.R.hebd.Séances Acad.Sci. 140. 1608-1610 (1905). - Ref.C. 1905. II. 263, W.Ref. 1891A.

Über die Veränderung der Kohlenhydratreserven im Stamm und in den Wurzeln der Holzgewächse. Sablon, Leclerc du. C.R.hebd.Séances Acad.Sci. 135. 866-868 (1902). - W.Ref. 1890A.

Eine chemische Untersuchung über den Apfel und seine Produkte. Browne, C.A. jr. Pennsylvania Dept.Agric.,Bull.Nr.58 (1899).

Beobachtungen über Stärke an den Spaltöffnungen von Blättern. Darwin, F. Philos.Trans.Roy.Soc.London, Ser.B. 190. 531 (1898).

Physiologische Untersuchungen über die Entleerung der Reservestoffbehälter. Puriewitsch, K. Jb.wiss.Bot. 31. 1-76 (1898).

Über die Verdauung der Stärke bei den Pflanzen. Sablon, L. du. C.R.hebd.Séances Acad.Sci. 127. 968-70 (1898). - Ref.C. 1899. I. 206.

Über die selbsttätige Entleerung der Reservestoffbehälter (vorläufige Mitt.). Puriewitsch, K. Ber.dtsch.bot.Ges. 14. 207-212 (1896).

Auflösung der Stärke in den Pflanzen. Prunet, A. C.R.hebd.Séances Acad.Sci. 115. 751-54 (1892). - Ref.C. 1893. I. 53.

Die dem Laubfall voraufgehende vermeintliche Blattentleerung. Wehmer, C. Ber.dtsch.bot.Ges. 10. 152-163 (1892).

Beiträge zur Physiologie der Holzgewächse. Fischer, A. Jb.wiss. Bot. 22. 73-160 (1891).

Oel als Reservestoff der Bäume. Suroz, J. VIII.Congr.russ.Naturforscher Ärzte St.Petersburg. Botanik 1890. 24-28.

Untersuchungen über die Keimung einiger Graminaeen. Teil 1. Brown, H.T. und Morris, G.H. J.chem.Soc. (London) 57. 458-528 (1890). - W.Ref. 3368.

Glycose als Reservestoff der Laubhölzer. Fischer, A. Bot.Ztg. 46. 405-417 (1888).

Untersuchungen über lösliche Stärke und ihre physiologische Rolle in Pflanzen. Dufour, J. Bull.Soc.vaudoise Sci.natur. 21. Nr.93. 34 S. (1886).

Über Bildung und Wanderung der Kohlenhydrate in den Laubblättern. Schimper. Bot.Ztg. 43. 737/738 - 743 (1885).

Über die Bedeutung des roten Farbstoffes bei den Phanerogamen und die Beziehung desselben zur Stärkewanderung. Pick. Bot.Zbl.16. 281 (1883).

Physiologische Untersuchungen über die Keimung und weitere Entwicklung einiger Samenteile bedecktsamiger Pflanzen. Blociszewski, Th. Landwirtsch.Jb. 5. 145-161 (1876).

7242. Kartoffeln und sonstige Knollengewächse

Einfluß von Ammoniumsulfat auf den Stoffwechsel von Stärke und ihre Speicherung in Kartoffeln und Weizen. Anissimow, A.A. und Boikow, P.Ja. Agrochemie (russ.) 1965. Nr.5. 37-46. - Ref.C.A. 63. 12268b (1965).

Besonderheiten des Stoffwechselrücklaufs in Kartoffelpflanzen. Gontscharik, M.N., Marschakowa, M.I. und Rusezkaja, L.P. Ber.Akad.Wiss.Belorussischen SSR (russ.) 9. Nr.2. 133-35 (1965). - Ref.C.A. 63. 3321g (1965).

Einige Probleme des Phosphat- und Kohlenhydratstoffwechsels in Kartoffelknollen. Nowotny, F. und Samotus, B. Stärke 17. 313-23 (1965).

Kohlenhydrat-Umwandlungen in Kartoffelknollen. 2. Mitt. Die Einflüsse von Bor auf die Kohlenhydrat-Umwandlung (Stärke und Zukker) bei kalter Lagerung von Kartoffeln. Załeski, J. Roczniki państwowego Zakladu Hig. 15, 137-50 (1964). - Ref.C.A.(B.) 61. 7616b (1964), C. 1965. 50-3103, Stärke 18. 231 (1966).

Einfluß von Ammoniumsulfat auf die Wanderung von Assimilationsprodukten bei der Kartoffel. Anissimow, A.A., Konkowa, Je.A. und Fusina, Je.K. Agrochemie (UdSSR) (russ.) 1964. Nr.6. 104-112. - Ref.C. 1965. 33-2328.

Wirkung einiger Umweltfaktoren auf die Verlagerung und Lagerung von Kohlenhydraten in der Süßkartoffel, Kartoffel und Zuckerrübe. 5. Mitt. Beziehung zwischen der Verlagerung von Kohlenhydraten, der atmosphärischen Feuchtigkeit und der Bodenfeuchtigkeit. Sekioka, H. Sci.Bull.Fac.Agric. 20. 293-99 (1963). - Ref.C. 1966. 24-1280.

Wirkung einiger Umweltfaktoren auf die Verlagerung und Lagerung von Kohlenhydraten in der Süßkartoffel, Kartoffel und Zuckerrübe. 4. Mitt. Beziehungen zwischen der Verlagerung von Kohlenhydraten und Licht. Sekioka, H. Sci.Bull.Fac.Agric. 20. 283-91 (1963). - Ref.C. 1966. 24-1279.

Stärke- und Zuckerumwandlungen in den Kartoffelknollen während der Vegetationsperiode. Samotus, B. Hodowla Roślin, Aklimatyzacja Nasiennictwo 7. 311-19 (1963). - Ref.Stärke 17. 101 (1965).

Über den Kohlenhydrathaushalt der Kartoffel. Müller, K. Kartoffelbau 13. 6-8 (1962). - Ref.Stärke 14. 387 (1962).

Einige Fragen des Kohlenhydratstoffwechsels der Kartoffel. Metlitzki, L.W., Ssalkowa, Je.G. und Michejewa, A.W. Kohlenhydrate und Kohlenhydratstoffwechsel (russ.), Verlag Akad.Wiss. UdSSR, Moskau 1962. 230-34.

Besonderheiten des Kohlenhydratumsatzes der Kartoffel. Metlitzki, L.W., Ssalkowa, Je.G. und Michejewa, A.W. Nachr.Akad.Wiss. UdSSR, biol.Ser. (russ.) 26. 538-50 (1961). - Ref.C. 1962. 6070, Stärke 14. 228 (1962).

Stoffliche Veränderungen der Kartoffelknolle im Zusammenhang mit der Keimung. Heilinger, F. und Breyhan, Th. Landbau-Forsch. Völkenrode 10. 27-28 (1960).

Zur Frage der Synthese von Fructosanen in den vegetativen Organen von Helianthus tuberosus L. Strepkow, Ss.M. Ber.Akad.Wiss. UdSSR (russ.) 131. 1183-86 (1960). - Ref.C. 1961. 10243.

Biochemische Untersuchungen über das Wachstum von Bataten. 5.Mitt. Änderungen von Amylosegehalt, Blauwert, Jodstärke-Absorptionskurve und anorganischen Konstituenten der Stärke während des Wachstums der Batatenwurzeln. Suzuki, S., Tamura, T., Nemoto,Y. und Arai, K. J.agric.chem.Soc.Japan 33. 990-96 (1959). - Ref.C.A. 62. 6802h (1965).

Stoffwechselveränderung in Kartoffelknollen während der Anaerobiosis. Ranjan, S. und Budhraja, B. Proc.nat.Inst.Sci.India, B. biol.Sci. 25. 44-48 (1959).

Der Einfluß von Äthylenchlorhydrin auf den Kohlenhydratstoffwechsel in Kartoffeln. Ginterová, A. Biol.plant.(Praha) 1. 258-65 (1959).

Die Umwandlung Stärke ⇌ Zucker in den Kartoffelknollen. Samotus,B. und Pałasiński, M. Zeszyty naukowe Wyzszej Szkoly Rolniczej 1957. 185.

Besonderheiten der enzymatischen Umwandlungen der Kohlenhydrate in verschiedenen Teilen der Kartoffelknollen. Bolotina, T.T. und Petrowa, A.N. Ber.Akad.Wiss.UdSSR (russ.) 109. 1171-73 (1956). - Ref.C. 1957. 14018.

Untersuchung der fermentativen Umwandlungen der Stärke in den Kartoffelknollen zu verschiedenen Zeiten der Vegetation. Petrowa, A.N. und Bolotina, T.T. Biochemie (russ.) 21. 451-56 (1956). - Ref.C. 1957. 5308, C.A. 51. 3754b (1957).

Besonderheiten der Umwandlung der Zucker in Kartoffelknollen. Petrowa, A.N. Ber.Akad.Wiss.UdSSR (russ.) 109. 1005-08 (1956). - Ref.C. 1958. 169, C.A. 51. 2953i (1957).

Untersuchungen über die Atmungs- und Kohlenhydratstoffwechsel von Pflanzengewebe. 7. Mitt. Experimentelle Untersuchung einer Atmungshemmung und einer Blockierung im Citronensäurecyclus durch "Sauerstoffvergiftung" in Kartoffelknollen. Barker, J. und Mapson, L.W. Proc.Roy.Soc. (London) Ser.B. 143. 523-49 (1955). - Ref.C. 1957. 5024.

Über die Änderungen der Eigenschaften der Stärke während der Wachstumsperiode der Kartoffeln. Sroczyński, A. Roczniki Nauk rolniczych. (Polish agric.Annu.) 69. A. 557-92 (1954). - Ref.C. 1950/54.S. 4317.

Die Besonderheiten des Kohlenhydratumsatzes bei Kartoffelpflanzen aus genetisch verschiedenen Teilen des Knollengewebes. Ssaweljewa, O.N. Ber.Akad.Wiss. UdSSR (russ.) 85. 619-22 (1952). - Ref.C. 1953. 3426, C.A. 46. 11340a (1952).

Untersuchung der enzymatischen Synthese und des Abbaus der Stärke in Kartoffeln bei verschiedener Bodendüngung. Petrowa, A.N. und Bolotina, T.T. Ber.Akad.Wiss.UdSSR (russ.) 84. 1205-07 (1952). - Ref.C. 1953. 1976, C.A. 46. 10307c (1952).

Untersuchungen über die physiologische Natur von Süßkartoffelpflanzen. Die Veränderung von Reservekohlenhydraten in neuentwickelten Wurzelknollen während des Wachstums. Naka, J., Omori, H. und Kuretaina, M. Proc.Crop.Sci.Soc.Japan 21. 145-46 (1952). - Ref.C.A. 51. 12234c (1957).

Änderungen des Gehalts an Trockensubstanz, Kohlenhydraten und stickstoffhaltigen Substanzen in Blättern und Knollen der Kartoffel beim Reifen. Mikulski, A.A. Ber.Akad.Wiss.UdSSR (russ.) 82. 789-92 (1952). - Ref.C. 1952. 7840.

Die Besonderheiten des Kohlenhydratumsatzes in den Blättern der Kartoffel und der Zuckerrübe und ihre Rolle bei Koordinierung der Tätigkeit des Blattapparates. Ssokolowa, W.Je. Nachr.Akad. Wiss.UdSSR, biol.Ser. (russ.) 1952. 63-75. - Ref.C. 1952. 4634.

Kohlenhydratstoffwechsel in den Krebswucherungen der Kartoffel. Gretschuschnikow, A.I. und Jakowlewa, N.N. Ber.Akad.Wiss. UdSSR (russ.) 76. 303-04 (1951). - Ref.C. 1951. II. 78.

Biochemische Charakteristik genetisch ungleichartiger Kartoffelgewebe. Rubin, B.A., Gluschtschenko, I.Je. und Ssaweljewa,O.N. Ber.Akad.Wiss.UdSSR (russ.) 72. 733-35 (1950). - Ref.C. 1951. I. 1472.

Temperatur und Stärke-Zuckerumwandlung in Bataten. Hopkins, E.F. und Philipps, J.K. Science (New York) 86. 523-25 (1937). - Ref.C. 1938. I. 2379.

Die Saccharosebildung in Kartoffeln während des Trocknens. 2.Mitt. Wolff, C.J. de. Biochem.Z. 178. 36-59 (1926). - Ref.C. 1927. I. 467.

Die Saccharosebildung in Kartoffeln während des Trocknens. 1.Mitt. Wolff, C.J. de. Biochem.Z. 176. 225-45 (1926). - Ref.C. 1926. II. 2445.

Die Saccharosebildung in Kartoffeln während des Trocknens. Wolff, C.J. de. Chem.Weekbl. 24. 18-19 (1926). - Ref.C. 1927. I.1241.

Beziehungen niedriger Temperaturen zur Atmung und den Kohlenhydratumwandlungen bei Kartoffeln. Hopkins, E.F. Bot.Gaz. 78. 311-25 (1924).

Die Kartoffelpflanze,· Untersuchungen über Form und Gewichtsveränderungen sowie Translokation der Stärke während der Vegetationszeit. Choslowski, J. Dissertation, Rostock 1908.

Zur Physiologie der Knollengewächse. Vöchting. Jb.wiss.Bot. 34 (1900).

7243

Über die Wanderung der Kartoffelstärke in den Knollen beim Austreiben. Girard, A. C.R.hebd.Séances Acad.Sci. 116. 1148-1151 (1893).

7243. Getreide

"Der Kohlenhydratstoffwechsel in Gerste, Hafer und Rispenhirse." Schlubach, H.H. in: "Fortschritte der Chemie organischer Naturstoffe" Bd. 23. S. 46-60 (1965).

Modifizierung von Gerste nach Zerstörung des Keims durch Einfrieren. Smith, L.F., Linko, M., Enari, T.M. und Dickson, A.D. Amer.Soc.Brewing Chemists Proc. 1964. 86-96. - Ref.C.A. 62. 5852b (1965).

Die Veränderungen im Getreidekorn während der Keimung unter Feuchtwetter-Bedingungen. Schulz, E. Kali-Briefe, Fachgebiet 13. Nr.3. 1-11, Nr.4. 1-8 (1964). - Ref.C.A. 62. 6812b (1964).

Untersuchungen über Polyfructosane. 66. Mitt. Der Kohlenhydratstoffwechsel in der Rispenhirse (Panicum miliaceum). Schlubach, H.H. und Ziegler, R. Liebigs Ann.Chem. 677. 165-71 (1964). - Ref.C. 1965. 52-1550.

Mengenunterschiede in Bezug auf Proteine und Stärke im Fuchsschwanzhirse-Samen infolge Beeinflussung durch Bodenbearbeitung und Klima. Kobuladse, O.T. Nachr.Akad.Wiss.Grusinischen SSR (russ.) 30. 573-78 (1963). - Ref.C.A.(B.) 60. 2046g (1964).

Veränderungen der Kohlenhydrate, Proteine und nichtproteinartigen stickstoffhaltigen Verbindungen von sich entwickelnden Weizenkörnern. Jennings, A.C. und Morton, R.K. Austral.J.biol.Sci. 16. 318-31 (1963). - Ref.C. 1964. 17-1234.

Veränderung in der chemischen Zusammensetzung und Verteilung von Stickstoff bei Mais in verschiedenen Entwicklungsstadien. Bressani, R. und Conde, R. Cereal Chem. 38. 76-84 (1961). - Ref.C. 1963. 8607.

Die Kohlenhydrate im reifenden Getreidekorn. Grzesiuk, S. Roczniki Nauk rolniczych, Ser.A 83. 707-30 (1961). - Ref.C. 1965. 32-1313.

Proteinkörnchen der Maisendosperm-Zellen. Duvick, D.N. Cereal Chem. 38. 374-85 (1961). - Ref.Stärke 14. 228 (1962).

Chemische Veränderungen im sich entwickelnden Weizenkorn. Morton, R.K. und Jennings, A.C. Adelaide Univ.Waite agric.Res.Inst.Rep. 1960/61. 20-21.

Untersuchung über die physiologische Rolle des Phosphors in höheren Pflanzen. 5. Mitt. Gerste. Einfluß der gegenseitigen Beziehungen zwischen Phosphor, Stickstoff, Eisen und Mangan auf den Stoffwechsel der Kohlenhydrate und N-Verbindungen bei der Gerste. Fujiwara, A. und Ohira, K. J.Sci.Soil Manure, Japan 31. 105-12 (1960). - Ref.C. 1963. 1737.

Über die qualitativen Veränderungen des Gehalts an löslichen Kohlenhydraten von vier Maissorten während der Vegetationszeit. Holková-Santamaria, L. und Kutáček, M. Sborník českoslov.Akad. zemědělských Věd, rostlinná Výroba 6 (33). 1547-66 (1960). - Ref.C. 1962. 15657.

Über den Kohlenhydratstoffwechsel im Reis. Schlubach, H.H. und Trautschold, E.W. Chem.Ber. 92. 2038-39 (1959).

Untersuchung über die Stärkespeicherungskapazität von Reispflanzenwurzeln. Kido, M. und Yanatori, S. Proc.Crop.Sci.Soc.Japan 28. 10-11 (1959). - Ref.C.A. 55. 18882h (1961).

Veränderungen im Zuckergehalt während des Keimens von Reiskörnern. Anwendung von Ionenaustauscher-Harz-Chromatographie. Fukui, T. und Nikuni, Z. J.agric.chem.Soc. Japan 33. 72-78 (1959).

Über den Kohlenhydratstoffwechsel im Weizen. Lederer, F. Dissertation, Hamburg 1959, 67 S.

Studien mit ^{14}C-Verbindungen behandelten Weizenpflanzen. 7. Mitt. Verwendung von Pyruvat 2-^{14}-C. Bilinski, E. und McConnell, W.B. Canad.J.Biochem.Physiol. 36. 8 (1958).

Zur Frage des Einflusses der Art der Düngereinbringung auf den Eiweiß- und Kohlenhydratstoffwechsel des Sommerweizens ("Lutescens-62"). Jasstrebow, M.T. Nachr.Moskauer Univ., Ser.Biol., Bodenkunde, Geol., Geogr. (russ.) 13. Nr.3 (63-71) (1958).

Zur Kenntnis der Huminsäuren. 15. Mitt. Über den Einfluß von Thymohydrochinon als Modellsubstanz von Humusstoffen auf den Kohlenhydratstoffwechsel von Getreide. Flaig, W., Scharrer, K. und Scholl, G. Z.Pflanzenernähr., Düng., Bodenkunde 76. 193-200 (1957).

Aktivierung der funktionellen Prozesse (Stoffwechsel und Enzymatik) von Gerste durch Ultra-Strahlung. Obolensky, G. Qualitas Plantarum Mater.vegetabiles (Den Haag) 2. 298-335 (1957).

Untersuchungen über den Prozeß der Kohlenhydratanhäufung in Verbindung mit dem Wachstum der Reispflanze. 2. Mitt. Beziehungen zwischen der Wachstumsphase der Pflanze und der Schwankung von Kohlenhydraten im Halm. Murayama, N. und Yoshino, M. J.Sci. Soil Manure, Japan 27. 218-22 (1956). - Ref.C. 1958. 11278.

Physiologische Untersuchungen über den Reifungsvorgang bei Reis. Aimi, R. Proc.Crop.Sci. Soc. Japan 25. 124-27 (1956). - Ref.C.A. 54. 13275h (1960).

Veränderungen des Kohlenhydratumsatzes bei Gerste im Zusammenhang mit einer hohen Bodenfeuchtigkeit. Lerman, R.I. Ber.Akad.Wiss. UdSSR (russ.) 108. 1191-93 (1956). - Ref.C. 1957. 7695.

Biochemische Untersuchungen über Reisstärke. 1. Mitt. Über den Kohlenhydratgehalt von Blatt und Stengel der Reispflanze während des Wachstums und die physikalischen und chemischen Eigenschaften der Halmstärke. Kurasawa, H. und Yamamoto, Y. J.agric. chem.Soc.Japan 30. 603-08 (1956). - Ref.C. 1958. 5411, C.A. 52. 20294f (1958).

Physiologie und Biochemie von Triticum vulgare. 3. Mitt. Über das Verhalten von Enzymen, Keto-Säuren, Protein-Stickstoff, Glucose, Stärke und Citronensäure während der Wachstumsperiode. Tombesi, L., Antoni, A., Ruggeri, G. und Fortini, S. Ann.Staz. chim.-agrar.sperim. Roma 3. Nr.97. 19 S. (1953/4).

Untersuchungen zur Frage der Lichtkeimung von Digitalis purpurea L. Grohne, U. Biol.Zbl. 71. 10-42 (1952).

Reife- und Keimungsvorgänge am Getreide. Schmorl, K. Getreide u. Mehl 1. 23-24 (1951).

Über einige Besonderheiten des Stoffwechsels des verzweigten Weizens. Ssissakjan, N.M., Wassiljewa, N. und Minina, A. J.allg. Biol. (russ.) 12. 73-83 (1951).- Ref.C. 1951. II. 1908.

Vergleich von Maisstärken in verschiedenen Stadien der Kornreife. Wolf, M.J., MacMasters, M.M., Hubbard, J.E. und Rist, C.E. Cereal Chem. 25. 312-25 (1948).

Die Eigenschaften von Weizenstärke in Beziehung zur Kornreife. Bice, C.W., MacMasters, M.M. und Hilbert, G.E. Cereal Chem. 22. 463-76 (1945).

Die Respiration von im Dunkeln keimender Gerste. James, W.O. und James, A.L. New Phytologist 39. 145-76 (1940). - Ref.C. 1941. II. 1868.

Der Stärkeumsatz in Korn- und Malzproben der Ernte 1938. Myrbäck, K. und Oertenblad, B. Svenska Bryggarefören Månadsbl. 55. 70-75 (1940). - Ref.C. 1940. II. 140.

Die Chemie der Roggenkeimlinge. IV. Seine nähere Zusammensetzung. Schuette, H.A. und Palmer, R.C. Cereal Chem. 15. 445-50 (1938). - Ref.C. 1938. II. 3333.

Stärkeumsatz in Korn- und Malzproben der Ernte 1937. Myrbäck, K. und Oertenblad, B. Svenska Bryggarefören Månadsbl. 53. 508-16 (1938). - Ref.C. 1939. II. 1592.

Jahreszeitliche Schwankungen der Kohlenhydrate in der Weizenpflanze. Barnell, H.R. New Phytologist 35. 229-66 (1936). - Ref.C. 1936. II. 3810.

Eine Untersuchung über die chemischen Umwandlungen während der Bildung und der Keimung des Reiskornes. Sahasrabuddhe, D.L. und Kibe, M.M. J.Univ.Bombay 3. 121-34 (1934). - Ref.C. 1935. II. 1901.

Unterschiede der physikalisch-chemischen Eigenschaften des Proteins und Oryzanins von glutinösem und gewöhnlichem Reis. Tadokoro,T., Nakamura, Y. und Watanabe, S. J.Coll.Agric.Hokkaida Imp.Univ. 14. 129-169 (1925). - Ref.C.A. 20. 2334 (1926), W.Ref. 1871C.

Die Verteilung der Maltose in Pflanzen. III. Die Gegenwart von Maltose in gekeimter Gerste. Daish, A.J. Biochem.J. 10. 56-76 (1916). - Ref.C. 1916. II. 1169.

Die Atmung des Malzes und die hierbei entstehenden Stärkeverluste. Lühder, E. Z.Spiritusind. 31. 401-03 (1908). - Ref.C. 1908. II. 1389, C.A. 2. 3256 (1908), W.Ref. 2073.

Beitrag zum Studium der Keimung der Gerste (Auszug). Effront, J. Z.Spiritusind. 29. 254, 264, 271, 282, 291 (1906).

7244. Leguminosen

Biochemischer Reife-Index für Gartenbohnen. Fainschtein, S.R. Arb.1.republ.wiss.Konf.Physiol.u.Biochemie Pflanzen (russ.), Sammlung 1964. 439-42. - Ref.C.A. 63. 15450a (1965).

Stoffwechsel keimender Erbsenpflanzen. 2. Mitt. Phosphor- und Zuckerstoffwechsel in keimenden Erbsensamen. Jiräcek, V., Kůtová,J. und Leblová-Svobodá, S. Rostlinná Výroba 35. 903-18 (1962). - Ref.C. 1966. 2-1289.

Keimende Erdnußsamen. Rabari, L.F., Patel, R.D. und Chohan, J.G. J.Amer.Oil Chemists' Soc. 38. 4-5 (1961). - Ref.C.A. 55. 6618b (1961).

Beziehungen zwischen den Veränderungen im Glucose-, Fructose-, Galactose-, Saccharose- und Stachyosegehalt und der Bildung von Stärke in Erbsen. Shallenberger, R.S. und Moyer, J.C. J.agric. Food Chem. 9. 137-40 (1961). - Ref.C.A. 55. 21415a (1961), Stärke 14. 188 (1962), C. 1962. 13441.

Untersuchungen an keimenden Sojabohnen. Steinbach, K.J. und Franzke, C. Nahrung 4. 490-96 (1960). - Ref.C. 1963. 7411.

Zucker und Stärke in reifenden Erbsen. Danielson, C.E. Acta agric. scand. 9. 181-88 (1959). - Ref.C.A. 54. 692h (1960), Stärke 13. 96 (1961), C. 1961. 17782.

Physiologie von Erbsen. 4. Mitt. Änderung von Zuckern im sich entwickelnden Samen. Turner, J.F., Turner, D.H. und Lee, J.B. Austral.J.biol.Sci. 10. 407-13 (1957). - Ref.C.A. 52. 2177a (1958).

Zur Physiologie der Früchte der Erbse. 3. Mitt. Veränderungen der Stärke- und Stärke-Phosphorylase während der Entwicklung des Samens. Turner, D.H. und Turner, J.F. Austral.J.biol.Sci. 10. 302-9 (1957). - Ref.C. 1958. 11279, C.A. 52. 2176h (1958).

Physiologie der Erbse. 1. Mitt. Die sich entwickelnde Frucht. McKee, H.S., Robertson, R.N. und Lee, J.B. Austral.J.biol.Sci. 8. 137-63 (1955). - Ref.C.A. 5. 1986d (1956).

Physiologisch-biochemische Studien über Pisum sativum. Enzymatische Aktivität und der Gehalt an Ketosäuren, Protein-Stickstoff, Glucose, Stärke und Zitronensäure während der verschiedenen Stadien des Wachstums der Pflanze. Tombesi, L., Ruggieri, G. und Antoni, A. Ann.staz.chim.-agrar.sperim. Roma, Ser. III, 1953/54, Pubbl.No. 99. 12 pp. (1954). - Ref.C.A. 49. 9101d (1955).

Physiologisch-biochemische Studien über Vicia faba major; enzymatische Aktivität und der Gehalt an Ketosäuren, Protein-Stickstoff, Glucose, Stärke und Citronensäure während der verschiedenen Stadien des Wachstums der Pflanze. Tombesi, L., Ruggieri, G. und Antoni, A. Ann.Staz.chim.-agrar.sperim. Roma, Ser.III 1953/54. Pubbl.No. 98. 15 pp. (1954). - Ref.C.A. 49. 9102h (1955).

Untersuchungen über einige Bestandteile der Sojabohne und deren Umwandlung während der Keimung. Sasaki, Shuiku. J.dep.Agric. Kyushu Imp.Univ. 5. 51-116 (1936). - Ref.C. 1938. I. 1600.

Studien über Samenkeimung. Umwandlung von Kohlenhydraten während der Keimung von Sojabohnen. Sasaki, Shuiku. Bull.agric.chem. Soc. Japan 9. 181-82 (1933). - Ref.C. 1935. I. 2034.

725. Verhalten der Stärke in der Pflanze unter besonderen Bedingungen

7251. Temperatur und Stärkebildung
7252. Düngung und Kohlenhydratstoffwechsel
7253. Chemische Einwirkung auf Pflanzen
7254. Stärkegehalt und Krankheiten
7255. Sonstige Einflüsse

7251. Temperatur und Stärkebildung
(Auch Frostfestigkeit)

Der Einfluß von Frostschäden auf die Nichtzucker-Konstituenten von Zuckerrohr. Friloux, J.J., Cashen, N.A. und Cangemi, S.J. Sugar y Azúcar 60. Nr.1. 43-46 (1965). - Ref.C.A. 62. 9337b (1965).

Über die Variabilität einiger Eigenschaften der Kartoffelstärke in Abhängigkeit von Witterung, Standort und Sorte. Görlitz, H. Nahrung 7. 453-62 (1963). - Ref.C.A. 59. 11746b (1963), Stärke 16. 72 (1964).

Die Eigenschaften der Stärke der im Frühjahr und Herbst gewachsenen Kartoffel. Ssudsuki, Ch., Uechara, T. und Nemoto, I. J.Food Sci.Technol. 9. 403-05 (1962). - Ref.J.Chem. (russ.) 1963. 18 R249.

Einfluß der Temperatur auf den kristallinen Typ von Stärke in Sojabohnensamen während der Keimung. Hizukuri, S., Fujii, M. und Nikuni, Z. Nature (London) 192. 239-40 (1961). - Ref.C.A. 56. 7709d (1962), Stärke 14. 187 (1962).

Analyse der Entwicklungsfaktoren, die den Ertrag bestimmen und ihre Anwendung zur Voraussage des Ertrages und Verbesserung der Kultur von Flachlandreis. 10. Mitt. Über die optimale Temperatur der Umlagerungsrate der Kohlenhydrate in den Blättern und Sprossenspitzen in die Körner und der Reifung in Bezug zur Abnahme der Aktivität von Körnern bei der Aufnahme von Kohlenhydraten aus Blättern und Sprossenspitzen. Matushima, S. und Wada, G. Proc.Crop Sci.Soc. Japan 28. 44-45 (1959).

Über das Auftreten von Stärke in den Blütenknospen der Holzgewächse im Winter. Ssergejew, L.I., Ssergejewa, K.A. und Kandarowa, I.W. Bull.bot.Hauptgartens (russ.) 1959. Nr. 35. 70-75.

Die Dynamik der Reservestoffe und die Veränderungen im Zustand des Protoplasmas bei Luzerne- und Kleepflanzen während der Überwinterung. Rodtschenko, O.P. Nachr.Akad.Wiss.UdSSR, biol. Ser. (russ.) 1958. 571-78. - Ref.C. 1960. 2581.

Der Einfluß der Bodentemperatur auf die Entwicklung und Stärkespeicherung in Kartoffeln. Bussower, F.Ja. Bull.bot.Hauptgarten (russ.) 1956. Nr.24. 46-51. - Ref.C.A. 51. 11481d (1957).

Über den Einfluß der Temperatur auf das Verhalten der Apfelsäure und Stärke in Blättern von in Dunkelheit kultivierter Kalanchoë pinnatra. Vickery, H.B. Plant Physiol. 29. 385-92 (1954). - Ref.C.A. 49. 449b (1955).

Chemie der lebenden Rinde von Baum Black locust in Beziehung zur Froststrenge. 7. Mitt. Möglicher Direkteinfluß von Stärke auf die Empfindlichkeit von Pflanzen bei Frostschäden. Siminowitsch, D. und Briggs, D.R. Plant Physiol. 29. 331-37 (1954). - Ref.C.A. 49. 447a (1955).

Einfluß von Temperatur auf das Wachstum und die Entwicklung der Substanzen in Tomaten. Jakuschkina, B.E., Krawtsowa, B.E. und Nowolelowa, G.A. Ber.Akad.Wiss.UdSSR (russ.) 91. 969-72 (1953). - Ref.C.A. 48. 819f (1954).

Abhängigkeit der Frostfestigkeit der Weinrebe von biochemischen Veränderungen. Wartanjan, M.D. Weinbereit.Weinbau UdSSR (russ.) 12. Nr.11. 43-46 (1952). - Ref.C. 1953. 6911.

Über die Stärkeaufspeicherung in den Wurzeln in gefrorenem Boden. Grigorjewa, W.G. Ber.Akad.Wiss.UdSSR (russ.) 72. 1151-53 (1950). - Ref.C. 1950. II. 2817.

Frosthärte und Zusammensetzung des Zellsaftes bei Rhododendron ferrugineum, Pinus cembra und Picea excelsa. Pisek, A. Protoplasma 39. 129-46 (1950). - Ref.C. 1951. I. 1471.

Untersuchung zur Bestimmung der Faktoren, welche die Winterhärte von Luzerne beeinflussen. Megee, C.R. J.Amer.Soc.Agronomy 27. 685-98 (1935). - Ref.C. 1936. I. 582.

Der Einfluß der Temperatur auf den Stoffwechsel der Tomate. Nightingale, G.T. Bot.Gaz. 95. 35-58 (1933). - Ref.C. 1933. II. 3298.

Einfluß der Temperatur auf die Stärkebildung in den Pflanzenzellen. Maige, A. C.R.Séances Soc.Biol.Filiales Associées 86. 685-686 (1922). - Ref.C. 1922. III. 168.

Der Einfluß der Kälte als Reizmittel für das Wachsen der Pflanzen. Coville, F.V. J.agric.Res. 20. 159-160 (1920). - Ref.C. 1921. III. 180.

Einfluß der Temperatur auf die Bildung der Stärke in den Pflanzenzellen. Maige, A. C.R.Séances Soc.Biol.Filiales Associées 85. 179-80 (1920). - Ref.C. 1921. III. 1505.

Über die Abhängigkeit der Bildung transitorischer Stärke von der Temperatur und der oxydasischen Wirkung. Grüss, J. Wschr. Brauerei 16. 519-24 (1899).

7252. Düngung und Kohlenhydratstoffwechsel

(Vgl. auch "Kartoffelanbau, Einfluß von Düngemitteln": 1112)

Untersuchungen über den Einfluß der Düngung, des Standorts und anbautechnischer Maßnahmen auf die Qualität der Kartoffelstärke. Görlitz, H. und Wilberg, E. Forsch.- u.Entwickl.-Stelle Potsdam, Inst.für landwirtschaftl.Versuchs- u.Untersuchungswesen, Abschlußber.vom 28.2.1962. 65 S., Plan-Nr. 170134 h-1-07/0. - Ref.Stärke 15. 196 (1963).

Der Einfluß von Bor auf die Stärkephosphorylase und seine Bedeutung bei der Verschiebung von Zuckern innerhalb der Pflanze. Dugger, W.M., Humphreys, T.E. und Calhoun, B. Plant Physiol. 32. 364-70 (1957). - Ref.C. 1958. 10689, C.A. 52. 513b (1958).

Der Einfluß der Düngung auf die Qualität von Kartoffelstärke. Freidman, W.M. Schriften d.Landwirtschaftl.Leningrader Inst. (russ.) 1956. Nr.11. 316-21. - Ref.C.A. 53. 2656g (1959).

Stickstoff, Phosphor und Kalium als Regulatoren der fermentativen Prozesse in Pflanzen. Schesstakow, A.G. und Pleschkow, B.P. Nachr.Landwirtsch.Timirjasew-Akad. (russ.) 1955. Nr.3. 139-54. - Ref.C. 1956. 12867.

Der Einfluß der Bodenfeuchtigkeit auf die Entwicklung und Zunahme der Kohlenhydrate in den Pflanzen. Woodhams, D.H. und Kozlowski, T.T. Amer.J.Bot. 41. 316-20 (1954). - Ref.C.A. 48. 8342h (1954).

Beitrag zur Frage der Chlorionenwirkung auf den Kohlenhydratstoffwechsel unserer Kulturpflanzen. Buchner, A. Z.Pflanzenernähr., Düng., Bodenkunde 52. 225-42 (1951). - Ref.C. 1952. 704.

Über den Kohlenhydratstoffwechsel der Baumwolle unter den Bedingungen wechselnden Bodengehalts. Strogonow, B.P. und Ostapenko, L.A. Ber.Akad.Wiss.UdSSR (russ.) 54. 273-76 (1946). - Ref.C. 1947. 738.

Über den Einfluß von Salzen auf den Stärkeabbau in Blättern einiger Land- und Wasserpflanzen. Steinhoff, G. Planta 11. 207 (1930).

Untersuchungen über die Reaktion des Preßsaftes von Knollen verschieden gedüngter Kartoffeln. Wlodek, J. Ernähr.d.Pflanze 25. 231 (1929).

Die Einwirkung der Kationen auf die Stärke in den Wurzeln. Roubal, J. Studies Plant Physiol.Lab. Charles Univ., Prague 3. 106-14 (1926). - Ref.C. 1928. I. 81.

Wirkung der Kationen von Salzen auf den Zerfall und die Bildung von Stärke in der Pflanze. Iljin, W.S. Biochem.Z. 132. 494-510 (1922). - Ref.C. 1923. III. 253.

Beitrag zum Studium des Vorganges, wie der Schwefel das Wachstum begünstigt. Nicolas, G. C.R.hebd.Séances Acad.Sci. 172. 85-87 (1921). - Ref.C. 1921. I. 515.

7253. Chemische Einwirkungen auf Pflanzen

Der Einfluß von Hexachloran auf die Speicherung von Kohlenhydraten in Pflanzen. Dudnik, V.M. Pratsi Botan.Sadu.L'vivs'k.Univ. 1963. 121-25. - Ref.C.A. 60. 14823h (1964).

Einflüsse von Kinetin und anderer Pflanzenwachstumsregulatoren auf den Stärkeabbau. Boothby, D. und Wright, S.T.C. Nature (London) 196. 389-90 (1962).

Wirkung von Gibberellin und/oder Glucose auf die cytologische Struktur des Malzes. Vazart, B. C.R.hebd.Séances Acad.Sci.250. 3704-06 (1960). - Ref.C. 1961. 547.

Histochemische Beobachtungen über die Lösung von Stärke in den Zellen der mit Herbicid 2.4-D behandelten Sojabohne. Nikolajewski, W.G. Ukrain.bot.J. (russ.) 17. Nr.4. 80-82 (1960). - Ref.C. 1961. 2328.

Einfluß von Kinetin auf den Kohlenhydratgehalt im Erbsenepicotyl. Maciejewska-Potapczykowa, W. und Lukasiak, H. Acta Soc. bot. polon. 28. 95-110 (1959). - Ref.C.A. 54. 13272i (1960).

Einfluß einiger Derivate der Phenoxyessigsäure auf die Atmungsintensität und die Aktivität der Atmungsenzyme beim Keimen von Körnern mit Stärkereserve. Jeanrenaud, H., Soare, F. und Raianu, O. An.ştiinţ.Univ. "Al.I.Cuza" Iaşi, Secţ. II (N.S.) 4. 11-24 (1958). - Réf.C. 1962. 8308.

Wirkung der Trichlormethylchlorcarbonat-Thriäthanolamin-Additionsverbindung auf die Stärkebildung, Keimung, darauffolgendes Pflanzenwachstum und Verwurzelung des Sprößlings. Testi, G.D. Ann.Botanica 26. 79-105 (1958). - Ref.C. 1961. 187.

Die Wirkung chemischer Hormone auf den Kohlenhydrat- und Stickstoffgehalt der Baumwollpflanze. Dastur, R.H. und Bhatt, J. Indian J.agric.Sci. 26. 39-79 (1956). - Ref.C. 1957. 11348.

Einfluß verschiedener Substanzen auf Stärkegehalt und Hydratation der Stomatazellen von Aponogeton distachyus. Mouravieff, I. C.R.hebd.Séances Acad.Sci. 236. 1434-36 (1953). - Ref.C. 1954. 10035.

Kohlenhydratstoffwechsel der Tomatenfrucht während der Pollenbildung nach der Befruchtung und nach Verabreichung von Pflanzenwuchshormonen. Marrè, E. und Murneek, A.E. Plant Physiol. 28. 255-66 (1953). - Ref.C. 1950/54. 6926.

Auxine und Stärke. 4. Mitt. Versuche zur Erklärung des Geotropismus der Wurzeln von Lens culinaris Medikus. Pilet, P.-E. Bull.Soc.vaudoise Sci.natur. 65. 409-21 (1953). - Ref.C. 1954. 4645.

Auxine und Stärke. 3. Mitt. Untersuchung der Auxinwirkung auf die Amylolyse in vitro. Pilet, P.-E. und Turian, G. Bull.Soc.vaudoise Sci.natur. 65. 403-08 (1953). - Ref.C. 1954. 4645.

Auxine und Stärke. 2. Mitt. Veränderungen der Stärke und Inversion des Geotropismus infolge Auxinbehandlung. (Lens culinaris Medikus und Circisium arvense L.). Pilet, P.-E. und Wurgler, W. Bull.Soc.vaudoise Sci.natur. 65. 397-401 (1953). - Ref.C. 1954. 4644, C.A. 49. 14919e (1955).

Auxine und Stärke. 1. Mitt. Verteilung der Stärke in der Wurzel (Lens culinaris Medikus). Pilet, P.-E. und Margot, L. Bull. Soc.vaudoise Sci.natur. 65. 391-95 (1953). - Ref.C. 1954. 4644, C.A. 49. 14919d (1955).

Bemerkungen zum Stärkestoffwechsel von mit Maleinhydrazid behandelten Pflanzen. Greulach, V.A. Bot.Gaz. 114. 480-81 (1953). - Ref.C. 1954. 9553.

Eine direkte Beziehung zwischen Indolylessigsäurewirkungen auf das Wachstum und reduzierenden Zuckern in Tabakgewebe. Skoog, F. und Robinson, B.J. Proc.Soc.exp.Biol.Med. 74. 565-68 (1950). - Ref.C. 1951. II. 1754.

Durch Injektionen von Kaliumbichromat in Holz von Bäumen hervorgerufene Veränderungen. Hurel-Py, G. C.R.hebd.Séances Acad. Sci. 212. 452-54 (1941). - Ref.C. 1941. II. 1285.

Untersuchungen über Statolithenstärke und Wuchsstoff an vorbehandelten Wurzeln. Syre, H. Z.Bot. 33. 129-82 (1938). - Ref.C. 1939. I. 980.

Über die Ernährung von Pflanzen mit Aldehyden. 7. Mitt. Erhöhung des Kohlenhydratgehaltes von Elodea canadensis durch Acetaldehyd. Sabalitschka, Th. und Weidling, H. Biochem.Z. 176. 210-24 (1926). - Ref.C. 1926. II. 2446.

Über die Ernährung von Pflanzen mit Aldehyden. Th. Sabalitschka und H. Weidling. 6. Mitt. Polymerisation des Formaldehyds durch Elodea canadensis zu höheren Kohlenhydraten. Sabalitschka, Th. Biochem.Z. 172. 45-57 (1926). - Ref.C. 1926. II. 1053.

Über den Einfluß chemischer Agenzien auf Stärkegehalt und osmotischen Wert der Spaltöffnungsschließzellen. Arends, J. Z.wiss. Biol., Abt. E. 1. 84-115. - Ref.C. 1926. II. 2068.

Die Wirkung hochkonzentrierter Lösungen auf die Stärkebildung in den Spaltöffnungen der Pflanzen. Iljin, W.S. Jb.wiss.Bot. 61. 698 (1922).

7254. Stärkegehalt und Krankheiten

Einfluß der Phytophthora infestans auf die Photosynthese und den Ertrag von Kartoffeln. Petrowa, T.W. Wiss.Schriften Karelischen staatl.pädagog.Inst. (russ.) 15. 324-29 (1964). - Ref.C.A. 62. 9467a (1965).

Induzierte Stärkebildung durch eine auf Pflanzen parasitierende Nematode. Schuster, M.L., Sandstedt, R. und Estes, L.W. Science (Washington) 143. 1342-43 (1964). - Ref.Stärke 17. 102 (1965), C. 1965. 50-1522.

Der diagnostische Wert von Zellgruppen mit geringem Stärkegehalt in durch Virus Y infizierten Kartoffelknollen. Wenzl, H. Pflanzenschutz Ber. 29. 11-12 (1962). - Ref.C.A. 60. 13588f (1964).

Quantitative Disproportion im Stärke- und Zuckergehalt zwischen gesunden und viruskranken Kartoffeln. Šmálik, M., Drozd, J. und Kubíková, A. Pol'nohospodárstvo 8. 245-50 (1961). - Ref.C. 1964. 15-1196.

Die Natur der Stärkespeicherung an den Rostinfektionsstellen der Blätter von Gartenbohnenpflanzen. Wang, D. Can.J.Bot. 39. 1595-1604 (1961). - Ref.C.A. 56. 6384i (1962).

Zwiewuchs und Stärkegehalt. Börger, H. Kartoffelbau 11. Nr.1. Stärkekartoffel 5. Nr.1. 2-3 (1960). - Ref.Stärke 13. 189 (1961).

Anatomischer Aspekt der "blossom-end"-Fäule der Tomate mit besonderer Berücksichtigung der Calcium-Ernährung. Spurr, A.R. Hilgardia 28. 269-95 (1959). - Ref.C.A. 53. 12410h (1959).

Stärkebildung in Albinoteilen von panaschierten Blättern. Konagamitsu, Y. und Ono, H. Sieboldia (Fukuoka) 2. 137-42 (1959).

Stärke, Gesamtzucker und Feuchtigkeitsgehalt von Bambusa vulgaris in Beziehung zum Befall durch Dinoderus minutus. Viado, G.B. und Ylagan, M.M. Philippine Agriculturist 41. 215-22 (1957). - Ref.C.A. 54. 14370a (1960).

Untersuchungen über den Zuckerstoffwechsel in viruskranken Pflanzen von Spinacia oleracea. Gerola, F.M. und Vaccari, E. Rend.Ist.lombardo Sci.Lettere, Cl.Sci.mat.natur. 88. (3) 19. 582-91 (1955). - Ref.C. 1959. 7842.

Über die Stärkespeicherung der durch Neuroterus lenticularis Oliv. verursachten Eichengallen. Gertz, O. Kungl.fysiogr.Sällsk.Lund Förh. 15. 13-21 (1945). - Ref.C. 1946. II. 75.

Über die Pufferung der Preßsäfte abbaukranker und gesunder Knollen der Kartoffel. Wartenberg, H. Phytopathol.Z. 10. 43 (1937).

Biochemie der Ährenkrankheit von Vinca rosa Linn. Iyengar, A.V.V. J.Indian.Inst.Sci.Ser.A. 18. 61-67 (1935). - Ref.C. 1936. II. 320.

Stärkespeicherung in stenosiskranken Baumwollpflanzen. Likhite, V.N. und G.H. Desai. Current Sci. 3. 356 (1935). - Ref.C. 1936. I. 2124.

Untersuchungen über die Physiologie der Viruskrankheiten der Kartoffel: Vergleich des Kohlenhydratstoffwechsels normaler Kartoffeln und solcher mit Blattrollkrankheit. Barton-Wright, E. und M'Bain, A. Trans Roy.Soc.Edinburgh 57. 309-49 (1933). - Ref.C. 1934. I. 1508.

Beiträge zum Studium der Blattrollkrankheit der Kartoffel. I. Über die Wirkung von Salzlösungen auf die Ableitung der in Blättern rollkranker Kartoffelpflanzen gestauten Stärke. Ludewig, K. Landwirtsch.Jb. 63. 277-303 (1926). - Ref.C. 1926. I. 2482.

Wirkung gewisser Fusariumarten auf die Zusammensetzung der Kartoffel (Solanum tuberosum). Hawkins, L.A. J.agric.Res. 6. 183-96 (1916). - Ref.C. 1916. II. 515.

Studie über Phagocytose in den Wurzelknöllchen der Cycadeen. Zach, F. Bot.Z. 60. 49-55 (1910).

Beobachtungen über die Korrosion der Stärkekörner durch einen Mikrokokkus in rötlichen Getreidekörnern. Prillieux, E. Bull. Soc.bot.France 26. 187-189 (1879).

7255. Sonstige Einflüsse

Chemische Unterschiede zwischen Sonnen- und Schattenblättern der Blutbuche (Fagus sylvatica). Kausch, W. und Haas, W. Naturwissenschaften 52. 214-15 (1965). - Ref.C.A. 63. 4660c (1965).

Über den Einfluß von Erbgut und Umwelt auf das Verhältnis von Amylose zu Amylopektin und den Phosphorsäuregehalt verschiedener Kartoffelstärken. Effmert, B. und Vogel, J. Züchter 35. 123-28 (1965).

Der Einfluß der Anbauverhältnisse auf die Eigenschaften der Kartoffelknolle und der Stärke. Wegner, H. und Koepf, H. Stärke 15. 119-25 (1963). - Ref.C. 1964. 16-2698.

Zur Untersuchung der Stärke von Kartoffelarten und -sorten an einigen Standorten der UdSSR. Lukownikowa, G.A. und Ssamorodowa-Bianki, G.B. Kohlenhydrate und Kohlenhydratstoffwechsel (russ.), Verlag Akad.Wiss.UdSSR, Moskau 1962. 225-29. - Ref.C.A. 59. 14499g (1963), Stärke 17. 205 (1965).

Mangelnde Korrelation zwischen den Amylose-Gehalten von Pollen und Endosperm im Mais. Zuber, M.S., Deatherage, W.L., McMasters, M.M. und Fergason, V.L. Agronomy J. 52. 411-12 (1960). - Ref.C. 1962. 16737.

Auflösung von Stärke in Tabakblättern im Licht. Chan, Tsin-Tze und Bird, I.F. J.exp.Botany 11. 335-40 (1960). - Ref.C.A. 55. 23693d (1961).

Beitrag zum glykosidischen Stoffwechsel der Borraginaceen. Boudru, R. Rev.gén.Bot. 64. 153-92 u. 197-260 (1957). - Ref.C. 1962. 7576.

Das Verhalten von organischen Säuren und Stärke in Bryophyllumblättern bei dauernder Belichtung. Vickery, H.B. J.biol.Chemistry 205. 369-81 (1953). - Ref.C. 1954. 6261.

Die Stärkeprobe als ein Verfahren zur Diagnose der Dürrefestigkeit der Pflanzen. Genkel, P.A. Ber.Akad.Wiss.UdSSR (russ.) 86. 1049-52 (1952). - Ref.C. 1955. 134.

Von der Jahreszeit abhängige Veränderungen in den Konzentrationen von Zucker und Stärke in Blättern und Zweigen des Citrusbaumes. Winston, W.J. und Steinecker, M.L. Proc.Amer.Soc.horticult. Sci. 58. 85 (1951).

Der Einfluß der Bestäubung auf den Stoffwechsel im Griffel der Maisblüte. Britikow, Je.A. Ber.Akad.Wiss.UdSSR (russ.) 78. 1037-40 (1951). - Ref.C. 1951. II. 3607.

Über die Anhäufung von Stärkekörnern in den Trennungszellen der Nepta- und Dracocephalum-Teil-Früchten bei ihrer Ablösung vom Fruchtstiel. Baciu, V.A. Bull.Sect.sci.Acad.roum. 25. 31-36 (1942). - Ref.C. 1943. II. 1019.

Relative Kohlenhydrat- und Stickstoffkonzentration in neuen Geweben die an geringelten Zweigen gebildet wurden. Murneek, A.E. Proc. Amer.Soc.horticult.Sci. 38. 133-36 (1941). - Ref.C. 1941. II. 2216.

Einflüsse des Kohlenbogenlichtes auf die chemische Zusammensetzung und die vegetative Fortpflanzung der Tomatenpflanze bei beschränkter Stickstoffgabe. Mitchell, J.W. Plant Physiol. 11. 833-41 (1938). - Ref.C. 1938. II. 2132.

Die jahreszeitlich bedingten Veränderungen in Stärke und Fettreserven einiger Waldpflanzen. Ishibe. O. Mem.Coll.Sci. Kyoto Imp. Univ.sci. 11. 1-53 (1935).

Hydrolyse in grünen Pflanzen durch Mondlicht. Semmens, E.S. Nature (London) 130. 243 (1932). - Ref.C. 1932. II. 3903.

Von der Jahreszeit abhängige Veränderungen in den Nadeln von Coniferen hinsichtlich der Enzym- und Stärkebildung. Doyle, J. und Clinch, P. Proc.Roy.Acad., Sect.B. 37. 373-414 (1927).

Einige Versuche mit Hochspannungskathodenstrahlen außerhalb der Erzeugerröhre. Coolidge, W.D. und Moore, C.N. J.Franklin Inst. 202. 722-35.(1926). - Ref.C. 1927. I. 1658.

Einfluß des Welkens auf den Stärkegehalt der Schließzellen. Iljin, W.S. Jb.wiss.Bot. 61. 670 (1923).

Bewegliche Stärke und Geotropismus. Zaepffel, E. C.R.hebd.Séances Acad.Sci. 173. 442-445 (1921). - Ref.C. 1921. III. 1475.

Über das geotropische Verhalten entstärkter Keimpflanzen und den Abbau der Stärke in Gramineen-Koleoptilen. Zollikofer, Cl. Ber.dtsch.bot.Ges. 36. 30-38 (1918). - Ref.C. 1918. II. 43.

Umsetzungen in Kartoffeln während des Trocknens. 2. Mitt. Waterman, H.J. Chem.Weekbl. 12. 48-49 (1915). - Ref.C. 1915. I. 761, W.Ref. 2111.

Umsetzungen der Stärke in Kartoffeln während des Trocknens. 1.Mitt. Huizinga, A. und Vries, H.J.F.de. Chem.Weekbl. 12. 268-72 (1915). - Ref.C. 1915. I. 1272.

Umwandlungen der Stärke in Kartoffeln während des Trocknens. Waterman, H.J. Chem.Weekbl. 11. 344-48 (1914). - Ref.C.1914. I.2018, W.Ref. 2109.

Die Ursache für die anormalen Mengen von Stärke in angeschlagenen Äpfeln. Warcollier, G. C.R.hebd.Séances Acad.Sci. 141. 405-408 (1905). - Ref.C. 1905. II. 1266, W.Ref. 2844.

Beitrag zur Kenntnis des funktionellen Wertes der Stärkescheide. Tondera, F. Bull.Acad.Sci.Cracovie, Cl.Sci.math.natur. 1903. 512-516. - Ref.C. 1903. II. 1449, W.Ref. 721.

Über die Statolithenfunktion der Stärkekörner. Haberlandt, G. Ber.dtsch.bot.Ges. 20. 189 (1902).

Über die physiologische Funktion der Stärkescheide. Heine. Ber. dtsch.bot.Ges. 1885. 189.

Der umwandelnde Einfluß des Sonnenlichtes auf pflanzliche und tierische Stärke; über Dextrin, Rohrzucker, Oxalsäure unter demselben Einfluß und über einige Stoffe, die die Sonneneinwirkung vermindern oder vermehren. Niepce und Corvisart, L. C.R.hebd. Séances Acad.Sci. 49. 368-371 (1859). - W.Ref. 662.

Wirkung des Lichtes auf Stärke und Dextrin. Niepce. Soc.chim. Paris, Répertoire Chim.appl. 1. 349-350 (1858-59). - W.Ref.660.

73. Chemische Konstitution der Stärkekohlenhydrate

730. Allgemeines
731. Stärke allgemein, verschiedene Bindungen
732. Chemische Konstitution der Stärke bestimmter Pflanzen
733. Chemische Strukturbestimmungsmethoden: Methylierung, Oxydation, Abbau, Endgruppenbestimmung
734. Sonstige chemische Stärkereaktionen und Konstitution
735. Enzymatischer Auf- und Abbau der Stärke

730. Allgemeines

Zur Frage der Polysaccharidkonstituenten der Stärke. Augustat, S. Stärke 12. 42-51 (1960). - Ref.C.A. 54. 13702h (1960), C. 1961. 10969.

Zur Frage der Polysaccharidkonstituenten der Stärke. Augustat, S. Ernährungsforschung 4. 356-75 (1959). - Ref.C. 1960. 4857, Stärke 13. 61 (1961).

Chemie der Stärke. Nikuni, Z. Chem. and chem.Ind. (Japan) 10. 591-96 (1957). - Ref.C. 1958. 8070.

Beiträge zur Chemie der Stärke und der Cycloglucane (Schardinger-Dextrine. Freudenberg, K. Angew.Chem. 69. 419-22 (1957). - Ref.C. 1958. 6274, C.A. 54. 13701i (1960).

Neue Fortschritte auf dem Gebiet der Chemie und Gewinnung der Stärke. 2. Mitt. Dux, E.F.W. Food Manufact. 31. 9-12 (1956).

Neue Fortschritte auf dem Gebiet der Chemie und Gewinnung der Stärke. 1. Mitt. Dux, E.F.W. Food Manufact. 30. 492-98 (1955). - Ref.C. 1957. 10634, Stärke 8. 215 (1956).

Ein Beitrag zur Konstitution der Stärke. Blom, J. und Schwarz, B. European Brewery Convent., Proc.Congr. 1955. 14-16. - Ref.C. 1959. 16181.

Die Struktur von Stärke. Montagu, M.van. Meded.vlaamse chem.Veren. 17. 122-27 (1955). - Ref.C. 1956. 447.

Eine kurze Bemerkung zur Chemie der Stärke. Radley, J.A. Vestnik Sloven.Kem.Drustva 1. 113-16 (1954). - Ref.C.A. 50. 5315i (1956).

Chemische Struktur von Stärke und Glykogen. Dumazert, Chr. Bull. Soc.pharmac. Marseille, Bull.trimest.Nr.10. 133-47 (1954). - Ref.C.A. 49. 11307e (1955).

Die Konstitution der Stärke. Hamilton, J.K. Univ.Mikrofilms, Publ.Nr. 7284. 178 S. - Ref.C.A. 48. 7324g (1954).

Stärkeuntersuchungen. 4. Mitt. Strukturfragen. Bauer, A.W. und Pacsu, E. Textile Res.J. 23. 853-59 (1953). - Ref.C. 1954. 9773.

Struktur der Stärke. Hopkins, R.H. Nature (London) 171. 429-430 (1953). - Ref.C. 1954. 798, C.A. 49. 8623b (1955), Stärke 7. 222 (1955).

Über den augenblicklichen Stand der Stärkechemie. Meyer, K.H. und Gibbons, G.C. Advances Enzymol. 12. 341-77 (1951). - Ref.C.A. 46. 3781f (1952).

Der Chemiker betrachtet Stärke. Dimler, R.J. U.S.Dep.Agric.Yearbook 1951. 129-35.

Einige neue Beiträge zur Stärkechemie. (162 Hinweise). Bourne,E.J. Chem.and Ind. 1951. 1047-52. - Ref.C.A. 46. 2322e (1952), C. 1955. 372.

Über ein neues Strukturmodell für Stärke und Glykogen. Dumazert, Chr. Bull.Soc.Chim.biol. 32. 998-1008 (1950). - Ref.C.1950/54. 1727 S.

Chemie der Stärke und des Glykogens. Hirst, E.L. Pharmac.J. 163. (109). 478-79 (1949). - Ref.C. 1950. II. 1701.

Untersuchung von Kolonialprodukten. Fortschritte in der Chemie des Zuckers und der Stärke. Chem.Trade J.chem.Engr. 125. 161-62 (1949). - Ref.C. 1950. II. 1408.

Bemerkung über die Konstitution von Stärken. Sutra, R. Congr. Manioc., Marseille 1949. 57-58.

Die Einwirkung von Saccharose auf den retrograden Abbau von α-Stärke. Nikuni, Z., Fuwa, H. und Tatsumi, C. Mem.Inst.sci.Ind.Res., Osaka Univ. 6. 87-88 (1948). - Ref.C. 1949. E 6620.

Zusammensetzung und chemischer Aufbau der Stärke. Brun, H. Ind. agric.aliment. 65. 135-48 (1948).

Die Depolymerisation von Stärkemakromolekülen. Fuller, C.H.F. Proc. XI. int.Congr.pure appl.Chem., London 3. 485-92 (1947). - Ref.C. 1949. E 6621.

Zur Frage der Einheitlichkeit der Stärke. Siebert, W. Dissertation, Berlin T.U. 1947.

Über einige Punkte der Konstitution der Stärke. Sutra, R. Bull. Soc.Chim.biol. 29. 221-31 (1947).

Stärke und Glykogen. Kermack, W.O. Sci.Progr. 34. 778-86 (1946).

Neue Erkenntnisse in der Stärkechemie. Hixon, R.M. und Rundle,R.E. in: J. Alexander, Colloid-Chemistry, Vol.5, S.667-683, Reinhold Publishing Co. New York 1944. - Ref.C.A. 38. 2973 (1944).

Einige neuere Entwicklungen in der Stärkechemie. Hixon, R.M. Bakers Digest 17. 19-21 (1943). - Ref.C.A. 37. 3295 (1943).

Über die Konstitution von Stärke. Dumazert, C., Lehr, H. und Michel, R. Bull.Soc.chim.France, Mem. 10. 410-11 (1943). - Ref.C. 1944. I. 547.

Konstitution der Stärke. Bois, E. Canad.Chem.Process Ind. 27. 362, 364 (1943). - Ref.C.A. 38. 5685 (1944).

Neuere Untersuchungen über die Konstitution der Stärke. Myrbäck,K. Tekn.Samfund.Handl. 1941. 79-129. - Ref.C. 1942. II. 531.

Das Stärkemolekül. Caesar, G.V. und Cushing, M.L. J.physic.Chem. 45. 776-90 (1941). - Ref.C. 1941. II. 2815.

Über den Bau der Stärke nach den neueren Untersuchungen. Schulerud, A. Tidsskr.Kjemi Bergves. 1. 12-17 (1941). - Ref.C. 1941. II. 41.

Die neueren Ergebnisse der Stärkeforschung. III. Die Konstitution der Stärke. Samec, M. Kolloid-Beih. 51. 359-428 (1940). - Ref.C. 1940. II. 2466.

Über verzweigte und unverzweigte Stärkebestandteile. Meyer, K.H. Naturwissenschaften 28. 397 (1940). - Ref.C. 1940. II. 1021.

Über den Bau der Stärkemoleküle. Staudinger, H. und Husemann, E. Naturwissenschaften 28. 461 (1940). - Ref.C. 1940. II. 2303.

Das Problem der Stärkestruktur. Pronin, S.I. Fortschr.Chem.(russ.) 7. 824-56 (1938). - Ref.C. 1939. I. 1740.

Zur Kenntnis der chemischen Struktur der Stärkekörner. Lepeschkin, W.W. Protoplasma 30. 309-10 (1938). - Ref.C. 1938. II. 1604.

Der Aufbau der Stärke und ihre technisch wichtigen Eigenschaften. Samec, M. Papierfabrikant 36. Techn.-wiss.Teil 495-97 (1938). - Ref.C. 1939. I. 2690.

Beitrag zum Studium der Konstitution der Stärke. II. Über die Beziehungen zwischen natürlicher Stärke und den mit "Amylopektin" und "Amylose" bezeichneten Substanzen sowie über die Einwirkung von Wasser auf die Stärke. Reich, W.S. und Damanski, A.F. Bull.Soc.Chim.biol. 19. 357-91 (1937). - Ref.C. 1937. II. 4318.

Beitrag zum Studium der Konstitution der Stärke. I. Die Frage der Einheitlichkeit der natürlichen Stärke. Reich, W.S. und Damanski, A.F. Bull.Soc.Chim.biol. 19. 158-89 (1937). - Ref.C. 1937. II. 4318.

Über hochpolymere Verbindungen. 150. Mitt. Über die Konstitution der Stärke. Staudinger, H. und Husemann, E. Liebigs Ann.Chem. 527. 195-236 (1937). - Ref.C. 1937. II. 750.

Über den Bau der Stärke. 136. Mitt. Über hochpolymere Verbindungen. Staudinger, H. und Eilers, H. Ber.dtsch.chem.Ges.69. 819-848 (1936). - Ref.C. 1936. II. 1695.

Untersuchungen über die Spaltung und über den Aufbau der Stärke (u. a. Reis- und Weizenstärke). Reschke, K. Dissertation, Berlin T.H. 1935.

Die Natur der Stärke. Gibson, G.S. Textile Colorist 57. 198 (1935). - Ref.C. 1935. II. 303.

Das Problem der Stärkekonstitution. Verschiedene Gesichtspunkte zu diesem Problem. Sutra, R. Hermann et. Cie., Paris 1934. 40 S. - Ref.C. 1934. II. 72.

Beiträge zur Chemie der Stärke und anderer Polysaccharide. Freudenberg, K. Angew.Chem. 47. 675-77 (1934). - Ref.C. 1934. II. 3926.

Die Chemie der Stärke. Pringsheim, M. Chim.et Ind. 31. Sond.-Nr. 4. bis 996-99 (1934). - Ref.C. 1934. II. 2067.

Die Konstitution der Stärke. Haworth, W.N. J.Soc.chem.Ind.,Chem. and Ind. 53. 1059 (1934). - Ref.C. 1935. I. 2011.

Einige technisch wichtige Eigenschaften der Stärke im Zusammenhang ihrer Konstitution. Samec, M. J.Soc.chem.Ind. Trans. and Commun. 52. 389-91 (1933). - Ref.C. 1934. I. 1571.

Über die Struktur der Stärke. Sutra, R. C.R.hebd.Séances Acad. Sci. 195. 1282-84 (1932). - Ref.C. 1933. I. 2086.

Beitrag zum Studium der Stärke. Effront, J. Ann.Soc.Zymologie pure appl. 2. 5-32 (1930). - Ref.C. 1930. II. 2886.

Die Konstitution der Stärke. Schoen, M. Bull.Soc.Chim.biol. 12. 1033-99 (1930). - Ref.C. 1931. II. 40.

Zur Konstitution der Stärke. Pouzet, A. Rev.gén.Teinture, Impress. Blanchiment, Apprêt (Tiba) 8. 1297 (1930). - Ref.C. 1931. I.927.

Untersuchungen über die Chemie der Stärke. Irvine, J.C. Recueil Trav.chim. Pays-Bas 48. 813-16 (1929). - Ref.C. 1929. II. 2436.

Ein Beitrag zur Konstitution der Stärke. Meyer, K.H., Hopff, H. und Mark, H. Ber.dtsch.chem.Ges. 62. 1103-12 (1929). - Ref.C. 1929. II. 159.

Zur Chemie der Stärke. Ekhard, W. Z.Spiritusind. 50. 172-73 (1927). - Ref.C. 1927. II. 1211.

Zur Konstitution der Stärke. Weidenhagen, R. Z.Ver.dtsch.Zuckerind. 77. 474-80 (1927). - Ref.C. 1927. II. 1341.

Die Konstitution der Polysaccharide. X. Die molekulare Einheit der Stärke. Irvine, J.C. und Macdonald, J. J.chem.Soc.(London) 1926. 1502-18. - Ref.C. 1926. II. 1264.

Über die Konstitution der Stärke, des Glykogens und der Flechtenstärke (Beiträge zur Chemie der Stärke XII). Pringsheim, H. Ber.dtsch.chem.Ges. 57. 1581-1598 (1924). - Ref.C. 1924. II. 2243, W.Ref. 612.

Einige neue Fortschritte in unserer Kenntnis über die Chemie der Stärke. Ling, A.R. J.Soc.chem.Ind. 42. 1036-1037R (1923). - W.Ref. 492.

Der Aufbau der Stärke und des Glykogens. Karrer, P. Naturwissenschaften 9. 399-403 (1921). - Ref.C. 1921. III. 214, C.A. 16. 2314 (1922), W.Ref. 476.

Polysaccharide. 6. Mitt. Die Konstitution der Stärke und des Glykogens. Karrer, P. und Nägeli, C. Helv.chim.Acta 4. 263-269 (1921). - Ref.C. 1921. I. 936.

Studien über Stärke. Reychler, A. Bull.Soc.Chim.Belgique 29. 309-317 (1920). - Ref.C. 1921. III. 1000, W.Ref. 1351.

Neue Ergebnisse der Stärkechemie. Pringsheim, H. Naturwissenschaften 3. 95-99 (1915). - Ref.C. 1915. I. 936.

Die chemische Konstitution der Stärke. Thomas, A.W. Biochem.Bull. 4. 379-397 (1915). - W.Ref. 464.

Einige Bemerkungen über die Chemie der Stärke und ihre Umwandlung. Davis, W.A. J.Soc.Dyers Colourists 30. 249-255 (1914). - W.Ref. 363.

Über den gegenwärtigen Stand der Stärkechemie. Pringsheim, H. Landwirtsch.Versuchsstat. 84. 267-82 (1914). - Ref.C. 1914. II. 565, W.Ref. 463.

Beiträge zur Chemie der Stärke. III. Pringsheim, H. und Eissler,F. Ber.dtsch.chem.Ges. 47. 2565-72 (1914). - Ref.C. 1914. II.1225, W.Ref. 631.

Die Chemie der Stärke. Frankforter, G.B. 8.Int.Congr.appl.Chem., Washington and New York, Orig.Commun. 13. 133-145 (1912). - W.Ref. 462.

Einige spezielle Ansichten über Stärke. Duryea, C.B. 8.Int.Congr. appl.Chem., Washington and New York, Orig.Commun. 13. 125-129 (1912). - W.Ref. 578.

Über die chemische Natur und die Struktur der Stärke. Jentys, E. Acad.Sci.Cracovie, Bull.int., Cl.Sci.math.natur. 1907. 203-252. - Ref.C.A. 1. 2313 (1907), C. 1907. II. 687, W.Ref. 563.

Über hochpolymere Verbindungen. 65. Mitt. Das Polyäthylenoxyd, ein Modell der Stärke. Staudinger, H. und Lohmann, H. In: Staudinger, Die hochmolekularen Verbindungen, S. 287-332, Springer, Berlin 1932. - Ref.C. 1932. II. 1906.

Konstitution der Stärke. Maquenne, L. und Roux, E. Bull.Assoc. Chimistes.Sucr.Distill. France Colonies 22. 1299-1301 (1905). - Ref.C. 1905. II. 760.

Über die Struktur der Stärkemoleküle. Hale, F.E. School Mines quarterly 24. 145-170 (1903). - W.Ref. 455.

Über die Konstitution der Stärke. Syniewski, V. Liebigs Ann.Chem. 324. 212-268 (1902). - Ref.C. 1902. II. 984-986, W.Ref. 308.

Über die Konstitution der Stärke. Syniewski, W. Liebigs Ann.Chem. 309. 282-315 (1899). - Ref.C. 1900. I. 19-20, W.Ref. 453.

Über die Konstitution der Stärke. Syniewsky, W. Bull.Acad.Sci. Crac. 1899. 245.

Zur Chemie der Stärke. Lintner, C.J. Chemiker-Ztg. 21. 737-738, 752-754 (1897). - Ref.C. 1897. II. 841-842, W.Ref. 451.

Die Bildung von Stärke aus Formaldehyd. Bokorny, Th. Ber.dtsch. bot.Ges. 9. 103 (1891).

Beiträge zur näheren Kenntnis der Stärkegruppe in chemischer und physiologischer Beziehung. Nägeli, W. Inauguraldissertation Univ. München 1874. 115 S.

731. Stärke allgemein, verschiedene Bindungen.

Konformation und intramolekulare Wasserstoffbindung in Glucose- und Xylose-Derivaten. Michell, A.J. und Higgins, H.G. Tetrahedron (London) 21. 1109-20 (1965). - Ref.C. 1966. 9-0806.

Mögliches Vorliegen von α-(1 → 3)-glucosidischen Bindungen in Polysacchariden vom Stärketyp. Manners, D.J. und Mercer, G.A. Biochem.J. 89. 34P-35P (1963). - Ref.C. 1966. 24-1018.

Die Beweglichkeit der Hydrathüllen von Stärke. Wartapetjan, B.B. Ber.Akad.Wiss.UdSSR (russ.) 147. 221-23 (1962). - Ref.C.A.(M.) 58. 7017a (1963), C. 1964. 47-0938, Stärke 17. 102 (1965).

Methoden in der Strukturchemie von Polysacchariden. Bouveng, H.O. und Lindberg, B. Advances Carbohydrate Chem. 15. 53-89 (1960). - Ref.C. 1961. 10970.

Chemische Synthese von Oligosacchariden bzw. Polysacchariden. Micheel, F. und Gresser, W. Acta chim.Acad.Sci.hung. 18. 937 (1959).

Wasserstoffbindungen und Eigenschaften von Stärke. Knjaginitschew, M.I. und Bolchowitina, J.R. Ber.Akad.Wiss.SSSR (russ.) 126. 1129-31 (1959). - Ref.C.A. 53. 20867b (1959), C. 1960. 7190, Stärke 12. 252 (1960).

Stabilitätsprüfung der Disaccharid-Bindung. Kisfaludy, L. Elelmiszervizsgálati Közlemények 5. 91-97 (1959).

Chemische Synthese von Oligo- und Polysacchariden. 1. Mitt. Micheel, F. und Gresser, W. Chem.Ber. 91. 1214-16 (1958). - Ref.Stärke 10. 329 (1958).

Chemische Synthese einer α-1.3-glucosidischen Bindung. Matsuda,K. Chem. and Ind. 1958. 1627. - Ref.Stärke 11. 88 (1959).

Stabilität der Glykosid-Bindungen in Kohlenhydraten. Wright, W.G. J.chem.Soc. (London) 1957. 1913-16.

Vorkommen der 1-3-Bindung in Stärken. Wolfrom, M.L. und Thompson, A. J.Amer.chem.Soc. 78. 4116 (1956). - Ref.Stärke 9. 141 (1957).

Selektive Spaltung von α-Glucosid-Bindungen in Stärke durch chemische Agentien. 2. Mitt. Horitsu, K. J.agric.chem.Soc. Japan 30. 738-42 (1956). - Ref.C.A. 52. 12437g (1958).

Stufenweise Spaltung der α-Glucosidbindungen in der Stärke durch chemische Reagentien. 1. Mitt. Horitsu, Keisuke. J.agric.chem. Soc. Japan 29. 887-92 (1955). - Ref.C. 1959. 2487.

Untersuchungen über die Struktur von Stärke. 1. Mitt. Analytische Methoden. Fuller, C.H.F., Lampitt, L.H. und Coton, L. J.Sci. Food Agric. 6. 656-60 (1955). - Ref.C.A. 50. 6077h (1956), C. 1959. 4585.

Kupferammoniak-Glykosid-Komplexe. VII. Ausbildung von Glukopyranosidringen in Amylose. Reeves, R.E. J.Amer.chem.Soc. 76. 4595-98 (1954). - Ref.Stärke 7. 190 (1955), C.A. 49. 13114g (1955), C. 1956. 11452.

Die Verschiedenheit der durch Amylasen spaltbaren Bindungen der Kartoffelstärke. Blom, J. und Schwarz, B. Acta Chem.scand. 8. 407-11 (1954). - Ref.C. 1955. 120, C.A. 51. 9189h (1957).

Die Dispergierung der Kartoffelstärke in Abwesenheit von Luft. Sauerstoffempfindliche Bindungen in der Stärke. Baum, H.A. und Gilbert, G.A. Chem. and Ind. 1954. 489. - Ref.C. 1955. 3157, C.A. 48. 9094a (1954).

Chemischer Abbau von C^{14}-enthaltender Glucose und seine Bedeutung bei C^{14}-enthaltender Stärke von Polytomella coeca. Bevington, J.C., Bourne, E.J. und Turton, C.N. Chem. and Ind. 1953. 1390-91. - Ref.C.A. 48. 5914c (1954).

Zur Frage furanosidischer Bindungen in der Stärke. Lindberg, B. Acta chem.scand. 7. 237-38 (1953). - Ref.C. 1954. 2840.

Bindungstypen der Stärke. Blom, J. und Schwarz, B. Acta chem. scand. 6 (5) 697-708 (1952). - Ref.C. 1953. 4381.

Die Kettenverzweigungen von Stärke. Thomas, G.J. Dissertation, Univ. of Wales 1952.

Probleme in der modernen Stärkechemie. Badenhuizen, N.P. South African ind. Chemist 5. 122-28 (1951). - Ref.C. 1950/54. 8240 S.

Die Struktur der Stärke. Das Verhältnis der Ketten-Glieder zu den Endgruppen. Brown, F., Halsall, E.L., Hirst, u. Jones, J.K.N. J.chem.Soc. (London) 1948. 27-32. - Ref.C. 1949. I. 993.

Oxydation von Disacchariden und Dextrinen mit $Pb(O.CO.CH_3)_4$ und HJO_4. Ein Versuch zur einfachen Bestimmung der Stellung der Glykosidbindungen in verschiedenen Disacchariden und Dextrinen. Ahlborg, K. Svensk kem. Tidskr. 54. 205-17 (1942). - Ref.C. 1943. I. 279.

Bindung zwischen den sich wiederholenden Einheiten in dem Stärkemolekül. Barker, C.C., Hirst, E.L. und Young, G.T. Nature (London) 147. 296 (1941). - Ref.C. 1941. II. 1509.

Die Stelle der Verzweigung der Stärkeketten. Freudenberg, K. und Boppel, H. Naturwissenschaften 28. 264 (1940). - Ref.C. 1940. 764.

Die Lage der Verzweigungsstelle in der Stärke. Freudenberg, K. und Boppel, H. Ber.dtsch.chem.Ges. 73. 609 (1940).

Die Natur der Bindungen in der Stärke. Bawn, C.E.H., Hirst, E.L. und Young, G.T. Trans.Faraday Soc. 36. 880-85 (1940). - Ref.C. 1941. I. 2786.

Untersuchungen der oxydativen Spaltung der Kohlenstoffketten bei Glykosiden. Eine neue Methode zur Bestimmung von Ringstrukturen und der α- und β-Konfiguration von Glykosiden. Jackson, E.L. und Hudson, C.S. J.Amer.chem.Soc. 59. 994-1003 (1937). - Ref.C.1938. I. 4325.

Untersuchungen über Stärke. Effront, J. Rev.acad.Cienceias,Madrid 30. 52-80 (1933). - Ref.C.A. 27. 3846 (1933).

Zur Kenntnis der Stärke und des methylierten Traubenzuckers (u.a. versch.Getreidestärken). Ziese, W. Dissertation, München 1929.

Über die Verknüpfungsstelle der Traubenzuckerreste in der Stärke. Abbau von Monomethyltrihexosan zur 6-Methylglucose. Kuhn, R. und Ziese, W. Ber.dtsch.chem.Ges. 59. 2314-16 (1926). - Ref.C. 1926. II. 2782.

Über Verseifungszahlen von Stärkearten. Rosenthaler, E. Pharmaz. Zentralhalle Deutschland 66. 631 (1925). - W.Ref. 620.

Über die Säureeigenschaften der Stärke. Demoussy, E. C.R.hebd. Séances Acad.Sci. 142. 933-935 (1906). - Ref.C. 1906. I. 1654, W.Ref. 998.

732. Chemische Konstitution der Stärke bestimmter Pflanzen.

Untersuchungen über die Biosynthese von Stärkekörnern. 3. Mitt. Die Eigenschaften der Stärkekomponenten aus wachsenden Kartoffelknollen. Geddes, R., Greenwood, C.T. und MacKenzie, S. Carbohydrate Res. 1. 71-82 (1965). - Ref.C.A. 63. 15448d (1965), Stärke 18. 88, 301 (1966).

Eine Untersuchung der Stärke von den Beeren der Kartoffel, Solanum tuberosum. Greenwood, C.T. und MacKenzie, S. Stärke 15. 251-55 (1963). - Ref.C. 1964. 52-2710, C.A. 60. 12277a (1964).

Über eine Methode der Abtrennung von Maisstärke im Zusammenhang mit deren biochemischen Eigenschaften. Pissanski, A.P. Hochschulnachr., Nahrungsmittel-Technol. (russ.) 1963. Nr.4. 24-29. - Ref.J.Chem. (russ.) 1964. 5 R334.

Der Einfluß verschiedener Extraktionsmittel auf die chemische Struktur von Stärke aus Tabakblättern und Kartoffelknollen. Matheson, N.K. und Wheatley, J.W. Austral.J.biol.Sci. 15. 312-23 (1962). - Ref.Stärke 14. 436 (1962), C. 1963. 4407.

Zusammensetzung der Komponenten von zwei amylosereichen Maishybriden. Anderson, R.A., Uhl, D.E., Deatherage, W.L. und Griffin, E.L. jr. Cereal Chem. 39. 282-86 (1962). - Ref.Stärke 16. 404 (1964).

Physikochemische Studien über die Stärke der Wassernuß (Trapa bispinosa Roxb.). Murty, V.L.N., Choudhury, D. und Bagchi, P. Canad.J.Chem. 40. 2260-66 (1962).

Strukturveränderung der Stärke aus Cassavawurzel-Mehl. Maravalhas, N. Engenharia e Quim. (Rio de Janeiro) 14. Nr.2. 19-25 (1962). - Ref.C.A. 57. 10301e (1962).

Feinstruktur von Kartoffelstärke. Sterling, C. und Pangborn, J. Amer.J.Bot. 47. 577-82 (1960). - Ref.C. 1961. 1081, Stärke 13. 272 (1961), 15. 114 (1963).

Untersuchung der Stärke von Mark- und Schalerbsen. Török, G. und Széchényi, L. Központi Elelmiszeripari Kutató Intézet Közleményei (Mitt.Zentralforsch.-Inst.Lebensmittelind.) 1960. Nr.1-2. 17-24. - Ref.C. 1964. 36-2553.

Einfluß der Herstellungsmethoden auf die Qualität von Weizenstärke. 1. Mitt. Über Unterschiede der rheologischen und chemischen Eigenschaften von Handelsweizenstärke. Kawazu, S. und Takaoka, K. J.Fermentat.Technol. (Japan) 38. 77-81 (1960). - Ref.J.Chem. (russ.) 1961. Nr. 7 N342.

Biochemische Untersuchung über Reisstärke. 3. Mitt. Chemische Eigenschaften der aus verschiedenen Reisarten gewonnenen Stärken. Kurasawa, H., Igaue, I., Hayakawa, T. und Ogami, H. J.agric. chem.Soc. Japan (Nippon Nogeikagaku Kaishi) 33. 225-30 (1959). - Ref.C.A. 54. 9005b (1960).

Vergleich zwischen der Stärke von Gerste und Malz. Greenwood, C.T. und Thomson, J. J.Inst.Brewing 65. 346-53 (1959). - Ref.C.1960. 7709.

Physikalisch-chemische Untersuchungen über Stärken. 11. Mitt. Die körnige Stärke von Mais (Zea mays). Greenwood, C.T. und Gupta, P.C. Das. J.chem.Soc. (London) 1958. 707-10. - Ref.C. 1961. 12864.

Untersuchungen der Molekularstrukturen von abgebauter gewöhnlicher Reisstärke und von Wachsstärke, welche mit Jod eine gleiche Färbung geben. Nakamura, Y., Shimomura, T. und Hirano, J. J.Fac.Agric., Hokkaido Univ. 50. 141-157 (1957). - Ref.C. 1959. 11595, C.A. 52. 7747i (1958).

Holzstärke. 2. Mitt. Die Struktur der Splintholzstärke des Ahorns (Acer Spp.). Ballou, C.E. und Percival, E.G.V. J.chem.Soc. (London) 1952. 1054-56. - Ref.C. 1952. 6867, Stärke 5. 132 (1953).

Holzstärken. Campbell, W.G., Frahn, J.L., Hirst, E.L., Packmann, D.F. und Percival, E.G.V. J.chem.Soc. (London) 3489-98 (1951). - Ref.Stärke 4. 60 (1952), C. 1952. 6224, C.A. 46. 4829a (1952).

Die Konstitution der Gerstenstärke. McWilliam, I.C. und Percival, E.G.V. J.chem.Soc. (London) 1951. 2259. - Ref.Stärke 4. 13 (1952), C.A. 46. 4828h (1952).

Struktur der Stärke aus Eicheln. Hirst, E.L., Jones, J.K.N. und Roudier, A.J. Mém.Serv.chim.Etat 35. 37-44 (1950). - Ref.C. 1950/54. 5383 S.

Konstitution und Eigenschaften von Getreide- und Kartoffelstärken. Sutra, R. Bull.Soc.chim.France, Mém. 17. 294-97 (1950). - Ref.C. 1950. II. 2442, Stärke 3. 69 (1951).

Der chemische Feinbau der Getreidestärke. Ritter, K. Müllerei 2. 156-58 (1949). - Ref.C. 1950. I. 352, C.A. 46. 9876a (1952).

Stärke III. Struktur der Apfelstärke. Potter, A.L., Hassid, W.Z. und Joslyn, M.A. J.Amer.chem.Soc. 71. 4075-4077 (1949). - Ref.C. 1949. E. 5515.

Die Struktur der Eichelstärke. Hirst, E.L., Jones, J.K.N. und Roudier, A.J. J.chem.Soc. (London) 1948. 1779-1783. - Ref.Stärke 2. 307 (1950).

Untersuchungen über die Stärke. 40. Mitt. Die Kartoffelstärke. Meyer, K.H. und Rathgeb, P. Helv.chim.Acta 31. 1533-36 (1948). - Ref.C. 1950. II. 2922, Stärke 3. 43 (1951).

Der Molekülbau von Glykogen und Stärke aus den Samen von Mais. Hassid, W.Z. und McCready, R.M. J.Amer.chem.Soc. 63. 1632-35 (1941). - Ref.C. 1941. II. 2937.

Die Konstitution von Bananenstärke. Hawkins, E.G.E., Jones, J.K.N. und Young, G.T. J.chem.Soc. (London) 1940. 390-94 (1940). - Ref.C. 1940. II. 1434.

Konstitution von Dextrin und Stärke. Der Phosphorgehalt von Dextrin. Myrbäck, K. und Ahlborg, K. Svensk kem.Tidskr. 49. 216-30 (1937). - Ref.C. 1938. I. 3341.

Polysaccharide. 31. Die Konstitution der Weizen- und Roßkastanienstärke. Hirst, E.L. und Young, G.T. J.chem.Soc. (London) 1939. 951-55. - Ref.C. 1939. II. 2548.

Polysaccharide. 32. Die Molekularkonstitution der Reisstärke. Hirst, E.L. und Young, G.T. J.chem.Soc. (London) 1939. 1471-82. - Ref.C. 1940. I. 867.

Über hochpolymere Verbindungen. 191. Mitt. Über die Konstitution der Weizenstärke. Staudinger, H. und Husemann, E. Ber.dtsch. chem.Ges. 71. 1057-66 (1938). - Ref.C. 1938. II. 2717.

Die Molekularstruktur der Cannastärke. Hassid, W.Z. und Dore, W.H. J.Amer.chem.Soc. 59. 1503-08 (1937). - Ref.C. 1938. I. 1357.

Untersuchungen über Maisstärke. Meyer, K.H. und Brentano, W. C.R.Séances Soc.Physique Hist.natur.Genève 53. 11-113 (1936).

Studien über die Natur der Kartoffelstärke. Schoch, Th.J. Dissertation, Columbia Univ. New York City 1933. 20 S.

Kartoffelstärke. Taylor, T.C. und Schoch, T.J. J.Amer.chem.Soc. 55. 4248-55 (1933). - Ref.C. 1934. I. 3460.

Zur Kenntnis der Polysaccharide. 4. Mitt. Über den Aufbau der Kartoffelstärke. Karrer, P. und Nägeli, C. Helv.chim.Acta 4. 185-202 (1921). - Ref.C. 1921. I. 935, W.Ref. 474.

733. Chemische Strukturbestimmungsmethoden: Methylierung, Oxydation, Abbau, Endgruppenbestimmung

(Vgl. auch "Perjodat-Oxydation": 661)

Vergleich der Methode von Szabolcs und der Hydroxylaminmethode zur Bestimmung geringer Mengen von Carbonylgruppen in Viscose-Cellulosen. Richter, N.Je., Akim, G.L. und Nikitin, W.M. J.Angew. Chem. (russ.) 38. 1848-53 (1965).

Mikrobestimmung von Ameisensäure in Perjodat-Oxydationsmischungen. Itagaki, E. und Suzuki, S. J.Biochemistry (Tokyo) 56. 77-80 (1964). - Ref.C. 1966. 21-1216.

Methanolyse von Stärke. Langlois, D.P. In: Whistler, R.L. u.a., Methods in Carbohydrate Chem. Vol.IV., Academic Press 1964. S. 272-275.

Säurehydrolyse von Stärke zu D-Glucose. Dean, G.R. In: Whistler, R.L. u.a., Methods in Carbohydrate Chem. Vol.IV., Academic Press 1964. S. 249-250.

Endgruppen-Analyse durch Perjodat-Oxydation. Shasha, B. und Whistler, R.L. In: Whistler, R.L. u.a., Methods in Carbohydrate Chem. Vol.IV., Academic Press 1964. S. 86-88.

Bestimmung der reduzierenden Endgruppen. Perjodat-Überoxydation von reduzierenden Endgruppen: Eine chemische Methode zur Bestimmung des Polymerisationsgrades von Amylose. Whelan, W.J. In: Whistler, R.L. u.a., Methods in Carbohydrate Chem. Vol.IV., Academic Press 1964. S. 72-78.

Endgruppen-Analyse durch Methylierung. Hay, G.W., Lewis, B.A. und Smith, F. In: Whistler, R.L. u.a., Methods in Carbohydrate Chem. Vol.IV., Academic Press 1964. S. 79-82.

Endgruppen-Analyse durch Methylierung. Gaschromatographische Trennung von Methyl-D-Glucosiden. Ingle, T.R. und Whistler, R.L. In: Whistler, R.L. u.a., Methods in Carbohydrate Chem. Vol.IV., Academic Press 1964. S. 83-88.

Studien über die saure Hydrolyse von Glykosidbindungen. 5. Mitt. Der Zusammenhang zwischen der Lage der Glykosidbindungen der Polysaccharide innerhalb der Kette und der Hydrolysengeschwindigkeit. Holló, J. und Szejtli, J. Ernährungsforschung 8. 504-509 (1963).

Photocolorimetrische Schnellbestimmung von Karbonylgruppen in Dialdehydstärke. Shibuya, M., Shimada, H. und Ishi, G. J.Jap. Soc.analyt.Chem. 12. 756-58 (1963). - Ref.C.A. 62. 1834g (1965).

Die Ermittlung der funktionellen Gruppen und des Substitutionsgrades von Stärkederivaten. Huchette, M. Stärke 15. 275-80 (1963). - Ref.J.Chem. (russ.) 1964. 6 R357, C. 1964. 24-2751.

Konfigurations- und Konformationsanalysen an Kohlenhydraten mittels selektiver katalytischer Oxydation am Platinkontakt. Heyns, K. Stärke 15. 432-44 (1963).

Die Bestimmung des Polymerisationsgrades (DP) von Stärke durch die Perjodatmethode. Mejzler, D., Schmorak, J. und Lewin, M. Stärke 14. 428-32 (1962). - Ref.J.Chem.(russ.) 1963. 13 R274, C. 1964. 2-2598.

Die chemische Synthese von Polysacchariden. 3. Mitt. Stellungen der Alkylierung in teilweise methylierter Amylose. Bines, B.J. und Whelan, W.J. J.chem.Soc. (London) 1962. 4232-33. - Ref.Stärke 15. 421 (1963), C. 1966. 12-1121.

Untersuchung der relativen Reaktionsfähigkeit der primären und sekundären Hydroxyl-Gruppen von Amylose bei Methylierungsreaktionen. Smirnowa, G.S., Derewitskaja, W.A. und Rogowin, S.A. Hochmolekulare Verbind. (russ.) 4. Nr.1. 80-84 (1962). - Ref.C.A. 57. 15716 d (1962), C. 1963. 6253.

Eine angenäherte Bestimmung des Zahlenmittels des Polymerisationsgrades von Amylose und Amylopektin in schwach abgebauter (unfraktionierter) Stärke durch die Perjodat-Methode. Schmorak, J., Mejzler, D. und Lewin, M. J.Polymer Sci. 55. 437-42 (1961). - Ref.C. 1962. 18134.

Die relative Acidität der Hydroxylgruppen in D-Glucose, α- und ß-Methylglucosiden, Maltose und Cellobiose. Derewitskaja, W.A., Smirnowa, G.S. und Rogowin, S.A. Ber.Akad.Wiss.UdSSR (russ.) 141. 1090-92 (1961). - Ref.C.A. 56. 14379c (1962).

Das Versagen von Alkalimethoden zur Messung des Polymerisationsgrades von Kohlenhydraten. Vergleich mit der Chloritmethode. Launer, H.F. und Tomimatsu, Y. Analytic.Chem. 33. 79-83 (1961). - Ref.C. 1961. 15510, C.A. 55. 10932b (1961), Stärke 14. 301 (1962).

Die Anwendung der Weermann-Reaktion auf Polysaccharide. O'Colla, P.S., O'Donnell, J.J. und Mulloy, J.A. Proc.chem.Soc. (London) 1961. 300. - Ref.C.A. 56. 8822c (1962).

Die Bestimmung von geringen Konzentrationen von Carbonylgruppen in Stärke durch die Cyanhydrin-Methode. Schmorak, J. und Lewin, M. Analytic.Chem. 33. 1403-05 (1961). - Ref.C.A. 56. 27c (1962), C. 1962. 7732, Stärke 14. 301 (1962).

Bestimmung des Polymerisationsgrades von reduzierenden Pentose- und Hexose-Oligosacchariden. Timell, T.E. Svensk Papperstidning 63. 668-72 (1960). - Ref.Stärke 14. 301 (1962).

Zur Carboxylgruppenbestimmung in Cellulose. Rebek, M., Kirnbauer, A. und Semlitsch, M.F.K. Papier 14. 510-17 (1960). - Ref.C. 1962. 11416.

Zur Bestimmung der Carbonylgruppen in Cellulose. Stübchen-Kirchner, H. Österr.Chemiker-Ztg.61. 132-41 (1960). - Ref.C. 1962. 11416.

733

Anwendung von Perjodsäure zur Untersuchung der Struktur von Kohlenhydraten. Courtois, J.E. An.Real Soc.españ.Fisica Quim. Ser.B. 56. 93-110 (1960). - Ref.C.A. 54. 18371d (1960).

Spektrophotometrische Bestimmung von Carboxyl in oxdierter Stärke. Cheung, H.C., Carroll, B. und Weill, C.E. Analytic.Chem. 32. 818-20 (1960). - Ref.J.Chem. (russ.) 1961. 2 N314, C. 1961. 4915.

Bestimmung des Molekulargewichts von Polysacchariden durch Überoxydation mit Perjodaten. Parish, F.W. und Whelan, W.J. Nature (London) 183. 991-92 (1959).

Untersuchung der kolloiden Natur von Polysacchariden mittels der Hydrolysenmethode. Scharkow, W.I. und Lewanowa, W.P. Kolloid-J. (russ.) 21. 359-63 (1959). - Ref.J.Chem. (russ.) 1959. Nr. 81596, C. 1960. 10611, Stärke 12. 90, 281 (1960).

Selektive Perjodatoxydation reduzierender Endgruppen in Oligosacchariden. Clancy, M.J. und Whelan, W.J. Chem. and Ind.1959. 673-675.

Reaktion von Natriumchlorit mit verschiedenen Polysacchariden. Teilstudien und Aldehyd-Gruppenbestimmungen. Launer, H.F. und Tomimatsu, Y. Analytic.Chem. 31. 1569-74 (1959). - Ref.C.A. 53. 21434c (1959), Stärke 12. 191 (1960).

Eine reproduzierbare Perjodatoxydations-Methode für die Bestimmung von Glycogen-Endgruppen. Fales, F.W. Analytic.Chem. 31. 1898-1900 (1959). - Ref.Stärke 12. 222 (1960).

Saure Hydrolyse und Molekulargewichte von Amylopektin und Glycogen verschiedener Maisarten. Erlander, S.R. und French, D. J.Polymer Sci. 32. 291-316 (1958). - Ref.C.A. 53. 2368h (1959), C. 1960. 2238.

Die Verwendung von alkalischen Reagenzien zur Bestimmung von reduzierenden Gruppen in Kohlenhydraten. 1. Mitt. 3,5-Dinitrosalicylation und die Störung durch die Luft. Bottle, R.T. und Gilbert, G.A. Analyst 83. 403-06 (1958). - Ref.Stärke 12 122 (1960).

Zur Bestimmung der Acidität von Zellulosen. Stübchen-Kirchner, H. Österr.Chemiker-Ztg. 59. 226-234 (1958).

Eine chemische Methode zur Molekulargewichtsbestimmung einiger Polysaccharide. Unrau, A.M. und Smith, F. Chem. and Ind. 1957. 330-31. - Ref.C. 1959. 1485.

Anwendung der Formazanreaktion auf dem Gebiet der Kohlenhydratchemie. Mester, L. Österr.Chemiker-Ztg. 58. 289-303 (1957). - Ref.C.A. 52. 5864e (1958).

α-1.4-Glucosane. 5. Mitt. Endgruppenbestimmung von Glykogenen durch Perjodatoxydation und Oxydation von Maltose durch Natriummetaperjodat. Manners, D.J. und Archibald, A.R. J.chem.Soc. (London) 1957. 2205-10. - Ref.C. 1958. 3626.

Eine Hilfe zur Strukturaufklärung in der Oligo- und Polysaccharidgruppe. Hough, L. und Perry, M.B. Chem. and Ind. 1956. 768-69. - Ref.C. 1961. 13916, C.A. 51. 2576e (1957).

Reduktion der Produkte bei der Perjodat-Oxydation von Kohlenhydraten. 3. Mitt. Die Konstitution des Amylopektins. Hamilton, J.K. und Smith, F. J.Amer.chem.Soc. 78. 5910-12 (1956). - Ref.Stärke 9. 101 (1957), C. 1961. 7247, C.A. 51. 4959i (1957).

Reduktion der Produkte bei der Perjodat-Oxydation von Kohlenhydraten. 2. Mitt. Eine neue Methode für die Endgruppenbestimmung von Amylopektin. Hamilton, J.K. und Smith, F. J.Amer.chem.Soc. 78. 5907-09 (1956). - Ref.C.A. 51. 4958i (1957), Stärke 9. 84 (1957), C. 1961. 7247.

Bestimmung des Polymerisationsgrades von wasserlöslichen Polysacchariden durch Prüfung ihrer sauren Hydrolyse. Hollò, J., Fejes, P. und Szejtli, J. Fette, Seifen, Anstrichmittel 57. 923-24 (1955). - Ref.C.A. 50. 8292c (1956), C. 1959. 8578.

Die Formazanreaktion zum Beweis der Struktur perjodatoxydierter Polysaccharide. Mester, L. und Major, A. J.Amer.chem.Soc. 77. 5452-53 (1955). - Ref.C. 1956. 10252, C.A. 50. 5535g (1956).

Ein Vergrößerungsverfahren zur Bestimmung der reduzierenden Endgruppen der Komponenten von Stärke. Bottle, R.T. und Gilbert, G.A. Chem. and Ind. 1954. 1201-02. - Ref.Stärke 7. 128 (1955), C.A. 49. 6636f (1955), C. 1956. 11452.

Verzweigung im Stärkemolekül, begründet auf den Ergebnissen der Oxydation von Kartoffelstärke. Masior, S. Roczniki Chem. Ann. Soc.chim.Polonarum 27. 28-46 (1953). - Ref.Stärke 6. 261 (1954), C.A. 48. 8568f (1954), C. 1950/54. 5383 S.

Ein neues Verfahren zur Bestimmung der Feinstruktur von Polysacchariden. Abdel-Akher, M., Hamilton, J.K., Montgomery, R. und Smith, F. J.Amer.chem.Soc. 74. 4970-71 (1952). - Ref.C. 1954. 3245.

Schätzung des Molekulargewichts von Stärke-Polysacchariden. Bestimmung ihrer reduzierenden Endgruppen. Nussenbaum, S. und Hassid, W.Z. Analytic.Chem. 24. 501-503 (1952). - Ref.Stärke 4. 247 (1952), C.A. 46. 6420b (1952), C. 1953. 1659.

Die enzymatische Synthese und der Abbau von Stärke. 9. Mitt. Methylierung und Endgruppenbestimmung einiger synthetischer Polysaccharide. Barker, S.A., Bourne, E.J. und Wilkinson, I.A. J.chem.Soc. (London) 1950. 3027-30. - Ref.C. 1955. 2917, Stärke 3. 263 (1951).

Eine modifizierte Methode zur Endgruppenbestimmung von Amylose und anderen langkettigen Stärkefraktionen. Bourne, E.J., Fantes, K.H. und Peat, S. J.chem.Soc. (London) 1949. 1109-13. - Ref.C. 1950. II. 540.

Quantitative Analyse von Zuckergemischen durch die Methode der Verteilungschromatographie. 2. Mitt. Die Abtrennung und Bestimmung methylierter Aldosen. Hirst, E.L., Hough, L. und Jones, J.K.N. J.chem.Soc. (London) 1949. 928-33. - Ref.C. 1949. E. 5125.

Untersuchungen über die Stärke. 45. Mitt. Über die Endgruppenbestimmung von Polysacchariden und Oligosacchariden mittels Perjodat. Meyer, K.H. und Rathgeb, P. Helv.chim.Acta 32. 1102-07 (1949). - Ref.C. 1950. II. 2924, Stärke 2. 307 (1950).

Untersuchungen über die Struktur der Polysaccharide. 1. Mitt. Saure Hydrolyse der stärkeähnlichen Polysaccharide. Swanson, M.A. und Cori, C.F. J.biol.Chemistry 172. 797-804 (1948). - Ref.C. 1948. E. 65.

Untersuchungen über die Stärke. 43. Mitt. Bestimmung der Endgruppen der Stärke und des Glykogens. Meyer, K.H. und Rathgeb, P. Helv.chim.Acta 31. 1545-48 (1948). - Ref.C. 1948. II. 2923.

Untersuchungen über die Stärke. 42. Mitt. Bestimmung von Säuren, die bei der Oxydation von Polyolen mit Perjodaten gebildet werden. Meyer, K.H. und Rathgeb, P. Helv.chim.Acta 31. 1540-45 (1948). - Ref.C. 1950. II. 2923.

Stärke. I. Mitt. Endgruppenbestimmung von Amylose und Amylopektin durch Oxydation mit Perjodat. Potter, A.L. und Hassid, W.Z. J.Amer.chem.Soc. 70. 3488-90 (1948). - Ref.C. 1948. E. 417.

Untersuchung der Eigenschaften der durch Stickstoffdioxyd oxydierten Cellulose. II. Die Entwicklung von Kohlendioxyd aus Uronsäuren und Polyroniden. Taylor, E.W., Fowler, E.F. jr., MacGee, P.A. und Kenyon, W.O. J.Amer.chem.Soc. 69. 342-47 (1947). - Ref.C. 1948. II. 69.

Anwendung neuer Methoden der Endgruppenbestimmung bei strukturellen Problemen von Polysacchariden. Brown, F., Dunstan, S., Halsall, T.G., Hirst, E.L. und Jones, J.K.N. Nature (London) 156. 785 (1945).

Trennung von methylierten Methylglucosiden durch Adsorption an Aluminiumoxyd. Eine neue Methode zur Bestimmung der Endgruppen in methylierten Polysacchariden. Jones, J.K.N. J.chem.Soc. (London) 1944. 333-34. - Ref.C. 1945. I. 1021.

Der Carboxylgehalt von Faser- und Holzcellulosen. Husemann, E. und Weber, O.H. J.prakt.Chemie N.F. 159. 334-42 (1942).

Untersuchungen über Stärke. 13.Mitt. Beitrag zum Studium der Kartoffelstärke. Meyer, K.H., Wertheim, M. und Bernfeld, P. Helv.chim.Acta 24. 378-89 (1941). - Ref.C. 1941. II. 340.

Das Molekulargewicht von Polysacchariden nach der Methode der Merkaptalbildung, methylierte Kartoffelstärke. Wolfrom, M.L. und Meyers, D.R. J.Amer.chem.Soc. 63. 1336-39 (1941). - Ref.C. 1941. II. 1510.

Eine neue Methode zur Bestimmung von Carboxylgruppen in Cellulose, Cellulosederivaten und anderen Polyosen. 263. Mitt. über makromolekulare Verbindungen. Weber, O.H. J.prakt.Chem. 158. 33-59 (1941).

Das Reduktionsvermögen von Stärken und Dextrinen. Farley, F.F. und Hixon, R.M. Ind.Engng.Chem., analyt.Edit. 13. 616-17 Dept. (1941). - Ref.C. 1943. II. 783.

Die Konstitution der Stärke. A. Die zur Konstitutionsermittlung dienenden Derivate. Samec, M. und Hess, K. Kolloid-Beih. 51. 339 (1940).

Das relative Reduktionspotential der Stärke. Kerr, R.W. J.Amer. chem.Soc. 62. 2735-38 (1940). - Ref.C. 1942. II. 2694.

Nachweis saurer Gruppen in der nativen Cellulose durch Salzbildung mit Kristallviolettbase. Rebek, M. Kolloid-Z. 92. 217-21 (1940).

Zur Kenntnis der teilweise methylierten Glucose. Freudenberg, K. und Plankenhorn, E. Ber.dtsch.chem.Ges. 73. 621 (1940).

Untersuchungen über Stärke. IV. Methylierung und Endgruppenbestimmung bei Amylose und Amylopektin aus Mais. Meyer, K.H., Wertheim, M. und Bernfeld, P. Helv.chim.Acta 23. 865-75 (1940). - Ref.C. 1940. II. 1723.

Die Endgruppenbestimmung bei den Stärkekomponenten. Bemerkung zu der gleichnamigen Mitteilung von K. Hess und B. Krajnc. Meyer, K.H. Ber.dtsch.chem.Ges. 73. 1298-99 (1940). - Ref.C. 1941. I. 376.

Berichtigung zu unserer Mitteilung: Vergleich von Endgruppengehalt, Viscosität und osmotischem Druck bei Stärke und ihren Komponenten. XII. Mitt. über Stärke. Hess, K. und Steurer, E. Ber.dtsch.chem.Ges. 73. 1317 (1940). - Ref.C. 1941. I. 376.

Die Endgruppenbestimmung bei den Stärkekomponenten. X. Mitt. über Stärke. Hess, K. und Krajnc, B. Ber.dtsch.chem.Ges. 73. 976-79 (1940). - Ref.C. 1940. II. 2466.

Vergleich von Endgruppengehalt, Viscosität und osmotischem Druck bei Stärke und ihren Komponenten. Hess, K. und Steurer, E. Ber.dtsch.chem.Ges. 73. 1076-79 (1940). - Ref.C. 1940. II.3479.

Die Molekülgröße der Stärke nach der Mercaptylierungsmethode. Wolfrom, M.L., Myers, D.R. und Lassettre, E.N. J.Amer.chem. Soc. 61. 2172-2175 (1939). - Ref.C. 1939. II. 4244.

Untersuchung der Oxydation von Stärken und Dextrinen mit Perjodsäure zwecks Molekulargewichtsbestimmung. Caldwell, C.G. und Hixon, R.M. J.biol.Chemistry 123. 595-606 (1938). - Ref.C. 1938. II. 2940.

Die Konstitution der Stärke im Lichte der Endgruppenbestimmung. IX. Mitt. über Stärke. Hess, K. und Lung, Kan-Hou. Ber.dtsch. chem. Ges. 71. 815-26 (1938). - Ref.C. 1938. I. 4649.

Nachweis von Uronsäureanhydrid-Resten in Polysacchariden. Campbel, W.G., Hirst, E.L. und Young, G.T. Nature (London) 142. 912-13 (1938). - Ref.C. 1939. I. 2465.

Die Endgruppenbestimmung bei Cellulose und Stärke. Hess, K. Papierfabrikant 36. Techn.-wiss. Teil 333-39 (1938). - Ref.C. 1938. II. 3685.

Polysaccharide. 28. Mitt. Die Endgruppenmethode in ihrer Anwendung auf Stärke. Eine bewährte Methode zur Bestimmung von Tetramethylglucose.Hirst, E.L. und Young, G.T. J.chem.Soc. (London) 1938. 1247-52. - Ref.C. 1938. II. 4248.

Die Bedeutung der Endgruppenbestimmung in der Polysaccharidchemie. 209. Mitt. über makromolekulare Verbindungen. Husemann, E. Papierfabrikant 36. Techn.-wiss. Teil 559-63 (1938). - Ref. C. 1939. II. 2035.

Die Endgruppenbestimmung bei Cellulose und Stärke. Hess, K. Atti X. Congr.int.Chim., Roma 2. 269-76 (1938). - Ref.C. 1940. I. 551.

Beobachtungen an der Stärke. Freudenberg, K., Boppel, H. und Meyer-Delius, M. Naturwissenschaften 26. 123-24 (1938). - Ref.C. 1938. II. 695.

Anwendung der spaltenden Oxydation durch Perjodsäure auf Stärke und Cellulose. Jackson, E.L. und Hudson, C.S. J.Amer.chem.Soc. 59. 2049-50 (1937). - Ref.C. 1938. II. 2940.

Hydrolyse und Acetolyse der Stärke und der Schardingerdextrine. Freudenberg, K., Blomqvist, G., Ewald, L. und Soff, K. Ber.dtsch.chem.Ges. 69. 1258-66 (1936). - Ref.C. 1936. II. 1730.

Die Kinetik des Kettenabbaues, angewandt auf Cellulose und Stärke. Freudenberg, K. Trans.Faraday Soc. 32. 74-76 (1935). - Ref.C. 1936. I. 3663.

Die Hydrolyse der Polysaccharide. XIV. Mitt. über Lignin und Cellulose. Freudenberg, K., Kuhn, W., Dürr, W., Bolz, F. und Steinbrunn, G. Ber.dtsch.chem.Ges. 63. 1510-30 (1930). - Ref.C. 1930. II. 545.

Die Bestimmung der Ferricyanzahl. Freiberger. Monatsschr.Textil-Ind. 45. 440-42 (1930). - Ref.C. 1931. I. 1855.

Methylierung von Stärken in Beziehung zum Molekülbau. Irvine, J. In R.P. Walton: A comprehensive Survey of Starch Chemistry, Part 1, S. 16-23. Chemical Catalog Company, New York 1928.

Einige Untersuchungsprobleme bei den Kohlenhydraten. Stärke. Irvine, J.C. und MacDonald, J. Brit.Assoc.Advancement Sci., Rep. 90th Meeting 1922. 40-45. - W.Ref. 480.

Zur Kenntnis der Polysaccharide. 1. Methylierung der Stärke. Karrer, P. Helv.chim.Acta 3. 620-625 (1920). - Ref.C. 1920. III. 880, C.A. 15. 61 (1921), W.Ref. 470.

Notiz über die reduzierenden Eigenschaften der Stärke. Kaufmann, W. v. Biochem. Z. 78. 371-74 (1917). - Ref.C. 1917. I. 493, W.Ref. 973.

734. Sonstige chemische Stärkereaktionen und Konstitution

Statistischer Abbau von Polysacchariden, bei dem die niedermolekularen Oligosaccharide gegen weitere Aufspaltung geschützt sind. Painter, T.J. J.chem.Soc. (London) 1963. 779-83. - Ref.C. 1964. 22-1052.

Über die Veränderlichkeit der Stärke unter der Einwirkung von Cellulose, speziell Baumwolle. Ulmann, M. und Wendt, B. Kolloid-Z. 148. 157-68 (1956). - Ref.Stärke 9. 84 (1957), C.A. 51. 10102f (1957), Ref.J.Chem. (russ.) 23293 (1957), C. 1960. 9235.

Veränderungen der Molekülgestalt bei chemischen Umsetzungen der Stärkesubstanzen. Samec, M. Mh.Chem. 81. 195 (1950).

Über den Acetylbromidabbau von Stärke und Dextrinen. Zur Konstitution der Grenzdextrine und der Stärke. Myrbäck, K. Svensk kem. Tidskr. 49. 271-74 (1937). - Ref.C. 1938. II. 1243.

Das Reduktionsvermögen und die mittlere Kettenlänge des Stärkemoleküls und seiner Hydrolysenprodukte und die Konstitution ihrer wässerigen Suspensionen. Richardson, W.A., R.S. Higginbotham und F.D. Farrow. J.Textile Inst. 27. Nr.5. Trans. 131-57 (1936). - Ref.C. 1936. II. 884.

Über den Abbau der Stärke mit Acetylbromid. Freudenberg, K. und Soff, K. Ber.dtsch.chem.Ges. 69. 1252-57 (1936). - Ref.C. 1936. II. 1730.

Leichte Bestimmung der alkoholischen Funktionen in den Zuckern und anderen Kohlenhydraten. Boulez, V. Annales Zymol. 1. 170-76 (1933). - Ref.C. 1933. II. 419.

Polysaccharide. 43. Zur Kenntnis der Vorgänge, welche sich beim Erhitzen von Polysacchariden in Glycerin abspielen. Karrer, P. und Krauss, E.v. Helv.chim.Acta 13. 1071-73 (1930). - Ref.C. 1930. II. 3747.

Zur Kenntnis der Kartoffelstärke. II. Mitt. über Stärke. Hess, K. und Smith, F.A. Ber.dtsch.chem.Ges. 62. 1619-26 (1929). - Ref.C. 1929. II. 721.

Zur Kenntnis der Kartoffelstärke. I. Mitt. über Stärke von K. Hess und Mitarbeitern. Friese, H. und Smith, F.A. Ber.dtsch.chem. Ges. 61. 1975-82 (1928). - Ref.C. 1928. II. 2128.

Zur Einwirkung von Acetylbromid auf Cellulose. Zechmeister, L. Ber.dtsch.chem.Ges. 56. 573-78 (1923). - Ref.C. 1923. I. 1308, W.Ref. 809.

Polysaccharide. 20. Mitt. Zur Kenntnis polymerer Kohlenhydrate. Karrer, P. Helv.chim.Acta 6. 402-409 (1923). - Ref.C. 1923. III. 1005, W.Ref. 490.

Polysaccharide. 8. Mitt. Zur Kenntnis der Stärke und der Amylosen. Karrer, P., Nägeli, C., Hurwitz, O. und Wälti, A. Helv.chim. Acta 4. 678-699 (1921). - Ref.C. 1922. I. 320.

Über Stärke, Glykogen und Zellulose. Skraup, Z.H., Geinsperger, E., Knaffl-Lenz, E.von, Menter, F. und Sirk, H. Mh.Chem. (Wien) 26. 1415-1472 (1905). - Ref.C. 1906. I. 655-657, W.Ref. 1077.

Die Einwirkung von Bromwasserstoff auf Kohlenhydrate. Fenton,H.J.H. und Gostling, M. J.chem.Soc. (London) 79. 361-365 (1901). - W.Ref. 454.

735. Enzymatischer Auf- und Abbau der Stärke.

(Auch Umbau der Stärke. Vgl. auch "Bildung und Biologie der Stärke im pflanzlichen Organismus": 72, "Amylose: Verhalten, Struktur, Molekulargewicht": 753, "Amylopektin: Verhalten, Struktur, Molekulargewicht": 764, "Enzymatischer Stärkeabbau": 92)

Polarographische, chromatographische und oscillopolarographische Untersuchung über den enzymatischen Abbau von Stärke. Rusznak, S., Gergely, G.A. und Komiszar, V. Abh.dtsch.Akad.Wiss.Berlin, Kl.Chem., Geol.Biol. 1964. 278-84. - Ref.C.A. 62. 6663e (1965), C. 1966. 18-1306.

Abbau von rohen Stärkekörnern durch Amylase, insbesondere Reisstärkekörnern. Fukui, T., Fujii, M. und Nikuni, J. J.agric. chem.Soc. Japan 38. 262-66 (1964). - Ref.C.A. 62. 14993d (1965).

Hydrolyse von Stärke mit Glucoamylase. Pazur, J.H. In: Whistler, R.L. u.a., Methods in Carbohydrate Chem. Vol.IV., Academic Press 1964. S. 266-68.

Hydrolyse mit α-Amylase. Whelan, W.J. In: Whistler, R.L. u.a., Methods in Carbohydrate Chem. Vol.IV., Academic Press 1964. S. 252-260.

C^{14}-markierte Stärke. Präparation von C^{14}-markierter Stärke durch Photosynthese. Putman, E.W. In: Whistler, R.L. u.a., Methods in Carbohydrate Chem. Vol.IV., Academic Press 1964. S. 16-20.

Die Biosynthese der Stärke. 3. Mitt. Die Herstellung von Kartoffelphosphorylase großer Reinheit mittels DEAE-Cellulose-Säulenchromatographie. Holló, J., László, E. und Hoschke, A. Stärke 16. 243-46 (1964).

Der Oxydationsgrad und das Verhalten der enzymatischen Hydrolyse von Stärke. Komai, Y. und Mifune, K. J.technol.Soc.Starch 11. 32-44 (1964).

Herstellung radioaktiver Verbindungen von pharmazeutischer und biochemischer Bedeutung. 2. Mitt. Herstellung von einheitlich markierter ^{14}C-Glucose, ^{14}C-Maltose, ^{14}C-Maltotriose und ^{14}C-Stärke. Vándor, E., Szejtli, J., László, E. und Holló, J. Gyógyszerészet (Pharmazie) 7. 347-51 (1963). - Ref.C. 1964. 47-0947.

Enzymatische Übertragung einer verzweigten Kette von D-Glucoseresten. Kjölberg, O. und Manners, D.J. Biochem.J. 86. 10 (1963). - Ref.Stärke 16. 203 (1964).

Enzymatische Synthese und Abbau von Stärke und Glykogen. Manners, D.J. Advances Carbohydrate Chem. 17. 371-430 (1962). - Ref.C. 1964. 21-1053, Ref.J.Chem. (russ.) 1965. 9 R334.

Über die Darstellung definiert verzweigter Polysaccharide. 2.Mitt. Einführung von Oligosacchariden als Seitenketten in Amylose und deren Verlängerung durch enzymatische Synthese. Husemann, E. und Reinhardt, M. Makromolekulare Chem. 57. 129-49 (1962). - Ref.Stärke 15. 422 (1963).

Über die Darstellung definiert verzweigter Polysaccharide. 1.Mitt. Einführung von Mono- und Disacchariden in Amylose. Husemann,E. und Reinhardt, M. Makromolekulare Chem. 57. 109-28 (1962). - Ref.Stärke 15. 422 (1963), C.A. 58. 9215h (1963).

Abbau von Stärke durch einige Actinomycetale. Ohtsuki, T. und Kawazu, M. Nippon Kin Gakkai Kaiho 3. Nr.1. 1-6 (1962). - Ref.C.A. 62. 2970h (1965).

Beitrag zur Untersuchung enzymatischer Reaktionen in schwach hydratisierten biologischen Medien: Der Stärkeabbau durch Amylasen in Abhängigkeit von der Wasseraktivität und der Temperatur. 2. Mitt. Resultate und Diskussionen. Drapon, R. und Guilbot, A. Ann.Technol.agricole 11. 275-317 (1962). - Ref.C. 1964. 8-2686.

Beitrag zur Untersuchung enzymatischer Reaktionen in schwach hydratisierten biologischen Medien: Der Stärkeabbau durch Amylasen in Abhängigkeit von der Wasseraktivität und der Temperatur. 1. Mitt. Drapon, R. und Guilbot, A. Ann.Technol.agricole 11. 175-218 (1962). - Ref.C.A. 59. 1912e (1963).

Über die Wirkungsweise von ß-Amylase und Kartoffelphosphorylase. Husemann, E. und Pfannemüller, B. Makromolekulare Chem. 56. 237-38 (1962). - Ref.Stärke 15. 36, 422 (1963), C.A. 59. 15552a (1963).

Übertragungsreaktionen von Glykosylgruppen bei der Synthese von Oligo- und Polysacchariden. Petrowa, A.N. Kohlenhydrate und Kohlenhydratstoffwechsel, Verlag Akad.Wiss.UdSSR (russ.) Moskau 1962. 72-80. - Ref.Stärke 17. 29 (1965).

Stärken und Amylasen. Schoch, T.J. Proc.Amer.Soc.Brewing Chemists, annu.Meeting 1961. 83-92. - Ref.Stärke 17. 100 (1965).

Struktur des Stärkekornes. 2. Mitt. Einfluß verschiedener Amylasen auf granulare Stärken. Leach, H.W. und Schoch, Th.J. Cereal Chem. 38. 34-46 (1961). - Ref.C.A. 55. 10545b (1961), Stärke 13. 384 (1961), C. 1962. 5878.

Biosynthese von Glycogen, Stärke und anderen Polysacchariden. Leloir, L.F. Harvey Lectures, Ser. 56. 23-43 (1960/61). - Ref.C.A. 57. 15479e (1962).

Glucose-6-phosphatase und der Austausch von Glucose mit Glucose-6-phosphat. Hass, L.F. und Byrne, W.L. Science (Washington) 131. 991 (1960). - Ref.C. 1961. 10987.

Der Einfluß von Schimmelpilzfermenten auf die elastisch-viscosen Eigenschaften der Struktur von hydratisierten Eiweißen und Stärke. Nikolajew, B.A. und Schkadina, S.S. Ber.Akad.Wiss. UdSSR (russ.) 133. 893-96 (1960). - Ref.Stärke 13. 272-73 (1961), C. 1961. 17078.

Enzymatische Oligosaccharidsynthese aus Maltose bei der keimenden Strahlenbohne (Phaseolus radiatus). Nigam, V.N. und Giri, K.V. J.biol.Chemistry 235. 947-90 (1960). - Ref.C. 1961. 5492.

Die Bestimmung der Struktur der Stärke durch Enzyme. French, D. Bull.Soc.Chim.biol. 42. 1677-1689 (1960). - Ref.C. 1961. 16524, C.A. 55. 27469e (1961).

Die Art der Einwirkung von α-Amylase. Whelan, W.J. Stärke 12. 358-64 (1960). - Ref.C. 1962. 1823.

Synthese von α-1.6-glucosidischen Ketten durch Transglycosylase aus Kartoffeln. Abdullah, M. und Whelan, W.J. Biochem.J. 75. 12 p (1960). - Ref.C. 1961. 2659, Stärke 13. 59 (1961), C.A. 56. 13240f (1962).

Über den enzymatischen Auf- und Abbau von Amylose. Husemann, E. Makromolekulare Chem. 35. 239-49 (1960). - Ref.Stärke 13. 58, 310 (1961), C. 1962. 12688.

Einbau definierter Verzweigungen in Polysaccharide. Husemann, E. und Reinhardt, M. Angew.Chem. 71. 429 (1959). - Ref.Stärke 11. 339 (1959), C. 1960, 157, C.A. 54. 1332a (1960).

Amylose-Synthese durch das D-Enzym der Kartoffel. Walker, G.J. und Whelan, W.J. Nature (London) 183. 46 (1959). - Ref.Stärke 11. 283 (1959), C.A. 53. 15142g (1959).

Untersuchungen über die anomale Bindung in Stärke. "Z-Enzym in Emulsin" eine α-Amylase. Baba, A. J.agric.chem.Soc.Japan 33. 596-602 (1959). - Ref.Stärke 15. 36 (1963), C. 1963. 7970.

Anomale Verzweigungen in Stärke. 5. Mitt. Das Z-Enzym in Emulsin ist eine α-Amylase. Baba, A. J.agric.chem.Soc.Japan 33. 596-602 (1959). - Ref.C.A. 57. 15489c (1962).

Unregelmäßige Ketten in Stärke. 4. Mitt. Probleme von Z-Enzymen. Baba, A. und Kojima, H. J.agric.chem.Soc.Japan 32. 291-98 (1958). - Ref.C.A. 52. 17337i (1958), Stärke 12. 91 (1960).

Stereochemie der enzymatischen Hydrolyse von Maltose. Ben-Gershom, E. und Leibowitz, J. Enzymologia (Den Haag) 20. 148-52 (1958). - Ref.C. 1960. 1889.

Zur papierchromatographischen Charakterisierung des fermentativen Stärkeabbaues durch Pankreasamylase. Ulmann, M. und Seidemann, J. Prümysl Potravin 9. 27-30 (1958). - Ref.Stärke 10. 266 (1958), C. 1963. 340.

Die enzymatische Synthese des kristallinen Glucose-6-phosphates aus anorganischen Phosphaten. Bot, G. Magyar Kémiai Folyóirat (Ung.Z.Chem.) 64. 324-26 (1958). - Ref.C. 1960. 2912.

Anaerobe Stärkesynthese aus Glucose in Tabakblattschnitten. Maclachlan, G.A. und Porter, H.K. Biochem.J. 70. 11p (1958). - Ref.C. 1959. 14135, Stärke 11. 248 (1959), C.A. 53. 3381f (1959).

Ein Multi-Enzym-System für die Konkurrenz-Synthese von Amylose und Amylopektin. Whelan, W.J. und Walker, G.J. Int.Congr.Biochem. 4. 46 (1958).

Vorschlag für einen Mechanismus der Stärkesynthese aus Glykogen. Erlander, S.R. Enzymologia (Den Haag) 19. 273-83 (1958). - Ref.C.A. 53. 22128h (1959), Stärke 12. 121 (1960), C. 1961. 10623.

Über offensichtliche Beziehungen zwischen der Aktivität der sauren Phosphorylase und dem Stärkegehalt von Pflanzengeweben. 1.Mitt. Untersuchungen an Rettichwurzeln. Ono, H. und Konagamitsu, Y. Sieboldia (Fukuoka) 2. 1-7 (1957). - Ref.C.A. 55. 16690f (1961).

Reaktionsmechanismus der stärkeumwandelnden Enzyme. Whelan, W.J. Stärke 9. 74-76 u. 98-101 (1957). - Ref.C. 1960. 9402.

Phosphorolytische Synthese und Abbau von Amylose. Lippert, R. Dissertation, Freiburg i.Br. 1957. 149 S.

Über offensichtliche Beziehungen zwischen der Aktivität der sauren Phosphorylase und dem Stärkegehalt von Pflanzengeweben. 2.Mitt. Untersuchungen an Blättern. Ono, H. und Konagamitsu, Y. Sieboldia (Fukuoka) 2. 9-17 (1957). - Ref.C.A. 55. 16690f (1961).

Die enzymatische Synthese und Disproportionierung von 3-O-α-D-Glucopyranosyl-d-glucose. Pazur, J.H., Budovich, T. und Tipton, C.C. J.Amer.chem.Soc. 79. 625-28 (1957). - Ref.Stärke 9. 162 (1957).

Enzymatische Synthese und der Abbau von Stärke. 21. Mitt. Vom D-Enzym synthetisierte Dextrine. Peat, St. und Kroll, G.W.F. J.chem.Soc. (London) 1956. 53-55. - Ref.C. 1956. 9471, Stärke 8. 131 (1956).

Bevorzugte Hydrolyse der glykosidischen Bindungen der Malto-Oligosaccharide durch Speichelamylase. Pazur, J.H. und Budovich, T. J.biol.Chemistry 220. 25-31 (1956). - Ref.C. 1957. 4722.

Wirkung von Phosphat und anderen Faktoren in Kartoffelextrakten auf die durch Phosphorylase verursachte Amylosebildung. Schwimmer, S. und Weston, W.J. J.biol.Chemistry 220. 143-55 (1956). - Ref.C. 1956. 12583, Stärke 8. 234 (1956), C.A. 50. 10834b (1956).

Die Bildung von Oligosacchariden durch enzymatische Transglykosidierung. Edelman, J. Advances in Enzymol. 17. 189-232 (1956). - Ref.C. 1957. 2510.

Enzymatische Strukturanalyse und Molekulargewichtsbestimmung von Polysacchariden. Cori, G.T. Makromolekulare Chem. 20. 169-80 (1956). - Ref.Stärke 8. 287 (1956), C. 1957. 3553, C.A. 51. 5449d (1957).

Die enzymatische Polymerisation von Glucose. Peat, St., Whelan, W.J. und Hinson, K.A. Chem. and Ind. 1955. 385. - Ref.Stärke 7. 221 (1955).

Der für die Stärke-Zucker-Umwandlung verantwortliche enzymatische Mechanismus und dessen Beziehung zur Regulation des osmotischen Wertes in höheren Pflanzen. Fukuda, Y. und Kato, I. J.Sci. Hiroshima Univ., Ser.B. Div.2. 7. 11-22 (1955).

Polysaccharidsynthese aus Disacchariden. Hehre, E.J. Methods Enzymol. 1. 178-92 (1955). - Ref.C. 1956. 7263.

Enzymatische Synthese von Polysacchariden. Stacey, M. Advances in Enzymol. 15. 301-18 (1954). - Ref.C. 1956. 7562.

Synthese von ß-Glucosacchariden durch Chaetonium globosum-Extrakte. Buston, H.W. und Jabbar, A. Biochim.biophysica Acta (Amsterdam) 15. 543-48 (1954). - Ref.C. 1950/54. 376 S.

Stärkeaufbauende Enzyme in Tapiokawurzeln. Murthy, H.B.N., Swaminathan, M. und Subrahmanyan, V. J.Sci.Ind.Res. New Delhi 13 B. 223-24 (1954). - Ref.C.A. 48. 11573h (1954), C. 1950/54. 316 S.

Über die Struktur von durch α-Amylase modifizierter Wachs-Mais-Stärke. Lohmar, R.L. J.Amer.chem.Soc. 76. 4608-11 (1954). - Ref.C.A. 49. 3562c (1955), C. 1955. 9581, Stärke 7. 129 (1955).

Stärke: Ihre Konstitution, enzymatische Synthese und ihr Abbau. Peat, St. Fortschr.Chem.org.Naturstoffe (Wien) 11. 1-42 (1954). - Ref.C.A. 49. 2295d (1955), C. 1955. 9113, Stärke 7. 13 (1955).

Über die Struktur der Stärke auf Grund von Untersuchungen des enzymatischen Abbaues. Blom, J. Nordisk.Kjemikermøte, 8th Meeting, Oslo 1953. 81-95. - Ref.C.A. 49. 8622g (1955), Stärke 7. 222 (1955).

Enzymatische Synthese von Polysacchariden. Barker, S.A. und Bourne, E.J. Quart.Rev.(chem.Soc., London), 7. Nr.1. 56-83 (1953).

Enzymatischer Auf- und Abbau von Stärke. 18. Mindestkettenlänge für die Q-Enzymwirkung. Peat, St., Whelan, E.J. und Bailey,J.M. J.chem.Soc. (London) 1953. 1422-27. - Ref.Stärke 5. 255 (1953), C. 1954. 1746.

Enzymatische Synthese und Abbau von Stärke. 15. Mitt. ß-Amylase und die Konstitution von Amylose. Peat, St., Pirt, S.J. und Whelan, W.J. J.chem.Soc. (London) 1952. 705-13. - Ref.C. 1953. 1826.

Studien über die Kinetik der Enzym-Reaktionen. 3. Mitt. Thermoanalytische Studien über den Abbau von Amylose durch die Wirkung bakterieller α-Amylase. Osugi, J. und Hiromi, K. Rev.physic.Chem. Japan 22. 76-82 (1952).

Studien über die Kinetik der Enzym-Reaktionen. 2. Mitt. Kinetik des Abbaues von Amylose durch die Wirkung bakterieller α-Amylase. Osugi, J. Rev.physic.Chem.Japan 22. 71-75 (1952).

Studien über die Kinetik der Enzym-Reaktionen. 1. Mitt. Der Abbaumechanismus von Amylose durch die Wirkung bakterieller α-Amylase. Osugi, J. Rev.physic.Chem.Japan 22. 66-71 (1952).

Enzymatische Synthese von höheren Kohlenhydraten aus Stärke. Pfannmüller, J. und Noe, A. Science (Washington) 115. 240-41 (1952). - Ref.Stärke 4. 187 (1952), C. 1953. 7314.

Über Stärke synthetisierende Enzyme aus "green gram". Ram, J.Sri und Giri, K.V. Arch.Biochem. Biophysics 38. 231-36 (1952). - Ref.C. 1950/54. 995 S.

Untersuchungen über den Mechanismus der Bildung von Polysacchariden. 16. Mitt. Über die KH-Vorstufe der Stärkesynthese durch Kartoffelphosphorylase. Inouye, Y., Onodera, K., Kisaki, H. und Yoneda, K. J.agric.chem.Soc. Japan 26. 227-31 (1952).

Änderungen in der Molekularstruktur beim enzymatischen Abbau von Stärke. Samec, M. Kemijski Zbornik 1951. 7-9. - Ref.C.A. 48. 3052e (1954).

Enzymatische Bildung und Abbau von Stärke. VIII. Die Umwandlung von Amylopektin in Amylose. Maruo, B., Kobayashi, T., Tsukano, Y. und Yamada, N. J.agric.chem.Soc. Japan 24. 347-49 (1951). - Ref.Stärke 5. 46 (1953), C.A. 46. 11265b (1952).

Enzymatische Synthese von Oligosacchariden aus Disacchariden. Wallenfels, K. Naturwissenschaften 38. 306-07 (1951). - Ref.C. 1953. 5855.

Enzymatische Synthese von Polysacchariden: Ein biologischer Typ der Polymerisation. Hehre, E.J. Advances in Enzymol. 11. 297-337 (1951). - Ref.C. 1952. I. 68.

Stärke und Glykogen. Enzymatische Synthese und Hydrolyse. Myrbäck, K. und Neumüller, G. Ergebn. Enzymforsch. 12. 1-88 (1951). - Ref.C. 1952. 5428, C.A. 48. 13740f (1954).

Untersuchungen über den Bildungsmechanismus der Polysaccharide. 13. Mitt. Über den Kohlenhydrataktivator der Stärkebildung durch Kartoffelphosphorylase. Inouye, Y., Onodera, K., Kisaki, H. und Hayashiya, K. Bull.Inst.chem.Res., Kyoto Univ. 21. 77-78 (1950). - Ref.C. 1950/54. S. 4046.

Elementare Kohlenhydrate bei der Synthese von Stärke. Bailey,J.M., Whelan, W.J. und Peat, S. J.chem.Soc. (London) 1950. 3692. - Ref.C. 1951. II. 1445.

Über Konstitution und Textur der Stärke und ihren enzymatischen Abbau und Aufbau. Meyer, K.H. Österr.Chemiker-Ztg. 50. 46-52 (1949). - Ref.Stärke 1. 156 (1949), C. 1949. E. 5907.

Über Struktur und Synthese der Stärke. Meyer, K.H. 1.Intern.Congr., Biochem. 1949. 217-19. - Ref.C.A. 46. 7803d (1952).

Synthese eines Polysaccharides der Stärke-Glycogen-Gruppe von Saccharose durch ein zellfreies, bakterielles Enzymsystem (Amylosaccharase). Hehre, E.J. J.biol.Chemistry 177. 267-79 (1949).

Chemische Konstitution und enzymatische Synthese der Stärke. Heyns, K. Stärke 1. 57-64 (1949). - Ref.C. 1949. E. 4624.

Enzymatische Umwandlung von Amylose in Amylopektin. Peat, S., Bourne, E.J. und Barker, S.A. Nature (London) 161. 127-28 (1948). - Ref.C. 1948. I. 1327.

Beziehung zwischen Wirkung der Amylasen und Bau des Stärkemoleküls. Sutra, R. Bull.Soc.Chim.biol. 30. 439-49 (1948). - Ref.C. 1948. E. 762.

Untersuchungen über die Struktur der Polysaccharide. 3. Mitt. Beziehungen zwischen ihrer Struktur und ihrer aktivierenden Wirkung auf Phosphorylasen. Swanson, M.A. und Cori, C.F. J.biol. Chemistry 172. 815-24 (1948). - Ref.C. 1948. E. 66.

Untersuchungen über die Struktur der Polysaccharide. 2. Mitt. Abbau von Polysacchariden durch Enzyme. Swanson, M.A. J.biol. Chemistry 172. 805-14 (1948). - Ref.C. 1948. E. 65.

Die Struktur eines enzymatisch synthetisierten Disaccharids: D-Glucosido-L-arabinose. Hassid, W.Z., Doudoroff, M., Potter, A.L. und Barker, H.A. J.Amer.chem.Soc. 70. 306-10 (1948). - Ref.C. 1949. I. 205.

Enzymatisch synthetisierte Polysaccharide und Disaccharide. Hassid, W.Z. und Doudoroff, M. Fortschr.Chem.org.Naturstoffe (Wien) 5. 101-27 (1948). - Ref.C. 1948. E. 763.

Umbildung von Glucose-1-Phosphorsäure im Gehirn. Bhaikina, B.I. Biochem.J. (russ.) 20. 342-51, 351-53 (1948). - Ref.C.A. 48. 5896c (1954).

Enzymatischer Aufbau von Stärke. Hestrin, S. Brewers Digest 23. 43-46, 50 (1948). - Ref.C.A. 42. 2296 (1948).

Die Struktur der Stärke. Myrbäck, K. Wallerstein Lab.Commun. 11. 209-219 (1948). - Ref.C.A. 43. 2455 (1949).

Über das Prinzip der unter Druck verlaufenden enzymatischen Synthese. Bressler, Ss.Je. Ber.Akad.Wiss.UdSSR (russ.) 55. 145-47 (1947). - Ref.C. 1947. 1584.

Der Mechanismus des Abbaues und der Bildung von Stärke und Glycogen. Hassid, W.Z. Wallerstein Lab.Commun. 9. 135-44 (1946). - Ref.C.A. 40. 6522 (1946).

Konstitution und enzymatischer Abbau von Stärke und Glykogen. Myrbäck, K. The Svedberg, Almquist and Miksells Boktryckeri AB (Uppsala) 1945. 474-83.

Enzymatische Synthese und Abbau von Stärke. 1. Mitt. Die Synthese von Amylopektin. Bourne, E.J. und Peat, S. J.chem.Soc. (London) 1945. 877-82. - Ref.C. 1946. II. 2235.

Untersuchung über Stärke. 27. Vorschrift zur Darstellung von Glucose-1-phosphat. Bornfeld, P., Traz, Cl.de und Gautier, Ch. Helv.chim.Acta 27. 843-44 (1944). - Ref.C. 1945. I. 902.

Darstellung und Reinigung von Glucose-1-phosphat mit Hilfe von Ionenaustauschern. McCready, R.M. und Hassid, W.Z. J.Amer.chem. Soc. 66. 560-63 (1944). - Ref.C. 1945. II. 1738.

Die molekulare Konstitution der Stärke und der Vorgang ihrer Bildung. Hassid, W.Z. Quart.Rev.Biol. 18. 311-30 (1943). - Ref.C.A. 38. 5685 (1944).

Die Struktur der Stärke und enzymatische Vorgänge an Stärkesubstanzen. Samec, M. Ergebn.Enzymforsch. 9. 89-130 (1943). - Ref.C. 1943. II. 1633.

735

Der enzymatische Abbau der Stärke und der Bau der Stärkemakromoleküle. Myrbäck, K. J.prakt.Chem. 162. 29-62 (1943). - Ref.C. 1944. I. 286.

Über das neue, aus der Stärke isolierte Disaccharid, seine Konstitution und die daraus gezogene Betrachtung über den Aufbau des Stärkemoleküls. Nakamura, Y. J.Fac.Agric., Hokkaido Imp.Univ. 49. 95-120 (1942). - Ref.C. 1946. II. 3825.

Über den Bau und die enzymatische Aufspaltung der Stärke. Myrbäck, K. Svenska Bryggarefören.Månadsbl. 57. 69-77. 105-12 (1942). - Ref.C. 1942. II. 531.

Konstitution der in vitro durch Einwirkung von Kartoffelphosphorylase synthetisierten Stärke. Haworth, W.N., Heath, R.L. und Peat, S. J.chem.Soc. (London) 1942. 55-58. - Ref.C. 1942. II. 1689.

Über die Rolle der Invertase im Prozeß der Stärkesynthese in der lebenden Pflanzenzelle. Rubin, B.A. und Arzichowskaja, Je.W. Ber.Akad.Wiss.UdSSR (russ.) 31. 675-78 (1941). - Ref.C. 1943. I. 1175.

Die neueren Ergebnisse der Stärkeforschung. V. Mitt. Synthese der Stärke. Samec, M. Kolloid-Beih. 53. 453-62 (1941). - Ref.C. 1942. I. 1882.

Der Molekülbau von enzymatisch aufgebauter Stärke. Hassid, W.Z. und McCready, R.M. J.Amer.chem.Soc. 63. 2171-73 (1941). - Ref.C. 1942. I. 486.

Die Fermentspaltung von Maisstärkeprodukten und deren Beziehung zur Struktur der Stärke. Kerr, R.W. und Schink, N.F. Ind.Engng. Chem., Ind.Edit. 33. 1418-21 (1941). - Ref.C. 1942. II. 2543.

Die reversible Bildung von Stärke aus Glukose-1-Phosphat, katalysiert durch Kartoffelphosphorylase. Hanes, C.S. Proc.Roy.Soc. (London) Ser.B. 129. 174-208 (1940). - Ref.C. 1941. I. 1968.

Spaltung und Synthese von Stärke durch ein Enzymsystem aus Erbsensamen. Hanes, C.S. Proc.Roy.Soc. (London) Ser. B 128. 421-50 (1940). - Ref.C. 1941. I. 1300.

Enzymatische Synthese von Stärke aus Glucose-1-Phosphat. Hanes, C.S. Nature (London) 145. 348-49 (1940). - Ref.C. 1940. I. 2809.

Untersuchungen an Weizenstärke. 4. Mitt. Fraktionierung und Amylasehydrolyse. Stamberg, O.E. Cereal Chem. 17. 372-78 (1940). - Ref.C. 1940. II. 835.

Über die Natur der Glykosidbindungen in der Stärke. Myrbäck, K. Svensk kem.Tidskr. 52. 126-33 (1940). - Ref.C. 1941. I. 1292.

Über Grenzdextrine und Stärke. 7. Mitt. Schwerhydrolysierbare Glykosidbindungen in der Stärke. Myrbäck, K., Ortenblad, B. und Ahlborg, K. Biochem.Z. 307. 53-68 (1940). - Ref.C. 1941. I. 2528.

Struktur und enzymatischer Abbau der Stärke. Myrbäck, K. Suomen Kemistilethi 12. A. 19-29 (1939). - Ref.C. 1940. I. 3934.

Die neueren Ergebnisse der Stärkeforschung. II. Der Abbau der Stärke. Samec, M. und Blinc, M. Kolloid-Beih. 49. 75-314 (1939). - Ref.C. 1939. II. 850.

Die Isolierung und Synthese von Glucose-1-Phosphorsäure. Cori, C.F., Colowick, S.P. und Cori, G.T. J.biol.Chemistry 121. 465 (1937).

Stabile Dextrine und die Konstitution der Stärke. Myrbäck, K. Current Sci. 6. 47-50 (1937). - Ref.C. 1938. I. 331.

Zur Konstitution der Stärke und zur Wirkungsweise stärkespaltender Enzyme. Ziese, W. Z.Spiritusind. 59. 4-3 (1936). - Ref.C.1936. II. 1186.

Beitrag zum Studium von Acer Saccharum. Bois, E. und Nadeau, A. Naturaliste canad. 62. (3). 106-12 (1935). - Ref.C. 1936. II. 1004.

Die Anwendbarkeit des Massenwirkungsgesetzes auf die Synthese von B-Glucosiden. Vintilescu, I., Ionesco, C.N. und Kizyk, A. Bull.Soc.Chim.Romania 17. 137-50 (1935). - Ref.C. 1936. I. 558.

Amylosynthease und synthetische Stärke. Minagawa, T. J.agric. chem.Soc. Japan 9. 342 (1933). - Ref.C.A. 27. 3959 (1933).

Über die Spezifität der Amylasen. II. Die enzymatische Analyse von Stärke und Glykogen. Klinkenberg, G.A.van. Hoppe-Seyler's Z. physiol.Chem. 212. 173-95 (1932). - Ref.C. 1932. II. 3568.

Die Konstitution der Stärke im Hinblick auf das Spezifitätsproblem der Amylase. Wolf, A. Dissertation, Leipzig 1931.

Polysaccharide. VIII. Beweis für den Aufbau der Stärke und des Glykogens aus kontinuierlichen Ketten von -Glucopyranoseeinheiten. Haworth, W.N. und Percival, E.G.V. J.chem.Soc. (London) 1931. 1342-49. - Ref.C. 1931. II. 2312.

Bakterieller Abbau und Konstitution der Stärke. Pringsheim, H. In R.P. Walton: A Comprehensive Survey of Starch Chemistry Part 1, S.35-50. Chemical Catalog Company, New York 1928.

Enzymatische Hydrolyse von Stärken in Beziehung zur Konstitution. Ling, A.R. In R.P. Walton: A Comprehensive Survey of Starch Chemistry Part 1, S. 24-34. Chemical Catalog Company, New York 1928.

Der Wirkungsmechanismus der Amylasen; ein Beitrag zum Konfigurationsproblem der Stärke. Kuhn, R. Liebigs Ann.Chem. 443. 1-71 (1925). - Ref.C. 1925. II. 403, W.Ref. 424.

Über die Konstitution der Stärke und die verschiedenen Wirkungsweisen der Amylasen. Kuhn, R. Ber.dtsch.chem.Ges. 57. 1965-1968 (1924). - Ref.C. 1925. I. 235-236, W.Ref. 415.

Stärke. Ziegenspeck, H. Botanisches Arch. 7. 251-73 (1924). - Ref.C.A. 20. 1647 (1926), W.Ref. 1871A.

Über das Problem der Konstitution der Stärke. Philia, M. Bull.Soc. bot.Genève 16. 519-53 (1924). - Ref.C.A. 21. 1723 (1927).

Molekularkonfiguration in den Zuckern und Säureproduktion durch Bacillus granulobacter pectinovorum. Speakman, H.B. J.biol. Chemistry 58. 395-413 (1923). - Ref.C. 1924. I. 2923.

Über die Stärke des glutinösen Reis und seine Hydrolysierbarkeit mittels Diastase. Tanaka, Yoshio. J.ind.Engng.Chem. 4. 578-81 (1912). - Ref.C. 1913. I. 309.

Die enzymatische Verzuckerung der Stärke. Laer, H.van. Bull.Soc. chim.Belgique 21. 8-20 (1907). - Ref.C.A. 1. 891 (1907), C. 1907. I. 946, W.Ref. 564.

Über die Konstitution, Verzuckerung und Rückbildung des Stärkekleisters. Maquenne, L. C.R.hebd.Séances Acad.Sci. 140. 1303-1308 (1905). - Ref.C. 1905. II. 121, W.Ref. 1370.

Über die Konstitution, Verzuckerung und Rückbildung der Stärkekleister. Maquenne, L. und Roux, E. Bull.Soc.chim.Paris 33. 723-731 (1905). - Ref.C. 1905. II. 314, W.Ref. 1371.

Über die Konstitution der Stärke. I. Einwirkung von erhitztem Malzauszug auf Stärkelösung. Syniewski, W. Bull.Acad.Sci. Cracovie 1902. 441-54. - Ref.C. 1902. II. 984.

Prozeß der Zuckerbildung aus dem Stärkemehl. Märcker, M. Landwirtsch.Jb. 1877. Suppl.-H. 277-297. - Ref.C. 1877. 658, W.Ref. 172.

74. Fraktionierung der Stärke

740. Allgemeines
741. Stärketeilpräparate (außer Amylose und Amylopektin)
742. Fällungs- und Lösungs-Trennung von Amylose und Amylopektin
743. Elektrodialyse, Elektrophorese, Kataphorese, Ionophorese
744. Chromatographische Fraktionierung

740. Allgemeines

(Technische Arbeiten vgl. "Fraktionierung": 341)

Die Bestimmung der Stärkefraktionen durch amperometrische Titration. Deulin, W.I. und Nasarow, W.I. J.analyt.Chem. (russ.) 18. Nr.8. 1016-20 (1963). - Ref.C. 1964. 51-2802, Stärke 17. 30 (1965), C.A. 60. 3495h (1964).

Die Fraktionierung von Stärke. Muetgeert, J. Advances Carbohydrate Chem. 16. 299-333 (1961). - Ref.C.A. 57. 9929h (1962), Stärke 14. 437 (1962), C. 1963. 153.

Untersuchungen über Leguminosenstärken. 4. Mitt. Abtrennung und Bestimmung von Amylose und Amylopektin. 2. Jod-Färbung und potentiometrische Titration. Kawamura, S. und Tada, M. J.agric. chem.Soc. Japan 33. 296-300 (1959). - Ref.C.A. 53. 13285d (1959).

Radiochemischer Beweis für die Heterogenität in Weizenstärke. Perlin, A.S. Canad.J.Chem. 36. 810-13 (1958). - Ref.Stärke 10. 267 (1958), C.A. 52. 15940d (1958), C. 1960. 11322.

Die Stärkefraktionen. Schoch, T.J. Starch and its derivatives, J.A.Radley 1953. Bd.1. S. 123-200.

Bezeichnung von Stärkefraktionen. Patterson, A.M. Chem.Engng.News 30. 3204 (1952).

Experimentelle Untersuchungen über die Fraktionierung von Hochpolymeren. Morey, D.R. und Tamblyn, J.W. J.physic.Chem. 50. 12-22 (1946). - Ref.C. 1946. I. 592.

Zwei Typen von Molekülen in Stärke. Brimhall, B. und Hixon, R.M. Wallerstein Lab.Commun. 6. 95-100 (1943). - Ref.C.A. 38. 2233 (1944).

Fraktionierung von Stärke. Sastri, B.N. und Krishnarmurti, A. Current Sci. 4. 870-71 (1936). - Ref.C. 1936. II. 3541.

741. Stärketeilpräparate (außer Amylose und Amylopektin)
(Stärkefraktionen ohne direkten Hinweis auf Amylose oder Amylopektin. Arbeiten vor 100 Jahren vgl. 09)

Physikochemische Studien an Stärken. 24. Mitt. Die Fraktionierung und Charakterisierung von Stärken verschiedenen Pflanzenursprungs. Greenwood, C.T. und Thomson, J. J.chem.Soc.(London) 1962. 222-29. - Ref.C.A. 57. 12859g (1962), Ref.J.Chem.(russ.) 1962. 16 N293.

Stärkefraktionen von hochamylosigem Mais. Montgomery, E.M., Sexson, K.R. und Senti, F.R. Stärke 13. 215-22 (1961). - Ref.C.A. 55. 21631g (1961), C. 1962. 3658, Ref.J.Chem.(russ.) 1962. 3 N302.

Die molekularen Eigenschaften der Stärkekomponenten. Greenwood, C.T. Stärke 12. 169-74 (1960). - Ref.C. 1961. 3509, C.A. 54. 21805f (1960), Ref.J.Chem.(russ.) 1961. 2 N303.

Über die Bedingungen der Verkleisterung von Stärke vor der Fraktionierung. Tada, M. Techn.Bull.Fac.Agric.Kagawa Univ.(Japan) 11. Spec. Issue 237-40 (1959).

Neue Beiträge zur Chemie der Stärkefraktionen. 2. Mitt. Holló, J. und Szejtli, J. Ung.Akad.Wiss., Ber.Abt.chem.Wiss. (ung.) 10. 437-47 (1958). - Ref.C. 1959. 11596.

Neuere Beiträge zur Chemie der Stärkefraktionen. 1. Mitt. Holló, J., Fejes, P. und Szejtli, J. Ung.Akad.Wiss., Ber.Abt.chem.Wiss. (ung.) 10. 425-36 (1958). - Ref.C. 1959. 11596.

Die Herstellung von Stärke und Stärkefraktionen. Schoch, Th.J. Methods Enzymol. 3. 5-17 (1957). - Ref.C. 1959. 10597.

Einige Methoden zur Charakterisierung von Fraktionen bei Untersuchungen an der Struktur der Stärke. Lampitt, L.H. und Fuller, H.C. Stärke 7. 223-226 (1955). - Ref.C. 1957. 12913, C.A. 51. 1633f (1957).

Fraktionierung von Stärken aus glatten und runzligen Saaterosen. Molekulargewichte, Endgruppenbestimmungen und Jodbindungsvermögen der Fraktionen. Potter, A.L., Silveira, V., McCready, R.M. und Owens, H.S. J.Amer.chem.Soc. 75. 1335-38 (1953). - Ref.C. 1954. 2201, Stärke 6. 13 (1954).

Stärkeuntersuchungen. 6. Mitt. Charakterisierung der Fraktionierungsprodukte. Bauer, A.W. und Pacsu, E. Textile Res.J. 23. 864-70 (1953). - Ref.C. 1954. 9773.

Untersuchung von Fraktionen der Stärke von Kartoffelknollen während ihrer Reifung. Stepanenko, B.N. und Afanassjewa, Je.M. Ber.Akad.Wiss.UdSSR (russ.) 86. 613-16 (1952). - Ref.C. 1953. 5046.

Vereinfachtes Verfahren zur Charakterisierung von Stärkefraktionen durch die Viscosität und Jodadsorption. Wolff, I.A., Gundrum, L.J. und Rist-Preoria, C.E. J.Amer.chem.Soc. 72. 5188-91 (1950). - Ref.C. 1952. 378.

Die Fraktionierung der Kartoffelstärke. 2. Mitt. Die reduzierende Kraft, mittleres Molekulargewicht und Löslichkeit der Fraktionen. Lampitt, L.H., Fuller, C.H.F. und Goldenberg, N. J.Soc.chem.Ind. 67. 38-40 (1948). - Ref.C. 1948. E. 1631.

Die Fraktionierung der Weizenstärke. IX. Zusammenfassung und Schlußfolgerung. Lampitt, L.H., Fuller, C.H.F. und Goldenberg, N. J.Soc.chem.Ind. Chem.and Ind. 60. 301-05 (1941). - Ref.C. 1943. II. 2269.

Die Fraktionierung der Weizenstärke. VI. Die Fällung der Stärke aus wässeriger Lösung durch Alkohol. Lampitt, L.H., Fuller, C.H.F. und Goldenberg, N. J.Soc.chem.Ind. 60. 137-41 (1941). - Ref.C. 1942. II. 2856.

Die Fraktionierung der Weizenstärke. II. Die reduzierende Kraft der Stärkefraktionen. Lampitt, L.H. und Goldenberg, N. J.Soc. chem.Ind. 60. 25-29 (1941). - Ref.C. 1943. II. 188.

Untersuchungen über Stärke. XVIII. Fraktionierung von nativer Stärke mit verdünntem Alkohol. Meyer, K.H. und Fuld, M. Helv.chim.Acta 24. 1408-09 (1941). - Ref.C. 1942. I. 1257.

Fraktionierung von Stärke. Caldwell, C.G. Iowa State Coll.J.Sci. 16. 37-40 (1941).

Fraktionierung von Wachsmaisstärke und Maisstärke. Caldwell, C.G. und Hixon, R.M. J.Amer.chem.Soc. 63. 2876-80 (1941). - Ref.C. 1942. I. 2649.

Zur Frage nach einer strukturellen Verschiedenheit jodcolorimetrisch differenzierter Stärkesubstanzen. Samec, M. Ber.dtsch. chem.Ges. 73. A. 85-92 (1940). - Ref.C. 1940. II. 2748.

Untersuchungen über Stärke. II. Über die Uneinheitlichkeit der Stärke. Meyer, K.H., Brentano, W. und Bernfeld, P. Helv.chim. Acta 23. 845-53 (1940). - Ref.C. 1940. II. 1722.

Die Verschiedenheit der Amylo- und Erythrosubstanzen als Ausdruck ihrer verschiedenen Molkohäsion. Samec, M. Bull.int.Acad.yougosl.Sci.Beaux-Arts, Cl.Sci.math.natur. 32. 49 (1939).

Zur Frage einer strukturellen Verschiedenheit der Amylo- und Erythroderivate der Stärke. Samec, M. Angew.Chem.Reichsarbeitstagung, Salzburg 1939.

Studien über Pflanzenkolloide. XXVII. Weitere Beiträge zur Differenzierung der Amylo- und Erythrokörper bei Stärke. Samec, M. Kolloid-Beih. 33. 103-30 (1931). - Ref.C. 1932. II. 3066.

Polysaccharide. XXXX. Beitrag zur physikalischen Struktur der Stärke. Karrer, P. und Krauss, E.v. Helv.chim.Acta 12. 1144-52 (1929). - Ref.C. 1930. I. 2544.

Über den verschiedenen Aufbau der beiden Stärke-Bestandteile (Beiträge zur Chemie der Stärke. 10. Mitt.). Pringsheim, H. und Wolfsohn, K. Ber.dtsch.chem.Ges. 57. 887-891 (1924). - W.Ref. 611, C. 1924. II. 315, C.A. 18. 3046 (1924).

Die Hemicellulosen. 2. Der Hemicellulosegehalt der Stärken. Schryver, S.B. und Thomas, E.M. Biochem.J. 17. 497-500 (1923). - W.Ref. 608, C. 1923. III. 1622, C.A. 18. 402 (1924).

Die Amylocellulose betrachtet als Verbindung von Kieselsäure und Amylose. Malfitano, G. und Catoire, M. C.R.hebd.Séances Acad. Sci. 174. 1128-1130 (1922). - W.Ref. 601, C. 1922. III. 717,

Die Zusammensetzung der Stärke. I. Teil. Fällung durch kolloidales Eisen. II. Teil. Fällung durch Jod und Elektrolyte. Mellanby,J. Biochem.J. 13. 28-36 (1919). - Ref.C. 1919. III. 256, W.Ref.789.

Über die Vielheit der Stärke. Tanret, Ch. Bull.Soc.Chim.France 17. 83-97 (1915). - Ref.C. 1915. II. 73.

Über die Vielheit der Stärke. Tanret, Ch. C.R.hebd.Séances, Acad. Sci. 158. 1353-1356 (1914). - W.Ref. 585, C. 1914. II. 51, C.A. 8. 2964 (1914).

Über die Bestimmung von Amylocellulosen (unlösliche Amylosen) in natürlichen Stärken. Wolff, J. Ann.Chim.analyt. 11. 166-167 (1906). - W.Ref. 559, C. 1906. II. 168.

Über die wahre Natur der Stärkecellulose (Auszug). Griessmayer, V. Biedermann's Zbl.Agrikulturchem.ration.Landwirtschaftsbetrieb 16. 190-192 (1887). - W.Ref. 542.

Über die wahre Natur der Stärke-Cellulose Nägeli's. Meyer, A. Bot.Ztg. 44. 697-703, 713-719 (1886). - W.Ref. 541, C. 1887. 6.

Über das Erythrodextrin. Musculus, F. und Mayer, A. Hoppe-Seyler's Z.physiol.Chem. 5. 412 (1881).

Über die Modifikation, welche die Stärke in physikalischer Hinsicht erleidet. Musculus, F. Bot.Ztg. 37. 345-351 (1879). - W.Ref. 533.

742. Fällungs- und Lösungs-Trennung von Amylose und Amylopektin

(Technische Arbeiten vgl. "Fraktionierung": 341, vgl. auch "Amylose-Komplexe": 756)

Amylose und Amylopektin aus Kartoffelstärke. Gilbert, L.M., Gilbert, G.A. und Spragg, S.P. In: Whistler, R.L. u.a., Methods in Carbohydrate Chem. Vol. IV, Academic Press 1964. S.25-27.

Zwischenfraktionen. Whistler, R.L. In: Whistler, R.L. u.a., Methods in Carbohydrate Chem. Vol.IV, Academic Press 1964. S.28-29.

Anreicherung des Amylosegehalts von Amylomais-Stärke durch Butanol-Komplex. Anderson, R.A. und Pfeifer, V.F. Stärke 16. 209-11 (1964). - Ref.C. 1965. 13-2939, Ref.J.Chem. (russ.) 1965. 4 R325.

Zur Kenntnis einer weiteren in der Stärke vorkommenden Kohlenhydrat-Komponente. Ulmann, M. und Seidemann, J. Ernährungsforschung 8. 77-82 (1963). - Ref.C. 1964. 10-2778, Ref.J.Chem. (russ.) 1964. 7 R415.

Fraktionierung von Amylomaisstärken. Anderson, R.A., Vojnovich, C. und Soedomo, G. Stärke 15. 355-59 (1963). - Ref.C. 1964. 39-2592.

Stärkefraktionierung durch hydrophobe Komplexbildung. French, D., Pulley, A.O. und Whelan, W.J. Stärke 15. 349-54 (1963). - Ref.C. 1964. 42-2675, Ref.J.Chem. (russ.) 1964. 10 R334.

Charakterisierung der Zwischenfraktionen von hochamylosigen Maisstärken. Whistler, R.L. und Doane, W.M. Cereal Chem. 38. 251-55 (1961). - Ref.C.A. 55. 20247e.(1961), C. 1962. 4373, Stärke 14 261 (1962), Ref.J.Chem. (russ.) 1962. 6 N345.

Trennung der linearen und verzweigten Polysacchariden durch Fällung als Jod-Komplex. Gaillard, B.D.E. Nature (London) 191. 1295-96 (1961). - Ref.C. 1962. 9368, Stärke 14. 188 (1962), Ref.J.Chem.(russ.) 1962. 20 N211.

Trennung von Amylose und Amylopektin der Stärke durch ein Extraktion-Sedimentationsverfahren. Montgomery, E.M. und Senti, F.R. J.Polymer Sci. 28. 1-9 (1958). - Ref.C.A. 52. 13294g (1958), C. 1959. 4501, Stärke 12. 193 (1960).

Die Isolierung von Amylose und Amylopektin aus Gerstenstärke. Bengough, W.I., Stanwix, P.R. und Steedman, W. Chem.and Ind. 1957. 1241-42. - Ref.C.A. 52. 5863g (1958), C. 1962. 680, Stärke 9. 210 (1957).

Physiko-chemische Untersuchungen an Stärken. 13. Mitt. Die Fraktionierung von Hafer- und Weizenstärken. Arbuckle, A.W. und Greenwood, C.T. J.chem.Soc. (London) 1958. 2626-29 - Ref.C.A. 52. 19197i (1958), C. 1961. 511.

Untersuchungen über Leguminosenstärken. 3. Mitt. Abtrennung und Bestimmung von Amylose und Amylopektin. 1. Einführung und vorläufige Versuche mit Jodfärbung. Kawamura, S. und Tada, M. Techn.Bull.Fac.Agric., Kagawa Univ. (Japan) 9. 99-104 (1957). - Ref.C.A. 52. 20428h (1958).

Physikochemische Studien über Stärke. 8. Mitt. Weitere Beobachtungen an Fraktionen von Kartoffelstärke. Cowie, J.M.G. und Greenwood, C.T. J.chem.Soc.(London) 1957. 4640-44. - Ref.C. 1961. 12864.

Physikochemische Studien über Stärke. 6. Mitt. Auslaugen und die Fraktionierung von Kartoffelstärke. Cowie, J.M.G. und Greenwood, C.T. J.chem.Soc. (London) 1957. 2862-66. - Ref.C.A. 52. 5012a (1958), C. 1958. 5977, C. 1961. 12864.

Die Fraktionierung von Kartoffelstärke durch Zentrifugierung in Alkali. Baum, H. und Gilbert, G.A. J.Colloid Sci. 11. 428-34 (1956). - Ref.Stärke 9. 209 (1957), C. 1958. 139.

Fraktionierung von Stärke. Hiemstra, P., Bus, W.C. und Muetgeert, J.M. Stärke 8. 235-41 (1956). - Ref.C. 1957. 13829.

Die Fraktionierung von normaler und gefleckter Weizenstärke durch Elution in Sauerstoffabwesenheit. Viscosimetrische Eigenschaften der Amylosefraktion. Baum, H., Gilbert, G.A. und Wood,H.L. J.chem.Soc. (London) 1955. 4047-51. - Ref.C. 1957. 9675, C.A. 50. 6822h (1956).

Die Fraktionierung der Kartoffelstärke in Abwesenheit von Luft. Baum, H.A. und Gilbert, G.A. Chem. and Ind. 1954. 490. - Ref.C. 1955. 3157, C.A. 48. 9093c (1954).

Fraktionierung von Stärke. Bauer, A.W. Dissertation, Princeton Univ. 1953. Univ.Microfilms Pub.Nr. 6787. 142 S. Dissertation Abstr.14. 16-17 (1954). - Ref.C.A. 48. 11098h (1954).

Stärkeuntersuchungen. 5. Mitt. Alkali- und Säureverfahren der Stärkefraktionierung. Bauer, A.W. und Pacsu, E. Textile Res.J. 23. 860-64 (1953). - Ref.C. 1954. 9773.

Enzymatischer Ab- und Aufbau von Stärke. Teil XIII. Verbesserte Methoden für die Fraktionierung von Kartoffelstärke. Hobson, P.N., Pirt, S.J., Whelan, W.J. und Peat, S. J.chem.Soc. (London) 801-03 (1951). - Ref.Stärke 3. 264 (1951), C. 1952. 2681.

Eigenschaften der Fraktionen und linearen Unterfraktionen von verschiedenen Stärkearten. Lansky, S., Kooi, M. und Schoch, T.J. J.Amer.chem.Soc. 71. 4066-75 (1949). - Ref.C. 1950. II. 1582.

Fraktionierung von Stärke. 2. Mitt. Trennung von Amylose und Amylopektin. Higginbotham, R.S. und Morrison, G.A. J.Textile Inst. 40. T 208-19 (1949). - Ref.C. 1950. I. 2364.

Die Fraktionierung von Kartoffelstärke mittels Aluminiumhydroxyd. Bourne, E.J., Donnison, G.H., Peat, S. und Whelan, W.J. J.chem.Soc. (London) 1949. 1-5. - Ref.C. 1950. I. 1239.

Die Trennung der Stärkekomponenten. Jelinek, B. Branntweinwirtschaft 2. 179-80 (1948). - Ref.C. 1949. II. 602.

Die Fraktionierung von Kartoffelstärke. Hopkins, R.H. und Jelinek, B. Biochem.J. 43. 28-32 (1948). - Ref.C.A. 43. 2454 (1949).

Trennung und Bestimmung von Amylose und Amylopektinfraktionen der Stärke. Krishnaswamy, K.G. und Sreenivasan, A. J.biol.Chemistry 176. 1253-61 (1948). - Ref.C. 1948. E. 2477, Stärke 2. 282 (1950).

Die Trennung der Stärkekomponenten. Jelinek, B. Congr.int.Ind. Ferment., Conf.Commun., Gand, 1947. 62-68.

Die Fraktionierung von Stärke. Schoch, Th.J. Advances Carbohydrate Chem. 1. 247-77 (1945).

Eine neue Methode zur Trennung von Amylose- und Amylopektinkomponenten von Stärke. Haworth, W.N., Peat, S. und Sagrott, P.E. Nature (London) 157. 19 (1946).

Thymol und Cyclohexanol als Fraktionierungsreagenzien für Stärke. Bourne, E.J. und Peat, S. J.chem.Soc. (London) 1948. 1687-93. - Ref.C. 1948. E.2391, C.A. 43. 6446f (1949).

Trennung von Amylose und Amylopektin durch bestimmte Nitroparaffine. Whistler, R.L. und Hilbert, G.E. J.Amer.chem.Soc. 67. 1161-65 (1945). - Ref.C. 1947. I. 50.

Die Abtrennung und quantitative Abschätzung von Amylose und Amylopektin in Kartoffelstärke. McCready, R.M. und Hassid, W.Z. J.Amer.chem.Soc. 65. 1154-57 (1943). - Ref.C. 1945. I. 1254.

Fraktionierung von Stärke durch selektive Fällung mit Butanol. Schoch, Th.J. J.Amer.chem.Soc. 64. 2957-61 (1942). - Ref.C. 1945. I. 415.

Trennung der Stärke in ihre zwei Bestandteile. Pacsu, E. und Mullen, W. J.Amer.chem.Soc. 63. 1168-69 (1941). - Ref.C. 1941. II. 1510.

Trennung und Eigenschaften der beiden Hauptbestandteile der Kartoffelstärke. Baldwin, M.E. J.Amer.chem.Soc. 52. 2907-19 (1930). - Ref.C. 1931. I. 446.

Beitrag zum Studium der Stärke. 1. Amylose und Amylopektin. Die Trennung der beiden Konstituenten des Stärkekorns und ihre hauptsächlichen Charaktere. Gatin-Gruzewska, Z. J.Physiol. Pathol. gén. 14. 7-18 (1912). - W.Ref. 579, C.A. 7. 89 (1913).

Beobachtungen über die Aufzeichnung von Mme. Gatin-Gruzewska. Maquenne, L. C.R.hebd.Séances Acad. Sci. 146. 542-545 (1908). - W.Ref. 571, C. 1908. I. 1534.

743. Elektrodialyse, Elektrophorese, Kataphorese, Ionophorese

Die Elektrodialyse als Fraktionierungsverfahren bei Stärke. Richter, M. und Ulmann, M. Kolloid-Z. 176. 98-102 (1961). - Ref.C.A. 55. 26487d (1961), C. 1964. 11-1022.

Zonenelektrophorese von Polysacchariden in einer vertikalen Glaspulversäule. Hočevar, B.J. Farmac.Vestnik (Ljubljana) 11. 157-68 (1960). - Ref.C.A. 56. 5049a (1962), C. 1963. 5117.

Papier-Ionophorese von Kohlenhydraten in Molybdat-Lösungen. Bourne, E.J., Hutson, D.H. und Weigel, H. Chem. and Ind. 1959. 1047-48.

Anwendung von Elektrophorese bei Stärke und Dextrinen. Dux, E.F.W. Stärke 9. 51-53 (1957). - Ref.C.A. 51. 18665a (1958), C. 1958. 5823.

Bestimmung von Hexosamin in Verbindung mit Elektrophorese von Stärke. Neuhaus, O.W. und Letzring, M. Analytical Chemistry 29. 1230-33 (1957).

Die Zonenelektrophorese von Kohlenhydraten. Foster, A.B. Advances Carbohydrate Chem. 12. 81-115 (1957). - Ref.C. 1961. 8606.

Präparative Säulen-Elektrophorese von Polysacchariden. Hocevar, B.J. und Northcote, D.H. Nature (London) 179. 488-89 (1957). - Ref.Stärke 9. 162 (1957).

Verfahren zur Darstellung der Heterogenität von Polysacchariden durch Elektrophorese mit Glasfaserpapier. Lewis, B.A. und Smith, F. J.Amer.chem.Soc. 79. 3929-31 (1957). - Ref.C. 1959. 12258.

Ionophorese von Kohlenhydraten. 3. Mitt. Verhalten einiger Amylosaccharide und ihre Reaktion mit Borationen. Foster, A.B., Newton-Hearn, P.A. und Stacey, M. J.chem.Soc. (London) 1956. 30-36. - Ref.Stärke 8. 130 (1956), C.A. 50. 4584g (1956), C. 1958. 6850.

Ionophorese von Kohlenhydraten. 4. Mitt. Trennung von Kohlenhydraten an Glasfaserblättern. Bourne, E.J., Foster, A.B. und Grant, P.M. J.chem.Soc. (London) 1956. 4311-14. - Ref.C. 1958. 6851.

Eine Mikromethode für die Trennung und Bestimmung von Polysacchariden durch Zonenelektrophorese. Fuller, K.W. und Northcote, D.H. Biochem.J. 64. 657-63 (1956). - Ref.C. 1957. 11395.

Aufspaltung der Pilzcellulose mit Hilfe der Zonenelektrophorese. Miller, G.L. und Blum, R. J.biol.Chemistry 218. 131-37 (1956). - Ref.C. 1957. 1702.

Ionophorese von Kohlenhydraten. 2. Mitt. Einige Pyranose- und Furanosederivate von D-Glucose. Foster, A.B. und Stacey, M. J.chem.Soc. (London) 1955. 1778-81. - Ref.C. 1956. 11664.

Elektrochromatographie anorganischer Ionen bei Stärke. Cetini, G. Ann.Chim.(Rome) 45. 216-26 (1955). - Ref.C.A. 49. 13818c (1955).

Papierelektrophorese von Polysacchariden. Preece, I.A. und Hobkirk, R. Chem. and Ind. 1955. 257-58. - Ref.Stärke 7. 222 (1955), C. 1960. 10087.

Elektrophorese einiger neutraler Polysaccharide. Northcote, D.H. Biochem.J. 58. 353-58 (1954). - Ref.Stärke 6. 311 (1954), C.A. 49. 4059f (1955), C. 1956. 9269.

Elektrophoretische Wanderungsgeschwindigkeit und Fraktionierung von Komplexen aus Hydrolysenprodukten von Amylose mit Jod und Kaliumjodid. Mould, D.L. und Synge, R.L.M. Biochem.J. 58. 585-93 (1954). - Ref.C. 1955. 7458, C.A. 49. 4761b (1955), Stärke 7. 11 (1955).

Papierelektrophoretische Trennung von ^{32}P-markierten Hexosephosphorsäureestern. Schild, K.T. und Bottenbruch, L. Hoppe-Seyler's Z.Physiol.Chem. 292. 1-6 (1953). - Ref.Stärke 5. 163 (1953).

Zur Frage der Elektrochemie der Stärke. 2. Mitt. Kataphorese von Kartoffelstärkelösungen. Schulman, M.Ss. und Lipatow, Ss.M. Kolloid-J. (russ.) 14. 136-39 (1952). - Ref.C. 1952. 5903, C.A. 46. 6522h (1952).

Elektrophoretische Homogenität von Polysacchariden in molarem Alkali. Colvin, R.J., Cook, W.H. und Adams, G.A. Canad.J.Chem. 30. 603-07 (1952). - Ref.C. 1955. 6532.

Elektrodialyse und Elektrophorese in der Stärkeforschung. Samec, M., Nučič, C. und Pirkmajer, V. Kolloid-Z. 94. 350-58 (1941). - Ref.C. 1941. II. 1017.

Zur Charakterisierung elektrophoretisch fraktionierter Stärke verschiedener Herkunft. Dahl, O. Hoppe-Seyler's Z. 263. 81-99 (1940). - Ref.C. 1940. I. 2952.

Die Fraktionierung von Kartoffelstärke durch Elektrophorese. Hopkins, R.M., Stopher, E.G. und Dolby, D.E. J.Inst.Brewing 46. 426 (1940).

Ein Elektrodialyse-Elektrophoreseapparat für präparative kolloidchemische Zwecke. Dahl, O. Kolloid-Z. 92. 70-75 (1940). - Ref.C. 1940. II. 2786.

Apparatur zur Elektrodialyse von Stärke. Hixon, R.M., und Martin, Vera Dawson. Ind.Engng.Chem.analyt.Edit. 11. 395 (1939). - Ref.C. 1940. I. 3590.

Über das Anschwellen und Fraktionieren von elastischen Gelen. Dumanski, A.W. und Barwinok, M.S. Kolloid-J. (russ.) 4. 181-90 (1938). - Ref.C.A. 33. 2019 (1939).

Ein neuer Apparat für Elektrodialyse von ß-Amylose. Redfern, S. Cereal Chem. 15. 712-15 (1938). - Ref.C.A. 32. 9541 (1938).

Ein neuer Apparat für die Elektrodialyse. Nučič, Č. Arh.Hemiju Farmaciju 10. 97-100 (1936). - Ref.C. 1937. I. 4831.

Studien über Pflanzenkolloide. XXIX. Über die Wanderungsgeschwindigkeit von Stärkesubstanzen. Samec, M. Kolloidchem. Beih. 33. 269-78 (1931). - Ref.C. 1932. II. 3066.

Untersuchung über die Kataphorese kleiner Teilchen in Wasser. Newton, D.A. Philos.Magazine (7) 9. 769-87 (1930). - Ref.C. 1930. II. 703.

Die Anwendung des Tyndalleffektes zur Bestimmung der Kataphorese an ungefärbten Solen. Dumanski, A. und Kniga, A. Kolloid-Z. 39. 40-41 (1926). - Ref.C. 1926. II. 720.

Über die Zusammensetzung des Glykogens. Samec und Isajevič, V. C.R.d.l'Acad.des sciences 176. 1419-1421 (1923). - Ref.C. 1923. III. 1070.

Studien über Pflanzenkolloide. 11. Mitt. Elektrodesintegration von Stärkelösungen. Samec, M. und Mayer, A. Kolloidchem.Beih. 13. 272-288 (1921). - Ref.C. 1921. III. 1000, W.Ref. 599.

Untersuchungen über die Umladbarkeit von Zellen, Zellenbestandteilen und Membranen. Heesch, K. Pflügers Arch.d.Physiol. 190. 198-211 (1921). - Ref.C. 1922. I. 642, W.Ref. 1275.

Über die kolloidalen Eigenschaften und besonders über den elektrischen Transport der Stärke. Bottazzi, F. und Victorow, C. Atti Reale Accad.naz.Lincei, Rend. 19. Ser.5; Sem.2. 7-14 (1910). - W.Ref. 574, C.A. 5. 1406 (1911), C. 1910. II. 969.

Über den elektrischen Transport der Glykogene (und der Stärke). Bottazi, F. Atti Reale Accad.naz.Lincei, Rend. 18. Ser.5; Sem.2, 87-90 (1909). - W.Ref. 731, C. 1909. II. 1423, C.A. 4. 342 (1910).

744. Chromatographische Fraktionierung.

Die papierchromatographische Fraktionierung der Stärkekohlenhydrate. 5. Mitt. Zur Empfindlichkeit des gleichzeitigen Nachweises von Amylose und Amylopektin durch die stufenweise Elutionsanalyse auf Papier. Richter, M. Stärke 18. 205-207 (1966).

Die papierchromatographische Fraktionierung der Stärkekohlenhydrate. 4. Mitt. Einfluß verschiedener Faktoren bei der Fraktionierung der Amylose durch stufenweise Elutionsanalyse auf Papier. Richter, M. und Stroh, H.-H. Stärke 18. 176-180 (1966).

Die papierchromatographische Fraktionierung der Stärkekohlenhydrate. 3. Mitt. Die stufenweise Elutionsanalyse von Stärke und Amylopektin mit Perchlorsäure auf Papier. Richter, M. und Stroh, H.-H. Stärke 18. 115-22 (1966).

Zur Dokumentation von Stärke-Papierchromatogrammen. Seidemann, J. Photogr.Korresp. 101. 189-91 (1965). - Ref.Stärke 18. 200 (1966).

Die papierchromatographische Kapillaranalyse der Stärke als einfache Kontrollmethode für Forschung und Praxis. Ulmann, M. Stärke 16. 151-57 (1964). - Ref.C. 1965. 7/8-2898, C.A. 61. 5889d (1964), Ref.J.Chem.(russ.) 1966. 2 R358.

Über die Reinheit nativer Stärkekomponenten. 2. Mitt. zur Bestimmung der Reinheit von Stärkekomponenten. Winkler, S. Stärke 15. 102-05 (1963). - Ref.C. 1963. 22929, Ref.J.Chem.(russ.) 1964. 1 R319, C.A. 60. 6132d (1964).

Bestimmung der Reinheit von Stärkekomponenten. 1. Mitt. Der Amylopektin- und Amylose-Nachweis in Stärke und Stärkefraktionen. Winkler, S. Stärke 14. 168-75 (1962). - Ref.C.A. 57. 12773f (1962), C. 1963. 3425.

Die papierchromatographische Fraktionierung der Stärkekohlenhydrate. 2. Mitt. Die stufenweise Elutionsanalyse von Amylose mit Perchlorsäure auf Papier. Richter, M. und Stroh, H.-H. Stärke 14. 415-24 (1962). - Ref.C. 1963. 21374.

Die Bedeutung der Capillaranalyse für die Stärkeforschung. Ulmann, M. Mber.dtsch.Akad.Wiss.Berlin 4. 144 (1962). - Ref.C. 1964. 23-0987.

Fragen der papierchromatographischen Untersuchung von Amylopektin und Amylose. Ulmann, M. und Richter, M. Stärke 14. 455-60 (1962). - Ref.C. 1963. 21374, Ref.J.Chem. (russ.) 1963. 19 R271, C.A. 59. 3070b (1963).

Die Bedeutung der papierchromatographischen Kapillaranalyse für die moderne Stärkeforschung. Ulmann, M. Stärke 14. 175-79 (1962). - Ref.C.A. 57. 11439g (1962), C. 1963. 3425.

Mikrofraktionierung auf Papier von sauren Polysacchariden und verwandten Substanzen. Marsden, J.C. und Kent, P.W. Nature (London) 194 . 573-74 (1962). - Ref.C. 1963. 11710.

Die papierchromatographische Fraktionierung der Stärkekohlenhydrate. 1. Mitt. Zur Leistungsfähigkeit der papierchromatographischen Kapillaranalyse bei der Fraktionierung der Stärkekohlenhydrate. Richter, M. Stärke 14. 337-42 (1962). - Ref.C. 1963. 14133, C.A. 58. 7016e (1963).

Fraktionierung der Stärkekomponenten durch Papierchromatographie. Taki, M. Agric.biol.Chem.(Tokyo) 26. Nr.1. 1-9 (1962). - Ref.C. 1964. 33-0960, Stärke 15. 270 (1963).

Papierchromatographischer Vergleich von Stärken verschiedener pflanzlicher Herkunft. Ulmann, M. und Richter, M. Ernährungsforschung 6. 227-40 (1961). - Ref.C.A. 55. 27692a (1961), C. 1962. 2569, Stärke 14. 264 (1962).

Die papierchromatographische Trennung von Stärkekomponenten. Ulmann, M. und Richter, M. Kolloid-Z. 169. 136-48 (1960). - Ref.J.Chem.(russ.) 1960. 77171, C. 1964. 27-1767.

Zur Problematik der Stärke-Papierchromatographie. Ulmann, M. und Richter, M. Ernährungsforschung 5. 462-77 (1960). - Ref.C.A.55. 6000f (1961), Ref.J.Chem.(russ.) 1961. 11 N378, Stärke 13. 183 (1961), Stärke 14. 264 (1962).

Anwendbarkeit und Leistungsfähigkeit der Al_2O_3-Chromatographie bei Kartoffelstärke. 2. Mitt. Ulmann, M. Ernährungsforschung 5. 170-83 (1960). - Ref.C.A. 54. 18825e (1960), C. 1961. 2122, Stärke 13. 56 (1961).

Chromatographische Fraktionierung von Polysacchariden an Cellulose-Anionenaustauschern. 13. Mitt. über Ionenaustauscher. Neukom,H., Deuel, H., Heri, W.J. und Kündig, W. Helv.chim.Acta 43. 64-71 (1960). - Ref.C. 1961. 3434.

Studien über die Chromatographie von Stärken. 7. Mitt. Über die Wirksamkeit von Amylose-Fällungsmitteln für die Fraktionierung von Amylose und Amylopektin. Taki, M. J.agric.chem.Soc.Japan 33. 781-85 (1959). - Ref.C.1962. 14709, Stärke 15. 37,115 (1963), Ref.J.Chem.(russ.) 1961. 14 N393.

Studien über die Chromatographie von Stärken. 5. Mitt. Über die neue Methode für die Papierchromatographie von Stärken. Taki, M. J.agric.chem.Soc.Japan 33. 448-52 (1959). - Ref.J.Chem.(russ.) 1960. 90302, C. 1962. 2202, Stärke 15. 37,115 (1963).

Studien über die Chromatographie von Stärken. 3. Mitt. Über die Trennung und Bestimmung von Amylose von Stärken unter Anwendung der Papierchromatographie. Taki, M. J.agric.chem.Soc. Japan 33. 245-49 (1959). - Ref.J.Chem.(russ.) 1960. 59045, Stärke 15. 37,114 (1963).

Studien über die Chromatographie von Stärken. 2. Mitt. Quantitative Papierchromatographie von Stärken. Taki, M. J.agric.chem. Soc.Japan 33. 218-20 (1959). - Ref.J.Chem.(russ.) 1960. 59045, Stärke 15. 37,114 (1963), C. 1963. 15632.

Studien über die Chromatographie von Stärken. 1. Mitt. Papierchromatographie von Stärken. Taki, M. J.agric.chem.Soc.Japan 33. 216-18 (1959). - Ref.J.Chem.(russ.) 1960. 59045, Stärke 15. 36,114 (1963), C. 1963. 15632, C.A. 58. 2559f (1963).

Farbphotographische Wiedergabe von Al_2O_3-Stärke-Chromatogrammen. Seidemann, J. und Ulmann, M. Photographie u. Wissenschaft 6. Heft 2. 9-11 (1957).

Bemerkungen zum Füllen von chromatographischen Röhren mit Al_2O_3. Wendt, B. und Lehmberg, Ch. Ernährungsforschung 1. 162-64 (1956).

Anwendbarkeit und Leistungsfähigkeit der Al_2O_3-Chromatographie bei Kartoffelstärke. Ulmann, M. Ernährungsforschung 1. 152-161 (1956). - Ref.C. 1957. 8086, C.A. 51. 17211h (1957), Stärke 10. 266 (1958).

Chromatographische Trennung von Stärke. 54. Mitt. Fischer, E.H. und Settele, W. Helv.chim.Acta 36. 811-19 (1953). - Ref.C. 1950/54. 961 S, C.A. 48. 4238a (1954).

Aluminiumoxyd als chromatographisches Adsorptionsmittel bei wässerigen Lösungen. Ulmann, M. Pharmazie 7. 787-791 (1952). - Ref.C. 1953. 5550.

Zur Frage der Stärkechromatographie. Ulmann, M. Stärke 4. 73-77 (1952). - Ref.C. 1953. 1258.

Eine Unterscheidung zwischen Amylopektin, Amylodextrinen und Amylose-Fettsäurekomplexen. Ein Tüpfelnachweis. Nussenbaum, S. Analytic.Chem. 23. 1478-79 (1951). - Ref.C. 1952. 5146, Stärke 4. 292 (1952).

Über die Grundkomponenten der Kartoffelstärke. Ulmann, M. Naturwissenschaften 37. 309-10 (1950).

Zur Chromatographie der löslichen Stärke. Ulmann, M. Kolloid-Z. 116. 10-18 (1950). - Ref.C. 1950. II. 2719.

Untersuchungen über die Capillaraktivität der Jodstärke gegenüber Filtrierpapier. Boutaric, A. und Fabry, S. Bull.Soc.Chim.biol. 24. 108-16 (1942). - Ref.C. 1943. II. 2290.

75. Amylose

750. Allgemeines

(Auch Amylosen fraglicher Konstitution)

Die Veränderlichkeit des Gehaltes an Amylose und Amylopektin in der Stärke der Samen von Cerealien- und Leguminosenkulturen. Smirnowa-Ikonnikowa, M.I., Petrowa, T.M. und Benken, I.I. Kohlenhydrate und Kohlenhydratstoffwechsel (russ.), Verlag Akad.Wiss.UdSSR, Moskau 1962. 219-24. - Ref.Stärke 17. 64 (1965), C.A. 59. 13264e (1963).

Amylose. BeMiller, J.N. und Whistler, R.L. In: R.L. Whistler und J.N. BeMiller, Industrial gums: polysaccharides and their derivatives, S. 675-86. Academic Press, New York and London 1959.

Die Eigenschaften der Amylosen. α-Amylose und retrogradierte B-Amylose aus Mais. Taylor, T.C. und Morris, S.G. J.Amer.chem. Soc. 57. 1070-72 (1935). - Ref.C. 1936. I. 773.

Die Zerstörung der Maisstärkekörner und ihre Beziehung zu den Grundamylosen. Taylor, T.C. und Beckmann, C.O. J.Amer.chem.Soc. 51. 294-302 (1929). - Ref.C. 1929. I. 1329.

Über die Vielheit der Amylosen. Tanret, Ch. C.R.hebd.Séances Acad.Sci. 159. 530-532 (1914). - W.Ref. 586, C.A. 9. 1912 (1915), C. 1915. I. 1056. II. 73.

Einige charakteristische Eigenschaften der Amylose und des Amylopektins. Gatin-Gruzewska, Z. C.R.hebd.Séances Acad.Sci. 152. 785-788 (1911). - W.Ref. 575, C. 1911. I. 1349.

Untersuchungen über Amylose und amyloseartige Körper. Bütschli, O. Verh.naturwiss.-med.Ver.Heidelberg 7. 419-518 (1904).

751. Hochamylosehaltige Stärken

Charakterisierung von feucht vermahlenem Amylomais der Klasse 8. Anderson, R.A. Cereal Chem. 42. 580-81 (1966).

Physikalische Eigenschaften und chemische Struktur von hochamylosigen Maisstärke-Fraktionen. Montgomery, E.M., Sexson, K.R., Dimler, R.J. und Senti, F.R. Stärke 16. 345-51 (1964). - Ref.J.Chem.(russ.) 1965. 11 R348, C.A. 62. 4202d (1965), C. 1966. 18-3064.

Einfluß der Umweltbedingungen auf den Amylosegehalt von Mais-Endosperm. Fergason, V.L. und Zuber, M.S. Crop Sci. 2. 209-11 (1962). - Ref.C.A. 57. 7624b (1962).

Amylose. National Starch & Chemical Co. Chem.Engng. 69. 102 (1962). - Ref.Stärke 15. 114 (1963).

Untersuchungen über den Amylosegehalt in der Stärke verschiedener Kartoffelsorten. Görlitz, H. und Wilberg, E. Z.landwirtsch. Versuchs- u.Untersuchungswes. 7. 392-98 (1961). - Ref.Stärke 14. 298, 442 (1962), C.A. 57. 8974g (1962).

Maisstärke mit hohem Gehalt an Amylose. Eigenschaften und Verarbeitungsmöglichkeiten. Remond, J. Rev.Produits chim. 64. 99-105 (1961). - Ref.C. 1962. 2568, Ref.J.Chem.(russ.) 1961. 22 N254.

Amylosegehalt in Stärke von Getreide und Leguminosen. Smirnowa-Ikonnikowa, M.I., Petrowa, T.M. und Mochnatsch, W.O. Ber.Akad. Wiss.UdSSR (russ.) 140. 485-88 (1961). - Ref.C.A. 56. 712h (1962), Stärke 17. 64 (1965).

Stärkekorn-Charakteristika und Amylose-Gehalt in Beziehung zur Pollinationszeit und Samengröße sowie Keimungsverhalten bei Phaseolus-Arten. Dhaliwah, A.S., Salunkhe, D.K. und Lorz, A.P. Indian J.Genetics Plant Breeding 20. 118-25 (1960).

Hochamylosige Maisstärke - Eigenschaften und Ausblicke. Senti, F.R. und Russell, C.R. Tappi 43. 343-49 (1960). - Ref.C.A. 54. 21806h (1960), Stärke 13. 185 (1961), C. 1961. 14140.

Stand der züchterischen Erzeugung amylosereicher Maisstärke und der technischen Amylosegewinnung. Augustat, S. Stärke 12. 145-53 (1960).

Eine Bemerkung zur enzymatischen Reduzierung des Proteingehalts in hochamylosiger Maisstärke. Vojnovich, Ch., Anderson, R.A. und Griffin, E.L. Cereal Chem. 37. 576-78 (1960). - Ref.C. 1961. 17034, Stärke 13. 100 (1961), C.A. 55. 1039i (1961).

High-Amylose-Corn - eine vielversprechende Entwicklung in den USA. Tegge, G. Stärke 12. 213-18 (1960). - Ref.C. 1961. 5635, Ref.J.Chem.(russ.) 1961. 8 N353.

Hochamylosiger Mais - Eigenschaften und Aussichten. Senti, F.R. und Dimler, R.J. Food Technol. 13. 663-67 (1959). - Ref.J.Chem. (russ.) 1960. Nr.67164, C. 1962. 680.

Stand der züchterischen Erzeugung amylosereicher Maisstärke und der technischen Amylosegewinnung. Augustat, S. Ernährungsforschung 4. 525-40 (1959). - Ref.J.Chem.(russ.) 1960. Nr.82646, C.1960. 11498, C.A. 54. 13702a (1960).

Studien über die Chromatographie von Stärken. 6. Mitt. Über den Amylosegehalt von Reisstärke während der Reife. Taki, M. J.agric.chem.Soc.Japan 33. 778-81 (1959). - Ref.J.Chem.(russ.) 1961. 8 N354, C. 1962. 14709, Stärke 15. 37,115 (1963).

Beziehung der Reife zu der Zusammensetzung von Ackerbohnensamen. 3. Mitt. Amylosegehalt der Stärke. Kawamura, S. J.agric.chem. Soc.Japan 32. 749-51 (1958). - Ref.C.A. 53. 7328e (1959).

Stärke mit hohem Amylosegehalt im Kommen. Chem.Engng. News 38. Nr.50, 54 (1958).

Züchtung hochamyloser Maissorten. Zuber, M.S., Grogan, C.O., Deatherage, W.L., Hubbard, J.E., Schulze, W.E. und MacMasters, M.M. Agronomy J. 50. 9-12 (1958). - Ref.C.A. 52. 7445f (1958).

Stärkeindustrie regt die Genetiker zur Züchtung von Nebenlinien an. Chem.Engng. 1958. 66, 68. - Ref.Stärke 10. 297 (1958).

Sortenbedingte Unterschiede des Amylosegehaltes von Reisstärke. Williams, V.R., Wu, W.-T., Tsai, H.Y. und Bates, H.G. J.Agric. Food Chem. 6. 47-48 (1958). - Ref.Stärke 10. 154 (1958), C. 1959. 5649.

Einige Einflüsse von Standort und Sorte auf den Amylosegehalt von Gerste. Goering, K.J., Eslick, R.F. und Clarence, A.R. Cereal Chem. 34. 437-43 (1957). - Ref.C.A. 52. 2184b (1958).

Neuer hochamylosiger Mais. Food Manufact. 32. 541 (1957).

Eine Hochamylose-Stärke. Zuber, M.S. und Grogan, C.O., Langwell, J.H. Maize Genetics Cooperat. News Letter 30. 95 (1956).

Erbsenstärke, eine Stärke von hohem Amylosegehalt. Hilbert, G.E. und MacMasters, M.M. J.biol.Chemistry 162. 229-38 (1946). - Ref.C. 1946. II. 1167, Stärke 2. 282 (1950).

Hochprozentiger Amylose- und Amylopektingehalt von Stärke. Jacinto, Q.I. und Freccero, R.M. pR (Montevideo) 5. 67-90 (1955). - Ref.C.A. 52. 21185g (1958).

Teilübersicht über den Amylosegehalt in Stärke einheimischer und fremder Varietäten von Mais, Weizen und Hirse und einigen anderen stärkehaltigen Pflanzen. Deatherage, W.L., MacMasters, M.M. und Rist, C.E. Trans.Amer.Assoc.Cereal Chemists 13. 31-42 (1955). - Ref.C. 1956. 7274.

Zur Kenntnis von Stärke mit hohem Amylosegehalt aus Mais von hohem Stärkegehalt. Deatherage, W.L., MacMasters, M.M., Vineyard, M.L. und Bear, R.P. Cereal Chem. 31. 50-52 (1954). - Ref.C. 1954. 10610, Stärke 6. 231 (1954), C.A. 48. 4060f (1954).

Amylosegehalt. Vineyard, M.L. und Bear, R.P. Maize Genetics Cooperat. News Letter 26. 5 (1952).

Polysaccharide bei Mais mit hohem Amylose-Gehalt. Dvonch, W., Kramer, H.H. und Whistler, R.L. Cereal Chem. 28. 270-80 (1951).

Die Amylosekomponente von Wachs-Mais-Stärke. Bourne, E.J. und Peat, S. J.chem.Soc. (London) 1949. 5-9. - Ref.C. 1950. I. 1239, C.A. 43. 6447d (1949).

752. Isolierung, Fraktionierung, Reinigung

(Technische Arbeiten vgl. "Amylose": 342. Vgl. auch "Fraktionierung": 742, 743, 744)

Untersuchungen an hochamylosehaltigen Stärken. 4. Mitt. Die Fraktionierung von Amylosemaisstärke; eine Studie über die verzweigte Komponente. Greenwood, C.T. und MacKenzie, S. Carbohydrate Res. 3. 7-13 (1966).

Untersuchungen an hochamylosehaltigen Stärken. 6. Mitt. Beobachtungen über die Stabilität von wäßrigen Lösungen von Wachsmais-, Mais- und Amylomaisstärken, und die Selbstfraktionierung von Amylomais. Adkins, G.K. und Greenwood, C.T. Stärke 18. 240-43 (1966).

Untersuchungen an hochamylosehaltigen Stärken. 5. Mitt. Die ultrazentrifugale Fraktionierung von wäßrigen Dispersionen von Amylomaisstärke. Adkins, G.K. und Greenwood, C.T. Stärke 18. 237-40 (1966).

Untersuchungen an hochamylosehaltigen Stärken. 3. Mitt. Die Fraktionierung und Eigenschaften der Komponenten. Ein Überblick. Adkins, G.K. und Greenwood, C.T. Stärke 18. 171-76 (1966).

Beobachtungen zur Isolierung und Unterfraktionierung von Amylose. Das Vorkommen einer natürlichen Hemmung in der Amylose gegen ß-Amylolyse. Geddes, R., Greenwood, C.T., MacGregor, A.W., Procter, A.R. und Thomson, J. Makromolekulare Chem. 79. 189-206 (1964). - Ref.C. 1965. 28-1051, C.A. 62. 722g (1965).

Die Fraktionierung der Amylose nach ihrem Polymerisationsgrad. Holló, J. und Szejtli, J. Stärke 14. 75-78 (1962). - Ref.C. 1962. 18860, C.A. 57. 6193a (1962).

Isolierung einer Amylose von hohem Molekulargewicht durch Dispersion in Dimethylsulfoxyd. Killion, P.J. und Foster, J.F. J.Polymer Sci. 46. 65-73 (1960). - Ref.C. 1961. 10209, C.A.58. 12751h (1963).

Physikochemische Studien über Stärke. 18. Mitt. Die Eigenschaften von Amylose in Beziehung zur Fraktionierung und Subfraktionierung von Stärke. Banks, W., Greenwood, C.T. und Thomson, J. Makromolekulare Chem. 31. 197-213 (1959). - Ref.C.A. 53. 20865h (1959), Stärke 12. 91 (1960), C. 1965. 51-1198.

Die Fraktionierung der Amylose und Charakterisierung der Fraktionen durch Lichtstreuung. Everett, W.W. und Foster, J.F. J.Amer.chem.Soc. 81. 3459-64 (1959). - Ref.C.A. 53. 21047h (1959), Stärke 12. 254 (1960), C. 1960. 3243.

Herstellung von Amylose hohen Polymerisationsgrades. Holló, J., Szejtli, J. und Gantner, G.S. Commun.Inst.agric.chem.Technol., Polytechn.Univ. Budapest 1. 39 (1958). - Ref.Stärke 12. 92 (1960), C.A. 55. 21629f (1961).

Fraktionierung von Amylose nach ihrem Polymerisationsgrad. Holló, J. und Szejtli, J. Kolloid-J. (russ.) 20. 229-32 (1958). - Ref.C.A. 52. 17766f (1958), C. 1961. 10209.

Darstellung der Amylosefraktion aus Kartoffelstärke für die quantitative colorimetrische Jodometrie. Lambert, J.L. und Rhoads, St.C. Analytic.Chem. 28. 1629-30 (1956). - Ref.C. 1960. 1955, C.A. 51. 933e (1957).

Herstellung von Amylose. Kerr, R.W. und Katzbeck, W.J. Stärke 5. 2-4 (1953).

Isolierung und Reinigung von Amylose mit Hilfe der "Fällung-Enzymmethode". Nikuni, Z., Takaoka, K. und Fuwa, H. Mem.Inst. sci.ind.Res., Osaka Univ. 9. 185-90 (1952). - Ref.C. 1950/54. S. 4000.

Reinigen von Amylose durch eine Fällungs-Enzym-Methode. Nikuni, Z., Takaoka, K. und Fuwa, H. Symposia on Enzyme Chem. Japan 7. 101-3 (1952). - Ref.C.A. 46. 9876b (1952).

Fraktionierung von Stärke. 6. Mitt. Die Fraktionierung von Amylosen. Goodison, D. und Higginbotham, R.S. J.Textile Inst., Trans. 42. T249-73 (1951). - Ref.C. 1952. 2851.

Verhalten von Amylose mit niedrigem Molekulargewicht gegen komplexbildende Agenzien. Dvonch, W., Yearian, H.J., Whistler,R.L. J.Amer.chem.Soc. 72. 1748-50 (1950). - Ref.C. 1950. II. 1960.

Die Herstellung von Amylose nach der Thymolfällungsmethode. Lakshmanan, S., Ram, J.S. und Giri, K.V. Current Sci. 17. 366-67 (1948). - Ref.C. 1949. E 6620.

Die Heterogenität von Amylose und Amylopektin. 1. Mitt. Kerr,R.W. Arch.Biochemistry 7. 377-92 (1945). - Ref.C. 1946. II. 3062.

Untersuchungen über Stärke. III. Fraktionierung und Reinigung von Amylose aus Mais. Meyer, K.H., Bernfeld, P. und Wolff, E. Helv.chim.Acta 23. 854-64 (1940). - Ref.C. 1940. II. 1722.

Abtrennung der Amylose in einiger bekannter Stärken. Taylor, T.C. und Iddles, H.A. Dissertation Columbia Univ. New York, N.Y. 1925, 24 S. - W.Ref. 625.

Trennung der Amylosen einiger gewöhnlicher Stärkearten. Taylor, T.C. und Iddles, H.A. Ind.Engng.Chem. 18. 713-17 (1926). - Ref.C. 1926. II. 1798.

753. Verhalten, Struktur, Molekulargewicht

(Auch synthetische Amylose. Vgl. auch "Konstitutionsaufklärung mit physikalischen Methoden": 77)

Über die Molekülkonfiguration der Amylose und ihrer Komplexe in wäßrigen Lösungen. 3. Mitt. Untersuchung der Polymerisationsgrad-Verteilung in Amylose-Jod-Komplexen. Szejtli, J., Augustat, S. und Richter, M. Biopolymers 5. 17-26 (1967).

Über die Molekülkonfiguration der Amylose und ihrer Komplexe in wäßrigen Lösungen. 2. Mitt. Beziehung zwischen dem Polymerisationsgrad der Spiralsegmente des Amylose-Jod-Komplexes und der Gleichgewichtskonzentration an freiem Jod. Szejtli, J., Richter, M. und Augustat, S. Biopolymers 5. 5-16 (1967).

Über die Konfiguration der Amylosemoleküle in wäßriger Lösung. Szejtli, J. und Augustat, S. Stärke 18. 38-52 (1966).

Über die Synthese unverzweigter Polysaccharide. Husemann, E. und Müller, G.J.M. Makromolekulare Chem. 91. 212-30 (1966). - Ref.Stärke 18. 335 (1966).

Das V Amylose-Wasser-System. Enthalphie der Hydratation der äußeren Helix. Nicolson, P.C., Yuen, G.U. und Zaslow, B. Biopolymers 4. 677-82 (1966).

Die Konformation von Amylose und der von ihr abgeleiteten Produkte. 1. Mitt. Das Infrarotspektrum der Amylose und ihrer Oligomerer in amorpher fester Phase und in Lösung. Casu, B. und Reggiani, M. Stärke 18. 218-229 (1966).

Physikalische Eigenschaften von Perjodat-oxydierter Amylose: Aggregation oxydierter Amylose in wäßriger Lösung. Erlander, S.R., Griffin, H.L. und Senti, F.R. Biopolymers 3. 497-508 (1965). - Ref.Stärke 18. 30 (1966).

Die Veränderung von Amylose-Spiralen durch Perjodat-Oxydation. Erlander, S.R., Griffin, H.L. und Senti, F.R. Stärke 17. 151-58 (1965).

753

Biosynthese der Stärke. 5. Mitt. Untersuchung der optimalen Reaktionsbedingungen der Amylose-Synthese. Hollô, J., Lâszlô,E. und Hoschke, A. Stärke 17. 377-81 (1965).

Die Biosynthese der Stärke. 1. Mitt. Synthese der Amylose mit Phosphorylase. Hollô, J., Lâszlô, E. und Hoschke, A. Periodica polytechn. (Budapest), chem.Ingenieurwes. 8. 213-19 (1964). - Ref.Stärke 17. 269 (1965), C. 1966. 1-1249.

Untersuchungen an natürlichen und enzymatisch synthetisierten Amylosen in wäßrigen Lösungen. Husemann, E., Burchard, W. und Pfannemüller, B. Stärke 16. 143-50 (1964). - Ref.C.A.(B.) 61. 5952e (1964), C. 1965. 7/8-2892, Ref.J.Chem. (russ.) 1965. 2 R204.

Infrarot-Spektren der Amylose und ihrer Oligomeren. Casu, B. und Reggiani, M. J.Polymer Sci. Part C 1964. Nr.7. 171-85. - Ref.C. 1965. 35-1122.

Das Viscositätsverhalten von Amylose in verschiedenen Lösungsmitteln. Burchard, W. Makromolekulare Chem. 64. 110-25 (1963). - Ref.C. 1966. 23-1097.

Über natürliche und synthetische Amylose. 23. Mitt. Streulicht- und Viscositätsmessungen an wäßrigen Amyloselösungen. 2.Mitt. Burchard, W. Makromolekulare Chem. 59. 16-27 (1963). - Ref.C. 1964. 1-1048.

Über natürliche und synthetische Amylose. 22. Mitt. Streulichtmessungen an wäßrigen Amyloselösungen. 1. Mitt. Husemann, E., Pfannemüller, B. und Burchard, W. Makromolekulare Chem. 59. 1-15 (1963). - Ref.C. 1964. 1-1047.

Untersuchungen über die Konformation von gelöster Amylose. Rao, V.S.R. und Foster, J.F. Biopolymers 1. 527-47 (1963). - Ref.C. 1964. 40-1005.

Neuere Beiträge zur Chemie der Stärkefraktionen. 14. Mitt. Die Biosynthese der mit C^{14} universell markierten Kohlenhydrate und der speziell markierten Amylose-Moleküle. Lâszlô, E., Hollô, J., Szejtli, J., Tôth, M. und Vândor, E. Periodica polytechn. (Budapest) 7. 311-16 (1963). - Ref.Stärke 16. 403 (1964), C. 1965. 18-1387.

Infrarot-Spektren der Amylose und ihrer Oligomeren. Casu, B. und Reggiani, M. Conference on vibrational Spectra of High Polymers Milano, Italy 1963. - Ref.Stärke 16. 135 (1964).

Untersuchungen an Amylose und ihren Derivaten. 4. Mitt. Das Viscositätsverhalten von Amylose in Lösungsmittelgemischen. Cowie, J.M.G. Makromolekulare Chem. 59. 189-200 (1963). - Ref.C. 1963. 16209.

Physikochemische Studien über Stärke. 25. Mitt. Die hydrodynamischen Verhältnisse und Dimensionen von linearen Kartoffel-Amylosemolekülen in verdünnten wäßrigen Salzlösungen. Banks, W. und Greenwood, C.T. Makromolekulare Chem. 67. 49-63 (1963). - Ref.C.A. 60. 791a (1964), C. 1965. 22-1088.

Charakterisierung einer zweiten Spiral-Modifikation der Amylose. Zaslow, B. Biopolymers 1. 165-69 (1963). - Ref.C. 1964. 10-1015.

Untersuchung der Molekularbewegung in Amylose, Lichenin und Cellulose nach der Methode der magnetischen Kernresonanz. Glaskow, W.I. Ber.Akad.Wiss.UdSSR (russ.) 142. 387-88 (1962). - Ref.C. 1964. 43-1017.

Elektronenspin-Resonanz von aus Amylose durch γ-Bestrahlung gebildeten freien Radikalen. Mishina, A. J.agric.chem.Soc.Japan 36. 620-23 (1962). - Ref.C.A. 62. 3555h (1965), C. 1966. 14-1109.

Über die Konformationen von Kohlenhydraten. Stepanenko, B.N. Kohlenhydrate und Kohlenhydratstoffwechsel (russ.), Verlag Akad.Wiss.UdSSR, Moskau 1962. 5-27. - Ref.Stärke 17. 27 (1965).

Untersuchungen über Amylose und ihre Derivate. 3. Mitt. Die Wirkung der Temperatur auf die "Intrinsic"-Viskosität von Amylose in einigen Lösungsmitteln. Cowie, J.M.G. Makromolekulare Chem. 53. 13-20 (1960). - Ref.C.A. 57. 7501b (1962), Stärke 15. 112 (1963), C. 1965. 21-1148.

Fein-Struktur von Amylose. Kjølberg, O. und Manners, D.J. Biochem.J. 84. 50P (1962). - Ref.C.A. 57. 10190g (1962), C.1963. 11710.

Über das unterschiedliche Verhalten von synthetischer und natürlicher Amylose gegenüber Phosphorylase und ß-Amylase. Husemann, E. und Pfannemüller, B. Makromolekulare Chem. 43. 156-59 (1961). - Ref.Stärke 14. 188 (1962), C. 1962. 14897.

Hydratation der "V"-Amylosehelix. Zaslow, B. und Miller, R.L. J.Amer.chem.Soc. 83. 4378-81 (1961). - Ref.C. 1962. 12688, Stärke 14. 298 (1962).

Über die Bestimmung des Molekulargewichts von Amylosen. Husemann, E., Burchard, W., Pfannemüller, B. und Werner, R. Stärke 13. 196-99 (1961). - Ref.C.A. 55. 2729g (1961), C. 1962. 2933.

Neuere Beiträge zur Chemie der Stärkefraktionen. 10. Mitt. Über die Konformation der Glucopyranosidringe der Amylose. Holló,J., Szejtli, J. und Tóth, M. Stärke 13. 222-30 (1961). - Ref.C.A. 55. 21630i (1961), Ref.J.Chem. (russ.) 1962. 8 N309, C. 1962. 15061.

Wasserstoffaustausch zwischen Cellulose und Wasser. 1. Mitt. Messung der Zugänglichkeit. Sepall, O. und Mason, S.G. Canad.J. Chem. 39. 1934-43 (1961). - Ref.C. 1966. 20-1062.

Untersuchungen über Amylose und ihre Derivate. 1. Mitt. Molekulargröße und Struktur von Amylosemolekülen in verschiedenen Lösungsmitteln. Cowie, J.M.G. Makromolekulare Chem. 42. 230-47 (1961). - Ref.C. 1961. 10209, C.A. 55. 16049d (1961).

Studien über die Dispersion der optischen Drehung von Polysacchariden. 3. Mitt. Amylose, Amylopektin und O-Methylcellulose. Neely, W.B. J.org.Chemistry 26. 3015-16 (1961). - Ref.C.A. 56. 10259a (1962), C. 1966. 14-1106.

Physikalisch-chemische Eigenschaften verdünnter wäßriger Lösungen von Aymlose. Untersuchung von optischer Drehung, Viskosität und Osmose. Kuge, T. und Ono, S. Bull.Chem.Soc. Japan 34. 1264-71 (1961). - Ref.C. 1966. 14-1108.

Physikalisch-biochemische Untersuchung einer Amylose von hohem Molekulargewicht. Killion, P.J. Univ.Microfilms (Ann Arbor, Mich.), L.C.Card. Nr.Mic 60-4183. 140 S. - Ref.C.A. 55. 5601c (1961).

Untersuchungen über das Molekulargewicht von Kartoffelamylose in wäßriger Lösung durch Messung des osmotischen Drucks. Jørgensen, B.B. und Jørgensen, O.B. Acta chem.Scand. 14. 2135-38 (1960). - Ref.C. 1961. 15041, Stärke 14. 142 (1962), C.A. 56. 7564c (1962).

Molekulargewicht von kristalliner Amylose von bestimmten Reissorten. Tsai, H.Y., Phillips, A.T. und Williams, V.R. J.agric. Food Chem. 8. 364-68 (1960). - Ref.C. 1961. 17780, Stärke 13. 310 (1961).

Der Selbstzerfall radioaktiv markierter Verbindungen. Bayly, R.J. und Weigel, H. Nature (London) 188. 384-87 (1960). - Ref.C. 1961. 18656.

Untersuchung der Alterung von Amylose. Holló, J., Szejtli, J. und Gantner, G.S. Stärke 12. 73-77, 106-108 (1960). - Ref.C. 1962. 2568, C.A. 54. 23384h (1960).

Untersuchung der Alterung von Amylose. Holló, J., Szejtli, J. und Gantner, G.S. Periodica polytechn. (Budapest), chem.Ingenieurwes. 3. 95-104 (1959). - Ref.C. 1962. 2568, C.A. 54. 5135g (1960).

Die Struktur der Amylose in Lösung. Everett, W.W. und Foster, J.F. J.Amer.chem.Soc. 81. 3464-69 (1959). - Ref.J.Chem. (russ.)1960. Nr.33488, C. 1960. 3243, C.A. 54. 1331h (1960).

Die Fein-Struktur der Amylosekomponente der Stärke. Banks, W. und Greenwood, C.T. Stärke 11. 294-98 (1959). - Ref.C. 1960. 11847, C.A. 54. 10874f (1960).

Über natürliche und synthetische Amylose. 9. Mitt. Molekülgröße und Molekulargewichtsverteilung von synthetischer Amylose (2. Teil). Husemann, E., Fritz, B., Lippert, R. und Pfannemüller, B. Makromolekulare Chem. 26. 199-213 (1958). - Ref.C. 1959. 11926, Stärke 13. 456 (1961).

Die Rheologie wässeriger Amylose- und Amylopektinlösungen in Beziehung zur Molekülkonfiguration und intermolekularen Assoziation. Storey, B.Th. und Merrill, E.W. J.Polymer Sci. 33. 361-75 (1958). - Ref.C. 1959. 12876, C.A. 53. 4863i (1959).

Die Austauschfähigkeit der Hydroxylgruppen von frischen und gealterten Amylosen bzw. Amylopektin mit schwerem Wasser. Ceh, M. und Hadzi, D. Stärke 10. 99-103 (1958). - Ref.C. 1959. 6163, C.A. 54. 1904i (1960).

Die Struktur der Amylose-Moleküle in wäßrigen Lösungen. Holló, J. und Szejtli, J. Stärke 10. 49-52 (1958). - Ref.C. 1959. 7655, C.A. 53. 21052b (1959).

Über natürliche und synthetische Amylose. 8. Mitt. Molekülgröße und Molekulargewichtsverteilung von synthetischer Amylose. (1. Teil). Husemann, E., Fritz, B., Lippert, R., Pfannemüller, B. und Schupp, E. Makromolekulare Chem. 26. 181-98 (1958). - Ref.C. 1959. 11925, C.A. 52. 18568d (1958), Stärke 13. 456 (1961).

Über die Heterogenität des Molekulargewichtes in Stärkeamylopektinen. Stacy, C.J. und Foster, J.F. J.Polymer Sci. 25. 39-50 (1957). - Ref.C.A. 51. 13432g (1957), C. 1958. 14336, Stärke 11. 22 (1959).

Die Molekülstruktur von Amylose. Holló, J. und Szejtli, J. Zucker- u. Süßwaren-Wirtsch. 10. 520-22 (1957). - Ref.C. 1958. 1024, C.A. 52. 2760c (1958).

Über natürliche und synthetische Amylose. 7. Mitt. Die Gestalt der Amylosemoleküle. Husemann, E. und Bartl, H. Makromolekulare Chem. 25. 146-58 (1957). - Ref.C.A. 52. 6204a (1958), C. 1959. 7155.

α-1:4-Glucosan. 7. Mitt. Der enzymatische Abbau und die molekulare Struktur der Amylose. Cowie, J.M.G., Fleming, I.D., Greenwood, C.T. und Manners, D.J. J.chem.Soc. (London) 1957. 4430-37. - Ref.C. 1958. 6852.

Oxydation als Quelle von "Anomalien" bei der Amylose. Baum, H., Gilbert, G.A. und Scott, N.D. Nature (London) 177. 889 (1956). - Ref.C. 1956. 11213, C.A. 50. 11380e (1956), Stärke 8. 287 (1956).

Abwesenheit ß-glucosidase-labiler Verbindungen in Amylose. Baba, Akira und Kojima, H. Bull.agric.chem.Soc. Japan 19. 167-71 (1955). - Ref.C.A. 50. 16898h (1956).

Über die Unterschiede zwischen natürlicher und synthetischer Amylose. Husemann, E., Fritz, B. und Pfannemüller, B. Z.Naturforsch. 9b. 800-801 (1954). - Ref.C.A. 49. 7876g (1955).

Untersuchungen über den Kohlenhydratstoffwechsel der Süßkartoffel. II. Prüfung der ß-glucosidischen Bindungen in Süßkartoffelamylose. Baba, A. J.agric.chem.Soc.Japan 28. 603-08 (1954). - Ref.C. 1950/54. S. 4030.

Über natürliche und synthetische Amylose. Husemann, E. Stärke 6. 2-5 (1954). - Ref.C. 1954. 9305.

Untersuchungen über den Kohlenhydratstoffwechsel in Süßkartoffeln. 6. Mitt. Unregelmäßige Ketten in Stärke. 1. Untersuchung von ß-Glucosid-Ketten in Amylose von Süßkartoffeln. Baba, Akira. J.agric.chem.Soc. Japan 28. 598-603 (1954). - Ref.C.A. 50. 17003c (1956), C. 1950/54. S. 4029.

Über die Größe und Gestalt der Amylosemoleküle. Husemann, E. und Bartel, H. Makromolekulare Chem. 10. 183-84 (1953). - Ref.Stärke 6. 56 (1954).

Zur Kenntnis der Amylose der Kartoffelstärke. (Chromatographische Untersuchungen). Ulmann, M. Makromolekulare Chem. 9. 76-95 (1952/53). - Ref.C. 1954. 5539.

Physikalisch-chemische Untersuchungen an Stärke. 2. Mitt. Über das Spiralmodell von α-Amylose. Azumi, H. und Nakajima, T. Sci.Rep. Tohoku Imp. Univ., Ser.I. 36. 284-89 (1952).

Die Struktur der Amylosen. Kerr, R.W. und Cleveland, F.C. J.Amer. chem.Soc. 74. 4036 (1952). - Ref.Stärke 5. 18 (1953), C. 1953. 5192.

Über die Struktur der Amylosen der Kartoffel. Stepanenko, B.N. und Afanassjewa, Je.M. Ber.Akad.Wiss.UdSSR (russ.) 86. 789-96 (1952). - Ref.C. 1955. 7471.

Stärke. 4. Mitt. Die molekulare Konstitution der Amyloseunterfraktionen. Potter, A.L. und Hassid, W.Z. J.Amer.chem.Soc. 73. 593-95 (1951). - Ref.C. 1952. I. 64, Stärke 3. 265 (1951).

Kupferammoniak-Glucosidkomplexe. 3. Mitt. Die Konformation von D-Glucopyranosidring in Lösung. Reeves, R.E. J.Amer.chem.Soc. 71. 215-17 (1949).

Stärke. 2. Mitt. Molekulargewicht von Amylosen und Amylopektinen aus Stärken verschiedenen pflanzlichen Ursprungs. Potter, A.L. und Hassid, W.Z. J.Amer.chem.Soc. 70. 3774-77 (1948). - Ref.Stärke 2. 209 (1950), C. 1948. E. 1871.

Über die reaktive Kettenlänge von durch Muskelphosphorylase synthetisierter Stärke (Amylose). Chaudhury, A.K.R. J.Indian chem.Soc. 23. 461-65 (1946).

Die Heterogenität von Amylose und Amylopektin. 1. Mitt. Kerr, R.W. Arch.Biochemistry 7. 377-92 (1945).

Die Beziehung zwischen der Lösungsviscosität und dem Molekulargewicht in der Amylosereihe. Foster, J.F. und Hixon, R.M. J.Amer.chem.Soc. 66. 557-60 (1944). - Ref.C. 1945. II. 1738.

Die molekulare Konstitution von Amylose und Amylopektin der Kartoffelstärke. Hassid, W.Z. und McCready, R.M. J.Amer.chem.Soc. 65. 1157-61 (1943). - Ref.C. 1945. I. 1255.

Über die Multipel-Theorie von Stärke. 1. Mitt. γ-Amylose. Kerr, R.W. und Trubell, O.R. Cereal Chem. 18. 530-48 (1941).

Über die Konstitution der Amylose und des Amylopektins der Maisstärke. Meyer, K.H. C.R.Séances Soc.Physique Hist.natur. Genève 57. 19-23 (1940). - Ref.C. 1940. II. 1435.

Das Molekulargewicht der ß-Amylose aus Maisstärke, bestimmt mittels der Ultrazentrifuge. Beckmann, Ch.O. und Landis, Quick. J.Amer.chem.Soc. 61. 1495-1503 (1939). - Ref.C. 1939. II.2236.

Polysaccharide. 20. Die Molekulargröße von Amylose und die Beziehung zwischen Amylose und Stärke. Baird, B.K., Haworth, W.N. und Hirst, E.L. J.chem.Soc. (London) 1935. 1201-05. - Ref.C. 1936. I. 774.

Studien über Pflanzenkolloide. XXXVII. Die Teilchengröße der Amylose und ihrer Desaggregationsprodukte beim Acetylieren. Samec, M. und Knop, L. Kolloid-Beih. 39. 438-63 (1934). - Ref.C. 1935. I. 34.

Notiz zur Molekulargröße der Amylose aus Kartoffelstärke. Reilly, J., O'Donovan, P.P. und Murphy, H. Sci.Proc.Roy.Dublin Soc. 21. 37-42 (1934). - Ref.C. 1934. II. 594.

Polysaccharide. XIV. Die Molekularstruktur von Amylose und Amylopektin. Hirst, E.L., Plant, M.M.T. und Wilkinson, M.D. J.chem. Soc. (London) 1932. 2375-83. - Ref.C. 1933. I. 1607.

Über die chemische Natur der Amylose. Effront, J. C.R.hebd. Séances Acad.Sci. 190. 1170-72 (1930). - Ref.C. 1930. II. 1525.

Über Amylose und Amylopektin (Beiträge zur Chemie der Stärke von Pringsheim und Mitarbeitern XXII). Steingroever, A. Ber.dtsch. chem.Ges. 62. 1352-59 (1929). - Ref.C. 1929. I. 3086.

Über die Individualgruppe der Amylose aus Kartoffelstärke. Bergmann, M. und Knehe, E. Liebig's Ann.Chem. 452. 141-51 (1927). - Ref.C. 1927. I. 1948.

Studien über Stärke. Teil II. Die Konstitution der polymerisierten Amylose, des Amylopektins und ihrer Derivate. Ling, A.R. und Nanji, D.R. J.chem.Soc. (London) 127. 629-36 (1925). - Ref.C. 1925. II. 646.

Studien über Stärke. Teil I. Die Natur der polymerisierten Amylose und des Amylopektins. Ling, A.R. und Nanji, D.R. J.chem.Soc. (London) 123. 2666-2688 (1923). - Ref.C. 1924. II. 313, W.Ref. 606.

754. Nachweis und Gehaltsbestimmung

(Auch Amylosen verschiedener Pflanzen)

Photometrische Titration der Stärkepolysaccharide mit Jod. 1.Mitt. Mikrobestimmung von Amylose neben Amylopektin. Richter, M. Z.analyt.Chem. 222. 381 (1966).

Amperometrische Titration von Stärke mit Jod. Nara, S., Maeda, I. und Kitabara, N. J.agric.chem.Soc. Japan 38. 509-13 (1964). - Ref.C.A. 63. 12222h (1965).

Bestimmung des Amylosegehalts von Maisstärke. Einkorn-Technik. Shuman, A.C. und Plunkett, R.A. In Whistler, R.L. u.a., Methods in Carbohydrate Chem. Vol.IV., Academic Press 1964. S. 174-178.

Bestimmung von Amylose. Sorption von Congorot. Carroll, B. und Cheung, H.C. In Whistler, R.L. u.a., Methods in Carbohydrate Chem.Vol.IV., Academic Press 1964. S. 170-174.

Jodimetrische Bestimmung von Amylose. Jod-Sorption: "Blauwert". In Whistler, R.L. u.a., Methods in Carbohydrate Chem. Vol.IV., Academic Press 1964. S. 168-69.

Jodimetrische Bestimmung von Amylose. Amperometrische Titration. BeMiller, J.N. In Wihistler, R.L. u.a., Methods in Carbohydrate Chem. Vol. IV., Academic Press 1964. S. 165-168.

Jodimetrische Bestimmung von Amylose. Potentiometrische Titration: Calcium-Chlorid-Methode für modifizierte Stärken. Colburn, C.R. und Schoch, T.J. In Whistler, R.L. u.a., Methods in Carbohydrate Chem. Vol.IV., Academic Press 1964. S. 161-165.

Jodimetrische Bestimmung von Amylose. Potentiometrische Titration: Standard-Methode. Schoch, T.J. In Whistler, R.L. u.a.,Methods in Carbohydrate Chem. Vol. IV., Academic Press 1964. S. 157-160.

Amylose und Amylopektin und deren quantitative Bestimmung im Weizenkorn. Bobiš, L. und Surová, E. Mlýn.pek.Průmysl 8. 221-22 (1962). - Ref.Stärke 16. 171 (1964), Stärke 17. 28 (1965).

Einheimische Stärken von Pakistan. 1. Mitt. Jod-Affinitätswert von einheimischen Stärken und Bestimmung ihres Amylose- und Amylopektingehalts. Qudrat-i-Khuda, M., De, H.N. und Yasin, M. Pakistan J.sci.Res. 12. 171-75 (1960). - Ref.C.A. 57. 4917b (1962).

Bestimmung von Amylose in Stärke. Carroll, B. und Cheung, H.C. J.agric.Food Chem. 8. 76-78 (1960). - Ref.J.Chem.(russ.) 1960. 94194, C. 1960. 16616, C.A. 55. 4810i (1961), Stärke 13. 149 (1961).

Das chromatographische Verhalten der zwei Komponenten der Amylose der Stärke. Ulmann, M. und Richter, M. Mber.dtsch.Akad.Wiss. Berlin 2. 603-07 (1960). - Ref.C. 1962. 8278.

Studien über Phaseolus-Stärke. 6. Mitt. Abtrennung und Bestimmung von Amylose und Amylopektin. IV. Papierchromatographische Methode und Vergleich verschiedener Bestimmungsmethoden. Kawamura, S. und Tada, M. J.technol.Soc.Starch (Japan) 6. 51-57 (1959). - Ref.C.A. 53. 13285i (1959).

Studien über Phaseolus-Stärke. 5. Mitt. Abtrennung und Bestimmung von Amylose und Amylopektin. III. Amperometrische Methode. Kawamura, S. und Tada, M. J.technol.Soc.Starch (Japan) 6. 48-51 (1959). - Ref.C.A.53. 13285i (1959).

Studien über die Chromatographie von Stärken. 4. Mitt. Über die Bestimmung des Amylosegehalts von verschiedenen Stärken durch papierchromatographische Methoden. Taki, M. J.agric.chem.Soc. Japan 33. 445-48 (1959). - Ref.J.Chem.(russ.) 1960. 90302, C. 1962. 2201, Stärke 15. 37, 114 (1963).

Potentiometrische und spektrophotometrische Bestimmung von Amylose und Amylopektin in verschiedenen Stärkearten. Patel, R.D., Patel, R.S. und Patel, R.P. Sci. and Cult. 24. 291-92 (1958). - Ref.C. 1961. 15953.

Zur Frage der photocolorimetrischen Bestimmung des Amylosegehaltes in Stärke nach der "Blauwert"-Methode. Augustat, S. Ernährungsforschung 3. 567-74 (1958). - Ref.C. 1959. 14275, C.A. 53. 15611e (1959).

Bemerkung über eine Schnellmethode zur Prüfung des ungefähren Amylosegehaltes von Stärke in Maiskörnern. Savage, R.R., Deatherage, W.L., McMasters, M.M. und Senti, F.R. Cereal Chem. 35. 392-94 (1958). - Ref.C.A. 52. 21184i (1958), C. 1959. 13024.

Die quantitative Bestimmung des Gehaltes an Amylose in Stärke nach der "Blauwert"-Methode unter Verwendung des Universalcolorimeters von B. Lange. Ulmann, M. und Augustat, S. Z.analyt.Chem. 162. 337-44 (1958). - Ref.C.A. 53. 1795c (1959), C. 1960. 3402.

Eine amperometrische Methode zur Bestimmung des Amylosegehaltes von Stärke verschiedener Getreidearten. Brunner, O. und Lentner, C. Mh.Chem. (Wien) 88. 1024-30 (1957). - Ref.C.A. 52. 10620c (1958), C. 1959. 16503.

Potentiometrische Titration von Amylose in Stärken. Wang, Yi-San und Lin, Hon-Chi. Chemistry (Taiwan) 1956. 263-70. - Ref.C.A. 52. 5011h (1958).

Bestimmung des Stärkegehaltes stärkehaltiger Stoffe mittels amperometrischer Titration. Holló, J. und Szejtli, J. Stärke 8. 123-26 (1956). - Ref.C.A. 51. 1634e (1957), C. 1958. 8208.

Schnelle amperometrische Bestimmung des Stärkegehaltes. Holló, J. und Szejtli, J. Élelmezési Ipar 10. 98-100 (1956). - Ref.C. 1957. 10635.

Bestimmung des Gehaltes verdünnter polymerer Lösungen. Bottle, R.T. Chemist Analyst 45. 82-83 (1956). - Ref.C.A. 50. 16185i (1956).

Enzymatischer Abbau von Assimilations-Stärke in grünen Blättern. I. Potentiometrische Jod-Titration von aus Blättern der süßen Kartoffel isolierter Amylose. Baba, Akira und Shimabayashi, Y. J.agric.chem.Soc. Japan 26. 142-45 (1952). - Ref.C.A. 48. 9481i (1954).

Colorimetrische Eigenschaften von Jodamylose und deren Anwendung auf die Bestimmung von Amylose. Kushimoto, T. Tokyo Jikeikai med.J. 67. 20-23 (1953). - Ref.C. 1950/54. 521 S.

Enzymatischer Abbau von Assimilations-Stärke in grünen Blättern. I. Potentiometrische Jod-Titration von aus Blättern der süßen Kartoffel isolierter Amylose, Baba, A. und Shimabayashi, Y. J.agric.chem.Soc. Japan 26. 142-45 (1952). - Ref.C.A. 48. 9481i (1954).

Amylosegehalt in Stärke der Süßkartoffel. Doremus, G.L., Crenshaw, F.A. und Thurber, F.H. Cereal Chem. 28. 308-17 (1951).

Fraktionierung von Stärke. 1. Mitt. Bestimmung von Amylose in Gegenwart von Amylopektin. Higginbotham, R.S. und Morrison, G.A. J.Textile Inst. 40. T 201-07 (1949). - Ref.C. 1950. I. 2364.

Untersuchungen über Stärke. 39. Mitt. Die Maisamylose. Meyer, K.H., Bernfeld, P., Gürtler und Noelting, G. Helv.chim.Acta 31. 108-10 (1948). - Ref.C. 1948. I. 1210, Stärke 3. 43 (1951).

Amylosegehalt von Maisstärken aus nord-, mittel- und südamerikanischem Mais. Whistler, R.L. und Weatherwax, P. Cereal Chem. 25. 71-75 (1948). - Ref.Stärke 1. 157 (1949).

Stärken der runzligen und der glatten Erbse. Peat, S., Bourne, E.J. und Nicholls, M.J. Natur (London) 161. 206-07 (1948). - Ref.C. 1948. I. 1028.

Der Amylosegehalt der Stärke von wachsenden Kartoffelknollen. Halsall, T.G., Hirst, E.L., Jones, J.K.N. und Sansome, F.W. Biochem.J. 43. 70-72 (1948). - Ref.C. 1948. E. 1086.

Stärke und Stärkefraktionen. 3. Mitt. Die Farbintensität von Stärke-Jod-Jodid-Lösungen als Index für das Amylose-Amylopektin-Verhältnis. Lampitt, L.H., Fuller, C.H.F. und Goldenberg, N. J.Soc.chem.Ind. 66. 142-47 (1947).

Das Verhältnis zwischen Amylose und Amylopektin in Kartoffelstärke als Eigenheit der Kartoffelsorte. Willigen, A.H.A.de und Groot, P.W.de. Korte Ber. Proefstat.Aardappelverwerk.Nr.7. (1947). - Ref.Stärke 1. 157 (1949).

Farbvergleichung bei "Blauwert"-Bestimmungen. Williams, K.A. Analyst 70. 21-22 (1945). - Ref.C. 1945. II. 858.

Spektrometrische Analysen von Stärken. Kerr, R.W. und Trubell, O.R. Paper Trade J. 117. Nr.15. 25-28 (1943).

Amylose- und Amylopektingehalt von durch ihre Jodkomplexbildung bestimmten Stärken. Bates, F.L., French, D. und Rundle, R.E. J.Amer.chem.Soc. 65. 142-48 (1943). - Ref.C. 1945. I. 1374.

Über den multiplen Amylosegehalt von Stärke. II. Amylopektin und Amylose. Kerr, R.W., Trubell, O.R. und Severson, G.M. Cereal Chem. 19. 64-81 (1942). - Ref.C.A. 36. 2175 (1942).

Untersuchungen über Weizenstärke. 1. Mitt. Der Amylopektin- und Amylosegehalt verschiedener Weizenstärken. Stamberg, O.E. und Bailey, C.H. Cereal Chem. 16. 309-19 (1939). - Ref.C. 1939. II. 1593.

Charakterisierung einiger Stärkearten und ihrer Amylosen. I. Verhältnis der Amylosen in Weizen- und Tapiocastärke. Taylor,T.C. und Walton, R.P. J.Amer.chem.Soc. 51. 3431-40 (1929). - Ref.C. 1930. I. 966.

755. Kristallisierte Amylose

Kettenfaltung in Amylosekristallen. Manley, R.St.J. J.Polymer Sci., Part A 2. 4503-15 (1964). - Ref.C. 1965. 33-1120, C.A. 62. 2312e (1965).

Physikalisch-chemische Untersuchung der kristallinen Textur von Stärke. 2. Mitt. Die gefaltete Struktur von helixförmiger Amylose im Einkristall. Yamashita, Y. Chem.High Polymers (Tokyo) 21. 103-08 (1964). - Ref.C. 1965. 25/26-1157.

Physikochemische Studie über die kristalline Textur von Stärke. 1. Mitt. Der Einkristall von α-Amylose. Hirai, N., Yasui, T., Fujita, S. und Yamashita, Y. Chem.High Polymers (Tokyo) 20. 413-16 (1963). - Ref.C. 1966. 22-1037.

Kristallisation von Stärke: Die Rolle der Ionen in den lyotropen Reihen. Khairy, M., Morsi, S. und Sterling, C. J.Polymer Sci., Part A 1. 3547-59 (1963). - Ref.C. 1964. 34-1038.

NMR-Untersuchung von Amylose. Samec, M., Blinc, R. und Brenman, M. J.Polymer Sci. 56. S21-S23 (1962). - Ref.Stärke 15. 195 (1963).

Beitrag zum Erscheinungsbild der kristallinen Amylose-Abscheidungen aus wäßrigen Stärkelösungen durch organische Lösungsmittel. Seidemann, J. und Schliepe, W. Ernährungsforschung 2. 657-61 (1957). - Ref.C.A. 52. 7746i (1958), C. 1958. 13376, Stärke 10. 65 (1958).

Kristallisation von Amylose. Bois, E. und Vallieres, G. Canad.J. Res. Sect.B 23. 214-16 (1945). - Ref.C.A. 40. 3633 (1946).

Einige Kristallformen der Amylose. Kerr, R.W. J.Amer.chem.Soc.67. 2268-69 (1945). - Ref.C. 1946. II. 1439.

Die Konfiguration der Stärke im Stärke-Jod-Komplex. 2. Mitt. Optische Eigenschaften kristalliner Stärkefraktionen. Rundle, R.E. und French, D. J.Amer.chem.Soc. 65. 558-61 (1943). - Ref.C. 1946. II. 2236.

Über die kristallisierte Ausscheidung von Stärke aus Lösungsmittelgemischen. Wiegel, E. Kolloid-Z. 102. 145-54 (1943). - Ref.C. 1943. I. 2487.

Über die Multipel-Theorie von Stärke. 3. Mitt. Die Isolierung von Amylose in kristalliner Form. Kerr, R.W. und Severson, G.M. J.Amer.chem.Soc. 65. 193-98 (1943). - Ref.C. 1945. I. 903.

Orientierte Koazervate und ihr Verhältnis zur Bildung von Kolloidkristallen. Bungenberg, de Jong, H.G. Kon.Akad.Wetensch. Amsterdam, Proc. 38. 426-34 (1935). - Ref.C. 1936. I. 1386.

Die Kristallisation der Stärke. Alsberg, C.L. und Griffing, E.P. Proc.Soc.exp.Biol.Med. 23. 728-30 (1926). - Ref.C. 1927. I. 2062.

Kristallisation von Stärke. Sande-Bakhuyzen, H.L. van de. Proc. Soc.exp.Biol.Med. 23. 506-07 (1926). - Ref.C. 1927. I. 265.

Kristallisierte Stärke. Beijerinck, M.W. Kon.Akad.Wetensch. Amsterdam, Proc. 18. 305-309 (1915). - W.Ref. 1261, C.A. 10. 2535 (1916).

756. Amylose-Komplexe

(Vgl. auch "Trennung von Amylose und Amylopektin": 742)

Amylose-V-Komplexe aus 2-Aminoäthanol-Lösungen. Valletta, R.M. und Germino, F.J. J.Polymer Sci. Pt.A 2. 4765-72 (1964). - Ref.C.A. 62. 4726e (1965).

Amylose-V-Komplexe aus Dimethyl-Sulfoxid-Lösungen. Germino, F.J. und Valletta, R.M. J.Polymer Sci. Pt.A 2. 4757-63 (1964). - Ref.C.A. 62. 4726d (1965).

Komplexe von Amylose mit oberflächenaktiven Stoffen. Osman, E.M., Leith, S.J. und Fleš, M. Cereal Chem. 38. 449-463 (1961). - Ref.C. 1962. 15797, C.A. 56. 3584d (1962), Stärke 14. 189 (1962).

Neuere Beiträge zur Chemie der Stärkefraktionen. 7. Mitt. Über die Stabilität der Amylose-Alkoholkomplexe. Holló, J., Szejtli, J., László, E., Gantner, G.S. und Tóth, M. Stärke 12. 287-95 (1960). - Ref.J.Chem. (russ.) 1961. 21 N236, C.A. 55. 8904d (1961), C. 1962. 2201.

Die Hydrolyse von Amylosekomplexen. 2. Mitt. Die Hydrolyse des Butanolkomplexes. Holló, J., Szejtli, J., Gantner, G. und Molnár, I. A Budapesti Müszaki Egyetem, Mezögazdasági Kémiai Technológiai Tanszékének Közleményei 1959. 35-38. - Ref.Stärke 12. 221 (1960).

Die Dissoziationskonstante des Cyclohexaamylosejodkomplexes. Thoma, J.A. und French, D. J.physic.Chem. 62. 1603 (1958). - Ref.C. 1959. 15066.

Röntgenbeugungsuntersuchungen von Additionsverbindungen von Amylose mit anorganischen Salzen. Senti, F.R. und Witnauer, L.P. J.Polymer.Sci. 9. 115-32 (1952). - Ref.C. 1953. 5192.

Amylosekomplexe. Katzbeck, W.J. und Kerr, R.W. J.Amer.chem.Soc. 72. 3208-3211 (1950). - Ref.Stärke 3. 264 (1951), C. 1951. II. 3318.

Verbindung von Amylose mit Alkohol und Phenol. Fernández, O. und Arrans, R. Rev.real Acad.Ci.exact.Fis.Natur Madrid 43. 179-92 (1949). - Ref.C.A. 46. 2321h (1952).

Untersuchung von Amylose mit invertierten Seifen (soaps). Yenson, Mutahhar. Bull.Fac.Med. Istanbul 11. 121-28 (1948). - Ref.C.A. 46. 766d (1952), C. 1948. E. 1085.

Amylosekomplexe mit organischen Säuren und Alkylhaloid. Mikus, F.F. Iowa State Coll. J.Sci. 22. 58-60 (1947).

Über die Komplexe der Fettsäuren mit Amylose. Mikus, F.F., Hixon, R.M. und Rundle, R.E. J.Amer.chem.Soc. 68. 1115-23 (1946). - Ref.C. 1946. 3825.

Adsorption von Fettsäure durch die linearkettige Komponente von Maisstärke. Schoch, Th.J. und Williams, C.B. J.Amer.chem.Soc. 66. 1232-33 (1944). - Ref.C. 1945. II. 1160.

Die Konfiguration der Stärke im Stärke-Jod-Komplex. 4. Mitt. Untersuchung einer mit Butanol ausgefällten Amylose durch Röntgenbeugung. Rundle, R.E. und Edwards, F.C. J.Amer.chem. Soc. 65. 2200-03 (1943). - Ref.C. 1946. II. 3064.

Über kristallisierte Pyridinamylose aus natürlicher Kartoffelstärke. Reschke, C. und Hartmann, J. Naturwissenschaften 22. 451-52 (1934). - Ref.C. 1934. II. 1613.

757. Amylose-Jod-Verbindungen

(Vgl. auch "Stärkebestimmung": 512, "Charakterisierung von Stärken durch Jod": 6412)

Untersuchungen an hochamylosehaltigen Stärken. 7. Mitt. Verfolgung der potentiometrischen Jod-Titration von Amylomaisstärke. Adkins, G.K. und Greenwood, C.T. Carbohydrate Res. 3. 81-88 (1966).

Amylose-Jod-Komplex. 4. Mitt. Der Komplex in Dimethylsulfoxid-Wassergemischen. Ono, S., Watanabe, T., Ogawa, K. und Okazaki, N. Bull.chem.Soc. Japan 38. 643-48 (1965). - Ref.C.A. 63. 2608c (1965).

Färbung von Stärke mit Jod-Jodid-Lösung. 3. Mitt. Die Veränderung der optischen Dichte von Amylose der Kartoffelstärke unter der Einwirkung von Jod und die Bestimmung der Adsorption des Jod. Miyazaki, Y. Agric.Bull.Saga Univ. (Japan) 1963. Nr.16. 67-75. - Ref.J.Chem.(russ.) 1964. 8 R357, C.A. 62. 10654a (1965), Stärke 18. 335 (1966).

Die Jodsorptionskapazität von mit Salzsäure hydrolysierter frischer und gealterter Kartoffelstärke-Amylose. Ceh, M. Vestnik sloven.kem.Društva 8. 1-8 (1961). - Ref.C.A. 57. 14457f (1962), C. 1963. 15073.

Untersuchung der Sortenunterschiede hinsichtlich des Jodbindungsvermögens von kristallinen Reisamylosen. Phillips, A.T. und Williams, V.R. J.Food Sci. 26. 573-77 (1961). - Ref.Stärke 14. 442 (1962), C. 1963. 6652, C.A. 60. 1970g (1964).

Physikalische Eigenschaften der Stärke. 1. Mitt. Beziehungen zwischen der Jodfärbung und der Kettenlänge. Bailey, J.M. und Whelan, W.J. J.biol.Chemistry 236. 969-73 (1961).

Amylose-Jod-Komplex. 3. Mitt. Potentiometrische und spektralphotometrische Untersuchungen. Kuge, T. und Ono, S. Bull.chem.Soc. Japan 33. 1273-78 (1960). - Ref.C. 1965. 50-1170.

Amylose-Jod-Komplex. 2. Mitt. Einflüsse anorganischer Salze. Kuge, T. und Ono, S. Bull.chem.Soc. Japan 33. 1269-72 (1960). - Ref.C. 1965. 50-1169.

Die Stärke-Jodreaktion. Holló, J. und Szejtli, J. Bull.sci. Conseil Acad. RPFY 5. Nr.4. 116 (1960). - Ref.J.Chem.(russ.) 1962. 3 N295.

Die Hydrolyse von Amylosekomplexen. 1. Mitt. Die Widerstandsfähigkeit von Jodkomplexen gegen Hydrolyse. Holló, J., Szejtli, J., Gantner, G. und Molnár, I. A Budapesti Müszaki Egyetem, Mezögazdasági Kémiai Technologiai Tanszékének Közleményei 1959. 31-35. - Ref.Stärke 12. 221 (1960).

Die Struktur von Amylose-Jod-Komplexen. Holló, J. und Szejtli, J. Stärke 10. 248-53 (1958). - Ref.C. 1959. 15858, C.A. 53. 9705e (1959).

Beziehung zwischen Jodreaktion und Polymerisationsgrad von Amylose. Ohashi, K. J.agric.chem.Soc.Japan 33. 576-80 (1959). - Ref.C. 1963. 7197, Stärke 15. 34 (1963), C.A. 58. 1619d (1963).

Infrarotuntersuchungen an Komplexen von Jod mit einwertigen Alkoholen und mit Amylose. Rossotti, H. J.Polymer Sci. 36. 557-58 (1959). - Ref.C. 1960. 10182.

Das Jodsorptionsvermögen der durch ß-Amylase abgebauten und gealterten Amylose aus Kartoffelstärke. Ceh, M. Stärke 11. 315-18 (1959). - Ref.C. 1960. 12865, C.A. 54. 13701h (1960).

Physikochemische Studien über Stärken. 7. Mitt. Das Infrarot-Absorptionsspektrum des Amylose-Jod-Komplexes. Greenwood, C.T. und Rossotti, H. J.Polymer Sci. 27. 481-88 (1958). - Ref.C.A. 53. 7764f (1959), C. 1961. 6164.

Absorptionsspektren des Amylose-Jodkomplexes und das zylindrische Freielektronen-Modell. Hsieh, Yu-Chang und Hsu, Kwang-Hsien. Acta Sci.Natur., Univ.Pekinensis 4. 478-89 (1958). - Ref.C.A. 53. 13772d (1959).

Absorptionsspektren von Cellulose- und Amylose-Jod-Komplexen im sichtbaren und ultravioletten Gebiet. Abe, T. Bull.chem.Soc. Japan 31. 661-62 (1958). - Ref.C.A. 53. 21204f (1959), C. 1961. 15041.

Untersuchungen über die Jodabsorption der Amylose. Holló, J. und Szejtli, J. Przemysl Spozywczy 11. 429-33 (1957).

Untersuchungen über die Bestandteile des Weizens triticum durum und triticum vulgare. 3. Mitt. Die Jodbindungsfähigkeit der Amylose aus harten und weichen Weizensorten. Leo, T. de und Castaldi, M.L. Ricerca sci. 27. 3605-13 (1957). - Ref.C. 1964. 29-1224.

Die Jodadsorption der Amylose in Abhängigkeit von der Temperatur. Holló, J. und Szejtli, J. Stärke 9. 109-12 (1957). - Ref.C. 1958. 13650, C.A. 52. 7747c (1958).

Trijodid-Ion-Komplexe von Amylose und Schardinger Dextrinen. Ligenza, J.R. Univ.Microfilms (Ann Arbor, Mich.) Publ.Nr. 21802. 88 S. - Ref.C.A. 51. 17335g (1957).

Die Eigenschaften verschiedener Stärken. 4. Mitt. Jodreaktion der durch Isoamylalkohol-Fällung erhaltenen A- und B-Fraktionen verschiedener Stärken. Ohashi, K. Res.Bull.Fac.Agric., Gifu Univ. (Japan) Nr.7. 86-90 (1956). - Ref.C.A. 51. 11746h (1957).

Ergänzende Bemerkungen zur Elektronen-Struktur des Amylose-Jod-Komplexes. Murakami, H. J.chem.Physics 23. 1979 (1955). - Ref.C.A. 50. 2289i (1956).

Potentiometrische und spektrophotometrische Untersuchungen an Komplexen von Hydrolysenprodukten von Amylose mit Jod und Kaliumjodid. Mould, D.L. Biochem.J. 58. 593-600 (1954). - Ref.C. 1955. 7458, C.A. 49. 4761f (1955), Stärke 7. 11 (1955).

Über einige Faktoren, die die durch potentiometrische Titration aufgezeigte Jodaffinität der Amylose beeinflussen. Paschall, E.F. und Foster, J.F. J.Amer.chem.Soc. 75. 1177-80 (1953). - Ref.C. 1954. 2409.

Einfluß des Abbaues der Amylose auf die Eigenschaften des Jod-Komplexes. Foster, J.F. und Paschall, E.F. J.Amer.chem.Soc. 75. 1181-83 (1953). - Ref.Stärke 5. 276 (1953), C. 1954. 1966.

Länge des Jod-Amylose-Komplexes bestimmt durch Strömungsdichroismus. Foster, J.F. und Zucker, D. J.physic.Chem. 56. 170-73 (1952). - Ref.C. 1952. 7778.

Einfluß der Temperatur und der Aggregation auf das Absorptionsspektrum des Amylose-Jod-Komplexes. Foster, J.F. und Paschall, E.F. J.Amer.chem.Soc. 74. 2105-06 (1952). - Ref.C. 1953. 546.

Eine zur Untersuchung von Stärke und ihrer Hydrolysenprodukte abgeänderte Jodstärkemethode. Dimmick, R.L. und Corley, R.C. Proc.Indiana Acad.Sci. 60. 141-44 (1950). - Ref.C. 1955. 6766, C.A. 51. 15159f (1957).

Die Fraktionierung von Stärke. 3. Mitt. Die Reaktion zwischen Amylose und Jod. Higginbotham, R.S. J.Textile Inst.Trans. 40. 783-94 (1949). - Ref.C. 1950. II. 776.

758. Amylose-Derivate

(Vgl. auch "Stärkederivate": 6)

Anomale Erscheinungen bei der Säurehydrolyse der Amylose. Szejtli, J. Stärke 18. 274-80 (1966).

Die Konfiguration von Amyloseacetat in verdünnter Lösung. Patel, R.S. und Patel, R.D. Makromolekulare Chem. 90. 262-275 (1966).

Über die Abweichungen von der idealen Knäuelstatistik bei Amylose- und Cellulosetricarbanilat in einem Θ-Lösungsmittel. Burchard, W. Makromolekulare Chem. 88. 11-28 (1965).

Die Bestimmung des linearen Ausdehnungsfaktors α von Amylose-Acetat. Patel, R.S. und Patel, R.D. Stärke 17. 4-7 (1965).

Amylose und ihre Derivate. 6. Mitt. Bestimmung der Kohäsionsenergiedichte einiger Amylose-Derivate. Cowie, J.M.G. Biopolymers 3. 69-78 (1965). - Ref.C.A. 62. 13861e (1965), C. 1966. 17-1117, Stärke 18. 30 (1966).

Darstellung von Amino-, Mercapto- und Sulfonsäure-Derivaten von Amylose. Medcalf, D.G. Univ.Microfilms (Ann Arbor, Mich.), Order No. 64-8690. 69 S. - Ref.C.A. 62. 7850f (1965).

Kontinuierliche Acylierung von Amylose. National Starch and Chemical Corp. E.P. 969 711 ausg. 16/9.1964. A.Prior. 29/11.1961. - Ref.C.A. 62. 4203b (1965).

Durch γ-Bestrahlung induzierte Pfropfkopolymerisation von Styrol auf Amylose in Dimethylsulfoxidlösung. Mishina, A. und Nikuni, Z. J.agric.chem.Soc. Japan 38. 372-75 (1964). - Ref.C. 1966. 2-1079.

Untersuchungen über Amylose und ihre Derivate. 5. Mitt. Die Sedimentation von Amyloseacetat in verdünnter Lösung. Cowie, J.M.G. und Toporowski, P.M. Polymer (London) 5. 601-10 (1964). - Ref.C. 1965. 32-1035, Stärke 17. 239 (1965), C.A. 62. 11171g (1965).

Präparation und Charakterisierung von 6-Amino-6-Deoxyamylose. Whistler, R.L. und Medcalf, D.G. Arch.Biochem.Biophysics 104. 150-55 (1964). - Ref.C.A. 60. 7065b (1964), C. 1965. 30-1126.

Zustand des Amylose- und Cellulose-Tricarbanilats in verschiedenen Lösungsmitteln. Burchard, W. Z.physik.Chem. 42. 293-313 (1964). - Ref.C.A. 62. 4672e (1965), C. 1965. 52-1269.

Über die polymeranaloge Verzweigung von Amylose durch Isocyanatzucker. Husemann, E. und Schmidt, A.P.O. Makromolekulare Chem. 65. 114-21 (1963). - Ref.C.A. 59. 10218f (1963), Stärke 16. 136 (1964).

Phosphorylierung von Amylose mit 2-Cyanoäthyl-Phosphat. Sannella, J.L. und Whistler, R.L. Arch.Biochem.Biophysics 102. 226-29 (1963). - Ref.C.A. 59. 12893e (1963).

Cyanoäthyl-Amylose. A.E.Staley Manufg.Co. (Erfinder: Fisher, E.E. und Harper, J.L.). Belg.P. 611 052 ausg. 1/6.1962; A.Prior. 2/12.1960. - Ref.C.A. 57. 14042c (1962).

Eigenschaften von Fettsäureestern der Amylose. Gros, A.T. und Feuge, R.O. J.Amer.Oil Chemists' Soc. 39. 19-24 (1962). - Ref.C. 1964. 19-2602.

Graft-Copolymerisation von Amylose mit Acrylamid durch vorherige Bestrahlung. Mishina, A. J.agric.chem.Soc. Japan 36. 617-20 (1962). - Ref.C.A. 62. 4200h (1965), C. 1966. 14-1107.

Über den Einfluß des Lösungsmittels auf den Trägheitsradius am Θ-Punkt bei Amylosetricarbanilat. Burchard, W. Makromolekulare Chem. 56. 239-42 (1962). - Ref.Stärke 15. 384 (1963), C. 1964. 18-1001.

Einige Eigenschaften von Amylosederivaten. Staverman, A.J., Muetgeert, J. und Schors, A. J.Polymer Sci. 55. 657-62 (1961). - Ref.C. 1963. 537.

Herstellung von Hydroxyalkylamylose (HAA) oder Cyanoäthylamylose. A.E. Staley Mfg. Co. E.P. 935 340 vom 24/11.1961., ausg.28/8. 1963. A.Prior. 2/12.1960. - Ref.C. 1965. 20-2866, Stärke 17. 361 (1965).

Herstellung von Hydroxyalkylamylose (HAA) oder Cyanoäthylamylose. A.E. Staley Mfg. Co. E.P. 935 339 vom 18/10.1961., ausg.28/8. 1963. A.Prior. 27/10.1960. - Ref.C. 1965. 20-2866.

Eine vergleichende Strukturanalyse von Cellulose- und Amylosetricarbanilaten in Lösung. Burchard, W. und Husemann, E. Makromolekulare Chem. 44-46. 358-87 (1961). - Ref.C. 1963. 16972.

Reaktion der Amylose mit 1-Acrylamid-1-Deoxy-D-Glucitol eingeführten längeren Verzweigungen. Whistler, R.L. und Roberts, H.J. J.org.Chemistry 24. 2458-61 (1961). - Ref.C.A. 56. 12996b (1962), C. 1962. 10492.

Einführen von 3,6-Anhydro-Ringen in Amylose und Charakterisierung dieser Produkte. Whistler, R.L. und Hirase, S. J.org.Chemistry 26. 4600-05 (1961). - Ref.C.A. 56. 12995e (1962).

Über natürliche und synthetische Amylose. 16. Mitt. Über "gerichtete" Substitutionen an Amylose. Husemann, E. und Resz, R. Makromolekulare Chem. 48. 172-94 (1961). - Ref.J.Chem.(russ.) 1962. 15 N280, C. 1963. 21201, Stärke 15. 384 (1963), C.A. 59. 15365c (1963).

Über natürliche und synthetische Amylose. 15. Mitt. Umsetzung von Amylose und Cellulose mit Essigesterisocyanat. Husemann, E., Resz, R. und Werner, R. Makromolekulare Chem. 47. 48-71 (1961). - Ref.J.Chem. (russ.) 1962. 15 N280, C.A. 56. 8967h (1962), C. 1963. 21201, Stärke 15. 384 (1963).

Über natürliche und synthetische Amylose. 12. Mitt. Über die Verteilung der Substituenten in wasserlöslichen Amyloseäthern. Husemann, E. und Kafka, M. Makromolekulare Chem. 41. 208-17 (1960). - Ref.C. 1961. 9820, C.A. 55. 27929f (1961), Stärke 14. 106 (1962).

Über natürliche und synthetische Amylose. 11. Mitt. Die Verteilung der Substituenten in Amylose- und Licheninacetaten verschiedenen Substitutionsgrades. Husemann, E., Reinhardt, M. und Kafka, M. Makromolekulare Chem. 41. 184-207 (1960). - Ref.C. 1961. 9819, C.A. 55. 27929b (1961), Stärke 14. 105 (1962).

Vergleichende Strukturanalyse an Carbanilaten der Cellulose und Amylose in Lösungen. Burchard, W. Dissertation, Freiburg/Br. 1960. 59 S.

Einige Eigenschaften von Amylosederivaten. Staverman, A.J., Muetgeert, J. und Schors, A. Int.Sympos.Makromolekular-Chem.,Ber., Moskau (russ.) 1960. Sekt. 3.326-33. - Ref.C.A. 55. 10331d (1961).

Die Oxyalkylierung einer Amylosesuspension und das hierbei erhaltene Produkt. A.E. Staley Manufg. Co. (Erfinder: Fisher, E.E. und Estes, R.R.). A.P. 3 127 392 vom 27/10.1960., ausg. 31/3. 1964. - Ref.J.Chem. (russ.) 1965. 16 R279.

Chemische Synthese von 6-Deoxyamylose und 3,6-Anhydroamylose. Bines, B.J. und Whelan, W.J. Chem. and Ind. 1960. 997-98. - Ref.C.A. 55. 2499f (1961), C. 1965. 6-1114.

Über die Verteilung der Hydroxylgruppen in partiell veresterten und verätherten Amylosen. Husemann, E., Kafka, M. und Reinhardt, M. Bull.Soc.ind.Mulhouse 1959. Nr.3. 123-27. - Ref.C. 1961. 10970.

Verteilung von Formylgruppen in Amylosemonoformiat. Whistler, L. und Roberts, H.J. J.Amer.chem.Soc. 81. 4427-29 (1959). - Ref.Stärke 12. 193 (1960).

Herstellung von wasserlöslichen, partiell substituierten Amylosederivaten. National Starch and Chemical Corp. (Erfinder: Rutenberg, M.W., Jarowenko, W. und Ross, L.J.). Can.P. 652 704 vom 2/7.1959., ausg. 20/11.1962. id.mit E.P. 871 634. - Ref.C. 1965. 30-2971.

Amylosederivate. Coöperatieve Verkoop- en Productievereniging van Aardappelmeel en Derivaten "Avebe" G.A. F.P. 1 229 758 vom 3/2.1959., ausg. 9/9.1960. Holl.Prior. 4/2.1958., id.mit E.P. 869 192. - Ref.C. 1964. 44-2490.

Herstellung von Amyloseäthern. Coöperatieve Verkoop- en Productievereniging van Aardappelmeel en Derivaten "Avebe" G.A. (Erfinder: Muetgeert, J., Schors, A. und Hiemstra, P.). A.P. 3 122 534 vom 28/1.1959., ausg. 25/2.1964. Holl.Prior. 4/2.1958, id.mit E.P. 869 192. - Ref.C. 1965. 37-3019.

In Wasser dispergierbare Derivate der Amylose. National Starch and Chemical Corp. (Erfinder: Rutenberg, M.W., Jarowenko, W. und Ross. L.J.). E.P. 871 634 vom 14/8.1959., ausg. 28/6.1961, id.mit Can.P. 652 704. - Ref.C.A. 57. 1139d (1962), C. 1964. 8-2693.

Der alkalische Abbau von Polysacchariden. 3. Mitt. Die Einwirkung von Natriumhydroxyd auf Amylose. Machell, G. und Richards, G.N. J.chem.Soc. (London) 1958. 1199-1204. - Ref.C. 1958. 12414, C.A. 52. 13648g (1958).

Azetalisierung von Amylose. Hiemstra, P., Muetgeert, J.M. und Bus, W.C. Stärke 10. 213-17 (1958). - Ref.C. 1959. 15521, C.A. 56. 11682b (1962).

In Wasser dispergierbare, teilweise substituierte Derivate der Amylose. National Starch and Chemical Corp. (Erfinder: Rutenberg, M.W., Jarowenko, W. und Ross, L.J. A.P. 3 038 895 vom 6/12.1957., ausg. 12/6.1962. - Ref.C.A. 57. 10086h (1962), Ref.J.Chem. (russ.) 1963. 22 R332, Stärke 16. 236 (1964).

Gemischte Ester der Amylose. Wolff, I.A., Olds, D.W. und Hilbert, G.E. Ind.Engng.Chem. 49. 1247-48 (1957). - Ref.Stärke 9. 209 (1957), C.A. 51. 17212e (1957), C. 1960. 8202.

Chemisches und biochemisches Verhalten von Amyloseschwefelsäureestern in Abhängigkeit von Kettenlänge und Schwefelgehalt. Schill, H. Dissertation, Freiburg i.Br. 1957. 92 S.

Viscosimetrie von Lösungen einiger Acetylamylosen. Samec, M. Getreide und Mehl 6. 33-34 (1956). - Ref.C. 1960. 8711.

Über natürliche und synthetische Amylose. 5. Mitt. Über Oxyäthylamylosen. Husemann, E. und Reß, R. J.Polymer Sci. 19. 389-400 (1956). - Ref.C.A. 51. 12039i (1957), C. 1959. 6163.

Über natürliche und synthetische Amylose. 4. Mitt. Die Acetylierung der Amylose. Husemann, E. und Bartl, H. Makromolekulare Chem. 18/19. 342-51 (1956). - Ref.C.A. 51. 1046g (1957), C. 1959. 6163.

759. Sonstiges

Kinetische Untersuchungen an ß-Amylase und Phosphorylase. Abhängigkeit der Reaktionsgeschwindigkeit von der Kettenlänge der Amylosen. Husemann, E. und Pfannemüller, B. Makromolekulare Chem. 87. 139-51 (1965). - Ref.Stärke 18. 199 (1966).

Adsorption von ADP Glucose-Stärke-Transglucosylase durch Amylose. Akazawa, T. und Murata, T. Biochem.biophysic.Res.Commun. 19. Nr.1. 21-26 (1965). - Ref.C.A. 63. 3248h (1965).

Wasserlösliche Amylose: Präparation und Eigenschaften. Sarko, A., Germino, F.J. und Zeitlin, B.R. J.appl.Polymer Sci. 8. 1343-55 (1964). - Ref.C.A. 61. 7213e (1964), C. 1966. 17-1116.

Film aus plastizierter Amylose. A.E. Staley Manufg. Co. Holl.P. 6 406 933 ausg. 21/12.1964., A.Prior. 19/6.1963. - Ref.C.A. 62. 16478g (1965).

Eine physikalische Untersuchung über den Abbau von durch Perjodat oxydierter Amylose. Erlander, S.R., Griffin, H.L. und Senti, F.R. Biopolymers 2. 327-35 (1964). - Ref.C.A. 62. 2951a (1965), Stärke 17. 240 (1965), C. 1966. 11-1159.

Über den Abbau von synthetischer und natürlicher Amylose mit Kartoffelphosphorylase und ß-Amylase. 2. Mitt. Husemann, E. und Pfannemüller, B. Makromolekulare Chem. 69. 74-96 (1963). - Ref.Stärke 16. 137, 272 (1964), Ref.J.Chem.(russ.) 1964. 20 R287.

Einfluß von γ-Bestrahlung auf Amylose in festem Zustand. Nishimura, A. J.agric.chem.Soc. Japan 35. 510-16 (1961). - Ref.C.A. 62. 10785e (1965).

Wechselwirkung oberflächenaktiver Stoffe mit Amylose. Takagi, T. und Isemura, T. Mem.Inst.Protein Res.Osaka Univ. 3. 17-26 (1961).

Wechselwirkung grenzflächenaktiver Verbindungen mit Amylose. Takagi, T. und Isemura, T. Bull.chem.Soc.Japan 33. 437-41 (1960). - Ref.C. 1963. 537.

Chemische Umwandlung von Amylose in ein Polymeres von Glucose und Altrose. Bines, B.J., Gunja, Z.H. und Whelan, W.J. Chem. and Ind. 1960. 1358-59. - Ref.Stärke 13. 271 (1961), C.A. 55. 19810c (1961), C. 1964. 39-1042.

Zur Hypomorphie des Bleichlorids. Philipsborn, H.v. und Hodenberg, R. Freiin v. Fortschr.Mineralog. 38. 128-29 (1960). - Ref.C. 1963. 3130.

Untersuchung der Oxydationsgeschwindigkeit von Polysacchariden im homogenen Medium. Bujanowa, W.K. und Konkin, A.A. Hochmolekulare Verbind. (russ.) 1. 889-93 (1959). - Ref.C. 1960. 14722, Stärke 13. 186 (1961), C.A. 55. 25774c (1961).

Permeabilität von Amylose-Filmen für Wasserdampf, bestimmte organische Dämpfe und gewöhnliche Gase. Rankin, J.C., Wolff, I.A., Davis, H.A. und Rist, C.E. Chem.Engng.Data Ser. 3. 120-23 (1958). - Ref.C.A. 53. 13448h (1959).

Durch Orthophosphat modifizierte Amylose. International Minerals & Chemical Corp. E.P. 860 635 vom 24/12.1958., ausg. 8/2.1961. A.Prior. 30/12.1957. - Ref.C. 1963. 4875.

Kolloide Suspensionen von Amylose und α-Amylodextrin. Miyamoto, K. A.P. 2 801 184 vom 30/7.1957. - Ref.C.A. 51. 17216c (1957), C. 1958. 7938, Stärke 10 327 (1958).

76. Amylopektin

760. Allgemeines
761. Waxy-Stärken und andere spezielle Amylopektinstärken
762. Kartoffelstärkeamylopektin
763. Isolierung, Fraktionierung, Reinigung
764. Verhalten, Struktur, Molekulargewicht
765. Amylopektin-Jod-Verbindungen
766. Sonstiges

760. Allgemeines

Die Biosynthese der Stärke. 2. Mitt. Synthese des Amylopektins. Holló, J., László, E., Hoschke, A. und Gelencsér, J. Periodica polytechn. (Budapest), chem.Ingenieurwes. 8. 221-28 (1964). - Ref.Stärke 17. 269 (1965), C. 1966. 1-1250.

Amylopektin (Wachs-Mais und Wachs-Hirse). Evans, J.W. in R.L. Whistler und J.N. BeMiller: Industrial gums: polysaccharides and their derivatives, S. 687-97. Academic Press, New York and London 1959.

Untersuchungen über Stärke. V. Amylopektin. Meyer, K.H. und Bernfeld, P. Helv.chim. Acta 23. 875-85 (1940). - Ref.C. 1940. II. 1723.

Einige Überlegungen zu der Theorie von Amylopektin in Erwiderung zu M. Samec. Janicki, J. Roczniki Chem. (Ann.Soc.chim.Polonorum) 13. 618-21 (1933). - Ref.C.A. 28. 5497 (1934).

Einige Bemerkungen zur Amylopektintheorie. Janicki, J. Roczniki Chem. (Ann.Soc.chim.Polonorum) 13. 607-17 (1933). - Ref.C. 1935. I. 166.

Der heutige Stand der Amylopektintheorie. Samec, M. Z.ges.Getreide- u.Mühlenwes. 20. 4-8 (1933). - Ref.C. 1933. II. 3494.

Studien über Pflanzenkolloide. XXVIII. Eigenschaften verschiedener Stärkearten. Samec, M. und Klemen, R. Kolloidchem-Beih. 33. 254-68 (1931). - Ref.C. 1932. 3066.

Studien über Pflanzenkolloide. XV. Aus verschiedenen Stärkearten dargestellte Amylopektine. Samec, M., Minaeff, M. und Rouzin,N. Kolloidchem.Beih. 19. 203-212 (1924). - Ref.C. 1924. II. 443, W.Ref. 613.

Über die Synthese von Amylopektin durch Verätherung von Erythroamylose mit Phosphorsäure. Samec, M. C.R.hebd.Séances Acad. Sci. 173. 321-322 (1921). - Ref.C.A. 15. 3983 (1921), C. 1921. III. 1351, W.Ref. 598.

Über die organische Grundsubstanz des Amylopektins. Samec, M. und Mayer, A. C.R.hebd.Séances Acad.Sci. 172. 1079-1082 (1921). - Ref.C. 1921. III. 297, W.Ref. 597.

761. Waxy-Stärken und andere spezielle Amylopektinstärken

Beobachtungen an Stärke mit hohem Amylosegehalt; die Eigenschaften der Amylopektinkomponente. Greenwood, C.T. und Thomson, J. Chem. and Ind. 1960. 1110-11. - Ref.Stärke 13. 146-47 (1961), C. 1963. 18866.

Änderungen der wachsartigen (waxy) Eigenschaften in Mais und ihr Einfluß auf die Stärkeeigenschaften. Curme, J.H. Iowa State Coll.J.Sci. 31. 386 (1957). - Ref.C.A. 51. 13074b (1957).

Die Wax-Getreidearten und -stärken, die mit Jod rot gefärbt werden. Hixon, R.M. und Brimhall, B. In J.A. Radley: Starch and its derivates. Vol. 1, S. 252-290. Chapman & Hall, London 1953.

Über die Ungleichartigkeit des Amylopektins von Tapioka- und Wax-Maisstärke. Meyer, K.H. und Settele, W. Helv.chim.Acta 36. 197-204 (1953). - Ref.C.A. 48. 4237g (1954), C. 1955. 10544.

Untersuchungen über die Stärke. 44. Mitt. Das Glykogen von Mais, Varietät "Golden Bantan". Meyer, K.H. und Fuld, M. Helv.chim. Acta 32. 757-61 (1949). - Ref.C. 1950. II. 2923.

Die sogenannten Wachs-Stärken. Radley, J.A. Manufact.Chemist 17. 180-84 (1946).

Über "Wachs"-Stärke. Hixon, R.M. Wallerstein Lab.Commun. 6. 143 (1943). - Ref.C.A. 38. 5685 (1944).

Untersuchungen über Stärke. XVII. Die Stärke des Klebreis. Meyer, K.H. und Fuld, M. Helv.chim.Acta 24. 1404-07 (1941). - Ref.C. 1942. I. 1257.

Polysaccharide. XIX. Die Molekularstruktur von Wachsmaisstärke. Haworth, W.N., Hirst, E.L. und Woolgar, M.D. J.chem.Soc.(London) 1935. 177-81. - Ref.C. 1935. I. 2538.

Amylodextrinstärke. Tunmann, O. und Rosenthaler, L. In O. Tunmann und L. Rosenthaler: Pflanzenmikrochemie. Ein Hilfsbuch beim mikrochemischen Studium pflanzlicher Objekte, 2. Auflage, S. 844-45. Gebrüder Borntraeger, Berlin 1931.

Dynamik des wächsernen Stoffs im Mais, II. Die Natur der Wachsstärke. Brink, R.A. Biochem.J. 22. 1349-61 (1928). - Ref.C. 1929. II. 1912.

Über die Stärke von Klebreis. Tanaka, Y. J.Coll.Engng., Tokyo Imp.Univ. 4. 15-29 (1906-09). - W.Ref. 917.

762. Kartoffelstärkeamylopektin.

Lichtzerstreuungs-Untersuchung an Kartoffel-Amylopektin (Auszug). Witnauer, L.P. Diss.Abstr. 21. 300 (1960).

Zur Kenntnis des Amylopektins der Kartoffelstärke. Ulmann, M. und Wendt, B. Makromolekulare Chem. 12. 155-167 (1954). - Ref.Stärke 6. 261 (1954), C.A. 49. 2104f (1955), Ref.J.Chem. (russ.) 1955. Nr. 29079.

Studien über Pflanzenkolloide. 49. Mitt. Ein Vergleich des Kartoffel- und Maisamylopektins (Wasserbindung, Viskosität, Jodfarbe, -diastatischer Abbau). Samec, M. und Zagar, L. Wiener Chemiker Ztg. 47. 184 (1944).

Zur Kenntnis des Kartoffelamylopektins. Samec, M., Pirkmajer, V., Pockar, J., Sernec, T. und Zagar, L. Österr.Chemiker-Ztg. 44. 154-160 (1941). - Ref.C. 1941. II. 2687.

Studien über Pflanzenkolloide. XXII. Mitt. Über die nach verschiedenen Methoden dargestellten Kartoffelamylopektine. Samec, M. Biochem.Z. 205. 104-10 (1929). - Ref.C. 1929. I. 2526.

763. Isolierung, Fraktionierung, Reinigung

(Technische Arbeiten vgl. "Amylopektin": 343. Vgl. auch "Fraktionierung": 742, 743, 744, "Amylose Isolierung": 752)

Reinigung von Amylopektin in einer Zellulose-Säule. Rosenthal, F.R.T., Tolmasquim, S.T. und Tolmasquim, E. An.Acad.brasil.Ci. 33. 305-07 (1961). - Ref.C.A. 57. 2480i (1962), Ref.J.Chem. (russ.) 1962. 22 N229, C. 1963. 6621.

Auswertung der Methoden bei Anwendung von Stearinsäure und Cellulose zur Reinigung von Amylopektin. Gilbert, G.A., Greenwood, C.T. und Hybart, F.J. J.chem.Soc. (London) 1954. 4454-57. - Ref.C. 1956. 11452.

Reinigung von Amylopektin. Untersuchungen über Stärke. 46. Mitt. Meyer, K.H. und Gibbons, G.C. Helv.chim.Acta 33. 210-13 (1950). - Ref.C. 1950. II. 2925.

Fraktionierung von Amylopektin. Untersuchungen über Stärke. 47. Mitt. Meyer, K.H. und Gibbons, G.C. Helv.chim.Acta 33. 213-17 (1950). - Ref.C. 1950. II. 2926.

764. Verhalten, Struktur, Molekulargewicht

(Vgl. auch "Konstitutionsaufklärung mit physikalischen Methoden": 77)

Eine anormal niedrig-molekulare verzweigte Komponente in Zahnmaisstärke. Erlander, S.R., McGuiere, J.P. und Dimler, R.J. Cereal Chem. 42. 175-87 (1965). - Ref.Stärke 17. 363 (1965), C.A. 62. 14982f (1965).

Die Wirkung von Maltose bei der Säurereversion von D-Glucose in Beziehung zur Feinstruktur von Amylopektin und Glykogen. Wolfrom, M.L., Thompson, A. und Moore, R.H. Cereal Chem. 40. 182-86 (1963). - Ref.C. 1964. 5-2653, Stärke 16. 404 (1964).

Feinstruktur von Amylopektin. 4. Mitt. Aus Maisamylopektin getrennte langlineare Polymere. Ohashi, K. J.agric.chem.Soc. Japan 35. 1069-73 (1961). - Ref.C.A. 62. 13428a (1965).

Feinstruktur von Amylopektin. 3. Mitt. ß-Amylase Grenzdextrin. Ohashi, K. J.agric.chem.Soc. Japan 35. 1065-69 (1961). - Ref.C.A. 62. 13427g (1965).

Die Feinstruktur von Amylopektin 2. Mitt. Ein spezifisches Amylopektin. Ohashi, K. J.agric.chem.Soc. Japan 34. 905-911 (1960).

Die Feinstruktur von Amylopektin. 1. Mitt. Kettenlänge von Amylopektin. Ohashi, K. J.agric.chem.Soc. Japan 34. 900-905 (1960).

Physikochemische Studien über Stärke. 20. Mitt. Vorkommen von anomalem Amylopektin in Stärke. Banks, W. und Greenwood, C.T. J.chem.Soc. (London) 1959. 3436-39. - Ref.C.A. 54. 8123e (1960), C. 1963. 17335, Ref.J.Chem.(russ.) 1961. 2 S1416.

Eigenschaften des statistischen Polymeren angewandt auf Amylopektin und Glycogen. Erlander, S.R. J.Polymer Sci. 37. 91-101 (1959). - Ref.C.A. 53. 22113f (1959), C. 1960. 3244.

Studium der Struktur und der Jodreaktionen von Amylopektinen und Kristallamylosen der Kartoffelknollen während ihrer Reifung bei verschiedener Düngung. Stepanenko, B.N. und Afanassjewa, Je.M. Biochemie (russ.) 22. 305-18 (1957). - Ref.C. 1957. 12210, C.A. 51. 11485e (1957).

α-1:4-Glucosan. 8. Mitt. Mehrfache Verzweigung in Glycogen und Amylopektin. Liddle, M. und Manners, D.J. J.chem.Soc.(London) 1957. 4708-11. - Ref.C.A. 52. 5502c (1958), C. 1958. 8945.

Die enzymatische Synthese und der Abbau von Stärke. 22. Mitt. Beweis für die starke Verzweigung in Waxy-Maisstärke. Eine Korrektur. Peat, St., Whelan, W.J. und Thomas, G.J. J.chem.Soc. (London) 1956. 3025-30. - Ref.C. 1957. 11320, C.A. 51. 3166e (1957).

Eine Untersuchung von Maisamylopektin und seinem ß-Amylasegrenzdextrin mittels Lichtstreuung. Stacy, C.J. und Foster, J.F. J.Polymer Sci. 20. 57-65 (1956). - Ref.C. 1957. 11320, C.A. 51. 6726h (1957).

Molekulargewicht und strukturelle Eigenschaften einiger Amylopektine und ihrer ß-Amylase-Grenzdextrine (Auszug). Stacy, C.J. Dissert.Abstr. 16. 884 (1956). - Ref.C.A. 50. 12151c (1956).

Ein statistisches Modell für Amylopektin und Glykogen. Die Kondensation von A-R-B_{f-1}-Einheiten. Erlander, S.R. und French, D. J.Polymer Sci. 20. 7-28 (1956). - Ref.C. 1957. 2755, C.A. 51. 6726f (1957).

Die Struktur einer neuen Stärke von hohem Amylosegehalt. Wolff, I.A., Hofreiter, B.T., Watson, P.R., Deatherage, W.L. und MacMasters, M. J.Amer.chem.Soc. 77. 1654-59 (1955). - Ref.Stärke 7. 271 (1955), C.A. 49. 11308b (1955), C. 1956. 1912.

Stärkeatome in 3 D. Chem.Engng. News 32. 4184 (1954). - Ref.Stärke 7. 12 (1955).

Mehrfachverzweigung in Amylopektin. Hirst, E.L. und Manners, D.J. Chem. and Ind. 1954. 224-25. - Ref.Stärke 6. 140 (1954), C. 1950/54. 3223S., C.A. 49. 1581c (1955).

Die Struktur von Amylopektin und Glykogen. Beckmann, Ch.O. Ann.New York Acad.Sci. 57. 384-97 (1953).

Bestimmung des Molekulargewichtes von Kartoffelamylopektin durch Lichtstreuung. Witnauer, L.P., Senti, F.R. und Stern, M.D. J.chem.Physics 20. 1978-79 (1952). - Ref.C. 1953. 8375.

Mechanismus der Amylopektinbildung durch die Einwirkung vom Q-Enzym. Nussenbaum, S. und Hassid, W.Z. J.biol.Chemistry 196. 785-92 (1952). - Ref.C. 1953. 549.

Die Umwandlung von Amylose in Amylopektin durch Q-Enzyme von Polytomelle coeca. Bebbington, A., Bourne, E.J. und Wilkinson, I.A. J.chem.Soc. (London) 1952. 246-53. - Ref.C. 1952. 4157.

Der Beweis einer vielfachen Verzweigung in der Wachs-Mais-Stärke. Peat, St., Whelan, W.J. und Thomas, G.J. J.chem.Soc. (London) 1952. 4546-48. - Ref.C. 1953. 5851, Stärke 5. 96 (1953).

Struktur von Glykogen und Amylopektin. I. Enzymatische Bestimmung der Kettenlänge. Illingworth, B., Larner, J. und Cori, G.T. J.biol.Chemistry 199. 631-40 (1952). - Ref.C. 1956. 14397.

Das Molekulargewicht des Amylopektins. Zimm, B.H. und Thurmond, C.D. J.Amer.chem.Soc. 74. 1111-1112 (1952). - Ref.C. 1953.547.

Enzymatische Spaltung der Verzweigungsverbindungen in Amylopektin. Maruo, B. und Kobayashi, T. Nature (London) 167. 606-07 (1951). - Ref.C. 1951. II. 3179.

Die Molekülgröße von Amylopektin. Kerr, R.W., Cleveland, F.C. und Katzbeck, W.J. J.Amer.chem.Soc. 73. 111 (1951). - Ref.Stärke 3. 265 (1951), C. 1952. 5584.

Enzymatische Synthese von Amylopektin. Nussenbaum, S. und Hassid, W.Z. J.biol.Chemistry 19o. 673-683 (1951). - Ref.Stärke 4. 269 (1952), C. 1950/54. S. 3999.

Enzymatischer Ab- und Aufbau von Stärke. Teil XII. Der Mechanismus der Amylopektin-Synthese. Hobson, P.N., Whelan, W.J. und Peat, S. J.chem.Soc. (London) 596-98 (1951). - Ref.Stärke 3. 264 (1951).

Stärke. 5. Mitt. Die Gleichmäßigkeit des Verzweigungsgrades im Amylopektin. Potter, A.L. und Hassid, W.Z. J.Amer.chem.Soc. 73. 997-98 (1951). - Ref.Stärke 3. 308 (1951), C. 1952. 2011.

Untersuchungen über Stärke. 48. Mitt. Art der Verknüpfung von Glykogen und Amylopektin. Gibbons, G.C. und Boissonnas, R.A. Helv.chim.Acta 33. 1477-81 (1950). - Ref.C. 1952. 1837.

Amylopektin und Glykogen: Produkte mit irreversiblem und reversiblem Aufbau. Myrbäck, K. und Sillen, L.G. Nature (London) 163. 410-11 (1949). - Ref.C.A. 43. 6251 (1949), C. 1949. E. 4941.

Über die Struktur von Amylopektin. Haworth, W.M. Nature (London) 160. 901 (1947).

Isomerie der Amylopektine. Samec, M. Kemične Študije (Spezielle Ausgabe der Akademie der Wissenschaften und der Kunst, Ljubljana 1947. 76-84.

Struktur der Stärke: Art der Bindung der Seitenketten in Amylopektin. Halsall, T.G., Hirst, E.L., Jones, J.K.N. und Roudier, A. Nature (London) 160. 899-900 (1947). - Ref.C. 1948. II. 68.

Struktur von Amylopektin. Meyer, K., Gürtler, P. und Bernfeld, P. Nature (London) 160. 900-01 (1947). - Ref.C. 1948. II. 68.

Synthese von Amylopektin.Haworth, W.N., Peat, S. und Bourne, E.J. Nature (London) 154 . 236 (1944). - Ref.C. 1945. II. 252.

Über Verzweigungen und Vernetzungen der Amylopektinmoleküle. Meyer, K.H. Naturwissenschaften 28. 722 (1940). - Ref.C. 1941. I. 647.

Über die Konstitution des Amylopektins. Meyer, K.H. Naturwissenschaften 28. 564-65 (1940). - Ref.C. 1940. II. 2748.

Stöchiometrie der Amylopektine (Auszug). Samec, M. Festschr. Prof. Lozamic, Belgrad 1922, 5 S. - W.Ref. 622, C.A. 19. 3094 (1925), C. 1925. I. 731.

765. Amylopektin-Jod-Verbindung

Die Jod-Affinität des Amylopektins. Kobayashi, T. und Yoshida, S. Bull.agric.chem.Soc. Japan 24. 538-40 (1960).

Potentiometrische Jodtitration von verzweigten Stärkefraktionen. Foster, J.F. und Smith, R.L. Iowa State Coll.J.Sci. 27. 467-77 (1953). - Ref.C. 1954. 6963.

Die Fraktionierung von Stärke. 4. Mitt. Die Reaktion zwischen Amylopektin und Jod. Higginbotham, R.S. J.Textile Inst., Trans. 40. 795-808 (1949). - Ref.C. 1950. II. 776.

766. Sonstiges

Amylopektin-Sulfate. G.D. Searle & Co. (Erfinder: Cammarata, P.S. und Eich, S.J.). Belg.P. 645 762 ausg. 28/9.1964. A.Prior. 29/3.1963. - Ref.C.A. 63. 13552f (1965).

Acetolyse von Amylopektin. Wolfrom, M.L. und Franks, N.E. In: Whistler, R.L. u.a., Methods in Carbohydrate Chem. Vol.IV., Academic Press 1964. S. 269-275.

Teilweise Säurehydrolyse von Amylopektin. ß-Maltose, ß-Isomaltose und ß-Nigerose-Octaacetat. Wolfrom, M.L. und Franks, N.E. In: Whistler, R.L. u.a., Methods in Carbohydrate Chem. Vol.IV., Academic Press 1964. S. 250-252.

Hydrolyse mit ß-Amylase und Präparation des ß-Amylase-Grenzdextrins von Amylopektin. Whelan, W.J. In: Whistler, R.L. u.a., Methods in Carbohydrate Chem. Vol.IV., Academic Press 1964. S. 261-266.

Umwandlung von Amylopektin in ein Polysaccharid vom Glykogentyp durch ein Pflanzenenzym. Manners, D.J. und Rowe, J.J.M. Chem. and Ind. 1964. 1834-35. - Ref.Stärke 17. 169 (1965), C.A. 62. 3061g (1965).

Bevorzugte Depolymerisierung der Amylopektinfraktion von nicht vorgelatinisiertem Mehl. United States of America, Secretary of Agriculture (Erfinder: Rankin, J.C., Russel, C.R. und Samalik, J.H. sen.). A.P. 3 073 724 vom 5/5.1961., ausg.15/1. 1963. - Ref.C. 1965. 41-2914.

Die Wechselwirkung zwischen Amylopektin und Cetylpyridiniumchlorid. Fishman, M.M. und Freund, I. J.Colloid Sci. 16. 392-404 (1961). - Ref.C. 1963. 19260.

Komplex-Koacervierung von Amylophosphorsäure und deren möglicher Beziehung zu dem Problem von Amylopektin. Kotes, P. Proc.Kon. Acad.Wetensch. Amsterdam 38. 63-74 (1935). - Ref.C.A. 29. 2985 (1935).

77. Konstitutionsaufklärung mit physikalischen Methoden

770. Allgemeines

Aspekte über die physikalische Chemie der Stärke. Greenwood, C.T. Advances Carbohydrate Chem. 11. 335-93 (1956). - Ref.C.A. 51. 2571h (1957), C. 1960. 7537.

Bildung von Röhren durch eine einfache Walzwirkung: ein neuer Normaldruckeffekt. Egan, M.J. und Jobling, A. Nature (London) 176. 689-90 (1955). - Ref.C. 1956. 13947.

Studien über das Verhalten der Stärke unter verschiedenen Bedingungen. Woodruff, S. und MacMasters, M.M. 49th Annu.Rep.Illinois Agric.Exp.Stat. 1936. 290-292.

In verschiedenen Stärketypen gefundene starke Veränderungen. Woodruff, S. 48th Annu.Rep.Illinois Agric.Exp.Stat. 1935. 294-296.

Untersuchungen über die physikalisch-chemische Konstitution der Stärke. Fouard, E. 7. Int.Congr.appl.Chem., London, Proc., Sect. 6b. 129-132 (1909). - W.Ref. 1152.

771. Röntgenographische Untersuchungen

Die Unterschiede in den Röntgenbeugungstypen von zwei Holzstärken in Beziehung zu deren Säuren und Enzym-Abbau. Buttrose, M.S. Stärke 18. 122-26 (1966).

Röntgenbeugungsuntersuchungen an Stärken. 7. Mitt. Submikroskopische Struktur von Körnern durch Röntgenkleinwinkelstreuung. Hizukuri, S., Kakudo, M. und Nikuni, Z. J.agric.chem.Soc.Japan 38. 520-24 (1964). - Ref.C.A. 63. 15083h (1965).

Abhängigkeit der Kristallinität nativer Kartoffel- und Reisstärke vom Wassergehalt. Oshima, K. J.Sci.Hiroshima Univ., Ser.A-II 26. 123-30 (1963). - Ref.C. 1964. 30-1020, C.A. 59. 14225h (1963).

Röntgendiffraktionsmessungen an Maisstärken mit verschiedenem Amylosegehalt. Kapp, M., Legrand, C. und Yovanovitsch, O. C.R.hebd. Séances Acad.Sci. 255. 2967-69 (1962). - Ref.Stärke 15. 193 (1963), C.A. 59. 2998e (1963).

Röntgenstrahlenbeugung. Versuch einer Anwendung dieser Methode bei der Brot- und Keksherstellung. Kapp, M. und Legrand, C. Ind. aliment.agric. 78. 3-13 (1961). - Ref.C. 1965. 22-2977.

Untersuchungen an Stärken durch Röntgenstrahlenbeugung. Hizukuri,S. J.technol.Soc.Starch (Japan) 9. 1-6 (1961). - Ref.J.Chem.(russ.) 1963. 3 R260.

Röntgenbeugungsuntersuchungen an Stärken. 6. Mitt. Kristalline Typen von Amylodextrin und der Einfluß der Temperatur und der Konzentration der Mutterlauge auf den Kristallisations-Typ. Hizukuri, S. Agric.biol.Chem. (Tokyo) 25. 45-49 (1961). - Ref.C.A. 55. 10931h (1961).

Stärkeuntersuchungen durch Röntgenstrahlenbeugung. 5. Mitt. Über Veränderungen der Viscosität und der Micellenstruktur während der Verkleisterung. Hizukuri, S., Fujii, M. und Nikuni, Z. J.agric.chem.Soc. Japan 34. 178-82 (1960). - Ref.C. 1963. 1897, C.A. 58. 7016f (1963).

Röntgenstrahlenbeugung bei Algenstärken. Meeuse, B.J.D. und Kreger, D.R. Biochem.biophysica Acta (Amsterdam) 35. 26-32 (1959). - Ref.C. 1960. 4537, C.A. 54. 1669i (1960), Stärke 13. 60, 183 (1961).

Röntgenbeugungsuntersuchungen an Stärken. 3. Mitt. Innere Veränderungen bei Stärkekörnern durch Jod-Jodkaliumlösung. Hizukuri, S. J.agric.chem.Soc.Japan 32. 661-67 (1958).

Stärkeuntersuchungen durch Röntgenstrahlenbeugung. 2. Mitt. Struktur von Kristalliten des "C"-Typs. Hizukuri, S. und Nikuni, Z. J.agric.chem.Soc.Japan 31. 525-27 (1957). - Ref.C. 1963. 1897.

Radiokristallographische Untersuchung über den Einfluß von Wasser auf die Struktur verschiedener Stärken. Legrand, Ch. und Yovanovitch, O. C.R.hebd.Séances Acad.Sci. 245. 1553-56 (1957). - Ref.Stärke 10. 90 (1958), C.A. 52. 5011h (1958), C. 1960. 6175.

Untersuchungen über Röntgenstrahlenbrechung an Stärken. 1. Mitt. Hizukuri, S. und Nikuni, J. J.chem.Soc.Japan 31. 371-74 (1957). - Ref.C.A. 53. 20865b (1959).

Physikalisch-chemische Untersuchung von Reisstärke. 4. Mitt. Röntgenstrahlenbeugung bei Reisstärke. Ueda, S. und Ota, I. Proc.Crop.Sci.Soc. Japan 25. 81-86 (1956). - Ref.C.A. 54. 19869g (1960).

Einige Bemerkungen zur Struktur der B-Stärke. Spark, L.C. Biochim.biophysica Acta (Amsterdam) 8. 101-03 (1952). - Ref.C. 1952. 5266.

Klassifizierung verschiedener Stärkepräparate mit Hilfe von Röntgenbeugungsspektren. Eine Möglichkeit, Tapiokastärke von Kartoffelstärke zu unterscheiden. Sutra, R. Ann.Falsifikat Fraudes 45. 195-99 (1952). - Ref.C.A. 46. 10652f (1952), C. 1954. 6849.

Klassifizierung verschiedener Stärkearten mit Hilfe von Röntgenbeugungsspektren. Sutra, R. Cahier colon.Marseille, 1951. 33-35.

Ableitung der Konfiguration und Packung der Kettenmoleküle von nativer Stärke aus der Röntgenbeugung an einem Teil eines einzelnen Stärkekorns. Kreger, D.R. Biochim.biophysica Acta (Amsterdam) 6. 406-25 (1951). - Ref.C. 1951. II. 1296.

Röntgenbeugungsuntersuchungen von durch Einwirkung der sogenannten "Amylosynthease" gebildeten Polysacchariden. Fuwa, H., Takaoka, K. und Nikuni, Z. Mem.Inst.sci.ind.Res., Osaka Univ. 7. 147-53 (1950). - Ref.C. 1950/54. 6835S.

Über die Röntgenstrahlenversuche bei Stärke. Nikuni, Z., Fuwa, H. und Tatsumi, Ch. J.agric.chem.Soc. Japan 22. 91-93 (1948). - Ref.C.A. 46. 9331g (1952).

Kristallstruktur von B-Stärke aus Röntgenfaserdiagrammen. Rundle, R.E. Nature (London) 162. 107 (1948). - Ref.C. 1948. E 3092.

Konfiguration und Packung von Kettenmolekülen von nativer Stärke in der B-Modifikation. Kreger, D. Nature (London) 160. 369 (1947). - Ref.C. 1948. I. 892.

Die Konfiguration der Stärke im Stärke-Jod-Komplex. V. Mitt. Fourieranalyse der Röntgendiagramme. Rundle, R.E. J.Amer.chem. Soc. 69. 1769-72 (1947). - Ref.C. 1948. II. 207.

Röntgenbeugung an Additionsverbindungen von Halogenen mit hydrophilen organischen Polymeren. West, C.D. J.chem.Physics 15. 689 (1947). - Ref.C. 1948. I. 801.

Röntgen-Faserdiagramm eines Teiles eines einzelnen Stärkekornes; Puder-Photographien von Kartoffel-, Weizen- und Arrowroot-(Maranta)Stärke. Kreger, D. Nature (London) 158. 199 (1946).

Die Struktur der "B"-Modifikation der Stärke auf Grund von Berechnungsdiagrammen von Filmen und Fäden. Rundle, R.E., Daasch, L. und French, D. J.Amer.chem.Soc. 66. 130-34 (1944). - Ref.C. 1946. I. 902.

Röntgenfaserdiagramm von Amylose mit einem Glycerinweichmacher. Rundle, R.E. und Daasch, L.W. J.Amer.chem.Soc. 65. 2261-62 (1943), 66. 130 (1944). - Ref.C. 1946. II. 1439.

Die Bedeutung von "V"-Röntgenbeugungs-Diagrammen bei Stärke. Bear, R.S. J.Amer.chem.Soc. 64. 1388-1392 (1942). - Ref.C. 1946. II. 3063.

Die Quellung der Stärke und die damit verbundenen Änderungen in den Röntgenspektren. Sutra, R. Bull.Soc.chim.France, Mém.(5) 9. 797-801 (1942). - Ref.C. 1943. II. 1369.

Die Röntgenbeugungsspektren verschiedener Stärkearten. Sutra, R. Bull.Soc.chim.France, Mém.(5) 9. 795-97 (1942). - Ref.C. 1943. II. 1369.

Ein röntgenographischer Vergleich zwischen natürlicher und synthetischer Stärke. Astbury, W.T., Bell, F.O. und Hanes, Ch.S. Nature (London) 146. 558 (1941). - Ref.C. 1941. I. 2382.

Die Bedeutung von Röntgenaufnahmen von Stärkekörnern. Bear, R.S. und French, D. J.Amer.chem.Soc. 63. 2298-2305 (1941). - Ref.C. 1942. I. 1735.

Die Fraktionierung der Weizenstärke. IV. Röntgendiagrammveränderung der Stärkefraktionen. Lappitt, L.H., Fuller, C.H.F. und Goldenberg, N. J.Soc.chem.Ind. 60. 69-72 (1941). - Ref.C. 1942. II. 2855.

Die neueren Ergebnisse der Stärkeforschung. IV. Röntgenspektrum der Stärke. Samec, M. und Blinc, M. Kolloid-Beih. 52. 57-86 (1940). - Ref.C. 1941. I. 1676.

Amorphe Stärkespektra. Samec, M. und Katz, J.R. Recueil Trav.chim. Pays-Bas 56. 776-77 (1937). - Ref.C. 1937. II. 2816.

Der amorphe Teil der Stärke in frischem Brot, in frischem Kleister und in Stärkelösung. Katz, J.R. Recueil Trav.chim.Pays-Bas 56. 785-93 (1937). - Ref.C. 1937. II. 2816.

Über die Änderung der Röntgendiagramme, wenn Stärkepräparate getrocknet werden (als ein Weg zur Charakterisierung dieser Substanzen mit Röntgenstrahlen). Katz, J.R. Recueil Trav.chim. Pays-Bas 56. 766-72 (1937). - Ref.C. 1937. II. 2816.

Abhandlung zur physikalischen Chemie der Stärke und der Brotbereitung. XXVIII. Amorphe Spektra der Stärke. Samec, M. und Katz, J.R. Z.physik.Chem., Abt.A 180. 436-46 (1937). - Ref.C. 1938. II. 203.

Röntgenographische Untersuchungen über die Polyosotyrosine. Przylecki, St.J. von und Kolaczkowska. Biochem.Z. 291. 76-78 (1937). - Ref.C. 1937. II. 3003.

Röntgenographische Untersuchungen der Nitrierungsprodukte der Stärke. I. Kolaczkowska, M. und Urbanski, T. Roczniki Chem. (Ann.Soc.chim.Polonorum) 15. 339-42 (1935). - Ref.C. 1936. I. 1023.

Polymorphie bei Stärkepräparaten mit sogenanntem Verkleisterungsspektrum. Katz, J.R. und Weidinger, A. Recueil Trav.chim. Pays-Bas 53. 949-51 (1934). - Ref.C. 1935. I. 401.

Abhandlungen zur physikalischen Chemie der Stärke und der Brotbereitung. XI. Zur Einteilung der Stärkearten in Gruppen nach dem Röntgenspektrum und nach den Eigenschaften des Amylopektins. Samec, M. und Katz, J.R. Z.physik.Chem., Abt.A 163. 291-311 (1933). - Ref.C. 1933. I. 3255.

Abhandlungen zur physikalischen Chemie der Stärke und der Brotbereitung. XII. Über die Umwandlung von Stärkepräparaten mit Kartoffelstärkespektrum (B-Spektrum) in solche mit Weizenstärkespektrum (A-Spektrum) und umgekehrt. Katz, J.R. und Derksen, J.C. Z.physik.Chem., Abt. A 165. 228-33 (1933). - Ref.C. 1933. II. 3927.

Röntgenographische Untersuchung von Reis- und Kartoffelstärke. Takei, Bunsuke. Jap.J.Physics 8. 85-90 (1933). - Ref.C. 1933. I. 3185.

Was bedingt das verschiedene Röntgenspektrum der nativen Stärkearten? Katz, J.R. und Derksen, J.C. Naturwissenschaften 20. 851 (1932). - Ref.C. 1933. I. 764.

Abhandlungen zur physikalischen Chemie der Stärke und der Brotbereitung. IX. Das Röntgenspektrum der α-Diamylose stimmt weitgehend mit dem gewisser Stärkepräparate überein. Katz, J.R. und Derksen, J.C. Z.physik.Chem., Abt. A 158. 337-45 (1932). - Ref.C. 1932. I. 2395.

Zur Polymorphie der hochmolekularen Substanzen. III. Die Mutarotation der Gelatine im Zusammenhang mit der Änderung des Röntgenspektrums beim Gelatinieren. Katz, J.R. Recueil Trav.chim. Pays-Bas 51. (4) 13. 835-41 (1932). - Ref.C. 1932. II. 2830.

Abhandlungen zur physikalischen Chemie der Stärke und der Brotbereitung. VII. Röntgenspektra der beiden Stärkebestandteile: Amylopektin und Amylose. Katz, J.R. und Itallie, Th.B.v. Z.physik.Chem., Abt. A 155. 199-207 (1931). - Ref.C. 1932. I. 1014.

Abhandlungen zur physikalischen Chemie der Stärke und der Brotbereitung. VI. Die Änderungen im Röntgenspektrum der Stärkepräparate beim Trocknen. Katz, J.R. und Derksen, J.C. Z.physikal. Chem., Abt.A 150. 100-109 (1930). - Ref.C. 1930. II. 3871.

Abhandlungen zur physikalischen Chemie der Stärke und der Brotbereitung. II. Die Stärkemodifikation mit V-Spektrum (Verkleisterungsspektrum) ist bei höherer Temperatur die Gleichgewichtsform, bei niedriger Temperatur ist es die Modifikation mit B-Spektrum (Retrogradationsspektrum). Katz, J.R. und Rientsma, L.M. Z.physikal.Chem. Abt. A 150. 60-66 (1930). - Ref.C. 1930. II. 3095.

Abhandlungen zur physikalischen Chemie der Stärke und der Brotbereitung. I. Über die Änderungen im Röntgenspektrum der Stärke beim Backen und beim Altbackenwerden des Brotes. Katz, J.R. Z.physikal.Chem. Abt. A 150. 37-59 (1930). - Ref.C. 1930. II. 3095.

Über Stärkearten und die Konstitution der Stärke. Naray-Szabo, St.v. Z.physik.Chem., Abt. A 151. 420-24 (1930). - Ref.C.1931. II. 2312.

Die X-Strahlen-Spektrographie von Stärke. Katz, J.R. In R.P. Walton: A Comprehensive Survey of Starch Chemistry, Part 1, S. 68-76. Chemical Catalog Company, New York 1928.

Das Röntgendiagramm der nativen Stärke. Náray-Szabo, St.v. Liebig's Ann.Chem. 465. 299-304 (1928). - Ref.C. 1928. II.1858.

Röntgenometrische Untersuchungen an hochpolymeren organischen Substanzen zum Zwecke einer Abgrenzung des Molekulargewichts derselben. Ott, E. Physik.Z. 27. 174-77 (1926). - Ref.C. 1926. I. 3028.

Röntgenstrahl-Beugungsaufnahmen von Pflanzenmaterialien. Sponsler, O.L. Science (New York) 62. 547-48 (1925). - Ref.C. 1926. I. 1931.

Weitere Untersuchungen an Naturstoffen und biologischen Strukturen mittels Röntgenstrahlen. Herzog, R.O. und Gonell, H.W. Naturwissenschaften 12. 1153-55 (1924). - Ref.C. 1925. II. 133.

Bestimmung der Struktureinheit der Stärke durch die X-Strahlenmethode. Sponsler, O.L. J.gen.Physiol. 5. 757-776 (1922-23). - Ref.C.A. 17. 3117 (1923), C. 1924. I. 1658, C. 1923. III. 834, W.Ref. 1283.

Die Struktur der Stärkekörner. Sponsler, O.L. Amer.J.Bot. 9. 471-492 (1922). - Ref.C.A. 17. 1822 (1923), W.Ref. 1282.

Röntgenspektrographische Beobachtungen an hochmolekularen organischen Verbindungen. Herzog, R.O. und Jancke, W. Naturwissenschaften 9. 320-321 (1921). - W.Ref. 1276.

Über den physikalischen Aufbau einiger hochmolekularer organischer Verbindungen. Herzog, R.O. und Jancke, W. Ber.dtsch.chem.Ges. 53. 2162-2164 (1920). - Ref.C. 1921. I. 278, W.Ref. 1270.

Bestimmung der Größe und der inneren Struktur von Kolloidteilchen mittels Röntgenstrahlen. Scherrer, P. Nachr.Ges.Wiss.Göttingen, math.-physik.Kl. 1918. 98-100. - Ref.C.A. 13. 2624 (1919), C. 1919. I. 322, W.Ref. 1268.

772. Absorptionsspektralanalyse

Infrarotspektroskopie von einigen Stärkederivaten. Van der Bij, J.R. und Vogel, W.F. Stärke 14. 113-18 (1962). - Ref.C.A. 57. 6191i (1962), Ref.J.Chem.(russ.) 1962. 23 N391, C. 1963. 5682.

Infrarotspektren von Cellulose und verwandten Polysacchariden. Higgins, H.G., Stewart, C.M. und Harrington, K.J. J.Polymer Sci. 51. 59-84 (1961). - Ref.C. 1963. 12057.

Die Auffindung von Infrarot-Absorptionsbanden bei Stärken mit verschiedenem Wassergehalt. Yovanovitch, O. C.R.hebd.Séances Acad.Sci. 252. 2884-86 (1961). - Ref.Stärke 13. 384 (1961), C. 1962. 9368, C.A. 57. 13318b (1962).

Modifizierte Stärke. 1. Mitt. Physikochemische Eigenschaften: Über die Infrarot-Absorptionsspektren von Filmen aus nativer und modifizierter Stärke. Horitsu, K. Bull.agric.chem.Soc. Japan 24. 44-51 (1960). - Ref.J.Chem.(russ.) 1961. Nr.6 N400.

α-1,4-Glucosane. 11. Mitt. Die Absorptionsspektren von Glykogen- und Amylopektin-Jod-Komplexen. Archibald, A.R., Fleming, I.D., Liddle, A.M., Manners, D.J., Mercer, G.A. und Wright, A. J.chem.Soc. (London) 1961. 1183-90. - Ref.C.A. 55. 15362i (1961), C. 1961. 18345.

Infrarotabsorptionsspektren von Mono- und Polysacchariden. Konkin, A.A., Schigorin, D.N. und Nowikowa, L.I. J.physik.Chem. (russ.) 32. 894-903 (1958). - Ref.C. 1959. 3755, Stärke 13. 384 (1961).

Infrarot-Absorptionsspektren von Mono- und Polysacchariden. Konkin, A.A., Schigorin, D.N. und Niwikowa, L.I. Faserforsch. u.Textiltechn. 8. 85-90 (1957). - Ref.C.A. 51. 11074e (1957).

Infrarotspektren von Kohlenhydraten. Neely, W.B. Advances Carbohydrate Chem. 12. 13-33 (1957). - Ref.C. 1961. 9058.

Infrarotspektren von Kohlenhydraten. II. Anomere Konfiguration einiger Hexo- und Pentopyranosen. Barker, S.A., Bourne, E.J., Stephens, R. und Whiffen, D.H. J.chem.Soc. (London) 3468-3473 (1954). - Ref.Stärke 6. 310 (1954).

Infrarot-Spektren von Kohlenhydraten. Teil I. Einige Derivate der d-Glukopyranose. Barker, S.A., Bourne, E.J., Stacey, M. und Whiffen, D.H. J.chem.Soc. (London) 1954. 171-76. - Ref.Stärke 6. 139 (1954), C.A. 49. 1571e (1955), C. 1954. 8310.

Untersuchungen über Cellulose. 15. Mitt. Ultrarotspektren von Trimethylcellulose, Cellulose und Stärke. Steele, R. und Pacsu, E. Textile Res.J. 19. 790-93 (1949). - Ref.C. 1950. I. 2177.

Experimentelle Kurven der Verluste und der anomalen Dispersion als Beweis einer spektralen Methode. Girard, P. und Abadie, P. Trans.Faraday Soc. 43. A. 40-47 (1946). - Ref.C. 1947. 1451.

Die Wasserstoffbindung in der Cellulose auf Grund der Infrarotabsorptionsspektren. Ellis, J.W. und Bath, J. J.Amer.chem.Soc. 62. 2859-2861 (1940). - Ref.C. 1942. I. 1004.

Spektrographische Untersuchungen an Kohlenhydraten im Ultraviolett. Niederhoff, P. Hoppe-Seyler's Z.physiol.Chem. 165. 130-39 (1927). - Ref.C. 1927. II. 16.

Spektralanalytische Bemerkungen über Kohlenhydrate und Albuminoide aus Getreide. Hartley, W.N. J.chem.Soc. (London) 51. 58-61 (1887). - W.Ref. 1210.

773. Einwirkungen verschiedenster Art

Protonen-magnetische Resonanzspektren von D-Glucopyranose-Polymere. Glass, C.A. Canad.J.Chem. 43. 2652-59 (1965).

Untersuchung von Maisstärke nach der differential-thermischen Methode. Stoljar, M.G. Ferment Alkohol-Ind. (russ.) 1964. Nr.6. 8-11. - Ref.J.Chem.(russ.) 1965. 4 R324.

Untersuchungen auf dem Gebiet der Stärkestruktur. Karzownik, B.A. Hochschulnachr.(Iwanowo), Technol.Textil-Ind. (russ.) 1962. Nr.5. 118-21. - Ref.C. 1963. 16764, C.A. 58. 7017d (1963), Ref.J.Chem.(russ.) 1963. 15 R250.

774. Teilchengröße und Molekulargewicht nach physikalisch-chemischen Methoden

Konzentrationsabhängigkeit bei der Molekulargewichtsbestimmung in der Ultrazentrifuge von heterogenen Nichtelektrolytpolymeren. Erlander, S.R. und McGuire, J.P. Makromolekulare Chem. 86. 33-42 (1965). - Ref.C.A. 63. 13429b (1965).

Eine neue Methode zur Bestimmung ungestörter Dimensionen von Makromolekülen nach Resultaten der "intrinsic"-Viskosität. Bohdanecky, M. J.Polymer Sci., Pt. B 3. 201-03 (1965). - Ref.C.A. 62. 14839g (1965).

Teilchengrößenbestimmung. 2. Mitt. Suganuma, A. J.technol.Soc. Starch (Japan) 12. 85-94 (1965).

Teilchengrößenbestimmung. 1. Mitt. Suganuma, A. J.technol.Soc. Starch (Japan) 12. 43-47 (1965).

Osmometrie. Osmotische Molekulargewichtsbestimmung. Goatley, J.L. In: Whistler, R.L. u.a., Methods in Carbohydrate Chem. Vol.IV., Academic Press 1964. S. 202-207.

Sedimentation: Die analytische Ultrazentrifuge. Foster, J.F. In: Whistler, R.L. u.a., Methods in Carbohydrate Chem. Vol.IV., Academic Press 1964. S. 207-217.

Lichtbrechung als Mittel zur Bestimmung des Molekulargewichts und der Gestalt von Makromolekülen. Foster, J.F. In: Whistler, R.L. u.a., Methods in Carbohydrate Chem. Vol.IV., Academic Press 1964. S. 191-202.

Beziehung zwischen Viscosität und Molekulargewicht. Molekulargewicht von Amylose und Amylopektin mittels Grenzviscositätszahl. Greenwood, C.T. In: Whistler, R.L. u.a., Methods in Carbohydrate Chem. Vol.IV., Academic Press 1964. S. 179-188.

Gestaltsbestimmung von Polysaccharidderivaten mit Hilfe von Streulicht- und Diffusionsmessungen. Burchard, W. Abh.dtsch.Akad. Wiss.Berlin, Kl.Med. 1964. Nr.6. 81-90. - Ref.C. 1965. 41-1092, C.A. 63. 4500 g (1965).

Streulicht- und Sedimentationsuntersuchungen zur Feststellung des Lösungsmitteleinflusses auf Molekülform und -größe. Burchard, W. Angew.Chem. 76. 191 (1964). - Ref.Stärke 17. 270 (1965).

Ein verbesserter Trübungsmesser zur Bestimmung der Molekulargewichtsverteilung. Taylor, W.C. und Graham, J.P. J.Polymer Sci., Part B 2. 169-72 (1964). - Ref.C. 1964. 38-0956.

Die Wechselwirkung zwischen Polysacchariden und anderen Makromolekülen. 4. Mitt. Der osmotische Druck von Gemischen aus Serumalbumin und Hyaluronsäure. Laurent, T.C. Biochem.J. 89. 249-53 (1963). - Ref.C.A.(B.) 60. 5778d (1964).

Die viscosimetrische Molekulargewichtsbestimmung von Polymeren. Meyerhoff, G. Fortschr.Hochpolymeren-Forsch. 3. 59-105 (1961). - Ref.C. 1963. 911.

Teilchengröße in wässerigen Stärkedispersionen. Babcock, G.E., Tobin, R., Dimler, R.J. und Senti, F.R. Cereal Chem. 37. 645-55 (1960). - Ref.C. 1961. 12296, Stärke 13. 99 (1961), Ref.J. Chem. (russ.) 1961. 11 N377.

Bestimmung der Molekülabmessungen aus rheologischen Daten. Peterlin, A. Makromolekulare Chem. 34. 89-119 (1959). - Ref.C.1963. 10108.

Der Polymerisationsgrad von Cellulose und Stärke. Harland, W.G. In J.Honeyman: Recent Advances in the Chemistry of Cellulose and Starch. 265-84. Heywood & Co. Ltd., London 1959.

Über die Kettenlänge von Stärken. Ohashi, K. J.agric.chem.Soc. Japan 33. 580-83 (1959). - Ref.Stärke 15. 35 (1963), C. 1963. 7197, C.A. 58. 2561c (1963).

Gesichtspunkte zur viskosimetrischen DP-Bestimmung. Treiber, E. und Abrahamson, B. Holzforschung 13. 161-77 (1959).

Studien auf dem Gebiete der Nitrierung mit Mischsäure. 2. Mitt. Anwendung der verbesserten Bargerschen Methode zur Molekulargewichtsbestimmung makromolekularer Stoffe. Weitere Untersuchung der Degradierung von Nitrostärke in Mischsäure. Kunz, A., Giber, J. und Dobis, O. Acta chim.Acad.Sci.hung. 20. 275-83 (1959). - Ref.C.A. 54. 8653i (1960), C. 1960. 17133.

Physikalisch-chemische Untersuchungen über Stärken. 10. Mitt. Das Molekulargewicht des wasserlöslichen Polysaccharids von Mais (Zea mays). Greenwood, C.T. und Gupta, P.C. Das. J.chem.Soc. (London) 1958. 703-06. - Ref.C. 1961. 12864.

Polarographische Untersuchungen hochmolekularer Stoffe mittels Maximadämpfung. Rusznák, I., Fukker, K. und Králik, I. Acta chim. Acad. Sci. hung. 9. 49-57 (1956). - Ref.C. 1959. 2487.

Polarographische Untersuchung hochmolekularer Stoffe mittels Maximaunterdrückung. Rusznák, I., Fukker, K. und Králik, I. Naturwissenschaften 42. 643-44 (1955).

Über die Bestimmung des Molekulargewichtes von Polysacchariden. 54. Untersuchungen an Stärke. Meyer, K.H., van der Wyk, A.J.A. und Feng, Chon-Piao. Helv.chim.Acta 37. 1619-27 (1954). - Ref.Stärke 7. 10 (1955), C.A. 49. 2766a (1955), C. 1956.5576.

Fraktionierung von Stärke. 5. Mitt. Molekulargewichtsbestimmungen von Triacetaten von Amylose und Amylosefraktionen durch Messungen des osmotischen Drucks. Higginbotham, R.S. J.Textile Inst., Trans. 42. T 235-48 (1951). - Ref.C. 1952. 2851.

Untersuchungen über Stärke. XXXVII. Mitt. Bestimmung des Molekulargewichts von natürlichen Polysacchariden durch colorimetrische Ermittlung. Meyer, K.H., Noelting, G. und Bernfeld, P. Helv.chim.Acta 31. 103-05 (1948). - Ref.C. 1948. I. 1209.

Schallgeschwindigkeitsmethode zur Bestimmung des Molekulargewichts von flüssigen Polymeren. Weissler, A., Fitzgerald, J.W. und Resnick, I. J.appl.Physics 18. 434-438 (1947). - Ref.C. 1949. I. 559.

Molekulargewicht und wahre Viscosität von Salpetersäuretriestern der Weizenstärke und -Dextrine. Caesar, G.V., Gruenhut, N.S. und Cushing, M.L. J.Amer.chem.Soc. 69. 617-21 (1947). - Ref.C. 1948. II. 68.

Die Bestimmung der Molekulargewichtsverteilung in Hochpolymeren mittels Löslichkeitsgrenzen. Morey, D.R. und Tambly, J.W. J.appl.Physics 16. 419-24 (1945). - Ref.C. 1946. I. 903.

Molekulargewicht der Biokolloide nach der Methode der longitudinalen Streuung und seine durch Wärme und Licht hervorgerufenen Veränderungen. Lepeschkin, W.W. Biochem.Z. 314. 135-48 (1943). - Ref.C. 1943. II. 2159.

Neue Methoden der Molekulargewichtsbestimmung von makromolekularen Stoffen. Jirgensons, B. Kunststoff-Techn.u.Kunststoff-Anwend. 12. 279-88 (1942). - Ref.C. 1943. II. 111.

Molekulargewichtsbestimmung durch Fällungstitration. Jirgensons,B. J.prakt.Chem. 161. 30-48 (1942). - Ref.C. 1943. I. 1873.

Molekulargewichtsbestimmungen und Viscositätsuntersuchungen an abgebauten Cellulosetriacetaten. 271. Mitt. über makromolekulare Verbindungen. Staudinger, H. und Eder, K. J.prakt.Chem. 159. 39-69 (1941). - Ref.C. 1942. I. 2753.

Ultrazentrifugen-Untersuchungen von Kartoffelstärke, Alpha-Amylo-Dextrin und ihrer Methyl-Derivate. Coles, J.S. Dissertation, Columbia Univ. New York 1941. 60 S.

Das Molekulargewicht des α-Amylodextrins (Erythrogranulose) aus Kartoffelstärke. Beckmann, Ch.O. und Landis, Quick. J.Amer. chem.Soc. 61. 1504-07 (1939). - Ref.C. 1939. II. 2236.

Über das Molekulargewicht und die Viscosität von Hochpolymeren. Bemerkungen zu der Arbeit von A. Dobry. 187. Mitt. über hochpolymere Verbindungen. Staudinger, H. Kolloid-Z. 82. 129-31 (1938). - Ref.C. 1938. II. 2715.

Die Bestimmung des Molekulargewichts der Grenzdextrine. Myrbäck,K. Svensk.kem.Tidskr. 49. 145-52 (1937). - Ref.C. 1937. II. 1818.

Bestimmung der Teilchengröße von Polysacchariden durch Messung des osmotischen Druckes. Carter, S.R. und Record, B.R. J.Soc.chem. Ind.Chem. and Ind. 55. 218-19 (1936). - Ref.C. 1936. II. 478.

Die Größe der Polysaccharidmoleküle. Haworth, W.N. Mh.Chem.(Wien) 69. 314-18 (1936). - Ref.C. 1937. I. 3489.

Über die Charakterisierung von Stärke durch Dispersoidanalyse. Lamm, O. Naturwissenschaften 24. 508 (1936). - Ref.C. 1936. II. 2725.

Molekulargewichte von polymeren Substanzen in Brenzcatechin und ihre Beziehung zu der Natur der Kohle und ihrer Derivate. Smith, R.C. und Howard, H.C. J.Amer.chem.Soc. 58. 740-42 (1936). - Ref.C. 1936. II. 2057.

Studien über Pflanzenkolloide. XXXIV. Die Teilchengröße oxydierter Stärke, bestimmt auf osmotischem und auf chemischem Wege. Samec, M. Kolloid-Z. 64. 321-23 (1933). - Ref.C. 1933. II. 3115.

Über das Molekulargewicht und die chemische Struktur der Cellulose und der Stärke. Morosow, I.R. Chem.J.Ser.B, J.angew.Chem. (russ.) 5. 211-16 (1932). - Ref.C. 1933. I. 1428.

Über eine p_H-Abhängigkeit der Molekülgröße bei Polysacchariden. K. Hess und Ulmann, M. Naturwissenschaften 20. 296 (1932). - Ref.C. 1932. II. 1006.

Studien über Pflanzenkolloide. XXXI. Zur Bestimmung der mittleren Teilchengröße einiger Stärkesubstanzen und Stärkederivate. Samec, M. Kolloid-Beih. 37. 91-118 (1932). - Ref.C. 1933. I. 1764.

Zur Kenntnis der lyophilen Kolloide. IV. Mitt. Ladung, Hydratation und Teilchengröße bei den Stärke-, Gummiarabicum-, Gelatin- und Caseinsolen. Kruyt, H.R. und Tendeloo, H.J.C. Kolloidchem.-Beih. 29. 413-31 (1929). - Ref.C. 1930. I. 344.

Bemerkungen zur kryoskopischen Untersuchung acetylierter Kohlenhydrate. Bergmann, M., Knehe, E. und Lippmann, E. Liebig's Ann.Chem. 458. 93-101 (1927). - Ref.C. 1927. II. 2763.

Über das Molekulargewicht der Stärke. Pictet, Amé. Helv.chim.Acta 9. 33-37 (1926). - Ref.C. 1926. I. 1965.

Molekulargröße und Assoziation der Polyamylosen. Beiträge zur Chemie der Stärke. XVIII. Pringsheim, H. und Leibowitz, J. Ber.dtsch.chem.Ges. 59. 2058-64 (1926). - Ref.C. 1926. II. 2157.

Polymerisation und Assoziation in der Kohlenhydratchemie. Pringsheim, H. Naturwissenschaften 12. 360-364 (1924). - Ref.C.1924. II. 24.

Die Bestimmung der Größe unsichtbarer Teilchen in emulsoiden Solen. Kruyt, H.R. und Tendeloo, H.J.C. Kon.Akad.Wetensch.Amsterdam, Wisk.en Netk.Afd. 33. 184-188 (1924). - Ref.C. 1924. II. 443, W.Ref. 1295.

Chloralhydrat und Bromalhydrat als kryoskopische bzw. ebullioskopische Lösungsmittel. Beckmann, E. und Maxim, M. Ber.dtsch. chem.Ges. 47. 2875-80 (1914). - Ref.C. 1914. II. 1377.

Eine neue Methode zur Bestimmung des Molekulargewichts der Stärke. Horton, C.L. Chem.News 108. 177 (1913). - Ref.C. 1913. II. 1960, C.A. 8. 2874 (1914), W.Ref. 120.

Zur colorimetrischen Methode der Bestimmung der Molekulargröße von Polysacchariden. Wacker, L. Hoppe-Seyler's Z.physiol.Chem. 71. 143-152 (1911). - Ref.C. 1911. I. 1380, C.A. 5. 2640 (1911), W.Ref. 460.

Eine colorimetrische Methode zur Bestimmung der Molekulargröße von Kohlenhydraten (Unterscheidung der primären von den sekundären und tertiären Alkoholen). Wacker, L. Ber.dtsch.chem.Ges. 42. 2675-2680 (1909). - Ref.C. 1909. II. 867, C.A. 3. 2575 (1909), W.Ref. 459.

Eine colorimetrische Methode zur Bestimmung der Molekulargröße von Kohlenhydraten (Qualitativer Nachweis von Aldehyden, Alkoholen und Kohlenhydraten). Wacker, L. Ber.dtsch.chem.Ges. 41. 266-275 (1908). - Ref.C. 1908. II. 989, C.A. 2. 1251 (1908), W.Ref. 457.

Diffusionsgeschwindigkeit von Wasser durch eine halbdurchlässige Membran. Sebor, J. Z.Elektrochem.angew.physik.Chem. 10. 347-353 (1904). - Ref.C. 1904. II. 74, W.Ref. 1235.

Bestimmung des Molekulargewichtes der Nitro-Stärke. Saposchnikoff, A.W. J.russ.physik.-chem.Ges. 35. 126-128 (1903). - W.Ref.1073.

Einige Bemerkungen über die Größe der Teilchen in Kolloid-Lösungen oder in Pseudo-Lösungen. Bruyn, C.A. Lobry de. Recueil Trav. chim. Pays-Bas 19. 251-258 (1900). - Ref.C. 1901. I. 160, W.Ref. 1225.

Die Bestimmung des Molekulargewichts der Kohlenhydrate. Teil 2. Browm, H.T. und Morris, G.H. J.chem.Soc. (London) 55. 462-474 (1889). - W.Ref. 443.

78. Konstitution von Dextrinen und anderen Abbauprodukten

781. Dextrine allgemein
782. Röstdextrine
783. Schardinger-Dextrine
784. Polyamylosen, niedere Amylosen

781. Dextrine allgemein

(Auch Grenzdextrine. Vgl. auch"Technologie, Dextrine": 36, "Kolloidchemie, Eigenschaften von modifizierten Stärken, Dextrine": 834, "Dextrine": 931)

Ein verbessertes Verfahren zur Herstellung von Grenzdextrinsubstraten unter Verwendung von Gerstenmalz. Kujawski, M. Acta biochim.polon. 11. 3-10 (1964). - Ref.Stärke 17. 365 (1965), C. 1964. 46-2617.

Fraktionierung von Stärkedextrinen an Sephadex. Nordin, P. Arch. Biochem.Biophysics 99. 101-04 (1962). - Ref.C.A. 58. 1623f (1963), C. 1965. 2-1217.

Oligosaccharide. 2. Mitt. Beziehung zwischen dem Polymerisationsgrad und der Geschwindigkeit des Periodatverbrauches von Oligosacchariden der Amylosegruppen.Takiura, K. und Koizumi, K. Chem.pharmac.Bull. (Tokyo) 10. 140-46 (1962). - Ref.C.A. 57. 12606a (1962).

Über die Farbreaktion zwischen Jod und Dextrin. Fiorenzi, G. und Lipparini, L. Boll.sci.Fac.Chim.ind.Bologna 20. 65-74 (1962). - Ref.C. 1964. 11-1823.

781

Struktur des Grenzdextrins der Phosphorylase. Verhue, W. und Hers, H.G. Arch.int.Physiol.Biochim. 69. 757-58 (1961). - Ref.C. 1965. 48-1263.

Beobachtung des Molekulargewichtes von Dextrinen nach der Lichtstreuungsmethode. Takano, M. und Sato, T. Chem.High Polymers (Tokyo) 17. 445-48 (1960). - Ref.C. 1964. 10-1016.

Der Einfluß von anorganischen Ionen auf die Kristallisation von Amylodextrin. Hizukuri, S., Fujii, M. und Nikuni, Z. Biochim. biophysica Acta (Amsterdam) 40. 346-48 (1960). - Ref.C.A. 54. 21349a (1960), C. 1961. 12524.

Der Mechanismus der Carbohydrasewirkung. 8. Mitt. Strukturen der Muskel-Phosphorylase-Grenzdextrine von Glykogen und Amylopektin. Walker, G.J. und Whelan, W.J. Biochem.J. 76. 264-68 (1960). - Ref.C. 1961. 8336, Stärke 13. 144-45 (1961).

Der Mechanismus der Carbohydrasewirkung. 6. Mitt. Struktur eines Speichel-α-Amylase-Grenzdextrins von Amylopektin. Bines, B.J. und Whelan, W.J. Biochem.J. 76. 253-57 (1960). - Ref.C. 1961. 8336, Stärke 13. 144 (1961).

Die Konstitution von Dextrinen. Christensen, G.M. Univ.Microfilms (Ann Arbor, Mich.), L.C.Card No. Mic 59-1311. 117 S. - Ref.C.A. 53. 15611a (1959).

Verhalten von Amylodextrin bei Zugabe von Amylose-Komplexbildnern. Ohashi, K. J.agric.chem.Soc. Japan 33. 583-86 (1959). - Ref.C. 1963. 7197, Stärke 15. 34 (1963).

Konstitution eines α-Grenzdextrins aus Amylopektin. Whelan, W.J. und Bines, B.J. Biochem.J. 61. 177 (1955). - Ref.Stärke 7. 315 (1955), C. 1956. 10023.

Beitrag zur Untersuchung der Dextrine. Nicolaou, A.N. Praktika Akad.Athenon 29. 445-52 (1954). - Ref.C. 1961. 2090.

Das Molekulargewicht des ß-Amylase-Grenzdextrins aus Maisstärke. Kerr, R.W. und Cleveland, F.C. J.Amer.chem.Soc. 71. 3455-57 (1949). - Ref.C. 1950. II 1583.

Bildung und Konstitution von Grenz-Dextrinen aus Stärke. Myrbäck, K. Svensk kem.Tidskr. 58. 119 (1946).

Reduzierende Zucker und Dextrine. Gray, Ph.P., Laufer, St., Nissen, B.H., Peckham, G.I. und Rohde, H.W. Amer.Brewer 77. Nr.1. 20-21. 37-38 (1944).

Über Grenzdextrine und Stärke. 24. Mitt. Grenzdextrine aus Gerstenstärke. Myrbäck, K., Ahlborg, K. und Ortenblad, E. Biochem.Z. 316. 444-47 (1944). - Ref.C. 1944. II. 649.

Die Zusammensetzung der "Amylodextrin"-Fraktion bei Weizenmehl. MacMasters, M.M. und Hilbert, G.E. Cereal Chem. 21. 548-555 (1944).

Über Grenzdextrine und Stärke. 19. Mitt. Über die Phosphorsäure in Stärkedextrinen. Myrbäck, K. und Kihlberg, B. Biochem.Z. 315. 250-58 (1943). - Ref.C. 1944. I. 265.

Struktur der aus Maissirup isolierten Dextrine. Levine, M., Foster, J.F. und Hixon, R.M. J.Amer.chem.Soc. 64. 2331-37 (1942). - Ref.C. 1945. I. 414.

Über Grenzdextrine und Stärke. XVI. Mitt. Über die Natur der α-Dextrine. Myrbäck, K. Biochem.Z. 311. 242-46 (1942). - Ref.C. 1942. II. 1466.

Die Natur der Teilchen der Erythroamylose und ihrer höheren α-diastatischen Dextrine. 10. Mitt. über enzymatische Amylolyse von M. Samec und E. Waldschmidt-Leitz. Samec, M. Hoppe-Seyler's Z.physiol.Chem. 267. 243-50 (1941). - Ref.C. 1941. I. 3234.

Über Grenzdextrine und Stärke. XII. Mitt. Darstellung und Konstitutionsbestimmung eines schwer hydrolysierbaren Disaccharids ("Isomaltose") aus Stärke. Ahlborg, K. und Myrbäck, K. Biochem.Z. 308. 187-95 (1941). - Ref.C. 1942. I. 875.

Untersuchungen über Stärke. XI. Über die zurückbleibenden Dextrine der Maisstärke (Erythrogranulose). Meyer, K.H., Wertheim, M. und Bernfeld, P. Helv.chim.Acta 24. 212-16 (1941). - Ref.C. 1941, I. 3223.

Über Grenzdextrine und Stärke. VIII. Mitt. Die Konstitution eines Stärkegrenzdextrins. Nachweis α-glykosidischer 1,6-Bindungen in Dextrin und Stärke. Myrbäck, K. und Ahlborg, K. Biochem.Z. 307. 69-78 (1940). - Ref.C. 1941. I. 2528.

Über Konstitution und Eigenschaften der löslichen Stärken. Dumazert, C. und Santoni, G. C.R.hebd.Séances Acad.Sci. 209. 127-29 (1939). - Ref.C. 1940. I. 1199.

Polysaccharide. 25. α-Amylodextrin. Haworth, W.N., Hirst, E.L., Kitchen. H. und Peat, S. J.chem.Soc. (London) 1937. 791-95. - Ref.C. 1937. II. 3465.

Polysaccharide. 21. Die Konstitution und Kettenlänge einiger Stärkedextrine. Haworth, W.N., Hirst, E.L. und Plant, M.M.T. J.chem.Soc. (London) 1935. 1214-17. - Ref.C. 1936. I. 774.

Polysaccharide. 22. Konstitution und Molekularstruktur von α-Amylodextrin. Haworth, W.N., Hirst, E.L. und Waine, A.C. J.chem. Soc. (London) 1935. 1299-1303. - Ref.C. 1936. I. 776.

Studien über Pflanzenkolloide. XXXVI. Bereitung und Dispersitätsgrad von Erythrokörpern aus Kartoffelstärke. Samec, M. und Knop, L. Kolloid-Beih. 39. 421-37 (1934). - Ref.C. 1935. I.34.

Studien über Pflanzenkolloide. XXIV. Mitt. Zur Kenntnis der Erythrosubstanzen. Samec, M. und Blinc, M. Kolloid-Beih. 30-163-96 (1930). - Ref.C. 1930. I. 3017.

Studien über Pflanzenkolloide. XIX. Mitt. Zur Kenntnis einiger Stärkedextrine. Samec, M. Biochem.Z. 187. 120-36 (1927). - Ref.C. 1927. II. 1450.

Über Amyloseoktadextrin. Klasen, P. und Sjöberg, K. Ber.dtsch. chem.Ges. 59. 40-45 (1926). - Ref.C. 1926. I. 1635.

Polymerisation von ß-Glukosan. Die Konstitution von synthetischem Dextrin. Irvine, J.C. und Oldham, J.W.H. J.chem.Soc. (London) 127. 2903-2922 (1925). - Ref.C.A. 20. 743 (1926), W.Ref. 500.

Über Amylose-Oktadextrin. Klason, P. und Sjöberg, K. Svensk kem. Tidskr. 37. 290-295 (1925). - Ref.C.A. 20. 1222 (1926), W.Ref. 502.

Studien über Stärke. III. Mitt. Die Natur und die Entstehung des stabilen Dextrins und des Maltodextrins. Ling, A.R. und Nanji, D.R. J.chem.Soc. (London) 127. 636-51 (1925). - Ref.C. 1925. II. 647.

Über die Oxydation des Amylodextrins. Syniewski, W. Roczniki Chem. 2. 83-94 (1922). - Ref.C.A. 17. 1627 (1923).

Über die Entstehung von Dextrinen bei der Inversion der Saccharose. Bruhns, G. Angew.Chem. 35. 9-14, 61-67, 70-71, 77-80 (1922).

Über ein neues Depolymerisationsprodukt der Stärke. Pictet, A. und Jahn, R. Helv.chim.Acta 5. 640-644 (1922). - Ref.C. 1923. I. 1016, W.Ref. 484.

Einige Untersuchungsprobleme bei den Kohlenhydraten. - Synthetische Dextrine. Irvine, J.C. und Oldham, J.W.H. Brit.Assoc. Advancement Sci., Rep. 90th Meeting 1922. 46. - W.Ref. 481.

Die Einheitlichkeit des Erythrodextrins. Blake, J.C. J.Amer.chem. Soc. 42. 2673-2678 (1920). - Ref.C. 1921. I. 563, W.Ref. 793.

Studien über Pflanzenkolloide. 8. Mitt. Zur Kenntnis einiger Zellulose-Dextrine. Samec, M. und Matula, J. Kolloidchem.Beih. 11. 37-73 (1919).

Über die Umwandlung von Lävoglucosan in Dextrin. Pictet, A. Helv. chim.Acta 1. 226-230 (1918). - Ref.C. 1919. I. 350, C.A. 13. 313 (1919), W.Ref. 467.

Zur Kenntnis der Bierdextrine. Walter, F.C. Z.ges.Brauwes. 40. 137-138, 145-147, 153-155, 161-164, 169-172 (1917). - Ref.C.A. 12. 400 (1918), W.Ref. 1267.

Über die Molekulargröße von Dextrin ß. Biltz, W. und Truthe, W. Ber.dtsch.chem.Ges. 46. 1377-1380 (1913). - Ref.C.A. 7. 2574 (1913), C. 1913. I. 1961, W.Ref. 1248.

Zur Kenntnis des sogenannten Honigdextrins. Beckmann, E. Z.Unters. Nahrungs- u.Genußmittel 4. 1065-1069 (1901). - W.Ref. 717.

Das beständige Dextrin der Stärkeumwandlungen und seine Beziehung zu Maltodextrin und zu löslicher Stärke. Brown, H.T. und Millar, J.H. Proc.chem.Soc. (London) 15. 13-16 (1899). - Ref.C. 1899. I. 674.

Maltodextrin, seine Oxydationsprodukte und Konstitution. Brown, H.T. und Millar, J.H. J.chem.Soc. (London) 75. 286-308 (1899). - Ref.C. 1899. I. 674, W.Ref. 287.

Über die dextrinartigen Abbauprodukte der Stärke. Bülow, K. Pflüger's Arch.ges.Physiol.Menschen Tiere 62. 133-55 (1895). - Ref.C. 1895. I. 919.

Molekulargewichte von Dextrin und Gummi arabicum, bestimmt durch ihre osmotischen Drucke. Linebarger, C.E. Amer.J.Sci. 43. Ser.3. 426-428 (1892). - W.Ref. 1214.

Das Amylodextrin von W. Nägeli und seine Beziehung zur löslichen Stärke. Brown, H.T. und Morris, G.H. J.chem.Soc. (London) 55. 449-461 (1889). - W.Ref. 708.

Dextrin aus Traubenzucker. Musculus, F. und Meyer, A. Hoppe-Seyler's Z.physiol.Chem. 5. 122-126 (1881). - Ref.C. 1881. 315, W.Ref. 684.

Über Erythrodextrin. Musculus, F. und Meyer, A. Hoppe-Seyler's Z.physiol.Chem. 4. 451-454 (1880). - W.Ref. 679.

Über das im Wasser unlösliche Dextrin. Musculus, F. C.R.hebd. Séances Acad.Sci. 70. 857-859 (1870). - Ref.C. 1870. 307, W.Ref. 671.

Über Anilide von sogenannten Kohlenhydraten. Schiff, H. Ber. dtsch.chem.Ges. 4. 908-909 (1871). - W.Ref. 674.

782. Röstdextrine

(Auch Pyrodextrine. Vgl. auch "Technologie, Dextrine": 36, "Thermische Einwirkungen, Temperatur": 825, "Kolloidchemie, Dextrine": 834)

Die Zusammensetzung von Röstdextrinen. 3. Mitt. Thermische Polymerisation von Lävoglucosan. Wolfrom, M.L., Thompson, A., Ward, R.B., Horton, D. und Moore, R.H. J.org.Chemistry 26. 4617-20 (1961). - Ref.C.A. 56. 10259e (1962), C. 1962. 12689.

Die Zusammensetzung von Pyrodextrinen. Thompson, A. und Wolfrom, M.L. J.Amer.chem.Soc. 80. 6618-20 (1958). - Ref.C. 1959. 16668, C.A. 54. 3229i (1960).

Die Konstitution von Maisstärke-Dextrin. Geerdes, J.D., Lewis, B.A. und Smith, F. J.Amer.chem.Soc. 79. 4209-12 (1957). - Ref.Stärke 9. 233 (1957), C.A. 52. 1073i (1958), C. 1958. 7779.

Über die Konstitution von Weizenstärkedextrin. Christensen, G.M. und Smith, F. J.Amer.chem.Soc. 79. 4492-95 (1957). - Ref.C.A. 52. 272i (1958), C. 1958. 8353.

Chemie der Dextrinierung. Kerr, R.W. und Cleveland, F.C. Stärke 5. 261-66 (1953). - Ref.C. 1954. 3353.

Untersuchungen über die Zusammensetzung von Röstdextrinen. Rüggeberg, H. Stärke 4. 78-83 (1952). - Ref.C. 1953. 2042.

Die Struktur von Pyrodextrin. Brimhall, B. Ind.Engng.Chem. 36. 72-75 (1944). - Ref.C.A. 38. 1658 (1944), C. 1946. 3824.

Studien über Pflanzenkolloide. XXXVIII. Über Röstdextrine. Samec, M. und Förster, M. Kolloid-Beih. 39. 464-68 (1934). - Ref.C. 1935. I. 34.

Über das Dextrinozol, den Geruchsträger gewisser Handelsdextrine und über "Ozole" im allgemeinen. Kunz-Krause, H. Ber.dtsch. pharmaz.Ges. 33. 149-155 (1923). - Ref.C.A. 17. 3402 (1923), C. 1923. III. 612, W.Ref. 804.

Die Chemie der Dextrine während der letzten 25 Jahre. Mohr, O. Wschr.Brauerei 25. 628-637 (1908). - W.Ref. 335.

783. Schardinger-Dextrine

(Auch Cyclodextrine. Vgl. auch "Schardinger-Dextrine": 932)

Bildung und Abbau von cyclischen Dextrinen durch intracelluläre Enzyme von Bacillus macerans. Depinto, J.A. und Campbell, L.L. Science (Washington) 146. 1064-66 (1964). - Ref.C. 1965. 34-1251.

Herstellung von Schardinger Dextrinen im großen Maßstab. French, D., Pulley, A.O. und Whelan, W.J. Stärke 15. 280-84 (1963). - Ref.J.Chem.(russ.) 1964. 6 R363, C. 1964. 24-2750.

Wechselwirkung zwischen Pharmazeutica und Schardinger Dextrinen. 2. Mitt. Wechselwirkung mit ausgewählten Verbindungen. Lach, J.L. und Cohen, J. J.pharmac.Sci. 52. 137-42 (1963). - Ref.C. 1964. 39-1503.

Wechselwirkung zwischen Pharmazeutica und Schardinger Dextrinen. 1. Mitt. Wechselwirkung mit Hydroxybenzoesäuren und p-Hydroxybenzoesäureestern. Cohen, J. und Lach, J.L. J.pharmac.Sci. 52. 132-36 (1963). - Ref.C. 1964. 32-1502.

Cyclodextrintransglykosylase (Bacillus macerans-Amylase). French, D. Methods in Enzymol. 5. 148-55 (1962). - Ref.C. 1965. 36-1243.

Stärke und Schardinger Dextrine. 1. Mitt. Komplexe mit hydrophoben Verbindungen. 2. Mitt. Höhere Homologe von Schardinger Dextrin. Pulley, A.O. Univ.Microfilms (Ann.Arbor, Mich.) Order Nr. 62-4173. 61 S. - Ref.C.A.(M.) 58. 3499d (1963).

Untersuchungen über Schardinger Dextrine. 11. Mitt. Die Isolierung eines neuen Schardinger Dextrins. Pulley, A.O. und French, D. Biochem.biophysic.Res.Commun. 5. 11-15 (1961). - Ref.C. 1965. 2-1456.

Die katalytische Wirkung von Cyclodextrinen bei der Spaltung von Pyrophosphaten. Hennrich, N. und Cramer, F. Chem. and Ind. 1961. 1224.

Untersuchung über die Schardinger Dextrine. 9. Mitt. Struktur des Komplexes Cyclohexaamylose-Jod. James, W.J., French, D. und Rundle, R.E. Acta crystallogr.(Copenhagen) 12. 385-89 (1959). - Ref.C. 1960. 14383, C.A. 53. 14625e (1959).

Schardinger Dextrine. 10. Mitt. Die Wechselwirkung von Cyclohexaamylose, Jod und Jodid. 1. Spectrophotometrische Untersuchungen. Thoma, J.A. und French, D. J.Amer.chem.Soc. 80. 6142-46)1958). - Ref.C.A. 53. 10910f (1959).

Cycloamylosesulfate. Hoffmann-La Roche Inc. (Erfinder: Berger, L. und Lee, J.). A.P. 2 923 704 vom 15/5.1957, ausg. 2/2.1960. - Ref.Stärke 13. 347-48 (1961), C. 1961. 3088.

Die Schardinger-Dextrine. French, D. Advances Carbohydrate Chem. 12. 189-260 (1957). - Ref.C. 1960. 7538, C.A. 53. 5713i (1959).

Beiträge zur Chemie der Stärke und der Schardinger-Dextrine. Freudenberg, K. Vestnik slov.kem.Drustva 1. 103-08 (1954). - Ref.C. 1950/54. S. 3962.

Viscosimetrische Titration. Green, S.J. und Draycott, A. Nature (London) 167. 119 (1951). - Ref.C. 1951. II. 1736.

Untersuchungen über die Schardinger-Dextrine. 6. Mitt. Die Molekulargröße und Struktur von γ-Dextrin. French, D., Knapp, D.W. und Pazur, J.H. J.Amer.chem.Soc. 72. 5150-52 (1950). - Ref.C. 1951. II. 986, Stärke 3. 308 (1951).

Untersuchungen über die Schardinger-Dextrine. 5. Mitt. Perjodatoxydation. French, D. und McJntire, R.L. J.Amer.chem.Soc. 72. 5148-5150 (1950). - Ref.Stärke 3. 308 (1951), C. 1951. II. 986.

Schardingers kristalline Spaltstücke aus Stärke. Freudenberg, K. Forsch.u.Fortschr. 26. 100 (1950). - Ref.C. 1952. 3497.

Über die Schardinger-Dextrine aus Stärke. Freudenberg, K. und Cramer, F. Chem.Ber. 83. 296-304 (1950). - Ref.C. 1951. I. 1463.

Untersuchungen über die Schardinger-Dextrine. Norberg, E. und French, D. J.Amer.chem.Soc. 72. 1202-05 (1950). - Ref.C. 1950. II. 2566.

Über die Schardinger-Dextrine. 2. Mitt. Berechnung der sauren Hydrolyse. Myrbäck, K. Ark.Kemi 1. 161-77 (1949). - Ref.C. 1950. I. 1614.

Über die Schardinger-Dextrine. 1. Mitt. Oxydation des ß-Dextrins mit HJO_4. Saure Hydrolyse. Myrbäck, K. und Järneström, T. Ark.Kemi 1. 129-43 (1949). - Ref.C. 1950. I. 1614, Stärke 4. 270 (1952).

Untersuchungen über die Schardinger-Dextrine. 2. Mitt. Darstellung und Eigenschaften von Amyloheptaose. French, D., Levine, M.L. und Pazur, J.H. J.Amer.chem.Soc. 71. 356-58 (1949). - Ref.C. 1950. I. 2365, Stärke 1950. II. 123.

Über Schardingers Dextrine aus Stärke. Freudenberg, K., Plankenhorn, E. und Knauber, H. Liebig's Ann.Chem. 558. 1-10 (1947).

Beiträge zur Chemie der Kohlenhydrate. Freudenberg, K. Ber.dtsch. chem.Ges. 76. Abt.A. 71-96 (1943). - Ref.C. 1943. II. 1369.

Die Molekulargewichte der Schardinger α- und ß-Dextrine. French,D. und Rundle, R.E. J.Amer.chem.Soc. 64. 1651-53 (1942). - Ref.C. 1943. II. 1633.

Die röntgenographische Untersuchung des Schardingerschen α-Dextrins. Kratky, O. und Schneidmesser, B. Ber.dtsch.chem.Ges. 71. 1413-14 (1938). - Ref.C. 1938. II. 3249.

Über die Schardingerdextrine aus Stärke. Freudenberg, K. und Meyer-Delius, M. Ber.dtsch.chem.Ges. 71. 1596-1600 (1938). - Ref.C. 1938. II. 3248.

Zur Kenntnis der Stärke und der Schardingerdextrine. Freudenberg, K. und Rapp, W. Ber.dtsch.chem.Ges. 69. 2041-45 (1936). - Ref.C. 1936. II. 3103.

Über Schardinger-Dextrine aus Stärke. Freudenberg, K. und Jacobi, R. Liebig's Ann.Chem. 518. 102-08 (1935). - Ref.C. 1935. II. 854.

Über die Molekülgröße des α-Dextrins von F. Schardinger (α-Di- und α-Tetraamylose). (Osmotische Untersuchungen an verdünnten Lösungen polymerer Kohlenhydrate. I.). Ulmann, M. Biochem.Z. 251. 458-77 (1932). - Ref.C. 1932. II. 3220.

Zur Kenntnis des α-Dextrins von F. Schardinger. Ulmann, M., Trogus, C. und Hess, K. Ber.dtsch.chem.Ges. 65. 682-88 (1932). - Ref.C. 1932. I. 3413.

Diamylose und Tetraamylose (Beiträge zur Chemie der Stärke. XXVII). Pringsheim, H. und Beiser, A. Ber.dtsch.chem.Ges. 65. 1870-73 (1932). - Ref.C. 1933. I. 410.

Diamylose und Tetraamylose; Triamylose und Hexaamylose. Beiträge zur Chemie der Stärke. XXV. Pringsheim, H., Weidinger, A. und Sallentien, H. Ber.dtsch.chem.Ges. 64. 2117-25 (1931). - Ref.C. 1931. II. 2448.

Beiträge zur Chemie der Stärke. (Über Schardingers krystallisierte Dextrine. II.). Pringsheim, H. und Eissler, F. Ber.dtsch.chem. Ges. 46. 2959-74 (1913). - Ref.C. 1913. II. 1791, W.Ref. 630.

784. Polyamylosen, niedere Amylosen

Aus Glykogen gewonnene α-Amylase-Grenzdextrine mit hohem Molekulargewicht. Heller, J. und Schramm, M. Biochim.biophysica Acta (Amsterdam) 81. 96-100 (1964). - Ref.C.A.(B.) 60. 5821c (1964), C. 1965. 32-1206.

Die Struktur der Phosphomaltotetraose, einem α-Grenzdextrin der Stärke. Parrish, F.W. und Whelan, W.J. Stärke 13. 231-36 (1961). - Ref.C.A. 55. 22877d (1961), C. 1962. 2932, Ref.J.Chem. (russ.) 1962. 6 N348.

Die Struktur von Phosphomaltotetraose. Parrish, F.W. und Whelan, W.J. Biochem.J. 79. 19P (1961). - Ref.Stärke 14. 104 (1962), C. 1962. 5722.

Über die Grenzdextrine der α-Amylasen. Myrbäck, K. Vestnik sloven.kem.Drustva 1. 109-12 (1954). - Ref.C. 1950/54. 9782.S.

Die Konstitution einer modifizierten Stärke aus gemälzter Gerste. Aspinall, G.O., Hirst, E.L. und MacArthur, W. J.chem.Soc.(London) 1955. 3075-81. - Ref.C. 1956. 9195, C.A. 50. 6078c (1956).

Die Struktur von Maltotriose. Thompson, A. und Wolfrom, M.L. J.Amer.chem.Soc. 74. 3612-14 (1952). - Ref.C. 1953. 2767.

Untersuchungen auf dem Gebiet der Struktur der Stärke. 2. Mitt. Die Struktur verschiedener Stärkemodifikationen. Lipatow, Ss.M., Karzownik, B.A. und Shulman, M.Ss. Kolloid-J. (russ.) 12. 286-93 (1950). - Ref.C. 1951. I. 1463.

Über die Konstitution der Stärke. 2. Mitt. Molekulargewicht einer chemisch definierten löslichen Stärke, die von verschiedenen natürlichen Stärken stammt. Dumazert, C. und Georges Santoni. Bull.Soc.Chim.biol. 22. 381-94 (1940).

Untersuchungen über Stärke. Ling, A.R., Carter, W.A. und Potter, R.S. J.Inst.Brewing 44. 422-23 (1938). - Ref.C. 1939. I. 1987.

Untersuchungen über Stärke. Ling, A.R. J.Inst.Brewing 44. 419-21 (1938). - Ref.C. 1939. I. 1986.

Über die Konstitution des Tetrasaccharides, eines Spaltungsproduktes der Stärke, durch Bacillus mesentericus vulgatus-Amylase. I. Mitt. Akiya, Sitiro. J.pharmac.Soc.Japan 58. 40-45 (1938). - Ref.C. 1941. I. 520.

Über neue Polyamylosen. II. (Beiträge zur Chemie der Stärke.XXVI.) Pringsheim, H., Weidinger, A. und Ohlmeyer, P. Ber.dtsch.chem. Ges. 64. 2125-28 (1931). - Ref.C. 1931. II. 2448.

Über neue Polyamylosen. I. (Beiträge zur Chemie der Stärke.XXIV.) Pringsheim, H., Wiener, A. und Weidinger, A. Ber.dtsch.chem. Ges. 63. 2628-36 (1930). - Ref.C. 1930. II. 3132.

Zur Kenntnis der Amylobiose. (Beiträge zur Chemie der Stärke. XVII.). Pringsheim, H. und Steingroever, A. Ber.dtsch.chem. Ges. 59. 1001-06 (1926). - Ref.C. 1926. I. 3531.

Die Konstitution der Disaccharide. 11. Mitt. Maltose. Haworth,W.N. und Peat, S. J.chem.Soc. (London) 1926. 3094.

Über Dihexosan und Tetrahexosan. Pictet, A. und Salzmann, R. Helv. chim.Acta 8. 948-949 (1925). - Ref.C.A. 20. 1598 (1926), W.Ref. 503.

Über Hexosan und Trihexosan. Castan, P. und Pictet, A. Helv.chim. Acta 8. 946-948 (1925). - Ref.C.A. 20. 1598 (1926), W.Ref. 499.

Studien über Stärke. Teil IV. Die Natur des Amylohemicellulose-bestandteils gewisser Stärken. Ling, A.R. und Nanji, D.R. J.chem.Soc. (London) 127. 652-56 (1925). - Ref.C. 1925. II. 649, W.Ref. 617.

Über Trihexosan. Pictet, A. und Salzmann, R. Helv.chim.Acta 7. 934-935 (1924). - Ref.C. 1924. II. 2519, C.A. 19. 976 (1925), W.Ref. 495.

Über ein aus Stärke erhaltenes Hexahexosan. Pictet, A. und Stricker, P. Helv.chim.Acta 7. 932-933 (1924). - Ref.C.A. 19. 976 (1925), C. 1924. II. 2519, W.Ref. 494.

Die Konstitution der Polysaccharide. 8. Die Molekularstruktur von ß-Hexaamylose. Irvine, J.C., Pringsheim, H. und MacDonald, J. J.chem.Soc.(London) 125. 942-947 (1924). - Ref.C.A. 18. 2134 (1924), C. 1924. II. 622, W.Ref. 647.

Zur Charakterisierung der "Polyamylosen". (Beiträge zur Chemie der Stärke. 8.). Pringsheim, H. und Goldstein, K. Ber.dtsch.chem. Ges. 56. 1520-1526 (1923). - Ref.C.A. 18. 80 (1924), C. 1923. III. 611, W.Ref. 646.

Über die Polymerisation von Lävoglucosan. Pictet, A. und Ross,J.H. C.R.hebd.Séances Acad.Sci. 174. 1113-1114 (1922). - Ref.C.1922. III. 346, C.A. 16. 2313 (1922), W.Ref. 485.

Beiträge zur Chemie der Stärke. 6. Mitt. Weiteres über die Polyamylosen. Pringsheim, H. und Diamandi Dermikos. Ber.dtsch. chem.Ges. 55. 1433-1445 (1922). - Ref.C. 1922. III. 760, W.Ref. 645.

Polysaccharide. 15. Mitt. Die Konstitution der Diamylose und des der Cellulose zugrunde liegenden Anhydrozuckers (Cellosan). Karrer, P. und Smirnoff, P. Helv.chim.Acta 5. 187-201 (1922). - Ref.C. 1922. III. 601, W.Ref. 641.

Polysaccharide. 14. Mitt. Zur Kenntnis der Amylosen. Karrer, P. und Bürklin, E. Helv.chim.Acta 5. 181-187 (1922). - Ref.C. 1922. III. 601, W.Ref. 640.

Polysaccharide. 2. Zur Konstitution der Diamylose. Karrer, P. und Nägeli, C. Helv.chim.Acta 4. 169-173 (1921). - Ref.C.A. 15. 2072 (1921), C. 1921. I. 891, W.Ref. 634.

Über die Polymerisation der Glukosane. Pictet, A. und Pictet, J. C.R.hebd.Séances Acad.Sci. 173. 158-160 (1921). - Ref.C. 1921. III. 822, W.Ref. 477.

Die Konstitution der Polysaccharide. 3. Mitt. Die Beziehung von ℓ-Glukosan zu d-Glucose und zu Cellulose. Irvine, J.C. und Oldham, J.W. J.chem.Soc. (London) 119. 1744-1759 (1921). - Ref.C.A. 16. 411 (1922), C. 1922. I. 678, W.Ref. 473.

79. Artfremde Stärken und stärkeähnliche Kohlenhydrate

791. Algenstärke (Florideenstärke)
792. Flechtenstärke (Lichenin)
793. Inulin
794. Kohlenhydrate bei Pilzen und Bakterien
795. Glykogen
796. Sonstige Polysaccharide, auch synthetische

791. Algenstärke (Florideenstärke)
(Auch Laminarin, Chlorella-Stärke, Agar-Agar)

Die Polysaccharide der Meeresalgen. Teuscher, E. Biologische Rundschau 5. Nr.1, 1-18 (1967).

Polysaccharide von Meeresalgen. Peat, S. und Turvey, J.R. In: "Fortschritte der Chemie organischer Naturstoffe" Bd. 23. S. 1-45 (1965).

Strukturunterschied zwischen der löslichen und der unlöslichen Form von Laminarin. Fleming, M. und Manners, D.J. Biochem.J. 94. 17 P (1965). - Ref.C. 1966. 18-1390.

Die Säurehydrolyse von Laminarin. Szejtli, J. Acta chim.hung. 45. 141-51 (1965).

Die Konstitution von Laminarin. 5. Mitt. Die Stellung der 1,6-glucosidischen Bindungen. Annan, W.D., Hirst, E. und Manners, D.J. J.chem.Soc. (London) 1965. 880-81. - Ref.Stärke 17. 270 (1965).

Die Polysaccharide der grünen Alge Codium fragile. 3. Mitt. Ein ß-1,4-gebundenes Mannan. Love, J. und Percival, E. J.chem.Soc. (London) 1964. 2345-50. - Ref.Stärke 17. 204 (1965).

Die Polysaccharide der grünen Alge Codium fragile. 2. Mitt. Die wasserlöslichen sulfatierten Polysaccharide. Love, J. und Percival, E. J.chem.Soc. (London) 1964. 3338-45. - Ref.Stärke 17. 204 (1965).

Stärkeähnliche Polysaccharide, isoliert aus den grünen Algen. Love, J., Mackie, W., McKinnel, J.W. und Percival, E. J.chem.Soc. (London) 1963. 4177-82. - Ref.C.A. 59. 7852b (1963).

Amylolytischer Abbau einiger roher Algenstärken. Meeuse, B.J.D. und Smith, B.N. Planta 57. 624-35 (1962). - Ref.C.A. 57. 17070h (1962).

Untersuchung der chemischen Zusammensetzung der Grünalge Dunaliella salina Teod. Sserenkow, G.P. und Pachomowa, M.W. Nachr.Moskauer Univ., Ser. VI Biol.Bodenkunde (russ.) 16. Nr.3. 22-26 (1961). - Ref.C. 1963. 945.

Untersuchung der Kohlenhydrate einiger Algenarten. Sserenkow, G.P. und Pachomowa, M.W. Wiss.Hochschulber. (Moskau), biol.Wiss. (russ.) 1961. Nr.1. 167-71. - Ref.C. 1962. 9028.

Polysaccharide aus Chlorella pyrenoidosa. Olaitan, S.A. und Northcote, D.H. Biochem.J. 81. 7P-8P (1961). - Ref.C. 1962. 7951.

Die Glucoside der Rotalge Delesseria sanguinea (L.) Lamouroux. Gervais, J. Rev.gén.Bot. 66. 395-401 (1959). - Ref.C. 1960. 12732.

Konstitution von Laminarin. Goldstein, I.J., Smith, F. und Unrau, A.M. Chem. and Ind. 1959. 124-25. - Ref.C. 1963. 153.

Physikochemische Untersuchungen über Stärke. 23. Mitt. Einige physikalische Eigenschaften von Florideenstärke und die Charakterisierung des strukturellen Typs von verzweigten α-1,4-Glucanen. Greenwood, C.T. und Thomson, J. J.chem.Soc. (London) 1961. 1534-37. - Ref.C.A. 57. 8878i (1962), C. 1962. 3293.

Darstellung von mit ^{14}C markierten Verbindungen durch Biosynthese. 2. Mitt. Isolierung der unspezifisch mit ^{14}C markierten Photosyntheseprodukte aus der Alge Chlorella vulgaris. Liebster, J., Kopoldová, J., Dobiášová, M. und Kozel, J. Collect.czechoslov. chem.Commun. 26. 1694-99 (1961). - Ref.C. 1962. 11221.

Darstellung von mit ^{14}C markierten Verbindungen durch Biosynthese. 3. Mitt. Trennung der ^{14}C markierten Aminosäuren aus dem Hydrolysat der Eiweißstoffe der Alge Chlorella vulgaris. Liebster, J., Dobiášová, M., Kopoldová, J. und Ekl, J. Collect.czechoslov. chem.Commun. 26. 1700-07 (1961). - Ref.C. 1962. 11221.

Polysaccharide der Characeae. 1. Mitt. Vorläufige Untersuchung eines stärkeartigen Polysaccharids von Nitella translucens. Anderson, D.M.W. und King, N.J. J.chem.Soc. (London) 1961. 2914-19. - Ref.C.A. 56. 9073i (1962), C. 1965. 4-1103.

Struktur von Laminarin - Endgruppenanalysen und das Molekulargewicht von Polysacchariden. Unrau, A.M. Univ.Microfilms (Ann Arbor, Mich.), L.C.Card Nr. Mic 61-2167. 252 S. - Ref.C.A. 55. 24578b (1961).

Florideen-Stärke. Meeuse, J.D., Andries, M. und Wood, J.A. J.exp.Botany 11. 129-40 (1960). - Ref.C.A. 55. 26137g (1961), C. 1962. 5723, Stärke 14. 188 (1962).

Polysaccharide vom grünen Seetang Caulerpa filiformis. 2. Mitt. Ein Glucan vom Amylopectin Typus. Mackie, I.M. und Percival, E. J.chem.Soc. (London) 1960. 2381-84 (1960). - Ref.C. 1961. 3009, C.A. 55. 398i (1961).

Das Laminarin und die Dextrane der Hefe. Backer, H.de. Fermentation (Gand) 22. 132-34 (1960). - Ref.C. 1961. 18160.

Die Struktur von Florideenstärke. 2. Mitt. Enzymatische Hydrolyse und andere Untersuchungen. Peat, St., Turvey, J.R. und Evans, J.M. J.chem.Soc. (London) 1959. 3341-44. - Ref.C. 1960. 12017, C.A. 54. 8123c (1960).

Die Struktur von Florideenstärke. 1. Mitt. Bindungsanalyse durch partielle saure Hydrolyse. Peat, St., Turvey, J.R. und Evans, J.M. J.chem.Soc. (London) 1959. 3223-27. - Ref.C. 1960. 12016, C.A. 54. 8123a (1960).

Barry-Abbau von Laminarin. Hirst, E.L., O'Donnell, J.J. und Percival, E. Chem. and Ind. 1958. 834.

α-1.4-Glucosane. 9. Mitt. Die molekulare Struktur eines stärkeartigen Polysaccharids aus Dunaliella bioculata. Eddy, B.P., Fleming, I.D. und Manners, D.J. J.chem.Soc. (London) 1958. 2827-30. - Ref.C. 1959. 6497.

Isolierung von Nigerose aus Florideenstärke. Peat, St., Turvey, J.R. und Evans, J.M. Nature (London) 179. 261-62 (1957). - Ref.Stärke 9. 122 (1957), C. 1957. 7979, C.A. 51. 12005h (1957).

Polysaccharide der roten Meeresalge Phyllophora nervosa. Lebedew, S.I. und Jartzewa, I.A. Ber.Akad.Wiss.UdSSR (russ.) 109. 160-63 (1956). - Ref.C.A. 51. 1390i (1957).

Über Florideenstärken.3. Mitt. Carragheen Carragheenine, Carragheenate. Kirschninck, H. Stärke 8. 245-46 (1956). - Ref.C. 1957. 13830.

Über Florideenstärken. 2. Mitt. Zur Frage der Gewinnung von Florideenstärken (Florideae starches). Kirschninck, H. Stärke 8. 73-78 (1956). - Ref.C. 1957. 8086, C.A. 51. 1633a (1957).

α-1,4-Glucosane. 4. Mitt. Eine Gegenbestimmung auf die Molekular-Struktur von Florideen-Stärke. Fleming, I.D., Hirst, E.L. und Manners, D.J. J.chem.Soc. (London) 1956. 2831-36. - Ref.C.A. 51. 12235g (1957).

Florideen-Stärken und ihre Konvertierung in Agar-Substituenten. Kirschninck, H. Seifen-Oele-Fette-Wachse 82. 39-41 (1956). - Ref.C.A. 50. 10432h (1956), C. 1961. 3176.

Herstellungsmethode und Zusammensetzung wässeriger Carragheenin-Gele. Seaplant Chemical Corp. (Erfinder: Stoloff, L.S.). A.P. 2 864 706 vom 11/4.1956, ausg. 16/12.1958. - Ref.J.Chem. (russ.) 1960. 40510.

Experimente an dargestellten Präparaten aus pflanzlichen Rohstoffen der Ostsee. 4. Mitt. Beitrag zur Problematik der Florideenstärken als Allgemeinbericht über orientierende Voruntersuchungen zur Gewinnung von Ostsee-Agar. Kirschninck, H. Pharmazie 10. 386-89 (1955). - Ref.C.A. 49. 16336g (1955), C. 1958. 8129.

Die Kohlenhydratzusammensetzung von Codium dichotomum. Augier, J. und Rubat du Mérac, M.L. Bull.Lab.maritime Dinard 40. 25-27 (1954). - Ref.C.A. 51. 1395e (1957).

Über Florideenstärke. Kirschninck, H. Stärke 6. 267-68 (1954). - Ref.C. 1956. 9874, C.A. 49. 8624a (1955).

Verschiedene Seetangarten und ihre Verwendung. Kirschninck, H. Fischwirtschaft 6. 15-16 (1954). - Ref.C.A. 48. 6520c (1954).

Stärkesynthese in Chlorella vulgaris. Bailey, J.M. und Neish, A.C. Canad.J.Biochem.Physiol. 32. 452-64 (1954). - Ref.C.A. 48. 10364g (1954), C. 1956. 8396.

Das Polysaccharid aus der Alge Ulva lactuca.Reinigung, Hydrolyse und Methylierung des Polysaccharids. Brading, J.W.E., Georg-Plant, M.M.T. und Hardy, D. J.chem.Soc. (London) 1954. 319-24. - Ref.C. 1954. 7667, Stärke 6. 140 (1954).

Über die Natur der Florideenstärke und der Ulvastärke. Meeuse, B.J.D. und Kreger, D.R. Biochim.biophysica Acta (Amsterdam) 13. 593-95 (1954). - Ref.C. 1954. 7676, C.A. 48. 8568f (1954), Stärke 6. 261 (1954).

Florideenstärke. O'Colla, P. Proc.Roy.Irish Acad., Sect.B. 55. 321-29 (1953). - Ref.C. 1954. 2841.

Polysaccharide der Algen. Mori, T. Advances Carbohydrate Chem. 8. 315-50 (1953). - Ref.C. 1956. 447.

Die Hydrolyse von Laminarin durch Weizen-ß-Amylase. Dillon, Th. und O'Colla, P. Nature (London) 166. 67 (1950). - Ref.C. 1951. I. 2302.

Die Polysaccharide der Florideen. Florideenstärke. Barry, V.C., Halsall, T.G., Hirst, E.L. und Jones, J.K.N. J.chem.Soc. (London) 1949. 1468-70. - Ref.C. 1949. E. 4624.

Zur Biochemie der Rhodophyceen. Kylin, H. Kungl.fysiogr.Sällsk. Lund Förh. 13. 51-63 (1944). - Ref.C. 1944. II. 859.

Über die Koexistenz von zwei Stärkearten bei mehreren roten Algengattungen. Reilhes. C.R.Séances Soc.Biol.Filiales 135. 557-60 (1941). - Ref.C. 1946. II. 4044.

Die Stärkespeicherung kopulierender Spirogyra. Höfler, K. Protoplasma 18. 546 (1933).

Florideenstärke. Tunmann, O. und Rosenthaler, L. In O. Tunmann und L. Rosenthaler: Pflanzenmikrochemie. Ein Hilfsbuch beim mikrochemischen Studium pflanzlicher Objekte, 2. Auflage, S. 845-48. Gebrüder Borntraeger, Berlin 1931.

Über Pyrenoidveränderungen bei der Stärkebildung in Spirogyrazellen. Czurda, V. Ber.dtsch.bot.Ges. 47. 181-85 (1929). - Ref.C. 1929. II. 2211.

Über die Stärke der Florideenalgen. Mangenot, G. C.R.hebd.Séances Acad.Sci. 176. 183-86 (1923).

Studien über Pflanzenkolloide. 14. Mitt. Physiko-chemische Analyse der Agargallerte. Samec, M. und Isajevič, V. Kolloidchem.Beih. 16. 285-300 (1922).

Über die Zusammensetzung von Agar-Agar. Samec, M. und Ssajevic, V. C.R.hebd.Séances Acad.Sci. 173. 1474-1475 (1921). - W.Ref.478.

Beiträge zur Kenntnis der Stärke der Florideenalgen. Mangenot, G. C.R.Séances Soc.Biol.Filiales Associées 84. 406-409 (1921). - Ref.C. 1921. I. 1021.

Zur Biochemie der Meeresalgen. Kylin, H. Hoppe-Seyler's Z.physiol. Chem. 83. 171-97 (1913). - Ref.C. 1913. I. 1522.

Notiz über die sogenannte Florideenstärke. Bütschli, O. Verh. naturh.-med.Ver. Heidelberg 7. 519-28 (1902-04).

Beiträge zur Biologie der Florideen (Assimilation, Stärkeumsatz und Atmung). Kolkwitz, R. Ber.dtsch.bot.Ges. 17.(1899).

Chemisch-physiologische Studien über Algen. Loew, O. und Bokorny, Th. J.prakt.Chem. 36. 272-291 (1887).

Die Kohlenhydrate des Fucus amylaceus. Greenish, H.G. Arch.Pharmazie 220. 241-57, 321-35 (1882).

792. Flechtenstärke (Lichenin)

Die Struktur von Lichenin. Peat, St., Whelan, W.J. und Roberts, J.G. J.chem.Soc. (London) 1957. 3916-24. - Ref.C. 1958. 10086.

Untersuchungen über Stärke. 31. Mitt. Die Konstitution des Lichenins. Meyer, K.H. und Gürtler, P. Helv.chim.Acta 30. 751-61 (1947). - Ref.C. 1948. II. 67.

Untersuchungen über Stärke. 32. Mitt. Isolichenin. Meyer, K.H. und Gürtler, P. Helv.chim.Acta 30. 761-66 (1947). - Ref.C. 1948. II. 67.

Untersuchungen über Stärke. 34. Mitt. Die Konstitution des Lichenins. Boissonnas, R.A. Helv.chim.Acta 30. 1703-04 (1947). - Ref.C. 1947. E. 369.

Studien über Pflanzenkolloide. 41. Mitt. Zur Kenntnis des Isolichenins. Samec, M. Kolloid-Beih. 41. 355-64 (1935).

Zur Kenntnis der Flechtenstärke. Pringsheim, H. Hoppe-Seyler's Z.physiol.Chem. 144. 241-42 (1925). - Ref.C. 1925. II. 913, W.Ref. 826.

Vorkommen und Abbau von Flechtenstärke. Tobler, Fr. Ber.dtsch.bot. Ges. 41. 406-409 (1924). - Ref.C. 1924. I. 2785.

Über Lichenin. Hönig, M. und Schubert, St. Mh.Chem. (Wien) 8. 452-465 (1888). - W.Ref. 887.

793. Inulin

Studien über die saure Hydrolyse von Glykosidbindungen. 7. Mitt. Die Hydrolyse des Inulins. Holló, J., Szejtli, J., Tóth, M., Gantner, G.S. und Kun, A. Stärke 14. 404-11 (1962). - Ref.C. 1963. 16382.

Glucose als Konstituent von Inulin. Täufel, K. und Steinbach, K.J. Nahrung 3. 457-63 (1959). - Ref.Stärke 14. 104 (1962).

Die Struktur der Kohlenhydrate von Topinamburknollen. Schneider, F. und Conti, F.-W. Stärke 8. 269-71 (1956). - Ref.C. 1957.14153.

Das Molekulargewicht des Inulins. Westfall, B.B. und Landis, E.M. J.biol.Chemistry 116. 727-34 (1936). - Ref.C. 1937. II. 3607.

Mitteilung über Inulin. 2. Mitt. Schmid, L. und Bilowitzki, G. Mh.Chem. (Wien) 47. 785-90 (1926). - Ref.C. 1927. I. 2914.

Über Inulin, sein Verhalten außerhalb und innerhalb der Pflanze, nebst Bemerkungen über den Bau der geschichteten Stärkekörner. Fischer, H. Beitr.Biol.Pflanzen 8. 53 (1902).

794. Kohlenhydrate bei Pilzen und Bakterien
(Dextrane sind nicht aufgenommen)

Chemische und physikalische Charakterisierung des aus Glucose mittels Cryptococcus laurentii var.flavescens NRRL Y-1401 dargestellten extrazellulären Polysaccharids. Jeanes, A., Pittsley, J.E. und Watson, P.R. J.appl.Polymer Sci. 8. 2775-87 (1964). - Ref.C. 1966. 19-1100.

Kulturbedingungen für die Bildung stärkeähnlicher Polysaccharide aus Glucose durch Aspergillus niger. Usami, S., Wang, Pai-yung und Taketomi, N. J.chem.Soc.Japan, ind.Chem.Sect. 67. 749-52 (1964). - Ref.C. 1966. 12-1316.

Extrazellulare Polysaccharide von Serratia marcescens. Adams, G.A. und Martin, S.M. Canad.J.Biochem.Physiol. 42. 1403-13 (1964). - Ref.C. 1966. 12-1330.

Ein extracelluläres durch Palmella mucosa Kütz produziertes Polysaccharid. Tischer, R.G. und Moore, B.G. Arch.Mikrobiol. 49. 158-66 (1964). - Ref.C. 1965. 31-1286.

Die chemische Struktur der von Cryptococcus albidus und C. laurentii var. flavescens gebildeten extrazellulären "Stärke". Kooijmann, P. Antonie van Leeuwenhoek J.microbiol.Serol. 29. 169-76 (1963). - Ref.Stärke 16. 171 (1964).

Struktur eines aus Amylopektin durch Bacillus subtilis-α-Amylase gebildeten Pentasaccharid-α-Grenzdextrins. Hughes, R.C., Smith, E.E. und Whelan, W.J. Biochem.J. 88. Nr.3. Proc.biochem.Soc. 63P-64P (1963). - Ref.C. 1964. 33-1061.

Intracellulare Stärkebildung in Coryne-Bakterien. Carrier, E.B. und McCleskey, C.S. J.Bacteriol. 83. 1029-36 (1962). - Ref.C.A. 57. 5102b (1962), C. 1963. 14366.

Eigenschaften von Filmen des bakteriellen Polysaccharids B-1459. Watson, P.R., Jeanes, A. und Rist, C.E. J.appl.Polymer.Sci. 6. 12-13 (1962). - Ref.Stärke 15. 383 (1963).

Die Hauptsynthesen von Oligo- und Polysacchariden durch Mikroorganismen. Nowikowa, Ss.I. Mikrobiol.J. (Kiew) (russ.) 23. Nr.4. 58-62; Nr.5. 65-70 (1961). - Ref.C. 1962. 4207.

Polysaccharidbildung durch saprophytische Neisserien. Berger, U. Zbl.Bakteriol., Parasitenkunde, Infektionskrankh. Hyg., I.Abt., Orig. 181. 345-49 (1961).

Die Biochemie der Pansenprotozoen. 3. Mitt. Der Kohlenhydratstoffwechsel von Entodinium. Akkada, A.R.A. und Howard, B.H. Biochem.J. 76. 445-51 (1960). - Ref.C. 1961. 12888.

Studien über den Stoffwechsel von Protozoa. 8. Mitt. Die Molekularstruktur von einem stärkeähnlichen Polysaccharid von Chilomonas paramecium. Archibald, A.R., Hirst, E.L., Manners, D.J. und Ryley, J. J.chem.Soc. (London) 1960. 556-60.

Stärkeähnliches Polysaccharid von Streptococcus pyogenes. Baum, H. und Crowley, N. Nature (London) 187. 413 (1960). - Ref.C. 1961. 1601, C.A. 55. 1788e (1961).

Beschreibung eines durch Brucella suis gebildeten intracellularen glucosidischen Polysaccharids. Gary, N.D., Kupferberg, L.L. und Graf, L.H. J.Bacteriol. 76. 359-64 (1958). - Ref.Stärke 12. 371 (1960).

Ein neuer Hefegummi. Chem.Engng.News 1958. 71. - Ref.Stärke 11. 24 (1959).

Über die Struktur von Kapsel-Polysacchariden von Aerobacter aerogenes (N.C.T.C.418). Barker, S.A., Foster, A.B., Siddiqui, I.R. und Stacey, M. J.chem.Soc. (London) 1958. 2358-67.

Polysaccharide der Bäcker-Hefe. 3. Mitt. Das Vorkommen von 1,6-Bindungen in Hefe-Glucan. Peat, S., Turvey, J.R. und Evans, J.M. J.chem.Soc. (London) 1958. 3868-70.

Polysaccharide der Bäcker-Hefe. 2. Mitt. Hefe-Glucan. Peat, S., Whelan, W.J. und Edwards, T.E. J.chem.Soc. (London) 1958. 3862-68.

Über außerhalb der Zellen liegende Polysaccharide von Bakterien. Wilkinson, J.F. Bacteriol.Rev. 22. 46-73 (1958).

Untersuchungen über Aspergillus niger. 5. Mitt. Die enzymatische Synthese eines neuen Trisaccharids. Barker, S.A., Bourne, E.J. und Theander, O. J.chem.Soc. (London) 1957. 2064-67. - Ref.C. 1965. 49-1291.

Mechanismus der Polysaccharidbildung aus Saccharose. 3. Mitt. Donator-Acceptor-Spezifität von Lävansaccharase aus Aerobacter Laevanicum. Hestrin, S., Feingold, D.S. und Avigad, G. Biochem.J. 64. 340-51 (1956). - Ref.Stärke 8. 275 (1956).

Ein Überblick über die Pilz-Polysaccharide. Martin, S.M. und Adams, G.A. Canad.J.Microbiol. 2. 715-21 (1956). - Ref.C.1959. 5190.

Synthese und einige Eigenschaften der Polysaccharide von B.oedematiens und B.perfringens. Iwanow, W.I., Woltschok, A.K. und Lobanowa, A.W. Biochemie (russ.) 21. 760-63 (1956).

Untersuchungen über Aspergillus niger. 4. Mitt. Die Synthese von ß-verknüpften Glucosacchariden. Barker, S.A., Bourne, E.J., Hewitt, G.C. und Stacey, M. J.chem.Soc. (London) 1955. 3734-40. - Ref.C. 1965. 49-1291.

Der Einfluß von Streptokokken-Amylase auf die Synthese eines Amylosaccharids durch amylolytische Stämme von Streptococcus pyegenes. Crowley, N. J.gen.Microbiol. 13. 218-25 (1955).

Aufbau und Synthese der Stärke von Polytomella coeca. Barker, S.A. und Bourne, E.J. In: Biochemistry and Physiology of Protozoa New York 1955. 45-55.

Oligosaccharidsynthese durch wachsende Kulturen von Betacoccus arabinosaceus. Bailey, R.W., Barker, S.A., Bourne, E.J. und Stacey, M. Nature (London) 175. 635 (1955). - Ref.Stärke 7. 220 (1955).

Untersuchungen über Aspergillus niger. Teil I. Die Struktur von durch Asp.niger synthetisiertem Polyglucosan. Barker, S.A., Bourne, E.J. und Stacey, M. J.chem.Soc. (London) 1953. 3084-90. - Ref.Stärke 6. 32 (1953), C. 1950/54. 963. S.

Polysaccharide aus Protozoen. Struktur eines aus den im Rumen des Schafes befindlichen Holotrichierciliaten gebildeten Polysaccharids. Forsyth, G. und Hirst, E.L. J.chem.Soc. (London) 1953. 2132-35. - Ref.C. 1954. 1035.

Polysaccharide aus Protozoen. Struktur eines durch Cycloposthium gebildeten Polysaccharids. Forsyth, G., Hirst, E.L. und Oxford, A.E. J.chem.Soc. (London) 1953. 2030-33. - Ref.C. 1954. 1035.

Struktur des Polyglucosans aus Aspergillus niger (Stamm 152). Barker, S.A., Bourne, E.J. und Stacey, M. Chem. and Ind. 1952. 756-57. - Ref.C. 1950/54. 6835.S.

Ein von Clostridium butyricum aus Saccharose synthetisiertes, dem Amylopektin ähnliches Polysaccharid. Hobson, P.N. und Nasr, H. J.chem.Soc.(London) 1951. 1855-57. - Ref.Stärke 3. 307 (1951), C. 1955. 11226.

Stärkeproduktion in der Gattung Trichosporon. Aschner, M. und Cury, A. J.Bacteriol. 62. 350-52 (1951). - Ref.C. 1950/54. 377 S.

Synthese und Verwertung von Stärke bei einem chlorophyllfreien, zur Verwertung von Zuckern unfähigen Flagellaten. Lwoff, A., Ionesco, H. und Gutmann, A. Biochim.biophysica Acta (Amsterdam) 4. 270-75 (1950). - Ref.C. 1950. II. 182.

Die Zusammensetzung des Polytomella coeca synthetisierten Polysaccharids. Bourne, E.J., Stancey, M. und Wikinson, I.A. J.chem.Soc. (London) 1950. 2694-98. - Ref.C. 1951. II. 76.

Durch aerobe, mesophile sporenbildende Bakterien synthetisierte Polysaccharide. Forsyth, W.G.C. und Webley, D.M. Biochem.J. 44. 455-59 (1949). - Ref.C. 1949. E. 5572.

Herstellung von Stärke aus Glucose-1-Phosphat durch Diphtheriebazillen. Carlson, A.S. und Hehre, E.J. J.biol.Chemistry 177. 281-88 (1949). - Ref.C.A. 43. 3062 (1949), C. 1949. E. 4962.

Stärkestoffwechsel eines Flagellaten ohne Chlorophyll, der nicht imstande ist, Glucose zu verwerten. Lwoff, A., Ionesco, H. und Gutmann, A. C.R.hebd.Séances Acad. Sci. 228. 342-44 (1949). - Ref.C. 1949. E. 4157.

Hefen, die extracellulare Stärke erzeugen. Scardovi, V. Ind. saccarif.ital. 41. 3-11 (1948). - Ref.Stärke 2. 23 (1950).

Lineare und zyklische Amylo-oligo-saccharide und ihre Beziehung zu amylolytischen Enzymen. Levine, M.L. Iowa State Coll. J. Sci. 22. 54-57 (1947).

Produktion eines stärkeähnlichen Materials aus Glucose-1-phosphat durch Diphtheriebacillen. Hehre, E.J., Carlson, A.S. und Neill, J.L. Science (New York) 106. 523-24 (1947). - Ref.C. 1948. II. 326.

Bakterielle Synthese von einem Amylopektinähnlichen Polysaccharid aus Rohrzucker. Hehre, E.J. und Hamilton, D.M. J.biol.Chemistry 166. 777-78 (1946). - Ref.C. 1946. I. 2070.

Über den Stoffwechsel des Bacillus mesentericus panis viscosi und die von ihm produzierten Polysaccharide. Lenti, C. und Zambruno, D. Arch.Sci.biol. 28. 22-39 (1942). - Ref.C. 1942. II. 790.

Einfluß der Temperatur auf die Häufigkeit der Zellteilung und den Gehalt an Stärke und Fett bei Chilomonas paramaecium. Smith, J.A. Biol.Bull. 79. 379-96 (1940). - Ref.C. 1941. II. 900.

Wirkung einiger organischer Verbindungen auf Ausbeute, Sporenbildung und Stärkebildung von Aspergillus niger. Steinberg, R.A. J.agric.Res. 60. 765-73 (1940). - Ref.C. 1941. I. 2260.

Über die Stärkebildung von Schimmelpilzen. Hida, Tatsutaro. J.Shanghai Sci.Inst., Sect.IV 1. 85-116 (1934). - Ref.C. 1937. II. 3616.

Die Synthese von Stärke, Fetten, Proteinen und Protoplasma aus anorganischen Verbindungen in dem farblosen Tier Chilomonas paramaecium. Mast, S.O. und Pace, D.M. Protoplasma 20. 326-58 (1933). - Ref.C. 1934. I. 3351.

Der Zusammenhang der Stärkebildung mit der Säurenanhäufung bei den Schimmelpilzen (Penicillium). Chrzaszcz, T. und Tiukow, D. Biochem.Z. 222. 243-58 (1930). - Ref.C. 1930. II. 1089.

Stärkeähnliche sternförmige Kristalle von Bacterium marginatum auf Stärke. McCulloch, L. J.agric.Res. 39. 495-501 (1929). - Ref.C. 1930. I. 1951.

Die Stärkebildung bei den Schimmelpilzen (Penicillium Link), wie auch ihr Zusammenhang mit der Säurebildung. Chrzaszcz, T. und Tiukow, D. Biochem.Z. 207. 39-52 (1929). - Ref.C. 1929. II. 1550.

Physiologische Kennzeichen bei Sterigmatocytis nigra bei Zink- und Eisenmangel. Molliard, M. C.R.hebd.Séances Acad.Sci. 188. 1515-63 (1929). - Ref.C. 1929. II. 2901.

Prinzipielle Bemerkungen zu Stickstoffbildung durch Mikroorganismen. Rippel, A. und Poschenrieder, H. J.Landwirtsch. 76. 101-12 (1928). - Ref.C. 1928. II. 1450.

Faktoren, welche die Größe des Sauerstoffverbrauchs einzelliger Organismen beeinflussen. Leichsenring,J.M. Amer.J.Physiol. 75. 84-92 (1925). - Ref.C. 1926. II. 1871.

Über die Pilzstärke (Amylose) bei Aspergillus niger v.Tgh. und einige Bemerkungen über ihren diastatischen Abbau. Schmidt, D. Biochem.Z. 158. 223-52 (1925). - Ref.C. 1925. II. 1177.

Der Aufbau der Stärke aus Zucker durch Bakterien. Grey, E.C. Biochem.J. 18. 712-715 (1924). - Ref.C. 1924. II. 1358.

Untersuchung über die Säurewirkung und Bildung löslicher Stärke bei Schimmelpilzen. 2. Mitt. Boas, F. Zbl.Bakteriol.Parasitenkunde Infektionskrankh.Hyg., Abt. II. 56. 7-11 (1923). - Ref.C. 1923. III. 75.

Weitere Untersuchungen über die Bildung löslicher Stärke bei Schimmelpilzen mit besonderer Berücksichtigung der Frage nach Eiweißsynthese der Schimmelpilze. Boas, F. Biochem.Z. 86. 110-24 (1918). - Ref.C. 1918. I. 848.

Weitere Untersuchungen über die Bildung stärkeähnlicher Substanzen bei Schimmelpilzen. Boas, F. Biochem.Z. 81. 80-86 (1917). - Ref.C. 1917. II. 29.

Stärkebildung bei Schimmelpilzen. Boas, F. Biochem.Z. 78. 308-312 (1917/1916). - Ref.C. 1917. I. 523.

Der Glykogengehalt bei verschieden ernährten Kulturhefen. Henneberg, W. Wschr.Brauerei 27. 265-68 (1910).

Einwirkung von Ammoniumnitrat, -sulfat, -chlorid und -phosphat auf Aspergillus niger. Tanret, Ch. Bull.Soc.chim.Paris 17. Sér.3. 914-921 (1897). - Ref.C. 1898. I. 71, W.Ref. 1889.

Über die Gegenwart von Stärke in einem Pilz aus der Familie der Polyporées. Bourquelot, E. J.Pharmac.Chim. 24. Sér.5. 197-199 (1891). - W.Ref. 1884.

795. Glykogen

α-1,4-Glucosane. 15. Mitt. Struktur-Analyse von Glykogen an Milligrammproben. Kjølberg, O. und Manners, D.J. J.chem.Soc.(London) 1962. 4596-4600. - Ref.Stärke 15. 384 (1963).

Gegenwärtiger Stand des Problems der Wege der enzymatischen Glykogenspaltung. Rosenfeld, Je.L. Kohlenhydrate und Kohlenhydratstoffwechsel (russ.), Verlag Akad.Wiss.UdSSR, Moskau 1962. 99-105.

Synthese von Oligosacchariden mit verschiedenen Bindungstypen im tierischen Organismus. Lukomskaja, I.Ss. Kohlenhydrate und Kohlenhydratstoffwechsel (russ.), Verlag Akad.Wiss.UdSSR, Moskau 1962. 92-98.

α-1,4-Glucosane. 14. Mitt. Die Wechselwirkung von Concanavalin-A mit Glykogenen. Manners, D.J. und Wright, A. J.chem.Soc.(London) 1962. 4592-95.

α-1,4-Glukosane. 13. Mitt. Bestimmung der durchschnittlichen Kettenlänge von Glykogenen durch α-Amylolyse. Manners, D.J. und Wright, A. J.chem.Soc. (London) 1962. 1597-1602. - Ref.C.A. 57. 4745d (1962), Stärke 15. 383 (1963), C. 1965. 5-1082.

α-1,4-Glucosane. 12. Mitt. Endgruppenbestimmung von Glykogenen durch Oxydation mit Natriumperjodat. Manners, D.J. und Wright, A. J.chem.Soc. (London) 1961. 2681-84. - Ref.C. 1962. 6059.

Neuere Fortschritte in der Biochemie von Glykogen und Stärke. Whelan, W.J. Nature (London) 190. 954-57 (1961). - Ref.Stärke 14. 66, 385 (1962), C. 1962. 8660.

Struktur der Muskelphosphorylase-Grenzdextrine von Glykogen und Amylopektin. Walker, G.J. und Whelan, W.J. Biochem.J. 73.20p (1959). - Ref.C. 1960. 9932, Stärke 12. 192 (1960).

Über das Glykogen in Escherichia coli B; Änderungen im Molekulargewicht während des Wachstums. 3. Mitt. Holme, T. Acta chem. scand. 12. 1564-67 (1958).

Über das Glykogen in Escherichia coli B; Änderungen im Molekulargewicht während des Wachstums. 2. Mitt. Holme, T., Laurent, T. und Palmstierna, H. Acta chem.scand. 12. 1559-63 (1958).

Physikalisch-chemische Untersuchungen über Stärken. 12. Mitt. Die Molekulargewichte verschiedener Glykogene in wässeriger Lösung. Bryce, W.A.J., Greenwood, C.T., Jones, I.G. und Manners, D.J. J.chem.Soc. (London) 1958. 711-15. - Ref.C. 1961. 12864.

Die Bindung von Glycogen und Phosphorylase. Madsen, N.B. und Cori, C.F. J.biol.Chemistry 233. 125-56 (1958).

Die Reduktion der Reaktionsprodukte der Perjodatoxydation von Kohlenhydraten. 7. Mitt. Die Struktur des Glykogens. Abdel-Akher, M. und Smith, F. Arch.Biochemistry 78. 451-59 (1958). - Ref.Stärke 12. 345 (1960).

Die Molekularstruktur von Glykogenen. Manners, D.J. Advances Carbohydrate Chem. 12. 261-98 (1957). - Ref.C. 1960. 1531.

Die Alkali-Stabilität und die molekulare Größe von Glycogenen. Greenwood, C.T. und Manners, D.J. Proc.chem.Soc. (London) 1957. 26-27.

α-1.4-Glucosane. 6. Mitt. Weitere Untersuchungen über die Molekularstruktur von Glykogenen. Liddle, A.M. und Manners, D.J. J.chem.Soc. (London) 1957. 3432-36. - Ref.C. 1958. 5977.

Über die Struktur des Glykogens des Gehirns. Gontscharowa, Je.Je. Ber.Akad.Wiss.UdSSR (russ.) 112. 899-901 (1957). - Ref.C. 1958. 6867.

Glykogenbildung in lebendem Lebergewebe. Fahraeus, R. Acta Soc. med.Upsaliensis 61. 92-101 (1956).

α-1.4-Glucosane. 3. Mitt. Die Molekülstruktur von Glykogen aus Bierhefe. Manners, D.J. und Maung, Khin. J.chem.Soc. (London) 1955. 867-70. - Ref.C. 1958. 3625.

Untersuchung synthetischer Glykogene. Stepanenko, B.N. und Kainowa, A.Ss. Ber.Akad.Wiss.UdSSR (russ.) 95. 1263-66 (1954). - Ref.C. 1955. 4367.

α-1,4-Glucose. Teil I. Die Bindungsart in Glykogenen. Bell, D.J. und Manners, D.J. J.chem.Soc. (London) 1954. 1891-93. - Ref.Stärke 6. 261 (1954).

Struktur von Glykogen und Amylopektin. III. Normales und unnormales menschliches Glykogen. Illingworth, B. und Cori, G.T. J.biol.Chemistry 199. 653-60 (1952). - Ref.C. 1956. 14398.

Struktur von Glykogen und Amylopektin. II. Analyse durch schrittweisen enzymatischen Abbau. Larner, J., Illingworth, B., Cori, G.T. und Cori, C.F. J.biol.Chemistry 199. 641-51 (1952). - Ref.C. 1956. 14398.

Über den Abbau von Glykogen zu Isomaltose. Wolfrom, M.L., Lassettre, E.N. und O'Neil, A.N. J.Amer.chem.Soc. 73. 595 (1951).

Über natürliche Glykogene. Staudinger, H. Makromolekulare Chem. 2. 88-108 (1948). - Ref.C. 1948. E.590.

Die Struktur von Glykogenen. Bell, D.J. Biol.Rev.Cambridge philos.Soc. 23. 256-66 (1948). - Ref.C. 1948. E 3092.

Die Untersuchung von Glykogen nach der Methode der chromatographischen Adsorption. Kowalski, W.W. Biochemie (russ.) 13. 131-136 (1948). - Ref.C. 1949. II. 341.

Die Konstitution des Glykogens. Meyer, K.H., Bernfeld, P. und Gürtler, P. J.Polymer.Sci. 3. 365-70 (1948). - Ref.C. 1948. E.2394.

Chromatographische Analyse von Glykogenen. Kowalski, W.W. Ber. Akad.Wiss.UdSSR (russ.) 58. 1083 (1947). - Ref.C. 1948. I. 931.

Untersuchungen über Stärke. 28. Das Glykogen von nativer Hefe. Jeanloz, R. Helv.chim.Acta 27. 1501-09 (1944). - Ref.C. 1945. I. 902.

Die Chemie von Glykogen. Meyer, K.H. Advances in Enzymol. 3. 109-35 (1943). - Ref.C. 1946. II. 2237.

Untersuchungen über die Stärke. 25. Mitt. Das native Muskelglykogen. Meyer, K.H. und Jeanloz, R. Helv.chim.Acta 26. 1784-98 (1943). - Ref.C. 1946. I. 51.

Molekulargewichtsbestimmungen an hydrolytisch abgebauten Glykogenen durch Fällungstitration. 267. Mitt. über makromolekulare Verbindungen. Husemann, E. J.prakt.Chem.158. 163-75 (1941). - Ref.C. 1942. I. 2379.

Untersuchungen über Stärke. XII. Die Anordnung der Glukosereste in Glykogen. Meyer, K.H. und Fuld, M. Helv.chim.Acta 24. 375-78 (1941). - Ref.C. 1941. II. 340.

Die aktivierende Wirkung von Glykogen bei der enzymatischen Synthese von Glykogen aus Glucose-1-phosphat. Cori, G.T. und Cori, C.F. J.biol.Chemistry 131. 397-98 (1939). - Ref.C. 1940. I. 1511.

Die enzymatische Synthese des Glykogens. Schäffner, A. Naturwissenschaften 27. 195 (1939). - Ref.C. 1939. I. 4779.

Über ein neues Fermentprotein der Hefe und eine reversible enzymatische Synthese des Glykogens. Kiessling, W. Naturwissenschaften 27. 129-30 (1939). - Ref.C. 1939. I. 4779.

Polysaccharide. 38. Mitt. Die Konstitution des Glykogens aus Fischleber und Fischmuskulatur. Haworth, W.N., Hirst, E.L. und Smith, F. J.chem.Soc. (London) 1939. 1914-22. - Ref.C. 1940. 2646.

Die Molekularstruktur von Glykogen aus Hundelebern. Hassid, W.Z. und Chaikoff, I.L. J.biol.Chemistry 123. 755-59 (1938). - Ref.C. 1938. II. 2590.

Studien über das gebundene Glykogen in Leber und Muskel. I.Mitt. Natur. Tsai, Chiao. Chin.J.Physiol. 2. 87-91 (1937). - Ref.C. 1937. II. 430.

Über hochpolymere Verbindungen. 155. Mitt. Über die Konstitution des Glykogens. Staudinger, H. und Husemann, E. Liebig's Ann. Chem. 530. 1-20 (1937). - Ref.C. 1937. II. 1171.

Polysaccharide. 23. Mitt. Bestimmung der Kettenlänge von Glykogen. Haworth, W.N., Hirst, E.L. und Isherwood, F.A. J.chem.Soc. (London) 1937. 577-81. - Ref.C. 1937. II. 3464.

Die Molekularstruktur des Glykogens aus dem Gesamtgewebe von Mytilus edulis. Bell, D.J. Biochem.J. 30. 2144-45 (1936). - Ref.C. 1937. I. 3638.

Die Glykogenbildung aus Traubenzucker während der Kreatinurie. Brentano, C. Z.ges.exp.Med. 98. 677-91 (1936). - Ref.C. 1936. II. 2939.

Umwandlung der Galaktose in Glykogen in der Leber und der Muskulatur der Ratte. De Lucia, P. und Cedrangolo, F. Arch.italiennes Biol. 94. 139-45 (1936). - Ref.C. 1936. II. 2941.

Kettenlänge von Glykogen verschiedenen Ursprungs (vorläufige Mitt.). Bell, D.J. Nature (London) 138. 289 (1936). - Ref.C. 1936. II. 3130.

Glykogenbildung nach peroraler Zufuhr von Mannit bei weißen Ratten. Silberman, A.K. und Lewis, H.B. Proc.Soc.exp.Biol.Med. 31. 253-55 (1936). - Ref.C. 1936. I. 4933.

Studien über 24stundenrhythmische Variationen des Darm-, Lungen- und Leberfetts. Nebst Untersuchungen über die Morphologie der Fettresorption, des Leberfetts, des Leberglykogens und der Gallenstadien sowie über die 24stundenrhythmischen Variationen im Gehalt des Pankreas an Zymogengranula. Holmgren, H. Acta med. scand., Suppl. 74. 9-202 (1936). - Ref.C. 1936. II. 1199.

Zur Struktur tierischer und pflanzlicher Polysaccharide (Röntgenfeinstrukturuntersuchungen). May, F. und Graf, L. Z.Biol. 97. 167-72 (1936). - Ref.C. 1936. II. 1007.

Die Synthese von Reservekohlenhydraten durch die Hefe. I. Die Synthese aus Glucose und Maltose und der Einfluß von Phosphat auf diesen Vorgang. McAnally, R.A. und Smedley-McLean, I. Biochem.J. 29. 1872-76 (1935). - Ref.C. 1936. I. 2575.

Koazervatsole und ihre Beziehung zu der Theorie von der Stabilität lyophiler Kolloide. Bungenberg de Jong, H.G. und v.d. Linde, P. Proc. Kon.Akad.Wetensch.Amsterdam 38. 419-26 (1935). - Ref.C. 1936. I. 726.

Leberglykogen. 3. Mitt. Die molekularen Einheiten von Fisch- und Kaninchenglykogenen. Bell, D.J. Biochem.J. 29. 2031-35 (1935). - Ref.C. 1936. II. 3434.

Leberglykogen. 2. Mitt. Acylderivate und "regenerierte Glykogene". Bell, D.J. und Kosterlitz, H. Biochem.J. 29. 2027-30 (1935). - Ref.C. 1936. II. 3434.

Glykogen von Fisch- und Kaninchenleber. Bell, D.J. Nature (London) 136. 184-85 (1935). - Ref.C. 1936. I. 1647.

Beiträge zum Schicksal der Acetessigsäure im tierischen Organismus. III. Mitt. der Beiträge zur Frage der Glykogenbildung aus niederen Fettsäuren mit gerader Kohlenstoffzahl. Stöhr, R. Hoppe-Seyler's Z.physiol.Chem. 237. 165-70 (1935). - Ref.C. 1936. I. 2584.

Über Glykogen. (Beiträge zur Chemie der Stärke). XXIII. Mitt. Reilly, J., Pringsheim, H. und Donovan, P.P. Ber.dtsch.chem. Ges. 63. 1093-95 (1930). - Ref.C. 1930. II. 34.

Polysaccharide. 5. Mitt. Glykogen. Haworth, W.N., Hirst, E.L. und Webb, J.I. J.chem.Soc. (London) 1929. 2479-85. - Ref.C. 1930. I. 2394.

Über die Konstitution des Glykogens. (Beiträge zur Chemie der Stärke. XXI.). Pringsheim, H. und Will, G. Ber.dtsch.chem.Ges. 61. 2011-17 (1928). - Ref.C. 1928. II. 2003.

(Polysaccharide XII.). Zur Kenntnis des Glykogens. Karrer, P. Helv.chim.Acta 4. 994-1000 (1921). - Ref.C. 1922. III. 428, W.Ref. 475.

Umwandlung von Stärkekörnern in Glykogen nach Injektion in das Gewebe von Kaninchen. Okozaki, M. Sei-I-Kwai med.J. 38. 1-5 (1919).

Über das Vorkommen von Glykogen bei Brennereihefen, Preßhefen und obergärigen Brauereihefen. Henneberg, W. Z.Spiritusind. 25. 378-79. 388-89. 398-99. 410-11. 420-21 (1902).

Über das Vorkommen von Glykogen bei Brennereihefen, Preßhefen und obergärigen Brauereihefen. Henneberg, W. Wchschr.Brauerei 19. 651-52 (1902). - Ref.C. 1902. II. 1515.

Untersuchungen über die im Blut vorkommenden stärkeartigen Stoffe. (De materiis amylaciis num in sanguine inveniantur disquisitio). Nasse, O. Dissertation, Halle 1866.

796. Sonstige Polysaccharide, auch synthetische

Analyse von gasförmigen organischen Verbindungen, gebildet durch γ-Bestrahlung oder Pyrolyse von einigen Kristallmodifikationen der Glucose. Herlitz, E., Löfroth, G. und Widmark, G. Acta chem.scand. 19. 595-600 (1965). - Ref.C. 1966. 18-0872.

Herstellung von Polymeren durch energiereiche Bestrahlung wäßriger Lösungen von D-Glucose. Snell, J.B. J.Polymer Sci., Part A 3. 2591-2607 (1965). - Ref.C. 1966. 20-1066.

Die Säurehydrolyse von Alginsäure. Szejtli, J. Acta chim.hung. Tomus 45. 369-79 (1965).

Synthese von Polysacchariden. O'Colla, P.S. und Lee, E.E. J.chem. Soc. (London) 1964. 2351-54. - Ref.C. 1966. 3-1081.

Synthese eines Polysaccharids aus 2.3.6-Trimethyl-D-Glucose. Micheel, F. und Böckmann, A. Makromolekulare Chem. 51. 97-101 (1962). - Ref.C. 1965. 7/8-1138.

Synthese und Enzymolyse von Methyl-Glykosiden der Malto-Oligosaccharide. Pazur, J.H., Marsh, J.M. und Ando, T. J.Amer.chem.Soc. 81. 2170-72 (1959). - Ref.Stärke 12. 191 (1960).

Synthetische Polysaccharide. 1. Mitt. Poly-Kondensation von Glucose. Mora, P.T. und Wood, J.W. J.Amer.chem.Soc. 80. 685-92 (1958).

Synthetische Polysaccharide. 2. Mitt. Fraktionierung von Polyglucose. Mora, P.T., Wood, J.W., Maury, P. und Young, B.G. J.Amer.chem.Soc. 80. 693-99 (1958).

Synthetische Polysaccharide. O'Colla, P.S. und Lee, E. Chem.and Ind. 1956. 522. - Ref.Stärke 8. 215 (1956).

Zusammensetzung und Verhalten von Polysacchariden aus Erde. Whistler, R.L. und Kirby, K.W. J.Amer.chem.Soc. 78. 1755-59 (1956). - Ref.Stärke 8. 214 (1956).

Aus Saccharose durch Fructosetranspheraseenzyme höherer Pflanzen gebildete Oligosaccharide. Allen, P.J. und Bacon, J.S.D. Biochem.J. 63. 200-06 (1956). - Ref.C. 1956. 13444.

Chemische Synthese von Glucose-Polymeren. Whelan, W.J. und Hag, S. Chem. and Ind. 1955. 600. - Ref.Stärke 7. 221 (1955).

Die Herstellung und Konfiguration einer synthetischen Polyglucose. Ricketts, C.R. J.chem.Soc. (London) 1954. 4031-32. - Ref.C. 1955. 5330.

Manosehaltige Polysaccharide. 3. Mitt. Die Polysaccharide der Samen von Iris ochrolucia und Iris sibirica. Andrews, P., Hoegh, L. und Jones, J.K.N. J.chem.Soc. (London) 1953. 1186-92. - Ref.Stärke 5. 199 (1953).

Neuere Ergebnisse von Arbeiten über einige seltener vorkommende makromolekulare Polysaccharide. Kohler, R. Stärke 3. 231-233 (1951). - Ref.C. 1952. 2681.

Über die Konstitution des Salepmannans und die übrigen Kohlenhydrate aus Tubera Salep. III. Mitt. über Mannane. Klages, F. und Niemann, R. Liebig's Ann.Chem. 523. 224-34 (1936). - Ref.C. 1936. II. 2724.

Hauptgruppe 7: Aufbau und Konstitution der Stärke

Schlagwortverzeichnis

(Die Ziffern entsprechen der Klassifikationseinteilung)

MIX
Papier | Fördert gute Waldnutzung
FSC® C083411

Zeitfracht Medien GmbH
Ferdinand-Jühlke-Straße 7
99095 Erfurt, Deutschland
produktsicherheit@kolibri360.de